建筑管理耕耘五十年

丛培经 著

中国建筑工业出版社

图书在版编目(CIP)数据

建筑管理耕耘五十年/丛培经著. —北京：中国建筑
工业出版社，2014.5
ISBN 978-7-112-16383-0

Ⅰ.①建… Ⅱ.①丛… Ⅲ.①建筑工程-施工管理-
文集②建筑企业-工业企业管理-文集 Ⅳ.①TU71-53
②F407.96-53

中国版本图书馆 CIP 数据核字(2014)第 023102 号

本书是作者发表的专业文章选集，也是进行建筑管理耕耘50个春秋的缩影，内容
包括建筑管理人才培养、建筑行业管理、建筑企业管理、建筑工程项目管理、建筑施工
组织设计、统筹方法应用、建筑管理行为化和科技社团学术服务共8个部分及附件。作
者密切关注建筑行业发展，对建筑管理与时俱进地进行研究、引进、创新、推广和应
用，运用新理念、新思想、新方法和新模式，促进建筑管理改革与发展，有见解、主
张、运作和学术服务，反映了一个建筑管理学者的人生历程、学术成果、管理思想、处
世面貌、社会关系和责任担当。

责任编辑：牛　松
责任设计：董建平
责任校对：姜小莲　党　蕾

建筑管理耕耘五十年

丛培经　著

*

中国建筑工业出版社出版、发行（北京西郊百万庄）
各地新华书店、建筑书店经销
北京科地亚盟排版公司制版
北京君升印刷有限公司印刷

*

开本：787×1092 毫米　1/16　印张：27¾　字数：523 千字
2014 年 8 月第一版　2014 年 8 月第一次印刷
定价：**68.00** 元
ISBN 978-7-112-16383-0
(25108)

序

我与丛培经教授在 1993 年相识，到今年整整 20 年。我在建设部任建筑业司司长和总工程师期间，与他有过学术上的合作，我们曾共同编著了《建筑行业及企业发展战略管理概论》一书。因为是老相识，所以了解其品德、作风和学风。

丛培经教授为人诚实、直爽、热情、厚道，易于相处；在行事上、学术上和对一些专业问题的态度上，不隐瞒自己的观点，光明磊落；做事不辞辛劳，乐于承担；与主管部门、企业和相关学术团体联系比较广泛；善于利用机会进行建筑管理实践、学习、创新和研究。

《建筑管理耕耘五十年》一书记录了丛培经教授在半个世纪中的足迹、学术活动、情感投入和一些重要学术成果。他对建筑管理情有独钟，深度投入，涉猎广泛，作真学者，著作颇丰，多有贡献，很值得嘉贺。

他干一行爱一行，从事建筑管理工作和建筑管理教育全心全意，不见异思迁，50 年如一日，其敬业精神难能可贵。

他在教学的 20 多年中，除了教学与科研之外，花了 10 多年时间，从调查研究入手，从理论上入题，说服领导，认真准备，为创办北京建筑工程学院的管理工程专业付出了大量心血，开启了该校大批量培养建筑管理专业人才的学门。

在建筑业管理方面，他积极配合建设部的工作进程，进行建筑市场、招标投标、造价管理、安全管理、项目管理和风险管理等研究，参与国家建立的造价工程师制度、建造师制度和工商管理培训的大纲拟定、教材编写、培训与考试命题，解读与宣贯《建筑法》，工作认真、负责、高效。

他热心宣传和推广应用企业管理科学知识和方法，研究企业战略管理、信息管理、造价管理、技术管理等，利用机会为企业服务，为推进建筑市场环境下的企业管理变革做了许多卓有成效的工作。

他是我国工程项目管理引进、宣传、推广、研究、创新的一名干将，参与建筑业协会工程项目管理委员会的许多创新工作，把工程项目管理作为他主导的北京统筹与管理科学学会的精品活动，促进建筑企业以工程项目管理为中心的工程管理体制改革；参与起草《建设工程项目管理规范》，主张建筑施工组织设计改革、标准化、用于进行工程项目管理，提倡施工组织设计适应当代建筑施工与管理的需要；参与总结和弘扬北京奥运工程项目管理创新经验，参与建筑业协会组织的历届全国优秀工程项目管理成果评选活动并从中发掘优秀的典型案例和管理创新经验。

他参加北京市科学技术协会和北京统筹与管理科学学会并进行学术服务30多年，研究如何推动和开展学会工作，在网络计划推广应用、研究、标准化等方面做出了突出成绩，在应用网络计划进行施工组织设计、编制进度计划、进行进度控制以及计算机应用等方面是理论的探索者，也是实践的排头兵。

我国的建筑管理经历了30多年改革，已经从计划经济的管理模式改革成为市场经济的管理模式。随着我国经济社会的发展，工程建设已经进入了新型建筑工业化和服务城镇化建设时代，建筑管理发展到知识管理、信息管理和智慧管理的新阶段，生产力的提升急需建筑管理发挥促进作用，要做到这一点，有许多建筑管理课题需要研究，有不少瓶颈问题需要解决，有大量专业工作需要努力去做。这就要求有大批建筑管理专业人才和学者在建筑管理这片土地上勤奋耕耘，精耕细作，像丛培经教授一样奉献一生。这是我作为一名建筑管理的领导者、组织者、爱好者、研究者和实践者借此机会提出的殷切期望！

2013 年 11 月 5 日

前　言

我 1956 年 9 月考入同济大学，就读建筑工业经济与组织本科专业，师从翟立林、江景波等建筑管理前辈，是我国该专业培养的第一批学生。1961 年秋大学毕业后被分配在北京市建筑工程局工作，岗位是建筑施工管理，大多数时间在工地上活动，参与了不少当时的重点工程建设，例如北京第一座高层公共建筑"北京饭店新楼工程"，筑牢了我的建筑管理实践知识和务实思想。1978 年秋调入北京建筑工程学院教学与研究，讲授建筑管理的相关课程。1999 年退休后，在若干科技社团内从事与建筑管理相关的学术服务。算来建筑管理耕耘已有 50 多个春秋，所以我的一生都与建筑管理紧密结缘。

由于建筑管理的工作、教学、科研、科技社团活动等需要，50 年来参与编写书籍 93 部，其中包括 10 部高等学校本科教材，10 种全国统编系列培训教材，自著、主（副）编专业书籍 25 种；参与起草及修订再版 5 种标准；发表了 138 篇文章。本书选择辑录的 78 篇文章，分成 8 部分，用以记述我的建筑管理历程、学术成果、管理思想、处世面貌、社会关系和责任担当，命名为《建筑管理耕耘五十年》，以志我为建筑管理贡献一生的"耕牛"精神。

建筑管理以人为本，树人为先，培养成才。人才是事业的根本，培养人才功德无量且无上光荣。培养建筑管理人才是我的主岗位，也是我的责任。本科教育是培养人才的主渠道，我为创立北京建筑工程学院管理工程本科专业奋斗了 10 多年，在 60 岁（1997 年）的时候如愿以偿。培养人才除本科教育以外，还要有专科教育、继续教育、专题培训等多元渠道，我乐于参与各渠道的教学并曾在北京和全国范围内付出过劳动与汗水。

建筑行业对促进我国经济社会发展发挥支柱产业作用，建筑行业管理是宏观管理，要按《建筑法》进行法制管理，发展和依托建筑市场，发挥建筑市场运行机制的作用，按市场运行规律运行，使招标投标活动法制化、规范化，使竞争有序化，防止不正之风蔓延，搞活投资管理和造价管理，防范和应对各种风险。

建筑企业管理是对建筑专业法人组织的管理。在市场经济中要运用管理科学，实施管理科学化，包括进行战略管理、经营管理、信息管理、造价管理、"三全"（全企业、全员、全过程）管理、风险管理等，要运用科学管理方法。目前我国已经成功进行了建筑企业管理模式的变革，走上了按市场规律进行企业管理的轨道。

工程项目管理是对工程对象的过程管理。我国从 1994 年全面推行工程项目管理的工程管理方式以来，建筑工程管理体制发生了深刻变化，产生了巨大的经济社会效益，工程项目管理成为建筑管理中的关键环节，成为主管部门、企业和业内人士最为关注的管理创新课题，国家颁发了许多规范性文件，实施了项目经理责任制、项目成本核算制、建设监理制、建造师执业等配套改革，推行了工程总承包和项目经理职业化建设，许多大中型项目成功进行了项目管理创新，北京奥运工程的项目管理创新成功经验被总结和弘扬，形成了具有中国特色的工程项目管理的人本化理念、方法体系和科学化方向。我对工程项目管理怀有很深感情，从 1982 年至今与它结缘达 30 年之久，是我的施教主学科、研究主课题、学术服务主方向、写作主范畴。我们的责任就是要创造中国特色的工程项目管理模式。

建筑施工组织设计产生于计划经济时代，服务于工程施工；建立市场经济后，仍应当发挥它的作用，服务于建筑工程项目管理，纳入建筑施工项目管理规划之中。我主张改革建筑施工组织设计、制定建筑施工组织设计规范，使建筑工程施工组织设计适应当代建筑施工与管理的需要。2009 年国标《建筑施工组织设计规范》发布并实施后，我由衷地高兴并著文相贺，因为它实现了我的愿望，开启了建筑施工组织设计新的一页。

网络计划技术是项目管理的核心技术，是施工组织设计进度计划和进度控制的最得力方法，是先贤华罗庚先生倡导的统筹方法的支撑技术，是把复杂的数学问题变成生产实践中能为广大群众所掌握的通俗化工具。统筹法的理念是应用数学大众化，时间和资源的主要矛盾图示化。北京统筹与管理科学学会等学术团体在华罗庚先生的指引下，对统筹法（网络计划技术）进行研究、推广、计算机应用和标准化，为我国建筑管理的发展做出了重要贡献。我是这个队伍的积极分子。

建筑管理行为规范化是建筑管理的根本要求，"规范"是提高管理效率和效益的基础。我有幸参与了四项网络计划标准（规程）的制定及多次修订，参与了 2001 年版和 2006 年版的《建设工程项目管理规范》的编制和宣贯。这些标准提升了我国建筑管理的运作平台。

科技社团是由专家、学者和团体会员（企业）等组成的社会非营利性组织，是知识分子联系生产实际、将科技成果转化为生产力的桥梁和纽带，是建筑管理的依托组织，它的活动主要是学术服务。30 多年以来我曾参与 12 个科技社团活动并任职，从中结识了许多专家、学者以及企业与主管部门的领导，同他们一起为社团工作，进行学术服务，从事调查、研究、教学、交流和写作。科技社团学术服务活动要精品化，即在有效服务思想的支撑下，集中社团的组织、技术、产品和知识等优势，通过创新，着力打造具有创造力、推动力、竞争力和功效力的科技活动项目，使科技为企业、社会和生产力发展服务。

　　中国的建筑管理事业在改革开放以后得到了日新月异的发展，地位不断提高，促进了建筑生产关系的变革，进而助力建筑生产力的提升。管理和技术的作用同等重要而且相互依存，在建筑技术创世界一流水平的同时，建筑管理也在与时俱进地变革、创新和发展，向国际先进水平靠拢。有幸能在建筑管理这片沃土上耕耘50载，实现我的人生的价值，我深感宽慰。衷心祝愿我国的建筑管理事业在全国建筑管理人员与建筑管理教育工作者的不断推动和创新中蓬勃发展，促进我国建筑产业创造更加辉煌灿烂的业绩，为实现伟大复兴的中国梦做出时代应有的贡献！这是我的愿景和追求。

丛培经

2013 年 11 月于北京车公庄中里

目　　录

1　建筑管理人才培养多元化

2　建筑行业管理市场化

3　建筑企业管理科学化

4　建筑工程项目管理人本化

5　建筑施工组织设计当代化

6　统筹方法应用大众化

7　建筑管理行为规范化

8　科技社团学术服务精品化

附　件

1　建筑管理人才培养多元化

建筑管理教育是新兴事业，应多元化施教
人才是事业之本，教书育人功德无量，无上光荣

建筑管理专业培养的主目标应是工程项目经理

（1994）

1. 关于本论题的说明

（1）建筑管理专业

"建筑管理专业"属于国家教委颁发的专业目录中的"建筑工程专业"中的子目录。目前各高等学校这一专业的名称和培养的侧重点有差异。《中国教育改革的发展纲要》中主张"改革专业设置偏窄的状况，拓宽专业业务范围"，故本文建议一律称为"建筑管理专业"。

（2）主目标

"主目标"是指第一位的目标，即学生毕业以后做什么。本人主张建筑管理专业毕业的学生，到工程项目经理岗位上工作。

（3）工程项目经理

"工程项目经理"是指国际、国内工程建设全过程的项目经理。如果培养了合格的工程项目经理，他可以担任业主项目经理、建设监理工程师、设计项目经理、施工项目经理、采购项目经理。他的执业资格是准营造师，经过2年以上在实际工程中的锻炼和提高，并通过有关考试和认可，可以发展为营造师，可同有关国家的营造师互认。从学校培养的角度，只讲知识结构，不论工程项目经理的"大小"和"级别"，也没有"国内"或"国际"工程项目经理之分。

2. 本论题所指的理由

创办于 1956 年的我国建筑管理专业原名为建筑工业经济与组织专业，培养目标始终难以清晰，因而也影响了毕业生就业岗位的定位，学用难以一致。这里提出建筑管理专业培养的主目标是项目经理，使学生的就业岗位明晰了，可以做到学用一致，符合建筑业的需要。这一论题基于以下主要理由。

（1）建立建筑市场的要求

建立建筑市场，要求按生产力标准推行工程项目管理。工程项目是建筑市场竞争的核心，是企业管理的重心，是成本核算的中心，是合同履约的客体，也是工程管理的实体。因此，作为工程项目管理的核心人物和领导者的项目经理应有扎实的技术知识、全面的经营管理知识、必要的决策领导能力。从整个建筑业看，这类人员是支柱；从建筑企业看，这类人员是一个层次的管理人员。位置的显赫、作用的重要、人数的众多，均要求在高等学校设专业进行培养。由建筑管理专业培养项目经理，可以使它服务方向明确、专业对口、市场广阔，使建筑管理专业为建筑市场服务，为建筑业和建筑企业的振兴和发展服务，为建筑管理现代化服务。

（2）推行业主负责制、建设监理制和施工项目管理制的需要

我国学习国际惯例，通过改革建立以上"三制"，成了建筑业已定的改革现实和方向。建立这"三制"，关键是要有项目经理。从目前情况看，这批人员的来源是临时培训或以其他人员代替，呈现出人才来源贫乏和管理素质较差的状况。由建筑管理专业培养项目经理人才，可全面满足以上"三制"的需要。

（3）是搞活和发展建筑管理专业的需要

将近 40 年来，我国的建筑管理专业名称五花八门，培养目标摇摆不定，人才流向十分混乱，学用极不对口，形成了一方面是管理人才需求量巨大、人才奇缺，一方面是培养的建筑管理人员难以发挥作用的矛盾状态。建筑管理专业历史上形成了两次大起大落，固然与我国的经济形势有关，但主要还是专业方向的问题。我们认为，建筑管理专业培养工程项目经理，可为该专业确定培养方向、就业方向、发展方向，从而搞活和发展这个专业，不会再度出现大起大落的反复。

以上三项理由可以用图 1 表达。

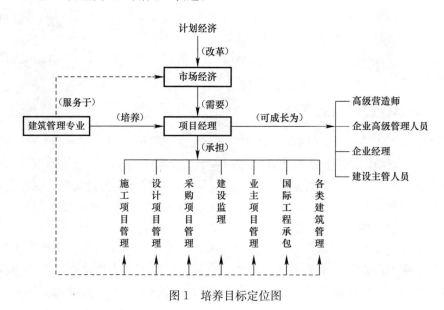

图 1　培养目标定位图

3. 培养内容和课程设置

（1）工程项目经理应具备的知识结构

概括起来，工程项目经理所需要的知识结构是：扎实的基础知识，足够的技术知识，丰富的管理知识，一定的经营知识，基本的实践能力。这五种知识，形成一个稳固的空间结构，并支承着工程项目经理未来的事业和发展前程（见图2）。

具体说来，工程项目经理应掌握的知识是：

1）大学基础知识；

2）工程结构知识；

3）工程施工知识；

4）企业管理知识和项目管理知识；

5）经营知识；

6）国际工程承包知识；

7）实践知识和操作能力；

8）其他知识。

（2）建筑管理专业的主干课程

以上8类知识，每一类都要通过学习若干课

图 2　支承工程项目经理
的知识结构

1—基础知识；2—技术知识；
3—管理知识；4—经营
知识；5—实践能力

程才能获得。每类知识要学习1～2门主干课程和若干辅助课程，如图3所示。

1）培养基础知识应学习的主干课程与各类工科专业是相同的，如数学和外语等。

2）培养工程结构知识的主干课程是：工程力学、工程结构。

3）培养工程施工知识的主干课程是：建筑施工（技术和组织）。

4）培养企业管理知识和项目管理知识的主干课程是：工程项目管理、建设监理、建筑企业管理，这也是本专业的最主要课程。

5）培养经营知识的主干课程是：经营学、招标投标与工程承包合同、市场学与建筑市场。

6）培养国际工程承包知识的主干课程是：国际工程项目管理、FIDIC 条件等。

7）具备实践知识和操作能力的主要教学环节是：专业外语训练、计算机编程与操作训练、项目经理岗位实习、毕业论文写作。

8）其他知识的学习靠选修课，选修课有三类：第一类，与管理专业关系密切的课程，如管理心理学、金融、税收、保险等；第二类，在专业学科范围内加宽专业知识或专业基础知识的课程，如房地产经营、投资学、领导科学等；第三类，扩大学生视野和知识面的课程。

建筑管理专业的知识结构、主干课程和辅助课程的关系图见图3。

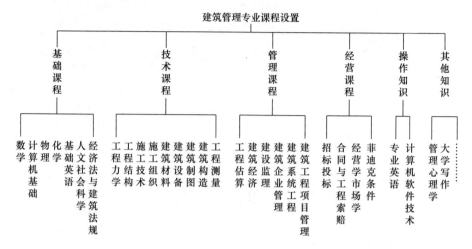

图3 建筑管理专业的课程设置

4. 对若干问题的认识

（1）建筑管理专业与其他专业的关系

建筑管理专业不培养房地产行业的人员，他们应由房地产专业培养。

建筑管理专业与估算师专业是平行的专业，不能互相代替。估算师专业培养的学生应流向工程估算岗位并获得相应的专业职称。

建筑管理专业不能代替建筑会计专业培养会计人员，会计专业是必要的，它培养的学生流向会计岗位并获得相应的专业职称。

（2）建筑管理专业培养的人才特点

建筑管理专业应适应社会主义市场经济体制和现代科技文化发展的需要，改革、更新、充实教学内容，编撰新教材。不再把专业搞得很窄、很专、很死、很老，而要培养应用型、复合型、市场型的人才。在他们身上，技术与经济、技术与管理、管理与经营、理论与实践、专业与基础、知识与技能兼容，择业容易，创业有为，发展有潜力。

（3）学生来源

培养建筑管理专业的学生，可以采取多种形式。可以是全日制大学的，也可以是夜大学的。但是由于该专业课程门类多及知识面广，故不宜培养专科生。可以说，招收在职人员进夜大学习达本科水平或取得第二学位是个好办法。进全日制大学培养，可以采用全国统一招生招收建筑管理专业的办法，也可以在工民建专业中进行分流，分流的时间是3＋1或3＋2（前数是学工民建学年数，后数是学管理学年数）。

（4）教学方法的特点

建筑管理专业是技术经济型专业，属工科不是文科，因此教学方法与技术类专业及文科专业不同。应采用多种教学方式，包括口授、引导、案例、讨论、调查、作文、阅读等。管理专业学生应该更善于思考，善于分析、研究、批判现实、预测未来，并从中学到知识。在各种教学方式中，都应落实在项目管理上。

（5）项目经理应是通用人才

随着社会主义市场经济体制的建立，特别是我国恢复WTO缔约国地位、香港回归祖国、与台湾实现"三通"以后，社会主义市场经济将逐步进入国际市场大循环、施工企业将面临国内国外的双重竞争环境。因此项目经理只懂国内或只懂国外都是不全面、不实用的。通用人才就是既能承包国内工程又可承包国外工程，即使是国内工程也需按国际惯例进行建设。项目经理能否对国内和国外工程都进行高水平的管理，将直接关系到国家的四化建设前途，因此建筑管理专业应该培养全方位的复合型人才。

【注】本文是1994年在北京举办的"建筑管理专业教育国际研讨会"上发表的论文，由作者与清华大学朱嬿教授合写。

努力培养 21 世纪的建筑管理专业人才

（1996）

　　我院从 1997 年秋季开始，将培养"建筑管理专业"本科学生，填补北京地区该专业设置的空白。在 2001 年，我院可向社会输送第一批建筑管理专业本科毕业生。因此，我们造就的是跨世纪的建筑管理专业人才。我们还要建立建筑管理系，尽快创办其他建筑管理类专业，尽快取得管理专业硕士研究生的培养权，为社会输送更多、更高级的建筑管理人才。

　　管理也是生产力。管理主要有两种职能：监理和指挥。关于这两种职能，马克思曾有过精确的论述，"凡是建立在作为直接生产的劳动者和生产资料所有者之间的对立上的生产方式中，都必然会产生这种监督劳动"，"凡是有许多人进行协作的劳动，过程的联系和统一都必然要表现在一个指挥的意志上，表现在各种与局部劳动无关而与工场全部活动有关的职能上，就像一个乐队要有一个指挥一样"。马克思这些精辟论述，既反映了管理的生产关系，也反映了管理的生产力。说明凡有人群活动、劳动的地方，就必须有管理，多数人在一起活动、劳动，如果没有协调、配合、监督、指挥，便无法有序地进行劳动生产，也难以彼此正常地生活，而且随着人类生产活动向深度和广度发展，管理的含意、内容、方式和范围也会随之发生变化。可以断言，社会越进步，管理工作会越显重要。二战中，美国实施的"曼哈顿工程"，围绕一个目标，动员了 15 万科技人员，耗资 20 亿美元，动用了全国三分之一的电力，用三年时间制造出第一批原子弹。60 年代初，美国在人造卫星落后的情况下，急起直追，组织了规模更大的"阿波罗计划"，单它发射的土星 5 号火箭就有 560 万个零部件，飞船有 300 万个零部件，先后参加这项计划的研制人员有 400 万，最多时一次就动员了 42 万人，共有 120 所大学，200 多家大公司一起奋战 8 年，耗资 300 亿美元，终于获得成功。这两个例子说明，使科学技术充分发挥威力的是科学管理，可以说，人类社会发展是靠技术和管理两个车轮驱动的。发展社会主义建筑市场，既要靠发展现代建筑技术，更要靠科学的建筑管理。我们可以自豪地说，我国的建筑技术综合水平正在向世界建筑技术水平接近，有许多方面已达到了世界先进水平。然而，我国的建筑管理水平却是非常落后的，是造成我国建筑业的劳动生产率比发达国家低的主要原因之一。调查表明，忽视管理，会毫不留情地造成政令不畅、决策失误、亏损严重、资产流失、灾祸频繁等人们不愿接受、却往往无法回避的现实和难题。亏损企业 80% 以上是由管理不善造成的。事实证明，只有先进技术，没有科学管理，是不能充分发挥先进技术的作用的。因此，国家在建立"科教兴国"战略的同时，企业必须建立"管理兴业"的战略，靠管理改变"三高"（高数量、高投入、高消耗）和"三低"（低质量、低产出、低效益）的状态，向管理要市场、要质量、要效益。

"管理兴业"靠人才，只有足够数量和质量的经营管理人才队伍才能担负起管理兴业的重担，然而，我国建筑业及其企业严重缺乏管理人才，现在有 50% 以上的经营管理者的年龄超过 50 岁，呈现了明显的老化状态；新生的管理人才极度匮乏；据调查，北京市有 1/4 的经营管理者认为自己不能胜任本企业的经营管理工作。这是由于长期忽视管理，进而忽视管理人才培养和教育造成的结果。因此，要振兴建筑业，把建筑业发展成为国民经济的支柱产业，适应信息时代企业经营管理的需要，就应大力培养和造就足够数量的管理人才队伍，使他们能够承担起 21 世纪建筑业、建筑业企业经营管理和工程项目管理的重担，并可以站在"世界平台"的高度上，驾驭国内建筑市场，在世界建筑市场上取得竞争优势。我院的建筑管理专业就是适应这一时代的需要而设立的。虽然我院招收、培养管理专业本科学生比一些兄弟院校晚了十多年，但是我们肩上的担子却并不轻松，要求的水平更高了。

我国与建筑教育有关的各高等院校早在 80 年代初就预测到了，我国国民经济和建筑业的腾飞必然需要大量管理人才，因而适时地建立起建筑管理类专业、管理系乃至管理学院，培养了大批建筑管理人才，极大地缓解了该领域人才的供需矛盾，并培养和锻炼了实力雄厚的管理、教学力量，得到了建筑业及建筑企业的欢迎和有力支持，然而北京地区建筑教育的专业设置长期以来却只有建筑技术类专业，而没有建筑管理类专业，在这方面远远落后于全国其他地区的高等院校（包括一大批建筑专科学院）。由于专业缺口，只得依靠建筑工程专业的毕业生从事管理工作。据不完全统计，近年来我院的毕业生总人数中，有 50% 被分配在各种管理岗位，这些岗位的人员工作的专业与他们学习的专业差别甚大，既增加了他们工作的困难，又浪费了他们所学的专业知识。现在由于工程人员缺乏管理知识，为了推行建设监理和工程项目管理，才不得不进行系统的管理知识培训，但是通过短期培训，在工作中仍然感到管理知识十分贫乏。根据预测，到 2000 年前后，北京市建筑市场对我院建筑管理专业的需求量为每年 500～600 人。所以，我院开办建筑管理专业，适应了北京市广泛的、大量的社会需求，是非常必要的。

我院的建筑管理专业，是培养德、智、体全面发展的，懂技术、善管理、会经营的，获得建筑经济师和建筑工程师基本训练的复合型、现代化高级工程管理人才。在全面实现上述培养目标的基础上，每名学生都攻读一个专门化方向，毕业生能从事国内外工程项目管理、建筑施工企业生产管理和经营管理、造价管理、固定资产投资管理、建筑工程建造工作，并初步具有建筑工程设计、科研和开发能力。如果学生毕业后从事他所攻读的专门化方向的工作，则可具有相应的业务能力和较强的操作能力。

随着我国经济体制从传统的计划经济体制向社会主义市场经济体制转变，经济增长方式从粗放型向集约型转变的这"两个转变"的深化，在企业经营管理方面的研究和实践正在升温，正在形成全民族建立经营与管理意识的高潮，正在多方面探索与国际惯例接轨。建筑业与国际惯例接轨是多方面的，已经进行和将要进行的监理工程师、房地产估价师、造价工程师、建造师等岗位注册的举措，都与建筑管理专业密切相关，都与国际惯例接轨有关，都与管理专业人才需求及培养有关。因此，为适应时代的要求，建筑管理教育必须先行。1995 年 8 月 9 日《工商时报》发表题为"跨世纪年代企业管理新特点"的文章指出，未来 10 年企业管理将呈现 10 个特点：①企业创新管理将越来越受到重视；②企业文化管理将增加新内容；③企业软件管理将更加系统化；④企业战略管理将强调目标的创新；⑤企业权变管理将更加灵活和精细；⑥企业公共关系管理倍加受到重视；⑦企业现场管理将向柔性化发展；⑧企业资源开发管理更加重视人的作用；⑨企业咨询管理将更加善于借用电脑；⑩企业民主管理将越来越人性化。所以，我们培养跨世纪的建筑管理人才要注意三个层次管理知识的教育，即基础管理、经营管理和发展管理，特别要重视发展管理，包括战略管理、资本经营、信息时代的企业管理、企业文化管理、创新管理、企业公共关系管理等。我们将特别注意信息时代管理思想、理论、模式、方法、组织等变化，进行创新教育，使毕业生能站在"世界平台"上，走在管理浪潮的前头，以适应社会主义市场经济发展和按照国际经济通行规则，扩大对外开放的需要。

北京建筑工程学院有 60 年的建校历史，积累了丰富的培养各类建筑工程技术人才的教学和教学管理经验。在校舍、师资、管理、图书、资料、实验设备等方面均可提供办好建筑管理本科专业的条件。我们与北京地区的建筑企业、事业单位和科研单位有密切的协作关系，可为师生提供广阔的科研及实践基地。我院从 1983 年便设立了建筑管理专科专业，到 1995 年已培养日大、夜大管理专科毕业生近 600 名，还进行了工民建本科管理专门化及国际工程管理专业培养的试验，取得了教育经验，目前我院全日制大学和夜大学有各类管理专科专业 5 个，有一支配套的管理教学师资队伍。这些就是我院开办建筑管理本科专业的良好基础。加之有北京市教委和建委的积极领导和支持，有靠近建设部领导的地理优势，有全国各先行培养建筑管理专业本科生的院校创造的丰富经验可供我们学习，有"全国建筑与房地产管理学科指导委员会"的指导，我们根据"面向现代化，面向世界，面向未来"的要求，对办好建筑管理本科专业并使之扩大、发展，为国家培养更多的建筑管理专业的优秀人才充满了信心。

【注】本文原载于北京建筑工程学院院刊《建筑高教研究》1996 年第 3期，与副院长彭正林合写。

对建筑管理专业教育的几点认识

（1997）

我国的建筑管理专业教育产生于 1956 年，已经走过了 40 年的历程，这个历程非常坎坷，其原因与我国政治经济形势的变化有关，也与意识形态的变化和随之而来的对这个专业的认识有关，例如：这个专业是文科还是工科？是独立存在还是作为技术专业的一个方向？应该具备哪些能力？应当学习什么知识？分配在哪里工作为好？其职称应该是哪个系列？等等。这些问题看似简单，实际上操作起来相当困难，是建筑管理专业存亡兴衰的关键问题。要发展建筑管理专业教育，必须把它们搞清楚。本文对建筑管理专业教育的几个问题谈以下认识。

1. 专业名称应是"建筑管理"

这个专业曾经出现过不少名字，如"建筑工业经济与组织"、"建筑经济管理"、"建筑工程管理"、"建筑管理工程"、"建筑管理"等，我认为称"建筑管理"为好，理由如下：

第一，专业名称是专业内容和专业性质的体现。"建筑管理"专业一词说明，这个专业的内容是涉及建筑的管理，学生毕业后从事的工作领域均与建筑有关。

第二，"建筑管理"，语义明确，是国际上的提法，可以翻译为"Management for Building Construction"。我们这样定义，有利于与国际同专业交流。

2. 建筑管理专业是工科专业，不是文科专业

建筑管理专业是工科专业，因为它是指对建筑工程或与建筑有关的组织或事务的管理，必须具有专业上的真实本领。如果管理者不懂建筑，或管理的职能与管理的对象（建筑）不相结合，便解决不了专业问题，其管理便失去意义。

文科管理专业，学习的是文科的内容，它的服务对象带有普遍性，适宜进行宏观管理，不适宜进行建筑管理这种技术性管理。

"管理"若作为动词，是个及物动词，离开管理对象它便会失去意义。它的"生命"和作用就在于与管理对象相结合，结合的结果是产生专业性的管

理学科门类，学习工科管理专业者所要学习的正是这个专业性。不能用一个管理模式去对待所有专业管理对象。如果不承认这一点，便会造成许多管理专业办不下去、学生难以分配、工作与专业不对号、需要的不会、会的用不上、职称系列归属不明等问题。

3. 建筑管理专业必须独立存在

建筑管理是一门科学，这门科学的历史，同建筑技术科学一样古老。例如中国的都江堰工程，你能说它只有技术而没有管理吗？当然不能。"技术和管理是推动社会前进的两个车轮"，说明它们是并存的，缺一不可，不然就要"翻车"。技术是科学，是生产力；管理也是科学，也是生产力。没有技术的管理，就是没有"基础"的"建筑物"，无法存在；没有管理的技术，就像没有"钢筋"的"混凝土"，擎不起万吨重载。管理既然是科学、是生产力，它就必须同技术一样独立存在。

但是也不能因为技术与管理的关系密切，便在建筑工程专业的基础上增加几门课程代替建筑管理专业。这样做只能使学建筑工程专业者懂一点管理知识，却学不到建筑管理学科体系。建筑管理学科是一门完整的学科体系，不能肢解，不能作建筑工程专业的附属品，必须独立存在、整体掌握，方能有效。

也有"建筑管理学科发展不成熟，不能独立存在"的说法。作为一门学科，管理与技术相比，其形成期是迟了很长时期，但是并不能说它"不成熟"。不论哪门学科都是不断发展的，所以成熟是相对的。管理学科在近代，以不亚于技术发展的速度发展和成熟着。每当管理落后拖了技术后腿的时候，管理必然被迫以更快的速度发展，使它更成熟，以促进技术的发展，我国建筑业的现状就是如此。由于重施工轻管理，生产效率上不去，所以"重视管理，加强管理，发展管理，树立全民族的管理意识"的口号被响亮地提了出来，中央领导也频频为发展管理而号召和决策。这种形势必然产生管理学科高速发展和成熟的结果。由于建筑业是国民经济的支柱产业，建筑管理也必须担当起这个称号。在改革开放的过程中，建筑管理学科得到了迅速的发展；由于信息时代的到来，建筑管理学科遇到了前所未有的发展机遇，正以日新月异的高速度发展着。建筑管理专业40年存在的历史，几乎每所建筑高校或许多工科大学都设建筑管理专业的现状，以无可辩驳的事实，证明了建筑管理专业的成熟性、建筑管理人才需求的迫切性及建筑管理专业独立设置的必要性。

4. 建筑管理专业的培养目标

我们的建筑管理专业培养方案确定的培养目标是："在社会主义市场经济条件下，满足建筑业发展成为国民经济支柱产业所需要的德智体全面发展，懂技术、会经营、善管理的复合型现代高级建筑工程及企业经营管理人才。毕业生能从事国内外工程项目管理、建筑企业生产与经营管理、建筑工程造价管理、建筑工程建造工作，并初步具有建筑工程设计、科研和开发能力"。

这就是说，建筑管理专业培养社会主义市场经济所需要的人才，是能促成建筑业成为支柱产业的建筑管理人才；是技术、管理、经营兼能的复合型人才；是使毕业生面向改革开放形势、具有以工程项目管理为中心的全面能力的现代高级经营管理人才；是面向 21 世纪的管理人才；培养得到的中心能力是管理能力。这里提到的"培养学生初步具有建筑工程设计、科研和开发能力"，是为了使其具有更扎实的管理能力基础的需要，并非是为了把学生分配去专门进行设计、科研和开发。这个培养目标具有国内和国际的适应性。中国的建筑市场正在变成世界建筑市场的一部分，管理专业的学生既然要满足建筑市场的需要，就必须立足国内建筑市场，面向世界的大建筑市场，把握建筑管理科学的真谛，具有广泛的适应性。所以，建筑管理专业培养的人才，应能面对国内外建筑市场发展的形势对建筑工程、建筑企业及企业所属有关部门的管理问题作定量的系统分析，并作出最佳的安排和规划，以有效地利用人力、物力、财力，实现优化配置，提高工程效益、建筑企业工作效率和经济效益，更好地适应国内外建筑市场的发展需要和经济建设的要求。

5. 建筑管理专业的知识结构

建筑管理专业的知识结构是培养方向的支柱，是由确定的培养方向决定的。它由四类知识构成：工程技术知识、经营管理知识、经济知识及法律知识。这四类知识结构以经营管理知识为主"杆件"。它主要由十门主干课程组成，包括：建筑施工技术、建筑结构、工程项目管理、建筑工程造价计价与管理、建筑施工企业财务管理、建筑经济学、建筑技术经济学、建筑企业管理、建筑工程合同管理、经济法。在各门课程内容安排上注意使学生掌握较宽的知识面。

为了获得形成管理能力的专业知识，必须加强实践学习环节。总实践学习时间应当超过 40 周。除随课实践环节以外，还安排四大实习：认识实习、现场实习、管理实习、毕业实习。为了牢固掌握计算机技术，除了专门设置计算机及与计算机关系密切的课程外，还特别安排好应用计算机的专业课程的学习，使学习计算机 4 年不断线，并进行 3 周的计算机实习，作为管理专业的一大特点，安排两个暑期进行共 4 周的社会调查，以增加学生了解社会、了解生产、了解管理的机会，锻炼学生的独立工作能力。

6. 建筑管理专业毕业生的工作岗位

建筑管理专业毕业生的工作适应性较强，因此供需的对口单位较多，学生的工作岗位比较广泛。学生的工作岗位以工程项目管理、施工企业的生产管理和经营管理为主，还可以分配到有关单位进行固定资产管理、建设监理、工程估价、经济分析、项目评估、造价管理等工作，以及分配到教学和科研单位工作等。这些方面对建筑管理专业学生的需求量是很大的。

7. 关于设置"专业方向"的问题

由于建筑管理专业需要掌握的知识面比较宽，故往往形成学业深度不够的弊端，致使一些用人单位难以确定学生的确切工作岗位，毕业生也说不出自己的特长（所谓"看家本领"），这是长期以来困扰建筑管理专业的大问题。所以，为了解决这个问题，我们在坚持以工程项目管理和建筑施工企业管理为主的前提下，设立了几个专业方向，包括工程造价管理、房地产开发管理、建筑企业财务管理。于是，把学制定为3+1，即在前三年基本学完全部必修课程，第四年根据需要和自己选择的专业方向，有针对性地学习规定的选修课程，完成管理实习、毕业设计和毕业论文。这样，毕业生既有全面的建筑管理专业知识，又有一门特长，预期可受到用人单位的欢迎。

8. 大学建筑管理专业不宜培养专科生

建筑管理专业培养专科生，我们有较多的实践，体会是：大学建筑管理专业今后不宜培养专科生，理由如下：

第一，由于建筑管理专业要求掌握的知识面广，专科学制的时间是不够用的。

第二，建筑管理专业毕业生要承担起的工作责任，要求有一些特殊的能力，如社交能力、组织与指挥能力、写作能力、技术管理与开发的全面能力等，专科生是难以达到这个要求的。

第三，在一所土建类高等学校里，如果不设建筑管理专科，只设立建筑管理本科，有利于集中力量办好本科专业，提高办学效率和档次。

但是，我们有能力、有义务在成人教育中设建筑管理专科。这是因为，成人在入学前有过管理实践，考学有针对性，可带着问题学，学用一致，故学得好、用得上。由于目前我国职工的平均管理素质现状迫切要求补课，有计划地进行业余管理专科教育，大大有利于提高建筑行业职工的管理素质和建筑管理的集约化水平。

【注】本文为促成北京建筑工程学院开设建筑管理专业而作，原载于《北京建筑工程学院学报》1997年第2期，与副院长彭正林合写。

"工程项目管理"是建筑管理专业的主干课程

（1997）

工程项目管理是指工程建设者运用系统工程的理论和方法，对工程项目进行全过程的计划、组织、指挥、协调、控制等专业化活动；其基本特征是面向工程，实现生产要素在工程项目上的优化配置，为用户提供优质产品（服务）。由于管理主体和管理内容的不同，工程项目管理又可分为建设项目管理（由建设单位进行管理）、工程设计项目管理（由设计单位进行管理）、工程施工项目管理（由施工企业进行管理）和工程建设监理（由工程监理单位受建设单位的委托进行项目管理）。

"工程项目管理"课程是建筑管理专业的主干课程，具有很强的理论性和实践性。学习目的是使学生掌握专业理论知识和培养业务能力，具有毕业后从事建筑管理专业工作的本领。

项目的最显著特征是一次性，即有具体的开始日期和完成日期。一次性决定了项目的单件性和管理的复杂性。工程项目是项目中最主要的一大类，它除了具有项目的共性外，还具有流动性、露天性、项目产品固定性、体形庞大性等特点，对它的管理要求实现科学化、规范化、程序化、法制化和国际化。工程项目管理具有系统性和市场性，既是市场经济的产物，又要在市场中运行。项目管理作为一门学科，是 20 世纪 60 年代以后在西方发展起来的。当时，大型建设项目、复杂的科研项目、军事项目和航天项目大量出现，国际承包事业大发展，竞争非常激烈，使人们认识到，由于项目的一次性和约束条件的多样性，要取得成功，必须加强项目管理，引进和开发科学的管理方法，于是项目管理学科作为一种客观需要被提出来了；另外，从第二次世界大战以后，科学管理方法大量出现，逐步形成了管理科学体系，广泛被应用于生产和管理实践，产生了巨大的效益；网络计划技术在 20 世纪 50 年代末的产生、应用和迅速推广，在管理理论和方法上是一次突破，它特别适用于项目管理，有大量极为成功的应用范例，引起了世界性的轰动；人们把成功的管理理论和方法引进到项目管理之中，作为动力，使项目管理越来越具有科学性，终于作为一门学科迅速发展起来了，跻身于管理科学的殿堂。

项目管理学科是一门综合学科，应用性很强，很有发展潜力。它与信息科学和计算机的应用相结合，更呈现勃勃生机，成为人们研究、发展、学习和应用的热门学科。20世纪90年代以后发展起来的现代项目管理科学具有四大特点：运用高科技；应用领域扩展到各行业；各种科学理论（组织论、信息论、系统论、控制论等）被广泛采用；向职业化、标准化和集成化发展。可以得出这样的结论：理论的不断突破，技术方法的开发与运用，使项目管理发展成为一门完整的学科，工程项目管理是这门学科的一个重要分支。

我国进行工程项目管理的实践源远流长，至今有2000多年的历史，许多伟大的工程，如都江堰工程、宋朝丁渭修复皇宫的工程、修筑京杭大运河工程、北京故宫工程等，都是名垂史册的工程项目管理实践典范，并运用了许多科学的思想和组织方法，反映了我国古代工程项目管理的水平和成就。新中国成立以后，随着国民经济和建设事业的发展，进行了数量巨大、规模宏伟、成就辉煌的工程项目管理实践活动，如第一个五年计划的156项重点工程，国庆10周年北京的十大建筑工程，大庆石油化工工程，南京长江大桥（一桥）工程，上海宝钢工程等，都进行了成功的工程项目管理实践活动，只是没有系统地上升为工程项目管理理论和学科的高度，是在不自觉地进行工程项目管理。在计划经济体制下，许多做法违背了项目管理的规律而导致效益低下。长时间以来我国在工程项目管理科学理论上是一片盲区，谈不上按项目管理模式组织建设。

在改革开放的大潮中，作为市场经济下适用的工程项目管理理论，根据我国建设领域改革的需要从国外引进，是十分自然和合乎情理的事。20世纪80年代初，工程项目管理理论首先从德国传入我国。之后，其他发达国家，特别是美国、日本和世界银行的项目管理理论和实践经验，随着文化交流和工程建设，陆续传入我国。1987年，由世界银行投资的鲁布革引水隧洞工程进行工程项目管理和工程监理取得成功，迅速在我国形成了鲁布革冲击波。1988～1993年，在建设部的领导下，对工程项目管理和工程监理进行了5年试点，于1994年在全国全面推行，取得了巨大的经济效益、社会效益、环境效益和文化效益。2001年和2002年，分别实施了《建设工程监理规范》GB 50319—2000和《建设工程项目管理规范》GB/T 50326—2001，使工程项目管理实现了规范化。纵观20多年来我国推行工程项目管理的实践，可以看出，我国的这一项事业或学科发展体现了以下特点：

第一，项目管理理论引进的时候，正是改革开放已经起步，开始向纵深发展的时候。探求项目管理与企业体制改革相结合，在改革中发展我国的项目管理科学，这就是当时的现实。

第二，由于实行开放政策，国外投资者和承包商给我国带来了项目管理经验，又做出了项目管理的典范，使我们少走许多弯路。我们自己的队伍也走出国门，迈入世界建筑市场，在国外进行项目管理的学习和实践。

第三，我国推行项目管理有规划、有步骤、有法规、有制度地进行，故只用了十几年就走出了国外 30 多年走过的路程。

第四，项目管理学术活动非常活跃，一批批很有价值的项目管理研究课题开花结果，形成了我国的工程项目管理学科体系。

第五，迅速产生了许多工程项目管理的成功典型，并带动了全面性工程项目管理活动的开展，形成科学管理促进生产实践和提高效益的良好氛围，理论和实践得到了有效的结合。

第六，教育与培训先导。我国推行工程项目管理，把教育与培训放到了先导的位置，编写教材、培训师资、设立培训点、进行有计划的岗前培训，并坚持对项目经理、监理工程师等进行培训和继续教育，故有力地促进了项目管理人员水平的提高。

我国工程项目管理正沿着科学化的方向发展，具体表现在六个方面：一是实现了工程项目管理规范化；二是大力开展工程项目管理自主创新和实践经验总结；三是坚持使用科学的工程项目管理方法；四是努力推行工程项目管理集成化；五是广泛深入学习和吸收国外的先进项目管理理论、思想、知识、方法、文化和人员认证标准，并努力实现国际化；六是把工程项目管理与建立社会主义建筑市场紧密结合起来，与建立新的建设体制和模式结合起来，相互协调发展，以项目管理推动生产力水平不断提高。

【注】本文根据作者主编的高等学校规划教材《工程项目管理》的绪论整理并命名。

怎样备考造价工程师

（1998）

将于 1998 年 10 月 10 日和 11 日举行的全国造价工程师执业资格考试，是继 1997 年试点考试后的第一次全国统考，目前大部分考生都已进入紧张的备考状态。应《北京工程造价》编辑部之约，作为指定用书的主编之一和培训班的教师，对如何备考谈几点意见，以供考生参考。

第一，根据考试内容的特点，制订一份备考计划。做任何一件事，首先有目标和计划。争取考中就是考生的目标，该目标一经确立，接下来就是要有一份实施计划，按计划备考，以免盲目行事。编制备考计划首先要认识考试内容的特点。总的来看，考试内容是面广、量大、深度浅，这就要求考生制定计划应当有阶段目标。逐个"攻克"，并给每个目标以足够的时间，还要在近考期预留一周左右的总复习时间（1～2 天一门课）。

第二，参加考前辅导班目的要明确。参加考前辅导班的目的是借教师之力，明确备考重点，备考方法，弄懂少数难点。有两种情况是不妥的：一是同时参加几个辅导班，把自学备考的时间挤得所剩无几；二是底子太薄，靠辅导班突击"学会"、"考中"，这不易办到。所以参加一个辅导班即可，留出时间自己消化备考。

第三，复习要有重点，但不要押题。抓重点的目的是解决面广量大的问题，既省时间又见效果；不押题是防止片面复习，因为考题多，覆盖面大，"押"而无益，加之单选题，多选题命题方式灵活，"押"而无效。

第四，有重点地学习辅导材料。现在市场上出现了许多以盈利为目的的"辅导材料"，许多材料并无多少辅导作用，只是把指定用书"简化"，篇幅仍然很大，既多花钱，又费时间，还搅乱了学员的学习目标。故建议考生不要到社会上乱买参考资料，只买一本较满意的供参考即可。未参加学习班者可选购由指定用书作者参与编写的资料。切莫让众多的辅导材料占去你大量宝贵时间，并弄得你眼花缭乱、无所适从。

第五，"案例"备考，首要的是掌握原理。许多考生对案例题心生怯意，原因有三：一是因为案例题综合性大，给人以"难"的感觉；二是案例题出现计算内容较多，许多考生不善计算；三是对案例题的规律性难以把握，大多数人缺乏解案例题的经验。但是案例题占比分很大，不可轻视，必须迎难而上。根据 1997 年试点考试的情况看，案例题并不可怕，或并不比其他科目及格率低，因此考生应坚定成功的信心。但在备考方式上要认真对待，首要的是掌握原理。尽管考题千变万化，但无非是原理的具体化或应用化。原理在哪里？在《相关》、《控制》和《计量》三本书之中，尤其是在前两本之中。故有信心和能力考中前两门，便具备了考中案例题的能力，便可建立信心。案例题重点是比较明确的：考试大纲中有的 10 点，培训大纲中归纳为 6 点。掌握这 6 个方面的原理，就掌握了答题的主动权，剩下的就是"临场"发挥了。

第六，如何抓"重点"。"重点"有以下特征，首先是它与"造价"计价和控制关系密切；其次，它在一个重要原理和知识点上地位比较明显；第三，在指定用书中，阐述清楚，简练明确，可命题性强，有可答性；第四，不难、不偏、不怪、无争论、书中不矛盾，有唯一正确答案。抓重点，首先要从培训大纲中分析，重要顺序是：掌握→熟悉→了解。大纲中没有的，可以忽略。书中无定论的内容，可以回避。对重点要抓住不放，在理解的基础上记忆，不要死记。应用性重点一定要会用，会举一反三，力争主动。找重点一定要分析思考，抓重点要重在实效。

第七，怎样答单选题和多选题。单选题是从四个选项中选出"最符合"题意的一个选项，解此问题要求准确。多选题从备选的五个选项中选出"符合题意"（无"最"字）的选项，至少两项，最多四项，不仅要选择准确，而且要选择全面。选择题由题干和备选答案两部分组成。题干规定了试题所要求的范围、层次、角度或条件等要求，题干的规定性不同，正确的备选答案也不同。答题要先审题干，辨别备选答案哪些符合题意，哪些不符合题意。要冷静、认真，单选题答案具有唯一性，以考查基础知识的掌握为主，只要记忆准确，即易选对；多选题是对基本知识和原理的深层了解，与题外知识联系较多，特别要辨析、慎选、不漏，但答案把握不准时，宁"缺"勿"滥"，因为少选可部分得分，而选错一项则不得分。可以用选对法选正确选项；也可用排除法把错的排除了，剩下的就是正确的。两种方法中可用一种选答案，用另一种复核。

第八，怎样答综合题。建议注意六点：第一，通览全部考卷，根据难易初步排出先易后难的答题顺序；第二，审视要答题的"条件"和回答"要求"，决定回答方式；第三，通过解剖答题"化大为小"，逐个解"小"而克"大"；第四，占时间多的"难"的要先回避，待"易"的答完后再重点思考，以免浪费时间；第五，要冷静，不要因题大而犯难，或乱了阵脚；要有信心，可以通过"各个击破"化"大"为"小"，化"难"为"易"；第六，要留出总复查时间，以便改错；复查时发现小错要及时改正；发现大错来不及改则要放弃。所以复查计划时间最多半小时，不要挤占了答题时间。

第九，临场要正常。考试临场要有个平静的心态，冷静的头脑，章法不乱，考虑周到，思维敏捷，审题有效，遵守纪律。要看清答题注意事项，不要因小差错（如用错笔、看错题、漏一字、违一禁等）而蒙受损失。

最后我想用一句话预祝考生成功：成功来自于勤奋、效率和方略！

【注】本文原载于《北京工程造价》1998年第2期。

论造价工程师的知识结构

（1999）

造价工程师执业资格系列已经在我国建筑业建立，并编写教材，进行了试点考试和全国统考，取得了经验。一项岗位系列的建立，必须有相应的知识结构标准和要求，以便进行水平提高、水平考核和资格考试。下面就是我们对造价工程师的知识结构的研究意见，抛出来和同行们共同讨论。

1. 造价工程师的知识结构应服从其执业需要

《造价工程师执业资格暂行规定》（以下简称"77号文"）第三条"凡从事工程建设活动的建设、设计、施工、工程造价咨询、工程造价管理等单位和部门，必须在计价、评估、审查（核）、控制及管理等岗位配备有造价工程师执业资格的专业技术人员"；第十八条规定的造价工程师的6条义务中，有4条内容涉及了熟悉、执行和遵守法律法规。这就是说，造价工程师的工作单位和部门涉及了所有的工程建设单位和部门，其岗位是计价、评估、审查（核）、控制和管理，这就是造价工程师的执业需要。造价工程师只有成为一名以精通工程造价为主的工程经济管理人员，才能适应这些岗位的需要。这样的人员应当具备工程造价、工程技术、工程经济、工程管理、建设法律法规五大类知识。第一类知识是造价工程师的执业灵魂和法宝，后四类知识是第一类知识的支柱，这就是造价工程师的知识结构。

2. 造价工程师应掌握几门学科知识

造价工程师的知识结构确定后，便应当确定其知识内容。首先应明确的是，造价工程师是中级或高级专业技术人员，必须具有较高的知识素质。所以，其知识内容不能过窄，不能肤浅，不能只满足操作需要，不能学科混杂。应当以几门独立的学科支撑造价工程师的知识结构框架。学科既应有完整的学科体系，又应有成熟的理论和方法，并将理论和方法有机地结合在一起，可以应用于实践，满足生产和管理的操作、运行、开拓、研究和发展的需要。

基于此，欲成为造价工程师应学习以下五门学科知识：一是"工程造价"，二是"工程技术"，三是"工程经济"，四是"工程项目管理"，五是"建设法律法规"。

3. "工程造价"的内容

"工程造价"知识既然是造价工程师的执业灵魂和法宝，就应当满足工程造价管理的全部需要。这里强调的是工程造价管理，而不是工程造价控制。管理的职能是计划、组织、指挥、控制和协调。控制（Control）是管理（Management）的职能之一，不能以"广义的控制"代替"管理"。

"工程造价"的主要内容包括以下几部分：价格学概论，建筑产品价格学概论，决策阶段工程造价的计价与管理，设计阶段工程造价的计价与管理，施工阶段工程造价的计价与管理，工程竣工验收阶段工程造价的计价与管理，工程造价的后评价。

"工程造价"不是计划经济下的工程定额管理，而是市场经济的工程造价管理，故定额与预算的课程模式不能代替它。估算指标、概算定额和预算定额只是用来计算工程量和工、料需要量，价格依靠信息的提供取得，不包含在定额中。施工图预算用实物法计算，主要为招标、投标和签订合同服务。工程计量方法自然便包含在本课程之中，应是建设行政主管部门的统一规定。

4. "工程技术"的内容

"工程技术"的内容比较广泛，它可以包括工程构造、工程结构、工程材料和工程施工技术。因为其中的主要内容在学历教育中进行了全面学习，故该课程不应当过于庞杂，应当结合造价工程师的需要突出重点，该重点就是工程材料、工程施工技术和工程机械，这三者也应突出重点：工程材料以现场使用较多、对工程质量影响较大的 A 类材料为主，着重讲授材料的性能和使用方法，明确考核点；施工技术以技术性较强的、机械化要求较高的为主；施工机械着重选择、使用的方法和组织。至于工程构造与工程结构，可不列入。

"工程技术"中不必包含施工组织的内容。施工组织说穿了是一门技术管理课程，作为施工项目管理规划服务于施工项目管理。相应地，施工流水作业与工程网络计划技术也应一并纳入"工程项目管理"中。高等学校的工程项目管理统编教材就是这样处理的，并受到了欢迎。

5. "工程经济"的内容

"工程经济"既给造价工程师以经济学知识，也给以工程与经济相结合的边缘学科知识，为工程项目的决策服务。"工程经济"包括以下主要内容：经济学原理，投资经济，工程经济学原理与方法，工程经济评价原理指标体系，建设项目的静态分析和动态分析，建设项目的财务评价，建设项目的国民经济评价，建设项目的不确定性分析，建设项目可行性研究。

6. "工程项目管理"的内容

"工程项目管理"应包括以下内容：工程项目管理原理、工程项目的策划和前期管理、工程项目实施阶段的管理。有几点需要说明：

（1）工程项目策划和前期的管理主体是建设单位和咨询单位，重点是决策；工程项目实施阶段管理的主体是设计单位、施工单位和监理单位，重点是工程项目的费用控制、进度控制、质量控制、安全管理、合同管理、现场管理和资源管理等。

（2）在实施阶段要重视项目管理规划。将施工组织设计改造并扩展为施工项目管理规划纳入本书。

（3）传统对工程项目进行"三控制、两管理、一协调"的提法要改变："三控制"可以保留，"两管理"应扩展为"四管理"，即安全管理、合同管理、资源管理和现场管理。信息管理不应独立，应贯穿在管理的全过程中。协调为控制服务，可以不单独提出。增加资源管理的原因是，项目管理的最终目的是进行资源优化配置和动态管理，提高经济效益，所以不应当忽略。现场管理具有综合效益，亦应引起重视。招标投标属施工准备中的内容，故应列入本门课程。

（4）建设程序应包含在工程项目管理中，不列入其他各门课程，以免重复；不要把建设程序与建设管理程序混淆，也不要把建设程序说成是基本建设程序。要按国家现行规定规范建设程序。

7. "建设法律法规"的内容

"建设法律法规"包括以下内容：法律与法规概论、合同法、建筑法、建设法规、建设法规管理、工程合同管理。

建设法规应选择与工程造价的计价与管理关系比较密切的、主要的，要少而精；主要进行法规知识介绍，以便执法、守法。

工程合同管理虽然是"工程项目管理"的一项内容，但由于内容较多，在"工程项目管理"中不便详述。因为它与合同法关系密切，工程合同应依法签订、依法履行、依法管理，所以在本学科内详述。

8. 关于教材编写与考核

（1）以上是对课程内容的框架意见。工程管理类教学一个很大的弊端是学科界限不清，造成相互穿插，重复甚多。造价工程师的培训教材切忌重复，因此应事先制订教学大纲，编写时严格按教学大纲执行，最后有人统稿，删除重复与错误。

（2）工程造价案例分析应贯穿在每门课程之中，可不单设课程，但还是要作为主要科目进行考核。以上五门课程的考核目的是考查考生的学术知识水平；"工程造价案例分析"考核考生的业务能力。

（3）考试可以分成两部分进行：一部分是全国统考，一部分是专业统考。进行全国统考的课程是："工程经济"、"工程项目管理"、"建设法规"；分专业进行考试的是："工程造价案例分析"、"工程造价"和"工程技术"。

（4）根据试点考试和1998年统考的经验与教训，考试专业可分为建筑、土木和设备安装，即增加土木类。土木类与建筑类有较大区别，分别考核为好。但土木类不宜过宽，以公路、桥梁和水坝为主。

（5）考核的课程科目共有6门。这是一个学科化、系统化的独立专业知识考核体系，与监理工程师系列培训教材（6门）及项目经理培训教材（7门）相比较，科目还不算多。由于学科分清了，既有学科理论，又有学科方法，学习起来目标明确，更容易掌握。按这样的水平要求造价工程师，我国建立起来的造价工程师队伍完全可以与国际同行的水平较高下，并与国际惯例接轨。

【注】本文原载于《北京工程造价》杂志1999年第1期，由作者与北京市建委副总经济师俞昌璋合写。

以服务为宗旨　确保工程项目经理的培训质量

（2000）

中国建筑学会建筑统筹管理研究会工程项目经理（以下简称项目经理）培训点，是经建设部确认的培训点，多年来坚持"以服务为宗旨，确保培训质量"的方针，培训了大批项目经理，取得了很好的教学信誉。

1. 高度重视项目经理培训的特点和意义

在思想上高度重视项目经理培训，是基于对它的特点和意义的认识。项目经理培训不同于学历教育，具有下列特点：第一，它是岗位培训，不但专业明确，而且服务的岗位也十分肯定。第二，它是成人的继续教育，参加学习的成员有一定的技术知识，有一定的技术职称，有较多的经验和实践知识，因此他们比参加学历教育者的知识丰富，操作能力强。第三，教学的目的明确，在于补充知识，尤其是管理知识、经济知识和法律知识，是学而为用的。第四，这项培训是在行业主管部门的统一领导下进行的，有法规，有统一标准和专用教材。我们的培训就是根据这些特点安排的。由于特点认识清楚了，培训就具备了主动权，教、学一致，不至于产生教与学的矛盾，使成功几率大大提高。

项目经理培训的意义在于：第一，它为项目管理培养领导人才，是工程项目管理成败的关键，也是项目施工成败的关键。第二，它关系到施工企业改革的成败。以项目管理作为施工企业改革的突破口的目标能否实现的责任落在项目经理身上，也落在培训者身上。第三，它是建筑市场能否顺利建成的关键。建筑市场的各项运行机制以及优化配置资源的作用主要体现在项目上，项目经理通过培训明确自己的责任并学会在市场中进行规范的操作。第四，它是提高我国建筑业整体管理水平的关键。这是因为，我国实施项目管理制度，根本目的是进行工程建设管理体制的改革，提高管理水平，进行集约化的管理，要做到这一点首先要提高项目经理的管理水平。明确项目经理培训的上述意义，就有了培训的动力。

2. 坚持"服务"的宗旨

项目经理培训，是为推行项目管理服务、为提高项目经理的水平服务、为企业服务、为我国的工程建设服务，我们培训点还要为团体会员单位服务。是否以服务为宗旨，是检验项目经理培训动机和质量的重要标志。教育学告诉我们，教育的宗旨就是服务，教育的质量就是服务质量，而不是其他。因此，我们坚持低收费，高服务，对会员单位优惠收费；对学员高度负责，派出高水平教师讲够内容，结合实际讲足学时；制定教学制度，严格管理和考勤，严把考核关，提高成活率。

3. 优选教师，保证教学质量

为了完成意义非凡的培训任务，教师是关键。我们配备了成套的固定教师，决不临时聘请补缺，并努力优化教师队伍。聘请的教师全部是具有教授、副教授职称的专业教师，这些教师都进行了项目管理知识的全面学习，且有较深的研究，有项目管理领域的科研成果，掌握了项目管理学科发展的动向和最新知识，有丰富的项目管理实践经验。还有三名教师参加了项目经理培训教材的编写。因此，学习班都能使学员满意，许多学员说，我们向老师们学到了项目管理的真谛和硬功夫。

4. 优化学习内容

严格按建设部的统编教材进行培训是我们的基本培训内容，其中包含了它的基本思想体系、目标体系、方法体系和改革思路。但是，我们规定，每个教师都不能静止地对待统编教材，而要掌握在改革中它的每一步发展和变化，严禁向学员灌输已经过时的内容和已经修改了的原标准。因为教材是1995年初编写出版的，距今已有五年时间，发展变化很大，新出台了很多法规，规程、标准修订的也很多，新的项目管理理论和经验不断出现，应及时向学员传递。这也是能否通过培训推动项目管理发展的大问题。例如，对《建筑法》、《合同法》、《招标投标法》实施后对项目管理所带来的变化，在27号文（《进一步推行建筑业企业工程项目管理的指导意见》）颁发后关于对项目经理责任制的正确理解，对项目成本核算制的科学操作，对网络计划新规程的实施，对ISO 9000的2000版的贯彻，对新合同示范文本的执行，对FIDIC合同条件2000版的应用等，都给予充分重视，及时补充新内容，代替已经过时的内容；对于培训的学员专业的变化，也能做到较好的专业适应性。学员反映，我们办班认真，对学员负责，能学到项目管理的全面知识和最新知识，能把握住项目管理学科的脉搏。

5. 严格教学管理

成人教育也是在职教育，最大的困难是由于工作忙而缺课。前面的缺课会对以后听课造成不良影响，最终影响学习成绩。因此，我们把教学管理的重点放在抓出勤率和考核上，规定，请假 5 次及其以上的不予考核发证；缺课 3 次及其以上的也取消考核资格；在学习期间不准打电话，手机、呼机一律关闭。在严格纪律的同时，也严格要求教师，除了讲足学时、保证质量以外，还要多听取学员的意见，针对专业要求补充必要的内容，修正不妥的做法，尽量满足学员的合理要求，使学员能得到学习知识的满足；还要求教师掌握改革中发现的项目管理的新问题、新经验、新理论、新规定，在教学中进行研究，不断更新知识，补充知识。

6. 服从领导，虚心学习

项目经理培训是在主管部门的领导下进行的，因此我们做到了服从领导，主要表现在：第一，按规定的培训教材教学；第二，按规定的授课时间教学；第三，按有关新规定和新制度教学；第四，按要求严格考核和发证；第五，及时上报培训计划和培训结果，请示有关新规定和新指示。项目经理培训是在建筑业协会工程项目管理委员会的归口管理下进行的，因此我们与工程项目管理委员会密切联系，通过这种联系不断充实教学内容，使教学更加规范化。我们还注意向其他培训点学习。1999 年大连会议结束后，及时组织学习了会议文件精神和大会交流的经验，改进了教学；还密切注意学习《工程项目管理研究》杂志中的文章，从中掌握信息、吸取经验，改进教学。

【注】本文是作者在 2000 年代表中国建筑学会建筑统筹管理分会向建设部建筑管理司及中国建筑业协会项目管理委员会提交的项目经理培训报告。

论学会与继续教育

（2000）

北京统筹与管理科学学会成立 20 年来，围绕学会研究的主业和相关业务，紧跟改革和开放的需要，举办各种学习班、研讨班、报告会，把继续教育作为经常性工作，在北京、外地、学校、工厂和工地办班，邀请教师和专家授课，请国外专家来华演讲，学习专业知识、介绍经验、报告科技应用成果等，共有一万多人次通过我会接受了继续教育，既为社会作了贡献，又使学会得到了发展。我们深刻体会到，学会不仅要进行科学研究，而且要在继续教育中发挥重要作用，并用继续教育促进科研开展，为社会作贡献。

1. 学会有继续教育的人才优势

学会是智能型人才密集的组织，学者、专家多，作教育工作的多。北京统筹与管理科学学会的人才主要来自两个方面：一是高等学校的教师，二是企业（或设计单位）的专业骨干人员，两者都是智能型人才，可作为继续教育的教师，且跨专业的幅度大，可以做到优势互补，根据需要组成多个教学班子，可取得很好的教学效果，甚至起到大学或中专学校起不到的作用。现在许多进行继续教育的单位（学校），专业对口的教学人才缺乏，既有理论又有实践经验的人才不足，能取得好的教学效果的教学人员贫乏。所以，我国的继续教育应充分利用学会这一部分人才。但是目前，学会的继续教育人才优势利用率非常低，甚至还基本上没有被利用。

2. 学会进行继续教育有利于科研成果转化为生产力

学会是进行科学研究的，掌握着最新的科研成果，这些成果应转化为生产力。学会还担负着"金桥工程"的搭桥任务，也是要把科研成果转化为生产力。目前，科研成果转化为生产力的效果不好，原因固然很多，但有一个问题是可以肯定的，就是许多研究者有了科研成果以后，满足于发表论文、争奖励、提职称，目的达到以后，又进行新的科研项目，形成了一个个怪圈，从而忽视了科研成果的应用，使科研成果不能转化为生产力。学会参与继续教育后，可以首先掌握科研成果，然后通过"搭桥"或"协作"的形式，以进行继续教育开头，使推广应用单位的骨干人员也掌握科研成果，进而应用推广，便会使科研成果转化为生产力。在这个过程中，学会把继续教育、搭桥、推广科研成果及促使科研成果转化为生产力的各个环节串联并有机结合起来了。这也是促进科研成果转化的新思路。

3. 学会进行继续教育可以打破继续教育的地区及行业封锁

由于我国正从计划经济向市场经济转变，利益机制对人们的价值观和行为取向起着严重的制约作用，教育也不例外。一些行业或地区，把办教育只作为创收、牟利的途径或手段，进行行业的或地区的封锁、垄断，或以发证作诱饵，不顾教学质量，胡乱收费，实际上把继续教育引入了歧途。这也是目前继续教育中的一大障碍，应当通过改革加以解决，有效的方法是用法律或法规的形式制约继续教育中不正之风的存在，并依法提倡学会参与继续教育，使继续教育势力雄厚的学会组织有权从事它的专业范围内及与之相关知识的继续教育。这是打破地区和行业封锁、垄断的有利之举，也是提高继续教育水平的有效之行。当然，学会的继续教育要接受政府教育部门的管理和监督，挡住不正之风。

4. 实现科教兴国应当充分发挥学会的继续教育作用

科教兴国是依靠科学、技术和教育振兴我国，这三方面都需要人才。既需要依靠现有的人才，又需要大力培养新的人才。无疑，在学会组织中，蕴藏了大批的科技人才，需要充分发挥他们在科学技术和教育中的作用。其中，除了发挥他们拥有的在学校中工作人员的教育作用以外，更全面、更广泛的教育作用就是使学会充分参与继续教育，并促进继续教育的开展。继续教育开展得如何，应是检验科教兴国的一项重要标准。学会在知识更新中是最活跃的力量，他们可以用最新的知识教育人，用巨大的知识力量振兴经济，使我们的国家在知识经济时代高效运行。

5. 开展继续教育是学会的出路之一

建立市场经济以后，由于人们价值观的改变，对学会的支持比起20世纪80年代初相差甚远，既有不受重视之烦，又有经济拮据之忧，发展会员不顺利，服务方向难以找准。比起协会或联合会来，相差甚远。但是学会要生存，要活动，要发展，就必须首先找到出路。出路在哪里？不能等待机遇，也不能靠什么救星，只能依靠学会自己。靠端正服务方向，靠改革和创新。联系广大科技工作者进行科学研究和科学普及等科技活动，是学会工作永恒的主题，围绕这个主题开展继续教育是一条较好的出路，一可为广大科技工作者服务，二可普及科技知识，三可推广科技新成果，四可联系广大科技工作者和社会各相关业者，五可以利用机会发展会员、挑选骨干、壮大队伍，六可以用服务收入支持学会的活动。学会没有固定的编制，不需花很大力气赚钱为会员牟利益，只需有活动经费就可以了。我们不能依靠会员单位交会费养会，要用学会自己的力量养会，这样，会员拥护，学会工作者也内心平衡，于工作和学会的发展都有潜在的好处。

6. 努力争取获得继续教育的资格

认识到继续教育对学会的意义以后，就要为获得继续教育的资格作出努力。为此，我会有以下六点应予考虑：一是学会应有几套较强的教学班子，有较强的适应社会继续教育需要的能力；二是作出成绩，赢得会员单位的信任；三是取得政府教育主管部门的支持，使之允许进行继续教育，并在资质上予以认定、发证；四是创造教学必需的教室、设备等条件，以便进行教学活动；五是加强自律，严格要求教学工作者保证质量，并经常听取学员单位的意见改进工作；六是努力改善环境，部门、行业和地区打破封锁，搞开放教学，使竞争机制发挥作用，这也是在市场经济条件下必须做到的。

【注】本文是作者2000年代表北京统筹与管理科学学会写给北京市科学技术协会的报告。

理论与实践相结合地备考建造师

（2005）

1. 《房屋建筑工程管理与实务》的特点

一级建造师执业资格考试共设四门课程，其中有三门是综合课程，只有"专业工程管理与实务"是专业课程。报考房屋建筑工程专业的学员，应注意针对《房屋建筑工程管理与实务》的特点进行准备。这门课程的特点如下：

（1）专业性

专业性是《房屋建筑工程管理与实务》的首要特点，表明本门考试是针对房屋建筑工程专业的，考试内容体现了对考生的专业性知识和技能的要求，包括了房屋建筑专业的技术、项目管理和法规（标准、规范）3个方面的技能要求。其中，重点是第2章的项目管理与实务，占总分数的75%；第1章的建筑工程技术约占总分数的15%；第3章的法规及相关知识约占总分数的10%。

（2）应用性

本门考试考核参考人员的专业能力，即解决生产过程中实际问题的能力，看考生是否能应用书中的知识解决生产实践中的技术问题、项目管理问题和涉及法规（标准、规范）的问题。重点考核考生的进度控制能力、质量控制能力、安全控制能力、造价控制能力、资源管理能力、合同管理能力、现场管理能力和组织协调能力。

（3）全面性

全面性指知识的全面性。考试用书包括房屋建筑工程的技术、项目管理实务、法规及相关知识三章。在房屋建筑工程技术方面，包括了工程力学与工程结构、建筑材料、建筑工程技术知识；在房屋建筑工程项目管理与实务方面，包括项目管理专业知识、进度控制、质量控制、安全控制、造价控制、资源管理、合同管理、现场管理和组织协调实务；在房屋建筑工程法规及相关知识方面，包括房屋建筑工程法规和工程技术标准。因此，无论包含的学科方面、知识容量方面、考核的能力方面，都是比较全面的。

（4）多样性

多样性指考试题型多样。三门综合课程只有一种选择题题型，而本门课程却有选择题和案例题两种题型。其中，房屋建筑工程技术、房屋建筑工程法规及相关知识两部分的考试题型是选择题，主要考核知识水平；房屋建筑工程项目管理与实务的考试题型是案例题，考核应用项目管理知识解决实际问题的能力。就难度讲，案例题的难度大，处在难度曲线的峰值上，对整体考试的成功起着关键作用。案例题的特点是题数少、题量大、内容活。120 分的考题只有 5 个题目；每个题目 20 分或 30 分不等，有 3～5 个小题，共有 10～20 个采分点；大部分是问答题，也可能有少量计算题和绘图题；考题都是从实践中提炼出来的典型应用问题，需要应用书中所学的知识回答或解决。显然，实践经验丰富的考生回答案例题具有优势。

2. 对考试用书的认识

考试用书是严格按照一级建造师执业资格考试大纲编写的。因此它是考生学习、备考最可信赖的依据。该书按照大纲，依章、节、目、条的顺序编写。在每一目的名称前面，标以"掌握"、"熟悉"或"了解"，表明了其重要性。"掌握"的内容最重要，应用性的居多，约占总内容的 70%；"熟悉"的重要性次于"掌握"，应用性和理论性的内容兼有，约占总内容的 20%；"了解"的内容主要是知识性的，重要性最小，约占总内容的 10%。当然，考试命题多少的顺序依次是掌握、熟悉、了解。因此，学习时间和精力也应当基本按这个比重分配。

下面对"房屋建筑工程项目管理与实务"进行分析。

（1）本章共 9 节，是作为一名一级建造师应当具有的项目管理专业知识和能力的载体。一名建造师根据完成其承担的项目管理任务的需要，应当具有项目管理专业知识和 7 项能力，本章就是按这个框架编写的。

（2）第 1 节"房屋建筑工程项目管理专业知识"，重点要求熟悉房屋建筑工程施工项目经理责任制的内容。该项内容完全按照《建设工程项目管理规范》GB/T 50326 编写，目的是要项目经理按照规范的要求进行项目管理。此外还要求考生简单了解建筑工程承包企业的资质要求。

（3）第 2～5 节都是项目管理的目标控制，都是以案例的方式编写的，在案例中既有理论的介绍，又有实例的剖析，重点是控制方法的应用。

"进度控制实务"要求掌握流水施工方法的应用，掌握网络计划技术的应用；掌握进度控制方法。这些知识应当是在学校里已经学习过的，在实践中十分重要，但却是应用薄弱的环节。进行进度控制能力的考核是很有必要的，不能因为内容偏难而生畏或放弃。

"质量控制实务"要求掌握质量控制方法的应用，掌握质量问题的分析和处理方法的应用，掌握工程质量验收标准。这是质量控制的 3 个"牛"鼻子。

"安全控制实务"要求掌握安全管理体系的应用，掌握《建筑工程安全检查标准》的应用。

"造价控制实务"要求掌握工程造价的计算和投标报价，掌握工程价款的计算，掌握成本控制方法和分析方法的应用。

（4）第6~8节的内容是三项管理实务：资源管理、合同管理和现场管理。这里把资源、合同和现场作为管理对象，而不是说资源、合同及现场本身。

"资源管理"要求掌握责任分配和行为科学原理；材料管理要求熟悉材料采购批量计算和ABC分类方法的应用；机械管理要求熟悉机械设备选择的年等值比较法和单位工程量成本比较法。

"合同管理"要求掌握施工招标投标、施工合同和施工索赔的有关内容。施工索赔在我国开展得很不理想，所以更应重视并加大索赔考核的力度。

"施工现场管理"要求掌握临时供水、临时供电，熟悉施工平面图设计。由于施工现场管理影响领域和范围很大，这项管理必须重视，不可用其他管理代替，更不能不考核。

（5）"组织协调实务"要求掌握内部关系、外部关系的协调方法。协调是管理的重要职能，对疏通关系和排除障碍以保证计划目标的实现具有不可替代作用。

3. 备考应注意的问题

针对本门课程的特点和考核的内容，提出以下几点意见，希望对考生备考有参考作用。

（1）全面学习，重点掌握

书中的每一条内容都是可考的，所以都要学习，不可自认为哪条可能不考。但是有的内容却难以命题，比如复杂的图形和大型的表格，是为解释某项内容的，不宜作为命题对象；纯记忆性的数字、过多的（超过10条）内容、程序、依据、意义、责任、权利、义务等都不便命题，故不要勉强死背。所以要按管理上"抓住关键"的原理，重点掌握，掌握那些可能命题的对象。可能命题的是那些关键内容、重要内容、核心内容、结论性内容、一语中的的内容、有重要关键词的内容、没有疑义的内容、被法律、法规、标准、规范肯定的内容、应用价值大的内容等。学习得越有效果，对可能命题点判断的可靠度越大。应该一面学习，一面判断可能的出题点。

（2）建议考生参加考前辅导班

参加好的考前辅导班可以帮助考生学习考试用书，取得好的备考效果。经过慎重选择的有效考前辅导班的作用有：帮助考生解决疑难问题；帮助考生掌握重点；帮助考生解释有争议的问题；帮助考生学习参考资料；引导考生分析考题和正确答题；给考生进行模拟测验。如果参加了考前辅导班，还可以参加考前冲刺班，进一步锁定重点，做考前练习。如果没有参加考前辅导班，不宜直接参加冲刺班，因为冲刺班没有时间解释问题，疑难处得不到解决，班后会遇到较多困难。选择辅导班要注意，对那些声言"保证通过"的学习班切莫盲目信赖。他们不可能保证考生考试通过，能保证通过的只有考生自己。经过刻苦的学习和成功的考前准备，把考试用书的内容全面学好，考生是可以保证考试通过的。

（3）看参考资料要适量选择

社会上出现了许多参考资料，包括复习题集、模拟题和其他传播资料。有人认为参考题看得越多，考中的把握就越大，这不见得。它们只能起部分参考作用。复习题与考题没有直接联系。一本习题集往往有多于试卷几倍甚至十几倍的题量，做多了就会模糊重点，甚至有大量的考试用书之外的内容，有许多不良题目，不能给考生正确的引导。参考资料看多了反而会占用考生大量时间，甚至因为参考题中的某个问题得不到解决使考生增添烦恼。所以，建议在授课教师的帮助下，慎重精选参考资料，适量分配时间。大量的时间还是要分配在考试用书的学习上。

（4）多做些案例题练习

案例题的命题依据是考试用书第2章"房屋建筑工程项目管理与实务"的9节内容。书的内容是专业性的，命题则有可能是专业性和综合性的两种。因此，考生除了要学好书上的案例、弄清其原理、会依据这些原理解决类似案例的问题以外，还要学习有关复习题集中所列的一些综合案例题。不要选看题量太大、内容过于复杂的题目，以防搞偏方向和浪费时间。在做案例练习题的时候，还要与自己的实践经验结合起来，领会和记忆解决问题的方法和原理。一定要锁定原理，而不在个别特殊环节或对象上兜圈子，不要钻牛角尖。

（5）要有必胜的信念

有的考生在备考的开始充满信心，等到学习深入之后，感到内容太多，有的还很难，便产生了畏难情绪。或是希望老师把重点搞得越少越好；或是要求老师押题。重点缩小了范围行吗？不行！考题那么多，命题又是好多套，在好多套里进行抽题，考生要求把范围缩得很小，实在是自己糊弄自己。老师押题成功的可能性也很小，考教分离和严格的命题保密制度，杜绝了漏题、押题和猜题的成功。所以，上策是好好念书。刻苦的、充分的准备是建立必胜信心的唯一支柱，而必胜的信念是通向成功之路的桥梁和马达。

【注】本文原载于《施工技术》杂志2005年第11期。

促进青年科技人才成长的两项重要学术活动

（2009）

北京市科学技术协会举办的"青年学术演讲比赛"和"青年优秀科技论文评选活动"是促进青年科技人才成长的两项重要学术活动，收到了很大效果。

1. 青年学术演讲比赛

由北京市科协组织的北京青年学术演讲比赛，自2000年开始，每年举办一届，至2008年，已经举办了9届。9届中经各学会推荐参与演讲比赛的获奖人数总共达236人。

举行北京青年学术演讲比赛，是实施首都人才发展战略、加强科技人才工作、落实北京市科协《促进青年科技人才成长计划》的重要内容，是青年把握成长机会的基本环节。北京青年学术演讲比赛的目的是给首都青年提供展示科研成果、交流学术思想、提高学术演讲水平、展示自身价值与学术风格、广泛结交青年朋友的平台和机会，从而培养和发现青年人才，促进北京地区后备人才成长。

每届青年学术演讲比赛都有明确的主题内容。例如，2000年第一届北京青年学术演讲比赛，针对21世纪城市可持续发展展开讨论，涉及城市发展的趋势和措施选择，城市环境与生存质量，城市建设与管理的科学化、现代化等内容；包括环境、交通、资源开发与保护、城区规划建设、社区与居民生活等方面；演讲比赛紧扣主题，体现创新精神，突出学术性、前瞻性和可行性。2002年的第三届演讲比赛的内容，一方面紧紧围绕实施科技奥运和加入世贸组织后给首都的科技进步与社会发展所带来的机遇和挑战进行研讨，提出对策和建议；另一方面演讲者把握住了科技发展的方向，把各自在不同领域研究的学术思想、科研方法和创新成果，用简单易懂、通俗生动的语言作了认真地阐述，体现了跨学科、跨专业的综合性学术交流。2006年的第七届演讲比赛的主题是"提高全民科学素质，建设创新型国家"；内容涉及创新型国家建设与增强首都科技创新能力、提高公民科学素质等。

北京市科协对每届比赛都进行了周密的组织工作，严格按程序操作。第一步，明确主题，向各学会下发通知，征集参赛文章。第二步，由各学会进行初赛，向北京市科协推荐参加决赛的人员。第三步，组织评委会；评委来自理、工、农、医和交叉学科系统，是具有代表性的相关专业的高级专家。第四步是组织演讲比赛决赛，根据评委的评分产生一、二、三等奖；每届比赛都在9～10月份举办的北京学术月中进行。第五步是兑现奖励并在《学会信息》等相关媒体中予以公布。

中国科学技术协会、北京市政府和市委、北京市科学技术协会等各级领导，都给予了每一届青年学术演讲比赛大力支持、指导和鼓励。北京市科协对此项活动的投入也不断增加。

北京青年学术演讲比赛受到了各学术团体以及青年科技工作者的高度重视和热烈欢迎，报名参赛者越来越踊跃。例如，2007年举办的第八届青年学术演讲比赛，25个学会从300余名选手中选拔出了48名选手入围决赛，产生了一等奖6名，二等奖10名，三等奖16名。2008年举办的第九届青年学术演讲比赛，35个学会推荐了94位选手进入决赛，评选了一等奖6名，二等奖12名，三等奖20名。

每一届获奖者的讲演内容，都体现了当代学术和科技发展的前沿水平，体现了我国经济建设和发展的学术和科技需求，具有科研的创新性，清新、明快、生动、通俗、文稿简洁美观等特点。例如2008年第九届北京青年学术演讲比赛的6名一等奖获得者是：北京土木建筑学会选送的程鹏，参赛题目是"透过门庭看世界——小空间实现邻里和谐"；北京中西医结合学会等单位选送的李宝金，参赛题目是"养身八段锦——中医治未病"；北京环境科学学会选送的骆霄，参赛题目是"油气治理中国行"；北京科技情报学会选送的宋微，参赛题目是"信息与信息化"；北京蔬菜学会选送的徐东辉，参赛题目是"异军突起的蔬菜营养学"；北京市石油学会选送的赵林，参赛题目是"高油价的成因及对中国经济的影响"。

北京市科学技术协会领导表示，为了落实北京市科协的《促进青年科技人才成长计划》，北京青年学术演讲比赛将每年一届地继续进行下去，并不断总结经验，提高这项活动的水平，更好地为北京的青年人才建设服务。

2. 青年优秀科技论文评选活动

北京市科学技术协会开展"青年优秀科技论文评选活动"始于1987年，至2007年，已经举办了9届。每届参加评选活动的学会论文在1500～2700篇之间，获奖论文在45～136篇之间，参赛的学会占北京市科协所属学会的大多数，反映了这项活动受到各学会和广大青年科技工作者的热烈拥护。

北京市科学技术协会发布的"（1987）京科协发字035号"文中指出，"北京市科协开展青年优秀科技论文评选活动，目的是：鼓励青年科技工作者为四化建设多做贡献，为青年科技人才脱颖而出创造条件"。1994年3月1日发布的《关于"北京青年优秀科技论文"的评选办法》指出，"北京市科协开展青年优秀科技论文评选活动，鼓励青年科技人员在科技研究与实践中多出成果，促进青年科技人员早日成才。"该办法规定，40周岁以下的北京地区科研、教学和生产单位的科技工作者均可投稿。奖励分为一、二、三等奖。

参赛的青年优秀论文涉及的专业多。例如，第一届参赛的2247篇论文涉及了600多个专业，因此给予各专业优秀青年科技人才脱颖而出创造的条件是均等的。

应征参赛的青年优秀论文，都是近年来在公开发行的各级学术刊物中发表的，或在市级学术会议上发表过的具有较高学术水平的论文；未公开发表的论文，由两位具有高级技术职称的专家推荐。因此，参评的青年优秀论文具有高水平的学术基础。

授予一等奖的优秀青年科技论文，达到了国际上同学科、同专业的先进水平，或在国际一流学术刊物、学报上发表过，或具有重要的科学价值和意义。授予优秀青年科技论文二等奖的论文，达到了国内同学科、同专业的先进水平，或在一流学术刊物、学报上发表过，或对科技发展、国民经济建设有一定促进作用。授予优秀青年科技论文三等奖的论文，有较高的学术水平，在观点、方法、理论上有所创新，或在应用方面属本市先进水平。

评选活动由市科协所属各学会、协会、研究会召集有关专家组成初审委员会，对申报的论文进行初审。以北京市科协学术工作委员会为主，组成市科协评审委员会对经初审推荐上来的论文进行复审。复审结果经科协主席批准后予以公布。市科协评审委员会的专家都是高水平、在全国或北京市具有重要影响的，从而保证了评审质量和水平。

专家在评价第六届的论文时说：论文把住了科技发展的方向，能够与国际接轨，在本专业达到或领先于国际水平。学术论文都有明确的目的性；应用目的和理论研究方向都比较突出，有着重要的科学意义。例如北京数学会张广远的《C^2到C^2的复解析影射的周期点的分支》论文，研究领域是数学课题中最热门的方向之一，达到了国际水平；北京电信通信学会裴丽的《相位掩膜生成光纤布拉格光栅的研究》论文，利用该光栅的色散补偿取得了重大的技术突破，属国际首创。

第七届评选出的基础和应用基础学科的论文，基本上都发表在国内外高水准的SCI源刊，不少是国内外权威性或具有很高影响的SCI学术刊物论文，在诸多方面跻身于国际学术研究的最前沿。应用学科和工程技术方面的论文不断增强学术内涵，成果的经济与社会效益突出。

北京青年优秀科技论文评选活动，大大地促进了青年科技人员的成长与成才，论文的水平代表了北京地区青年科技人员的科技水平。它说明，北京的青年科技人员在首都经济建设、社会发展、科学发展、国际交往等诸多方面都发挥着重要作用，成为最活跃、最富有创新力、充满勃勃生机的科技队伍，这支队伍在一天天地茁壮成长和壮大。

【注】本文综合了作者代表北京市科学技术协会为《北京科技社团与首都科学发展》撰写的两篇文稿，于2009年由北京出版社出版。

2 建筑行业管理市场化

建筑行业管理依托建筑市场，按市场规律运行，法制管理
建筑行业管理市场化能激活建筑业及其管理

发展工程造价管理

（1993）

建立社会主义市场经济，工程定额和概预算工作的方针应作相应调整，可以采取"加强定额管理，发展造价管理"的新方针。

1. "量"、"价"分离

按照传统的定义，工程定额是指"在工程建设中，根据一定的技术组织条件所规定的人力、物力、财力的利用或消耗方面应当遵守和达到的标准量"。这是一个基本的正确概念，其本质是"量"的"标准"。建设工程中所用的劳动定额、材料消耗定额和机械使用定额，就是在这个基本概念指导下，规定的人力、物力消耗"标准量"。

"建设工程概（预）算定额"，是在规定的消耗"标准量"的基础上，按照计划经济的需要，根据计划价格，计算出来的分项工程价值量标准（价格标准量）。实际上，它是一个"量"与"价"的统一体；先有"量"，而后定"价"。

"量"、"价"分离，恢复了"定额"的原义。"定额"是规定的额度。要作出规定，其额度应是能够保持相对稳定的。在一定的技术组织条件下，"量"的相对稳定可以做到；但"价"所涉及的因素较多，在计划经济下勉强可以做到，而在市场经济下，就不能做到。"量"、"价"分离后，使定额真正起"规定额度"的作用变得实际与可能，不再受"价"的浮动制约，有利于加强定额工作，发挥其"标准"作用。

"量"、"价"分离后，"价"的基础稳定了，"价"的量值就可以根据价值规律和市场变化进行计算，使概算和预算工作适应客观环境的变化，建筑企业既坚持经济核算制，又能促进经济效益的提高。

"量"、"价"分离后，有利于进行工程造价控制。市场经济要求政府主管部门进行宏观调控，而宏观调控的主要手段就是价格调控。工程价格调控涉及工程建设的全过程和有关组织（企业），要掌握价格变化的规律，适应随时在变化着的市场形势，因此是一项十分复杂的管理工作。如果"量"、"价"不分离，价格调整总是受着"量"的制约，便很难适应市场的变化，也难以摆脱计划经济模式的羁绊。

2. 加强定额管理

加强定额管理的目的是，在"量"、"价"分离后，把"量"管好，使之正确反映工程建设的资源消耗。这是一项具体而细微的微观经济活动。在一定的技术组织条件下，这项工作做好了，定额水平便可保持一段时间的相对稳定。所谓"加强定额管理"，就是做好以下工作：

搞好定额测定工作，正确反映工程建设资源消耗；

根据国际惯例，划分工程项目，确定建筑面积和工程量的计算规则；

根据技术组织条件的变化（提高）和新项目的出现，调整资源消耗水平和补充新项目定额；

积累技术经济资料，为修订和补充定额进行信息储备；

使定额工作适应计划管理、统计工作、经济核算、造价管理、招标与投标等多方面的需要；

健全各种类型的技术经济定额，促进标准化工作，为各类经营管理工作打好基础。

综上所述，在市场经济下，定额工作绝对不能削弱，应大力"加强"。不能认为在市场经济下"死定额"不适应"活市场"需要。恰恰相反，如果不加强定额管理，造价管理便失去了立足的根基，各项经营管理便缺乏科学的依据，造成宏观管理和微观管理的混乱。

3. 发展造价管理

造价管理的任务是在"量"、"价"分离后，把"价"管好。价格是商品价值的货币表现，由产品成本、税金和利润三者构成。在计划经济中，价格完全由国家有关物价部门根据经济规律和价格政策制定。在改革过程中，计划外商品实行议价和浮动价。在商品经济中，则主要根据价值规律和市场供求关系决定价格。在我国实行社会主义市场经济后，就工程造价管理而言，应采取"发展"的方针。也就是说，要在原有价格管理的基础上，根据市场经济运行的需要，进行新的探索，一要改革，二要创新。无疑，我国建筑行业普遍建立工程造价管理部门是一项正确的重大行业决策，它为加强造价管理奠定了基础，既在理论上承认了加强工程造价管理的必要性，又为工程造价管理及其发展提供了组织保证和行政手段。工程造价管理部门多年来的工作证明，他们在推动价格管理体制改革、加强定额管理、发展造价管理等重大问题上，都发挥了决策性的推动作用。随着改革的深入，社会主义市场经济的逐步建立和发展，造价管理部门的作用将越来越大。即使社会主义市场经济运行机制已经完善，这个部门也是必须存在的。现在的问题是，怎样进一步做好造价管理工作，促进社会主义市场经济完善地建立起来，并自如地运行。为此，提出以下几点想法。

第一，工程造价管理的中心目的是对建筑产品市场和建筑要素市场中的交换价格进行宏观调控。因此，工程造价管理部门的服务对象是市场，为市场提供价格信息。不能认为工程造价管理部门仅仅是为施工企业服务或为建设单位服务的。

第二，对工程造价进行宏观调控无论现在还是将来都是必要的。就是在资本主义国家，政府也不会放弃价格调控权，何况我们要建立的是社会主义市场经济。国家的价格政策必然会对工程造价发挥作用。因此，造价管理部门的作用应当充分肯定并发挥出来。

第三，价格水平首先决定于商品的价值量，即商品的生产成本。因此，必须在准确的物化劳动和活劳动消耗的基础上，计算出直接成本，作为确定生产总成本的基础。造价管理部门在这方面的作用就是要掌握现有技术组织条件和社会平均消耗水平，制定出活劳动和物化劳动消耗定额，以便确定价值量的计算基础。

第四，至于原材料、劳动力、间接成本、税金、利润等方面的计算方式和基价确定，应改变原来单纯以实物量消耗为基础的预算定额价确定方式，而按照市场经济的要求综合考虑价格政策、价值规律、供求关系、国家和企业的分配关系等因素进行动态控制。努力克服计划经济造成的价格僵化、与价格理论和价值规律背离、利润水平硬性规定并脱离社会利润总水平等一系列弊病。

第五，价格总是在浮动的，因此，价格管理必须是动态的。进行动态管理的必要条件是有足够的价格信息，尤其是市场价格变动信息。工程造价管理部门的责任不在于被动地了解当前的价格信息，还要主动地预测市场价格变动的未来状况，发布未来信息。

第六，建筑产品的定价权问题应作具体分析。建筑产品不同于一般的商品，它的价格形成，不取决于建筑企业一家，它是众多产品的组合产品，价值量大，因此不可能由建筑企业一家确定。但也不能由建设单位确定它只是买方。大家都应遵循造价管理部门提供的计价基础，都应服从物价政策和宏观调控干预，还受供求关系和竞争因素的制约，这就产生了合同价，由发承包双方用合同约定。

【注】本文原载于《北京工程造价》杂志 1993 年第 1 期。

控制建设项目投资的关键

（1994）

　　建设项目的投资控制、质量控制与进度控制合称为"三大目标控制"。我国试行建设监理制度以来，"三大目标控制"进一步得到建设者的重视。然而从实践的结果来看，质量控制的效果较显著，其次是进度控制，而投资控制的效果却不大。1993年，我国的固定资产投资额完成了11829亿元，如果通过加强投资控制能够节约1%，就可以产生118亿元的经济效益，无疑这是一笔很可观的数目，对缓解我国固定资产投资资金缺口的局面也很有益。因此，研究如何使投资控制见效的问题，应当引起高度重视。这个问题关系到建设监理制度的命运，其意义甚至比推行建设监理制度更深远。由于投资控制涉及面很广，影响因素也很多，故要想使投资控制见效，必须抓住关键，其关键不是一个、两个，而是一个关键系列。

1. 项目业主是控制投资的关键责任者

　　我国从1992年起推行项目业主责任制。业主由投资方派代表组成，从建设项目的筹划、筹资、设计、建设实施直至生产经营、归还贷款及债券本息等全面负责并承担投资风险。业主的主要职责就是投资控制。业主控制投资是其自身利益的需要，也是进行建设全过程控制的唯一责任者。各相关单位控制投资都要在业主的委托或要求下进行。因此，业主必须在以下方面作出努力：

　　（1）以主人翁的身份控制投资。业主是由投资方派代表组成，理所当然地就是投资的主人。这在股份制企业（公司）中自然不会成为问题。然而由政府投资的项目，投资的所有者和投资的支配者却是分离的，故强调业主（管委会）的主人翁责任感十分必要。强调这一点，就必须杜绝"钓鱼工程"。"钓鱼工程"是谈不上控制投资的，因为没有约束目标。我国的建设项目主要由政府投资，不强调业主的主人翁责任便会使投资控制失去根基。因此，应坚决推行已经推行了几十年的"投资包干责任制"。"投资包干"说的是项目业主对国家包干，并非强调设计单位和施工单位对建设单位包干或施工单位内部层层包干。设计单位和施工单位与业主单位之间的关系是商业关系，而不是"包干"关系。

（2）进行项目建设全过程的投资控制。业主控制投资从项目建议书开始，历经可行性研究、设计、实施、竣工验收、竣工决算诸阶段，应当始终处于主导地位。所谓主导地位，即是牢牢把住投资的决策权和投放权，主要是决策权。因此，项目业主要有充分的投资控制能力。目前，绝大多数的业主不具备充分的投资控制能力，因此要充分利用社会上的中介组织，这些中介组织包括咨询单位、估算单位、审计单位和监理单位等。在项目建议书阶段和可行性研究阶段，要利用咨询的方式使投资决策科学化；在设计和实施阶段要利用咨询和监理方式使投资的投放目标化、责任化和程序化。还必须强调，无论是咨询服务还是建设监理，都是以业主委托的方式进行的，为了使投资控制有效，在委托合同中，必须明确被委托单位的责、权、利。然而业主必须始终掌握投资的决策权和支配权，使咨询单位和监理单位始终处于服务地位。因此，业主在任何情况下，也不能削弱自身的投资控制能力或放松自身的投资控制责任。

（3）业主应承担投资失控的责任。国家计委的计建设〔1992〕2006 号文中明确规定："因非客观原因造成项目（企业）重大损失浪费的，要依法追究业主的责任"。这一条规定实施后，会对项目业主的投资控制决策发挥重大法律约束作用。以往，投资决策失误十分严重，但极少追究责任，一般都推向客观，故而形成投资审批者和使用者的相当大的随意性。没有有效的法律监督和约束，任何经济活动都难以正常开展，投资控制难以生效。判定投资失误或浪费，首先要坚持以投资的经济效益和社会效益标准为目标，目标不能随意改变，追加投资审批手续要严格，额度要紧缩。其次要加强建设审计，使审计工作既发挥投资控制的监督作用，又发挥对投资失控的分析和判定作用，使"依法追究业主责任"时有充分的根据和理由。

2. 设计阶段是投资控制的关键环节

设计阶段影响投资的可能性大。一般认为，初步设计阶段影响投资的可能性是 75%～95%，技术设计阶段影响投资的可能性是 35%～75%，施工图设计阶段影响投资的可能性是 5%～35%。然而设计阶段所支出的投资（设计费）一般只相当于建设工程全寿命费用的 1%。施工阶段虽然支出投资比重大，然而影响投资的可能性却很有限。因此，业主控制投资应以对投资影响大的设计阶段为关键，而不是施工阶段。为此，设计阶段的投资控制应注意以下几点：

（1）设计单位是设计阶段投资控制的主要责任者，是设计文件的缔造者和主要决策者，把握着影响投资的设计文件形成的主动权，因此必然地决定了设计单位在设计阶段投资控制的主要责任地位。也就是说，在设计阶段，投资控制的主角既不是项目业主，也不是建设咨询单位，这些单位只能起辅助、支持、服务和监督作用。只有明确了设计单位处于主要责任地位这一观点，对设计单位的投资控制责任加以规范和落实，设计阶段的投资控制作用才能发挥出来。

（2）设计单位控制投资的关键措施是限额设计和设计技术经济责任制。限额设计的"限额"是预先确定的设计成果的造价控制目标。初步设计阶段的概算限额是投资估算的额度，技术设计阶段的修正概算限额是初步设计概算，施工图设计阶段概算限额目标是初步设计概算（两阶段设计）或是修正概算（三阶段设计）额度。在每个设计阶段，为了实现限额设计目标，应进行目标分解，将分解的子目标作为设计者限额设计的分目标。尤其是在施工图设计阶段，要把限额设计目标分解到各专业和分部分项工程，并作为设计者的技术经济责任目标。设计者在设计的过程中应承担设计技术经济责任，以该责任约束设计行为和设计成果。因此，设计者为了履行所承担的技术经济责任，应把握两个标准：一个是功能标准（质量标准），一个是价值标准，做到两者协调一致，不能偏颇。要在设计过程中进行技术经济分析，边设计、边分析，以技术经济分析所得价值指标反馈于设计过程和设计成果，从而达到实现设计限额分目标的目的。在设计技术经济分析问题上应扭转设计完成后算总账、"功能决定造价"、而造价只起消极的"反映"作用的传统倾向。关于实行限额设计和技术经济责任制，国家均有规定，但是设计单位还应有制度保证并不断总结成功经验，形成规范性的工作程序和考核办法。项目业主应为设计单位实行限额设计和技术经济责任制创造外部条件。

（3）设计单位在技术经济分析中应运用价值工程方法。价值工程是通过相关领域的协作，对所研究对象的功能与费用进行系统分析，不断创新，旨在提高对象价值的思想方法和管理方法。它的目的是以对象的最低寿命周期成本可靠地实现使用者所需功能，以获得最佳综合效益。价值工程的主要特点是以使用者的功能需求为出发点，对所研究对象进行功能分析，并系统研究功能与成本之间的关系，致力于提高价值的创造性活动，并按一定程序进行。因此，价值工程是设计单位和设计人员进行限额设计、技术经济分析并实现设计责任制的最有效方法，它可以使设计工作做到功能与造价的统一，在满足功能要求前提下，使造价降低，可以激励设计人员的创造性活动。由于价值工程是一项有组织的管理活动，故设计单位应有领导地开展，以强化建设项目的投资控制。

3. 实现合同造价是施工阶段投资控制的关键目标

在市场经济中，建筑企业的施工任务是通过投标的方式取得的。定标以后，业主便与中标的承包商协商签订承包合同。在合同中，以中标价为基础确定造价承包额度。这个额度就是施工阶段投资控制的关键目标，也是这个阶段投资控制的总目标。然而，由于业主与承包商之间的关系是买卖关系，双方的利益不同，故对投资控制的态度并不一致，产生两种态度和追求利益的两种方式。进行施工阶段的投资控制，要注意解决这两对矛盾。

（1）编制好标底，并以它作为评标定标的参考尺度，或是合理确定合同造份的基础。应以施工图预算（或概算）为基础确定标底，并把它控制在设计概算造价内。而且确定标底必须打足物价上涨因素。随着市场经济的发展，标底价的编制应由目前的"定额单价法"向"实物法"转变，即用工程量清单作为计价基础，使标底价与市场的实际变化吻合，适应市场竞争条件下评标定标的需要。对标底价应加强审核，重点审查造价总水平的合理性及是否控制在设计概算造价之内。

（2）应以中标价为基础，通过谈判、协商确定合同价。中标价不应作为合同价，而应当作为合同价的基础。原因很明显，中标价只说明中标企业在造价竞争或投资控制方面的优势，中标条件却不只是造价一个，而是综合造价、进度、质量和三材用量等多方面的优势。而合同价则应当是买卖实价。建设部颁发的《建设工程施工合同管理办法》中规定："工程价款应以定额和相应取费标准作为指导价格，通过招标投标和双方协商合理确定合同价款，并按合同约定对价款进行适时的调整"。

（3）施工阶段控制投资的主要责任者应是业主或其委托的监理单位。由业主或其委托的监理单位控制投资既可以保证合同造价目标的实现，又可约束工程价款支付和施工单位索赔要求，也对业主的工程变更提出了自我约束的要求。然而承包商控制成本、降低成本的积极性应得到业主或监理单位的支持。从国家和社会宏观上考虑，它同投资控制一样，都节约了社会劳动。

（4）业主或监理单位在施工阶段的投资控制关键，一是合理控制工程变更，二是严格审核承包商的索赔要求。工程变更包括设计变更、进度计划变更、施工条件变更和新增工程，这些变更主要由业主引起。因此控制工程变更的关键在于业主单位自我约束，按变更程序办事，变更后及时调整合同价，并与原合同造价目标进行比较，防止投资目标失控。至于对承包商索赔要求的处理，则应坚持按法规与合同办事，加强对索赔资料的审查，强调处理索赔的及时性，加强预见性，尽量减少索赔案发生，以免索赔额过大引起投资失控。

【注】本文原载于《北京工程造价》杂志 1994 年第 2 期。

工程造价的动态控制

（1994）

1. 市场经济中工程造价变动因素分析

价值规律通过市场供求状况起作用，故市场供求的影响因素就是商品价格变动的影响因素。影响需求的主要因素是：消费者的需要、消费者的收入、商品的价格、相关商品的价格、人们预期的该商品和其他商品将来价格。影响供给的主要因素是：商品成本、商品价格、生产要素价格、相关商品价格、政府的税收政策。由此分析，影响工程造价的主要因素有：业主对工程功能的要求及资金状况，社会平均购买力和工程的未来价格走势，工程造价与各类商品的市场比价，生产要素价格和工程成本，国家的投资政策、房屋政策、税收政策和投资规模，总体承包能力。可见，在市场经济中，影响工程造价的因素一般是宏观因素。控制工程造价时，一是要正确测定工程项目的价值量；二是要从宏观上预测和计算由于供求影响因素所产生的价格效应，给予人为的约束，作出令人满意的工程项目造价决策。对工程造价的控制已不可能满足于传统的概预算体制，而应强化工程项目建设过程中的动态控制。

2. 宏观的工程造价动态调控

进行工程造价的宏观调控，应通过强化工程造价管理部门的职能来实现，因为工程造价管理部门是政府对工程造价进行宏观调控的职能部门，它的宏观调控任务应是运用国家的财政、货币、投资、税收等政策进行工程造价管理，以影响工程项目的供求，控制工程造价的波动幅度，保证工程造价主要功能实现，促进从事工程建设各行业发展。工程造价管理部门遵循间接调控原则和价格指导原则，做好以下几项宏观调控工作。

（1）制定造价管理法规，规范市场条件下工程项目造价的计算规则、取费水平、分配方式及计算参数等。

（2）建立工程造价信息网络，披露行情，发布价格信息，制定参考价，确定价格升降幅度，控制工程造价总水平。

（3）建立工程技术经济信息情报机构，提供该类情报服务，为工程市场主体的工程造价控制提供依据。

（4）进行工程造价管理监督，即依据国家的政策、计划、法令、指令及制度中规定的价格、标准、税率、比价、限额等，对工程设计、发包、承包、合同、施工、结算、索赔等环节进行全面的监察与督导，采用法律、政策、法规和行政的手段，维护工程市场中的价格秩序，对市场中的工程造价纠纷进行调解与仲裁。

3. 对工程项目造价的动态控制

对工程项目造价的动态控制，属微观工程造价控制，是指在工程项目的设计和施工两个实施阶段中，为实现工程项目造价控制目标所进行的控制活动。

（1）工程项目造价目标的动态计定和调整

工程项目造价控制目标是通过投资估算、设计概算、修正设计概算和施工图预算计定的。上述"四算"说到底是工程项目造价的预测和决策。发展市场经济，要求强化预测和决策工作。加强工程项目造价的动态控制，必须强化"四算"工作。

投资估算是在可行性研究阶段预测和决策的，是初步设计的造价控制目标；设计概算是以初步设计为基础预测和决策的，是技术设计或施工图设计的造价控制目标；修正设计概算是以技术设计为基础预测和决策的，是施工图设计的造价控制目标；施工图预算在市场经济中用标底确定，以标底控制中标价，以中标价控制合同价，按合同价控制工程施工造价。这是行之有效的工程项目造价控制目标的预测决策系统，在市场经济中仍必须保证该系统的连续性和完整性。

确定各种工程项目造价控制目标的基础，应当是由工程造价管理部门发布的计量和计价规则、信息和指导意见，工程项目的功能要求，设计结果。但应当用"生命期预测法"和"回归分析预测法"等预测技术，预测出工程项目造价由于未来市场供求变化所造成的变动量，将它加进原计定的工程项目造价中，然后用风险决策法等决策技术确定工程造价控制目标。该目标应有一个浮动幅度，不搞绝对化。前一阶段的工程项目造价控制目标是后一阶段控制目标决策的最高限量，防止目标决策失控。

（2）设计阶段工程项目造价的动态控制

设计阶段工程造价控制目标有两个：一个是投资估算目标，另一个是设计概算目标或修正设计概算目标。各设计阶段通过动态控制，分别实现本阶段的造价控制目标。有效的动态控制方法是"限额设计"、"设计人员技术经济责任制"和"价值工程"。

设计阶段造价控制目标应按"目标管理"原理进行分解，然后以技术经济责任制的办法落实到具体的设计组或设计人员，以分解造价控制目标为责任限额进行设计，设计限额内的任务完成后，计算该部分造价，与造价限额比较，如发现超限额，则进行再设计或修正设计。

限额设计特别要求设计者运用价值工程原理，做到在价值不变或提高的前提下使功能和造价协调。应按照"价值＝功能/造价"的公式，在设计中大做五种"文章"：功能提高，造价降低；功能不变，造价降低；辅助功能在允许幅度内降低，造价大幅度降低；在允许幅度内适当提高造价而使功能大大提高；造价不变，功能提高。每名设计人员都应掌握和熟练运用价值工程方法进行设计，它是控制工程项目造价的基本功。

（3）施工阶段工程项目造价的动态控制

施工阶段的造价控制目标是承包合同价，施工单位的动态控制任务是尽量使实际造价降低以获取更多利润，实际上是通过动态控制降低工程成本；业主和监理单位的动态控制任务是防止合同价升值，以免增加支出。因此，双方的造价控制动机不同。主动控制者是业主。

在合同价目标实施中，会遇到若干问题：生产要素价格波动，工程变更和设计变更，承包单位的索赔，贷款利率波动，政策性价格调整，风险因素发生。于是，工程项目造价动态控制措施如下：

在承包合同中对工程项目造价的变动影响因素进行详细而周到的约定；在合同价中事先考虑造价变动量；尽量约束并减少工程变更和设计变更，当风险因素发生后采取处置措施时尽量压缩开支；严格审查索赔报告单，控制索赔支出额度；以动态控制所产生的效益弥补由于政策性调价和贷款利率波动对造价控制目标造成的冲击；加强对造价资金支付额度总量的统计、分析和预测，以便控制全局并采取纠偏措施。

【注】本文是中国工程造价管理协会1994年征文的获奖论文。

学习建筑市场知识　规范招投标行为

（1996）

　　招标投标是建筑市场的主要交易方式，是一种竞争方式，发挥建筑市场竞争机制的作用。建筑市场的竞争机制又与价格机制和供求机制相互包容。所以，培育和发展建筑市场必须坚决、大力、规范地推行招标与投标，以规范建筑市场的交易方式。然而，我国虽然推行招标与投标达三个五年计划之久，招标投标行为却很不规范，秩序相当混乱，严重影响了建筑市场的正常发育。造成这种情况的原因固然很多，如计划经济体制的传统影响太深、市场管理不力、改革不配套、腐败现象作怪等，但是不容忽视的一个非常重要的原因是，对建筑市场和招标、投标的研究和学习很不够。应当通过研究、学习和探索，普及建筑市场和招标、投标的理论、原则、方法和行为准则等知识，才能进行正确的市场实践活动。由于历史条件的限制，我国在推行招标、投标的初期阶段没有从发展建筑市场的需要出发对招标、投标进行足够的学习，故而方向不够明确，步子迈不准，做法不规范，产生了许多问题。培育和发展建筑市场，招标、投标是关键；搞好招标、投标，研究和学习是关键；学习招标、投标，教材是关键。因此，我要以我的学习体会，向读者介绍一本好书，一个培育和发展建筑市场的知识库，由中国建筑工业出版社出版、张琰与雷胜强主编的《工程招标投标工作手册》（第二版）（以下简称《手册》）。

　　《手册》的第一版是 1987 年面世的。经过 8 年，于 1995 年推出的这第二版，适应了发展市场经济的需要，以建设项目的全过程为主线，全面介绍了招标、投标的各种相关知识；既满足了国内建筑市场的需要，又满足了在国际建筑市场中进行交易活动的需要，既有理论知识的阐述，又有实践经验的介绍；既有大量国内历史的、现实的法规和标准的资料，又有国际上通用的法规和标准的资料等。第二版比第一版的篇幅多出了 2.5 倍，将第一版的 8 章调整、充实、更新为 8 篇计 34 章，且概念清楚、方法实用、讲解详尽。因此，说《手册》是培育和发展建筑市场的知识库当之无愧。

　　为搞好招标投标，学习的内容当然很多，但是应把握重点，这个重点就是有关招标与投标的法规和标准，它们是政府对建筑市场进行宏观管理的"指令"，是规范市场主体行为的依据，是市场各主体单位及其中的每个成员都应当遵守的行为准则，只有学习它、掌握它、应用它，才能使自己的市场行为规范化、合法化，建筑市场才有良好秩序。作者在《手册》中收录了106个有关的法规文件、标准文件和可推荐文件，既是学习的好内容，又是当前整顿建筑市场的有力"武器"。

招标投标是实践性的市场交易活动，成功的经验有典型引路的作用。作者在《手册》中收进了国内、国外施工招标投标、工程投标报价、工程承包合同等大型成功实例共七个，还有许多小型实例融汇于各相关章节之中。因此，《手册》具有很强的可操作性和可模仿性，特别适合于从事招标与投标的具体业务人员学习和使用。

《手册》的作者注意到中国建筑市场的国际性和中国进入国际市场的现实性与扩大趋势，故大大加强了招标投标的国际性内容，包括：国际工程承包与劳务输出、境内工程国际招标和投标、国际工程承包合同、监理和咨询、风险与保险、资金与利息、税务与担保等。所以《手册》可以大大扩展读者的视野，适用面很广，可以满足中国发展建筑市场的较长时间的需要，这也使得《手册》的学术水平和应用功能均得到很大提高。

值得注意的是，《手册》所列举的两个投标报价实例，都是国际工程的。国际工程投标报价不同于国内工程投标报价，它没有国内报价所依据的统一定额，没有国家规定的统一费率，需要根据承包商的实际条件、市场询价、工程所在国的有关规定、工程的具体情况以及承包商盈利和竞争的需要等进行实际的计算、决策。因此，得出的结果完全是市场价格，即竞争价格。建筑市场所需要的价格改革目标就是竞争价格，我们要发展建筑市场使之国际化，要学会作这种报价。这两个实例就是好的学习教材。还应认真学习国际工程的评标办法，特别是《手册》中所列举的联合国工业发展组织推荐的评标模式。结合我国的具体情况，在评标的时候要注意考察综合指标，既考察报价，又考察质量、工期和信誉，而且要把权数分配好，适当提高质量和信誉的权数，降低造价的权数。要规范项目业主的评标行为，防止压价无度。因此，要提倡定量评标，使评标工作科学、公正、严格、合理、准确。

《手册》是目前市场中推出的同类书籍中的佼佼者，值得认真学习。我也希望《手册》能在我国规范招标投标行为、培育和发展建设市场中发挥它应有的重大作用。

【注】本文原载于《建筑经济》杂志1996年第6期。

建筑市场运行机制的特点

（1997）

　　建筑市场是建筑活动中交易关系的总和，包括有形建筑市场（如建设工程交易中心）和无形建筑市场（如建设工程交易中心之外的承发包等各种交易活动及其关系的处理），是国民经济市场体系中的一个子系统，包括建筑产品市场和建筑生产要素市场。建筑产品市场是指建筑承发包市场，即以建筑产品的生产和经营为目的，以项目法人（业主）为发包方（买方），以工程总承包企业或建筑施工企业为承包方（卖方），通过招标投标形成交易关系，按合同进行交易的市场。建筑产品市场有以下特点：一是交易对象的社会性和单件性，二是生产和交易活动的统一性、长期性、阶段性与不可逆转性，三是交易价格的特殊性，四是交易对象的整体性和分部分项工程的相对独立性。本文所指的市场运行机制就是建筑产品市场的运行机制，即在建筑产品的交易过程中，依靠价格、竞争、供求等市场要素的相互作用，自动调节企业的生产经营活动，优化资源配置，实现社会经济的协调发展的机制，因此建筑产品市场机制包括价格机制、竞争机制和供求机制。以下分析建筑产品市场（后文简称建筑市场）的三大运行机制的特点及其利用。

1. 建筑市场价格机制

　　建筑产品价格是建筑产品价值的货币表现，是物化在产品中社会必要劳动时间的货币数量，是建筑工程的承包价和结算价，是商品交易中客观存在的经济范畴。

　　（1）建筑产品价格的特点

　　建筑产品价格除具有一般商品价格的共性外，自身还具有以下特点：

　　1）特殊的计价方法。由于建筑产品的单件性，只能采取预算计价法，即将分项、分部工程作为假定产品先行计价，然后对建筑企业的正式产品——单位工程计价。在市场经济中，价格是浮动的，故除了对分项工程的量用定额计算外，单价只能采用市场价。招标投标工程用预算法计价，中标后通过招、投标双方协商确定合同价，即成交价。施工中对变更的价格进行调整，竣工后通过结算获得实际买卖价格（造价）。

　　2）特殊的结算方式。一般说来，建筑产品的交易结算是分期进行的。开工前，发包方支付一定的预付款，按月结算进度款时扣除分摊的预付款，完工后根据合同价、索赔额、变更价和预付款回扣情况进行结算。

3）价格管理难度大。由于建筑产品价值量大，计价方式特殊，故掌握价格水平是相当复杂的事，它涉及取费标准、调价方法、结算方式、税收额度、价格信息、宏观经济平衡和动态管理等一系列问题。

4）建筑产品价格具有地区性。由于建筑产品的固定性，必然要利用地方资源，土地价格也有地区差异，所以建筑产品计价应因地区而异。

（2）建筑市场价格机制的概念

建筑市场价格机制是指建筑产品价格所具有的传导信息、配置资源、促进技术进步、降低社会必要劳动消耗量的功能作用。价格的高低直接决定着市场主体经济利益的大小，因此它是市场运行中的利益机制或动力机制。一般来说，市场价格的变动向市场主体发出增减供应或增减需求的信息：价格提高，给供应者带来利益，促使其增加供应，需求者因增加开支而削减需求；价格降低，会使供应者为降低损失而减少供应，会使需求者为获得利益而增加需求。价格机制就是这样不断地向市场主体发出增减供应或增减需求的信号，对市场商品的供需总量、结构、时间及空间发挥平衡调节作用，因此它又是一种信息反馈机制。

（3）建筑市场价格机制的特点

与价格相联系的供给与需求是指产品的需求数量和供给数量。如前所述，对一般市场来说，价格的涨落能带动供给数量和需求数量的变化。但是，由于建筑市场需求的是建筑产品，供给的却不是建筑产品而是承包企业的个数及其承包能力。建筑市场是先有建设投资需求，后有劳动能力供应，然后生产建筑产品。所以投资需求不被价格扯动，建筑产品的需求当然也不被价格扯动。换言之，建筑产品的价格缺少需求弹性，即价格不能扯动需求。然而价格在招标投标中却影响着建筑企业投标的积极性，价格提高，供应（劳动能力）踊跃，价格降低，投标的积极性不高，供应冷落。所以说，价格在建筑市场上只能对供应产生单向调节作用，不能调节需求。

（4）价格机制的利用

在计划经济下，建筑产品不被认为是商品，使建筑产品的价格背离价值规律。建立市场经济后，就要按照价值规律行事，创造价格机制发挥作用的环境。由于价格机制只能对劳动能力的供应起单向调节作用，故应该从招标投标价格的改革入手，使价格有利于建筑市场的招标投标。国家的政策是：逐渐做到国家统一计量规则，企业自主定价，国家和地方政府制定工程税费标准。为了实现这一政策，国家正着手研究实施工程量清单计价，即国家制定工程量清单计价办法，对计量规则、劳动耗费标准及税费收取标准做出统一规定，定期公布价格信息，为企业自主报价和业主评标定价创造计价条件。国家已经建立注册造价工程师制度，由造价工程师作为专业人员负责造价的计价、审核、咨询、控制和管理。建立造价咨询组织，为企业造价管理、制定标底、投标报价等开展服务。建筑企业自身应利用市场环境，提高造价管理能力，制定企业报价定额，自主编制具有竞争力且有盈利潜力的报价，在签订合同的谈判中妥善商定价格，在施工过程中进行造价控制、成本管理、中间结算、调价和索赔，有能力进行竣工结算和回收工程款。

2. 建筑市场的竞争机制

（1）竞争机制的概念

市场竞争是市场主体为取得有利的市场条件而进行的角逐，这种角逐不断向市场主体提供外在压力，迫使其为取得利益和保护利益而积极参与市场活动。竞争机制就是市场机制中的压力机制。竞争是商品经济的产物，随着市场的发展而发展。只要存在商品生产和商品交换就必然存在市场中的竞争。竞争是在市场主体之间展开的，有三种类型：

第一种是供应者之间的竞争，主要目标是实现以至增加自己产品的价值。这一类型又分两种情况：一种情况是发生在同一生产部门内部的竞争，结果是优胜劣汰，从而推动社会生产力的发展；另一种情况是发生在不同部门之间的竞争，结果是实现利润平均化，从而推动产业结构调整。在国际市场上，供应者之间的竞争主要体现在价格、质量和工期上。

第二种是发生在需求者之间的竞争，主要目标是取得使用价值。这种竞争可能推动价格上涨。

第三种是发生在需求者和供应者之间的竞争，竞争的主要目标是货币。这种竞争对价格的影响取决于双方的力量对比。

这三种类型在不同的市场形势下形成不同的结果。在卖方市场下，市场主要是需求者之间的竞争；在买方市场下，市场主要是供应者之间的竞争。建筑市场基本上总是处在买方市场下，因此竞争主要发生在供应者之间，即发生在承包商之间的竞争。承包商为了取得施工任务，与竞争对手之间进行价格、质量、进度、节约、信誉、服务等多方面的竞争，这既使承包商承受了压力，又可以增加其活力，为了竞争取胜而提高自身素质和管理水平，讲究竞争策略与艺术。所以，建筑市场的竞争机制是可以使承包企业乃至建筑行业素质得到提高的动力。

（2）建筑市场竞争机制的形成与发展

在计划经济下，建筑施工企业的任务由政府按地域进行分配，既没有市场，也没有竞争。改革开放以后，为了搞活施工企业适应经济建设规模日益增长的需要，首先把建筑产品认定为商品，然后取消任务分配制度，启动招标投标，逐渐在承包商之间形成了竞争机制。竞争机制促进了建筑市场的形成和培育。为了开展有序竞争，规范建筑市场，政府主管部门努力健全市场管理法规，提倡公平竞争，纠正非正常竞争，打击非法竞争。1991年，建设部和国家工商管理总局联合发布《建筑市场管理规定》，1998年实施了《中华人民共和国建筑法》，对工程发包与承包进行了规范，明文规定建筑工程发包与承包的招标投标活动，应当遵循公开、公正、平等的原则，择优选择承包单位。

截至目前，从总的趋势来看，招标投标取得了五个方面的成绩：一是从中央到地方，招标投标法规建设有了较大进展；二是建筑市场与招标投标执法工作得到加强；三是招标投标管理机构和职能继续得到加强；四是建设工程交易中心继续发展，全国有92个地级以上城市建立了建设工程交易中心（有形建筑市场）；五是招标投标代理机构健康发展，以其专业化优质服务赢得了市场，为招标投标工作提高质量做出了贡献。

目前建筑业招标投标管理还有以下问题：一是建筑市场的治乱还要继续；二是地方封锁和部门保护现象严重；三是私下交易、索贿受贿现象严重；四是招标程序、评标方式方法有待完善与改进，议标面过大且有待规范；五是倒手转包工程的现象给工程质量带来隐患。

（3）我国招标投标的发展趋势

我国将进一步加快招标投标管理市场化步伐，建立依法管理、竞争有序、有中国特色、与国际惯例接轨的招标投标制度，发展趋势如下：

1）招标投标法规建设将继续被高度重视。《中华人民共和国招标投标法》将颁布，与其配套的法规、规章和《建设工程招标投标条例》等将颁布，形成完整的招标投标法律体系。在高度重视立法的同时，加大执法力度将日益受到关注。

2）更加科学的评标定标办法将逐步形成。在今后相当长的一段时间内，评标定标会是多种办法并存，趋势是以定量评标代替定性评标。为了杜绝评标定标中的不正当行为，将充分发挥计算机的作用，由计算机随机抽取专家组成评标委员会评标。在评标计量、信息沟通方面将不断改进和创新。

3）招标投标管理将进一步严格规范。通过各级招标投标管理机构的努力，将杜绝倒手转包、挂靠承包以维护市场秩序，保证工程质量。继续提倡公开招标，严格限制议标，杜绝假招标，逐步建立群众监督、社会监督、舆论监督等招标投标监督制度。

4）建设工程交易中心将继续得到发展和规范。交易中心的功能和管理将日趋完善，逐步成为信息中心、管理中心和服务中心。

5）招标投标代理机构将继续得到扶持和发展。招标投标代理机构参与市场竞争，提供优质服务，有利于规范市场交易行为、提高招标投标质量、扩大招标投标覆盖面。

6）继续加强合同管理。规范甲乙双方的合同签约行为，增强索赔意识，推广使用招标投标合同示范文本，将是今后加强合同管理的重要举措。

7）计算机辅助管理招标投标前景广阔。投标企业将建立计算机投标报价系统，实现快速准确报价。应用计算机建立招标投标信息库、价格库、评标专家库、投标企业资料库等，为招标投标及其监督服务。

8）继续加强招标投标管理机构建设。

3. 建筑市场的供求机制

建筑市场的供求关系包括四类：一是生产要素供求关系，包括劳动资源、建筑物资、建筑机械设备租赁、建筑资金等供求关系；二是中介服务组织供求关系；三是建筑设计供求关系；四是建筑产品供求关系。本文只讨论第四类关系。

在建筑市场的供求关系中，供应方是承包商，需方是业主。承包商是商品生产者，也是供应者；业主是商品的购买者，也是使用者或经营者。建筑产品的供应者是企业法人；建筑产品的需求者是资金的提供者，资金提供一般是以预付款和分期付款的方式支付。先成交（签订工程承包合同），后生产商品。这是一种特殊的交易关系。

（1）建筑产品市场供求机制的特点

建筑市场供求机制特点如下：

1）市场的供应和需求关系是通过招标、投标和签订合同确立的。

2）市场的需求量不是由需求者自己的购买力或购买欲望决定的，而是由固定资产投资量决定的，而固定资产投资量取决于建设事业发展和社会总消费水平。所以，建筑产品需求量不是由市场供求机制决定的。

3）市场的供求关系在产品生产之前就确定了。在生产过程之中，需方直接参与。供需的交换过程是长期的。工程竣工验收是交易过程的结束。

4）在建筑产品交易过程中，由于需方和中介组织始终参与服务和监督，对供方的生产和供需交换产生积极影响。

5）建筑市场在供求时间上的矛盾体现在供应环节上，因为施工受冬季和雨季的影响。解决这一矛盾需要制定合理的施工计划以满足需方交工期的要求。

6）由于建筑市场的需求量不取决于供应量，而生产能力却受需求量的影响，因而建筑市场一般总是买方市场。需求量高时，生产能力发展；需求量低时，生产能力萎缩。总供应量与总需求量总是处于相对平衡状态，不存在建筑产品脱销和积压。由于卖方的供应能力一般情况下是过剩的，故生产者之间的竞争会非常激烈。

（2）建筑市场的需求特征

建筑市场的需求特征如下：

1）具有鲜明的个性，因而形成了建筑产品的多样性。

2）具有区域性。需求因地区而异，地区内的社会、经济、文化、技术、风俗等都对需求产生特殊影响，使产品呈现多样化和差异化。

3）需求具有间断性。对特定的消费者来说，需求具有一次性；对需求总体来说，便造成了间断性。生产者不能形成连续应用的经验，容易造成消费需求与生产能力之间的矛盾，生产能力对建筑产品需求满足程度较低，也使需求变化的幅度高于一般产品。

4）需求价格弹性小，即价格变动幅度引起的需求量变动幅度相对较小，也即需求价格弹性小于1。换言之，价格变化幅度大不会引起需求变动幅度相应增大。

5）建筑市场需求具有相当大的计划性，这是因为固定资产投资是按计划进行的。提高固定资产投资计划的科学性是保持建筑市场供求关系相对平衡和健康发展的必要条件之一。

（3）建筑市场的供应特征

1）建筑市场的供给弹性大，即供给变动率引起的价格变动率小，供给弹性大于1。这是因为，建筑企业扩大生产能力比较容易，而引起的价格变动幅度不大，建筑产品的规模越小、技术越简单，供给弹性越大。

2）供给被动地适应需求。这点与一般市场的情况不同，一般市场的供给决定需求，需求也可以反作用于供给，并主动地改进和完善产品或开发新产品以适应需求，使供需双方处在平等地位。建筑市场的需求是由供应者按订货要求生产，供给者只能被动地按需求的产品种类、功能、质量、价格、时间等进行生产，因而影响了供给者生产的计划性、科学性。建筑企业作为供应者应努力寻求改变这种被动状态的方针、策略和战略。

3）市场机制的调整对象不是建筑产品，而是生产能力，调节机制通过由供求关系变化而引起的价格变化实现。如果供过于求，不会造成产品积压，但是会造成社会劳动力资源的浪费、劳动生产率下降和社会总产品减少。因此，要努力使建筑生产能力与投资需求之间保持大致上的动态平衡。

4）供给方式多种多样。施工单位可提供生产能力，也可提供建筑产品，还可分阶段提供产品；既可独立提供建筑产品又可与设计单位、资源供应单位联合起来为需求者提供建筑产品；可总承包，也可分承包。各种供给方式为需求者选择需求方式提供了多种可能性，客观上为需求与供给的最佳结合创造了条件。

（4）完善建筑市场供求机制

建筑市场供求机制的完善是建筑市场的核心问题。供求机制以竞争机制作为催化剂，以价格机制为动力和反馈信号，所以完善供求机制应与完善竞争机制和价格机制相辅相成，不能孤立地对待它们。建筑市场供求机制的完善关键在于建筑队伍（供应方）市场经营机制的增强。为此，建筑企业要建立改革与发展战略，因为战略是重大的、带全局性的、决定全局的谋划和策略，良好的战略有助于实现企业的战略目标。建筑业现在正在实施的 6 大战略有利于完善市场供求机制。

1）市场战略。该战略从 8 个方面培育和发展建筑市场：一是培育合格的市场主体；二是健全和利用市场机制；三是培育生产要素市场；四是发展中介服务组织；五是健全社会保障制度；六是加强对市场主体行为的监督；七是建立市场风险管理机制；八是健全法规体系。

2）体制创新战略。该战略的宗旨是通过建筑业结构调整、企业改制转机和制度创新，振兴建筑业，它有三个要点：

① 产业体制的改革：第一要积极培育和扶持一批国有大中型企业成为建筑业的支柱企业，同时放开一大批国有的中小型企业，依靠市场机制使之焕发生机增强活力．对市场有良好的适应性。第二要进行产业结构调整，积极推进总承包企业、施工承包企业、专项分包企业和劳务分包企业的建设。第三是进行所有制结构调整，变单一的国有企业为股权结构企业，逐步减少国有独资企业的比例，实现国有经济的战略转移。

② 企业组织的改革。要使企业成为管理型组织，以承包能力、科技与管理人员比例、资本金的多少等，衡量企业的级别和能力，发展工程项目管理带动企业改革。

③ 企业要创新，解决"三大难"，实现"三个清晰"和"三个科学"，即扭转国有企业历史包袱重、社会负担大、冗员多的状况，使产权、资产、利益清晰，制衡机制、经营责任和管理制度要科学。

3）营销战略。建立营销战略，实现规模经营、多元化经营、现代化经营和精细管理等，以适应经济增长方式的转变及企业经营方式的改变。该战略的要点如下：第一，将企业由生产经营型向履约经营型转变；第二，从小而全的施工型企业向规模经营型企业转变；面向市场、面向工程建设的全过程，以规模的扩大实现成本的相对降低；第三，由单一经营向多元化经营转变，以便有可能根据市场供需的变化和资源流向调整经营方针；第四，由独立承包向联合经营转变，与金融单位联合形成开发和竞争实力；第五，由国内经营型向国际经营型转变,拓展国际市场,扩大市场占有份额,提高在国际承包市场的竞争实力;第六,由信任型经营向责任型经营转变,企业的每个单位和每个职工都承担经济责任。

4)国际化战略。这项战略的宗旨是熟悉和运用国际惯例,拓展国际建筑市场,扩大输出和承包力度,实现输出兴业。为此要做到:第一,研究国际惯例,按国际惯例运作;第二,加强涉外工程管理;第三,参与国际组织,参加国际会议,变成国际建筑业的成员;第四,加强国际交流,和国内的合资企业交往,学习国际先进管理经验;第五,开拓国际市场,努力培养精通国际市场运作的工程技术人员与管理人员,制定鼓励开拓国际市场的政策和措施。

5)建筑工业化战略。该战略的宗旨是通过建筑技术政策,加快技术改造的步伐和力度,走建筑工业化和住宅产业化之路,依靠科技教育全面提高行业整体素质。该战略的要点是:第一,进一步完善建筑技术政策;第二,继续推广新技术;第三,进一步加大科学管理力度;第四,加强科技培训和科技知识的普及;第五,加强职业道德教育,树立建筑队伍新形象;第六,培养企业家队伍。

6)品牌战略。该战略的实质是质量战略,也是精品战略,宗旨是综合治理工程质量,消除质量通病和不合格建筑产品,以质量促销。其要点如下:第一,深刻认识市场经济中质量的突出意义;第二,建立建筑企业质量体系;第三,强化政府的质量监督;第四,强化社会监督,树立为用户服务、让用户满意的思想;第五,奖优罚劣;第六,加强标准化建设,按标准施工、检查和验收。

【注】本文根据1998年中国建筑工业出版社出版的"建筑业与房地产企业工商管理培训系列教材"之一的《建筑市场与房地产营销》中的自编部分整理,曾是进行工商管理培训的讲稿。

用《建筑法》规范建筑市场

（1998）

　　我国的建筑市场在党中央、国务院和各地区党政的大力培育下，正在向着 2010 年建筑市场"比较完善"的目标稳步发展，此势不可逆转；目前存在的建筑市场不规范和混乱现象也并非主流。但是，建筑市场所存在的问题确实是非常严重的。例如，在 1996 年至 1997 年国家四部委（建设部、监察部、国家计委、国家工商行政管理局）联合进行的"建设工程项目执法监察"中，共检查投资在 50 万元以上的工程 31.07 万个，投资总额 30606.2 亿元，建筑面积 14.29 亿 m²。在这些项目中，存在违章违规建设行为的工程项目共有 10.02 万个（占总数的 32.74%），存在违章违规问题 18.74 万件。这些数字足以说明问题的严重性，如不及时大力纠正，就会对建筑市场培育和发展战略目标的实现造成极大危害。"规范建筑市场"或"建筑市场治乱"的任务还远远没有完成。规范建筑市场必须依法进行。现在有了《建筑法》，加大对《建筑法》的执法力度，是规范建筑市场的利器。

1. 《建筑法》是规范建筑市场主体的大法

　　《建筑法》第一条便明文规定，《建筑法》的立法目的之一就是"维护建筑市场秩序"。根据河北省对造成违章违规问题的主体进行分类发现：建设单位占 59.3%，施工单位占 31.1%，设计单位占 2.7%，监理单位占 0.7%，执法主体单位占 0.6%。又根据对《建筑法》共 85 条内容进行分析归纳，涉及建设单位应当执行的有 31 条，涉及施工单位应当执行的有 35 条，涉及勘察和设计单位应当执行的有 27 条，涉及监理单位应当执行的有 15 条，涉及执法主体单位应当执行的有 11 条。两组数字说明，违章违规的主体主要是建设单位和施工单位，《建筑法》规范的主体主要也是建设单位和施工单位。换句话说，只要这两大建筑市场主体按《建筑法》规范自身的行为，就可以解决建筑市场规范化的绝大部分问题。在这两者中，尤其以建设单位问题较多，应加大用《建筑法》予以规范的力度。

2. 《建筑法》规定了各建筑市场主体的行为准则

　　在上述的 10.02 万个违章违规工程项目中，未立项的 1.24 万个，占

12.38%；未报建的 3.09 万个，占 30.84%；私自发包的 2.59 万个，占 25.85%；转包施工的 0.34 万个，占 3.39%；未委托质量监督的 1.14 万个，占 11.38%；未经过竣工验收即交付使用的 0.93 万个，占 9.28%，以上问题相加得 93.12%；另外还有偷漏税费 30.87 亿元，垫资、拖欠工程款 1040 亿元。这些非常严重的问题主要是建设单位造成的，除"立项"不属于《建筑法》调整范围以外，其他问题在《建筑法》中都是明文禁止的。

《建筑法》中确定了 18 项基本法律制度，都是规范建筑市场主体的，这些制度是：项目法人责任制，建筑工程施工许可证制度，从业资格审查制度，建设工程招标投标制度，建筑工程总承包制度，合同制度，监理制度，建筑安全管理制度，意外伤害保险制度，劳动安全生产教育培训制度，群防群治制度，安全事故报告制度，工程质量责任制度，质量体系认证制度，竣工验收制度，质量保修制度，质量的检举、控告、投诉制度，连带责任制度。这 18 项制度规范的范围是相当全面的，对建筑市场的统一、开放、竞争、有序等都是必要的。因此，只要按《建筑法》作为各建筑市场主体的行为准则，便可避免违章违规问题的发生，使建筑市场正常运行，健康发展。

3. 《建筑法》规定的大量"法律责任"是对违法者绳之以法的依据

在《建筑法》的八章中，第七章是专门规定"法律责任"的，它是对违法者绳之以法的依据，是执法者维护《建筑法》的尊严、规范和治理建筑市场的法律武器。该章共 17 条，占《建筑法》总条数的 20%，是《建筑法》中条数最多的一章，也是最重要的一章。凡是各条中规定的对建筑市场主体的守法要求，在"法律责任"中都作了处罚和处分规定。当然，《建筑法》的法律责任主要是行政责任，但也有 11 条规定了依法追究刑事责任的内容，有 9 条规定了依法追究民事责任。所以，作为法律，《建筑法》是严肃的，是不能违反的，对这一点必须有充分的认识。造成建筑市场不规范和混乱的原因，就是许多建筑市场的主体单位违法行为造成的，必须以"法律责任"为武器，对违法者绳之以法，保卫法律尊严，维护建筑市场秩序。

《建筑法》实施近一年了，大量事实说明违反《建筑法》的行为相当严重，正如北京市建委领导 1998 年 8 月 3 日在"整顿规范建筑市场工作会议"上的讲话指出的那样，"建筑市场依然存在较多问题，特别是在工程承发包中存在的问题还比较严重。主要是：一些发包单位滥用发包权，严重违反法定基建程序；一些工程承包单位资质不实，非法转包；一些中介组织责任不强，整体素质不高，违反《建筑法》规定的监理纪律；有的管理部门利用职权垄断经营。"同时要求，"结合《建筑法》的贯彻实施，依法规范建设单位、承包单位、中介组织等市场主体的行为，特别是业主的市场行为要作为整顿的重点。"他提出了四方面共 16 条依法规范建筑市场的措施：①加强发包单位的资格管理；②严格招标发包工程的范围和方式；③依法禁止肢解工程发包；④引入保函机制，建立付款保函制度；⑤全面实行建设项目法人责任制；⑥加强工程总分包管理，依法规范总分包行为；⑦积极推行承包履约保函制；⑧严格企业资质审查，全面落实动态管理；⑨加强企业内部管理，提高工程质量水平；⑩深化企业改革，支持、培育骨干企业发展；⑪大力培育和发展建筑市场需要的中介组织；⑫依法规范中介组织的市场行为；⑬加强职业道德建设，提高服务质量；⑭转变政府职能，加强和改善市场运行的监督管理；⑮加快立法步伐，健全市场运行管理法规；⑯加大执法力度，严格查处违法违章行为。

4. 贯彻"有法可依、有法必依、执法必严、违法必究"的方针

"有法可依、有法必依、执法必严、违法必究" 16 字方针是社会主义法制的基本原则和根本要求，也是执行《建筑法》的根本问题。所谓"有法可依"，是指有了《建筑法》，便有了对建筑活动（建筑市场）进行规范和调整的法律依据；所谓"有法必依"，是指《建筑法》必须得到贯彻和遵守，一切从事建筑活动的法人和公民必须在法律规定的范围内活动；所谓"执法必严"，是指国家执法机关必须严格执法，保证《建筑法》得到正确的实施并做到赏罚分明；所谓"违法必究"，是指必须追究违法行为的责任。这 16 字是社会主义法制的本质属性和客观要求，是社会主义法制权威的体现，也是《建筑法》的客观要求。根据一年来的实施经验和教训，为了规范建筑市场，还必须进一步强调贯彻这 16 字方针。为此，提出以下意见：

（1）加大对《建筑法》的宣传和学习力度，使有关建筑活动的所有政府部门、企事业单位、中介组织，都有强烈的法律意识，认真执法、守法。特别是执法者执法要严肃认真、一丝不苟；要做守法的表率，如若违法，要严厉制裁，决不能在法律问题上失职、渎职。

（2）有了《建筑法》，从事建筑活动者就要用这项法律保护自己。当你的利益受到违法者的侵犯时，你要有拿起法律武器（《建筑法》）保护自己的勇气。现在建筑市场中的某些违法行为之所以得不到制止，一个重要的原因是受害者不敢用法律保护自己，使违法者无所顾忌，愈演愈烈。

（3）应及时大力发展和扶持为建筑市场进行法律服务的中介组织（如建筑专业律师事务所），充实建筑专业律师人员。有了这样的组织，可为建筑市场各主体进行法律咨询，协助进行市场交易纠纷诉讼，代行案件审理，进行鉴证和监督服务，等等。这对依法促进建筑市场的发展和健全是非常必要的。

（4）根据《建筑法》，尽快出台有关部门规章，包括招标投标条例、工程

质量管理条例、工程安全管理条例、工程建设监理条例、工程合同管理条例、工程造价管理条例、建筑市场管理条例等，因为《建筑法》是规范建筑市场的大法，是一些大的原则，要使它真正发挥作用，必须具体化、易操作。这项工作越及时、越做得有水平，对《建筑法》的实施和建筑市场的发展促进作用越大。

【注】本文原载于《北京建设工程招标投标》杂志 1998 年第 3 期。

3 建筑企业管理科学化

建筑企业管理是企业法人及其行为的自我管理

利用管理科学实现建筑企业管理科学化

管理科学及其在我国建筑企业中的应用

（1984）

现代管理科学的产生和发展，是 20 世纪人类文明的重大成就。它惊人的发展速度、广阔的发展前景及在生产领域中所发挥的巨大作用，已为世人所共睹。它是我国四化建设不可缺少的推动力量。我国建筑业要适应现代化建设的需要，除了大力提高现代建筑生产技术水平之外，还必须大力提高现代建筑生产管理水平。因此，不失时机地结合我国国情，学习、研究、消化、改造、应用和发展现代管理科学，走一条中国式的建筑企业管理现代化的路子，是我们建筑工作者承担的一项重要责任。

1. 企业管理的职能和性质

如果给企业管理以科学和确切的解释，则它的全部含义有三个：

第一，它具有对企业的生产活动进行预测和计划、组织和指挥、控制和监督、协调和检查、教育和鼓励、挖潜和革新等一系列职能。

第二，它有效地利用企业的人力、物资、设备、资金、时间和空间，使之发挥最大效益，取得最好的综合效果，从而实现企业的经营目标。

第三，它体现在企业的一切活动的全过程中，也体现在企业一切活动的各个方面。

一个建筑企业的生产活动，首先必须有一个目标，这个目标就是保质、保量、按期、配套地完成建筑产品的施工任务，并使企业取得盈利，职工得到福利。为此它应当在国家统一计划指导下按照社会再生产的需要和本身的生产能力，编制自己的长期、中期、短期及作业计划。要制订计划，就要进行预测，预测可靠才能使计划准确可行。为了实现建筑企业的目标和计划，要有组织保证，以便把建筑施工中的各种要素和施工过程中的各个环节合理地组织起来；合理地设置建筑企业的管理体制和机构，选配干部和工人，建立岗位责任制，组织统一的、有效的施工经营指挥系统。在施工的过程中，要经常监督计划的执行情况，把目标和计划同标准作对比，找出问题加以纠正。加强施工控制、质量控制，工期控制、成本控制等，以保证施工经营活动获得预期效果。在施工过程中，不平衡和失调的事肯定会发生，障碍也不可避免，因此要经常做检查，出了问题及时协调和平衡，排除障碍，使施工顺利进行。要调动广大职工的积极性和创造性，发挥其当家做主的精神，所以要做好思想政治工作，搞好文化和技术培训，实行民主管理，贯彻按劳分配的原则。生产在发展，生产力要提高，生产关系也要不断适应生产力发展的要求，所以要不断进行企业的挖潜、革新、改造，不断提高劳动生产率，提高企业现代化水平和经济效益。

企业管理有两个方面的性质，一个是它的自然属性，即科学性。它必须从客观实际出发，根据事物的客观规律实施相应的管理，采用先进的技术和手段去实施管理。从广义上讲，管理是组织生产力诸因素的需要。另一个是它的社会属性，即管理是一定生产关系的体现，反映生产资料占有者的意志和利益。资本主义的管理，是为了维护资本家的利益；社会主义的管理是为了促进生产的发展，提高人民的物质和文化生活水平。

认识企业管理的这两种属性对我们有很大的现实意义。

管理的自然属性对社会化的大工业生产是共同的，不论社会制度如何，各国一概适用。因此，我们要学习那些先进的管理手段和方法。需要注意的是，我国的生产力发展水平与发达国家有差距，在学习中要结合我们的基础，讲求步骤、方法和经济效果，不能一味追求"先进水平"。

社会制度不同的国家，管理的社会属性不同。我们在学习国外的先进管理经验时，必须慎重对待，不能照搬。只承认管理的社会属性或只承认管理的自然属性都是片面的。在较长时间内我国把管理只看成上层建筑，导致忽视生产力的合理组织，对国外的先进管理经验一概拒之门外，把管理同政治运动联系在一起，这是错误的。

2. 企业管理理论的发展

管理实践源远流长。人类的历史和我国的历史中有着极其丰富的管理思想。然而管理成为一门科学，则是近代的事情。"管理"理论的发展先后经过了"放任管理"、"科学管理"和"现代化管理"三个阶段。

工业革命以后，生产得到了迅速发展，工厂开始出现。在开始阶段，管理活动是一种以工厂主个人经验为中心的活动。工厂主往往单纯地依靠计件工资去刺激工人的生产积极性，然而工厂主又缺乏计件的依据，不能控制工资的支出，总是要采取压低计件单价以免超支过多的做法，这就与工人为增加收入而提高工作效率的努力发生了矛盾。工人为了免受残酷剥削不得不怠工，反而使劳动生产率得不到提高，限制了生产力的发展。因为这种管理方式没有科学依据，故称为"放任管理"。

"科学管理"的创始人是美国的泰勒。从19世纪80年代开始，泰勒用了三十多年的时间进行试验、研究和实践，于1911年发表了《科学管理原理》

一书，开创了"科学管理"阶段。后来又经过甘特、库克、吉尔布雷斯、法约尔和福特等人的发展，使"科学管理"理论更加充实。

"科学管理"的主要内容是通过对工人的操作进行细致的观察和分析，确定正确的操作动作、合理的工作方法和适当的工具，制订出各项作业的操作时间，以此培训工人，实行工时定额和级差计件工资制。凡达到定额的工人按高工资率计算工资，而达不到定额的工人则按低工资率计算工资。

"科学管理"特别重视科学方法在计划工作中的重要作用。泰勒强调："一切计划工作，在旧制度下是由劳动者来做的，它是凭个人经验办事的结果。在新制度下则绝对必须由管理部门按科学规律来做"，"需要有一类人先去制订计划，另一类完全不同的人去实施计划"。于是各级管理部门扩大了，从前由监工和工人做的许多计划工作转移给了管理人员，实施计划的人员比之前相对减少了，但结果企业的组织水平和经济效能却提高了。

"科学管理"的影响是深远的。在美国推行后，当时的劳动生产率提高了2～3倍。至今它在企业管理中还占有相当的地位。如各项定额、横道计划（甘特图）等，都是我们建筑企业不可缺少的管理工具。但是"科学管理"还有其不足之处，它不注意从全局的观点去提高整个企业的生产效率，它把人看成为"机器"，进行残酷的剥削，因此它的发展也受到了限制。

第二次世界大战以后，现代工业得到了飞速发展，运筹学、控制论和计算机被应用于管理领域，从而使传统的科学管理摆脱了经验的狭区，产生了"管理科学"。"管理科学"与"科学管理"的最根本区别在于："科学管理"着力解决局部最优的问题，而"管理科学"则从全局出发求正确的决策和最优的方案以达到整体最优；其次，"科学管理"基本上采取以经验和对比等为特征的定性分析方法，为决策所提供的依据是概略性的。而"管理科学"则主要依靠现代化手段和定量分析的方法对数据进行计算和分析，为决策提供比较可靠的依据。同时，由于影响决策的重大因素有许多不能用精确的计量方法来确定（例如人的因素在生产中的能动作用），所以管理科学家把心理学、社会学、社会心理学、人类学等引进了管理科学领域，产生了"行为科学"，用以调动人的积极性，提高劳动生产率。

现代工业生产的特点是生产规模大，生产技术复杂，产销一体化，协作关系多，生产与政治、经济的联系广泛而密切，劳动生产率高，产量大，成本低，产品的升级换代周期短等。这就要求企业管理必须实现现代化。"科学管理"和"管理科学"应用于现代企业管理，形成了崭新的现代企业管理特征，这就是：

（1）管理思想现代化。其主要标志是民主化。它要求做到高度重视人的因素，反对把人作为"机器"看待，重视人的智力开发，建立同志式的互助合作关系，实行职工当家作主的民主管理，"各尽所能，按劳分配"，处理好责、权、利、效之间的关系，千方百计地调动职工的工作主动性、积极性和创造性，以提高劳动生产率；企业的领导人对国家、企业和职工负责，懂政策、懂生产、懂技术、懂经营、会用人，有组织能力、判断能力和决策能力。

（2）管理组织现代化，其主要标志是高效化。企业的组织是最优地实现企业目标的保证。现代企业组织应能保证企业经营计划实现，保证职责明确，分工明细，便于协作，能充分调动职工的积极性并充分保证职工的利益，便于快速、正确地决策，有灵活性，有利于发挥创造性，层次少，指挥灵。因此要按组织科学办事，避免因人设事，因权设摊，但也要相对稳定。

（3）管理方法现代化，其主要标志是科学化。要把管理当作一项"作业"来对待，制订切实可行的管理标准和管理程序，形成管理工作规范。一切管理活动都要以信息为依据，做到企业管理信息化。复杂的问题既要做定性分析，更要用数学方法进行分析、比较，做到定量化，以使问题能科学而准确地表达，综合而灵活地处理。所以要用好管理科学。

（4）管理手段现代化，其主要标志是自动化。为适应高效率管理的需要，必须采用先进的技术装置和手段，主要是计算机系统。据统计，国外的计算机有80％以上用于管理。我国应努力创造计算机高效应用的条件。现代化的管理手段还包括管理通信装置、信号装置、生产监控装置、文件资料复制设备等。

（5）管理人员现代化，其主要标志是专业化。科学的管理方法和信息化的管理手段，需要足够数量的具有专业知识的人才，要求领导干部是知识面广的"通才"，业务人员是精通某一专门业务的"专才"。

实现企业管理现代化并不要花费很多投资，但却能有力地推动生产力的发展。实现企业管理现代化受生产力发展水平的制约，受国家的政治、经济、科学技术、人民文化教育程度的制约，依赖于人们对客观规律的认识及总结。

管理现代化是组织现代化大生产所需要的，也是关系到我国能否在科学技术高度发达的现代化社会中立足、生存和发展的大事。那种认为只要有科学技术的现代化而不要有管理现代化的想法是错误的。没有后者，前者无法办到，并会导致资源浪费和生产力破坏，使国家长期处于落后状态。我们要坚定不移地走企业管理现代化的道路。

3. 管理科学的主要内容

管理科学涉及的内容很广，并处在日新月异的发展中，其主要内容如下：

（1）统筹法。统筹法是我国科学家于60年代初在国外各种网络计划技术的基础上创立并得到广泛应用的一种管理方法。它强调，对任何管理问题必须有一个科学的管理思想，即：从全局着眼的思想，尊重管理对象自身的运动规律的思想，节约时间提高经济效益的思想等；它还利用"网络图"作工具实施管理，即将工作对象分解成许多"工序"，确定其作业时间，按照其技术上和组织上的关系绘制成网状图，从中找出"关键"和"潜力"并进行优化，用以指导工作。

（2）全面质量管理。它是一种新兴的质量管理技术，能够对质量进行事先的控制。它强调，对待质量要持全面的观点，要重视工程质量、工期质量、成本质量、技术服务质量及各部门各环节的工作质量。进行质量管理应在生产的全过程中（设计、生产、维修保养），由全企业的各个部门和每个人参加管理。要使质量管理的计划、实施、检查和处理四个阶段进行循环、逐渐提高。它以"排列图"、"因果分析图"、"频数分布图"、"控制图"、"相关图"等为主要工具。

（3）运筹学。运筹学是用数理的方法对具体的活动及人力、物力进行定量的运算、筹划以求出最优方案的一门科学。它是第二次世界大战中在军事领域内产生的，很快被引用到了经济领域、生产领域及管理活动中，发挥了重大作用。它包括的内容有规划论（线性规划、非线性规划、整数规划、动态规划和目标规划等）、博弈论、排队论、库存论、预测论、决策论、设备更新论、搜索论、图论、模型论和可靠性理论等分支，其中以规划论的应用最为普遍。

（4）系统工程。"系统"是由相互作用和相互依赖的若干组成部分结合成的具有特定功能的有机整体。"系统工程"就是处理"系统"的工程技术，它以"系统"为对象，把要研究和管理的事与物用概率、统计、运筹、模拟等方法进行判断，从而建立起某种系统模型进行优化，求得系统的最佳结果。要达到上述目的，不仅需要科学的理论工具，还要有强有力的运算手段——计算机。最优化理论和方法、系统分析和计算机数控技术是它的三大支柱。

（5）价值工程。它研究如何以最少的成本去实现产品的合理功能。"价值＝功能÷成本"，体现了价值和功能、成本的关系。价值工程的特点是：以提高价值为目的，通过降低成本和提高功能两条途径做到；以功能分析为核心，注重通过产品设计的改进、工艺改革、材料替换，提高产品功能，降低产品成本；强调对成本进行事前控制；以有组织的集体活动为基础提高产品的功能、降低成本，以提高价值；以科学技术方法为手段系统地分析功能与成本的关系。

（6）行为科学。行为科学注重研究组织理论与人力因素，强调行为动机、人群关系、领导行为、团体士气及组织结构等对管理的影响；认为管理的功能在于合理地安排组织内外的各种条件以调动人的积极性和创造性，提高工作效率；人是决定管理效率的决定因素；研究人类行为的发展规律，人类行为产生的原因和影响行为的因素以及如何对行为进行预测和控制；人类行为的规律是主动性、目的性、持久性、可塑性、动机性；行为受动机支配，动机是有层次的，这就是：生理需求、安全需求、社会需求、尊重需求、自我实现需求，应以最强的需求优先激励行为；研究需求及其变化，掌握优势动机，把管理工作做到关键上，做到人的思想深处。

(7) 领导科学。研究领导方式、领导方法、领导制度和领导手段等。十分强调最佳决策、最高效率和最优成果。目前领导工作总的发展趋势是科学化和集体领导。领导不但要掌握科学知识和方法，也要有领导技巧，做有效的管理者；领导的职责包括规划、制订规范、选人用人、决断、协调和学习；为了提高领导效率，要做到：干领导的事而不干下一层的事，调动下属的积极性、创造性，充分利用时间，工作有计划，重要的事先做，提高会议效率，总结经验教训；领导要有自知之明、不断创新、有决断魄力、严肃认真、有宽容精神。

4. 管理科学在建筑企业中的应用概况和展望

(1) 建筑企业管理的特点

建筑企业管理受建筑生产特点的影响。建筑生产的特点是流动性、单件性、露天生产和周期长。这些特点又是建筑产品的固定性、多样性和形体庞大所决定的。建筑企业管理的特点是对象多变，要素多变，条件多变。

1) 由于建筑生产的流动性，建筑队伍要经常随着建筑物坐落位置的变化而转移，施工对象多变。施工人员和施工机具要在建筑物的不同位置上转移操作场所，生产诸要素在空间位置和相互间的空间配合关系经常变化，施工条件也相应处于变化之中，管理工作就要适应上述变化。

2) 建筑生产的单件性决定了工程要求的施工工艺和施工组织方式不同，所投入的人力、物资、设备不同，场地条件不同，因此不可能用固定的模式进行管理，而要根据不同的对象特点分别管理。

3) 露天生产使得气候因素对生产产生重大干扰，生产条件艰苦，安全不易保证，质量难以控制，均衡生产困难，管理者要为改善施工条件作艰苦的努力。

4) 生产周期长是因为体形庞大，工序繁多，而不得不花费大量时间对大量材料、构件、半成品、设备等进行装配。在长时间内，需要投入大量的、数量处于变化之中的人力，占用大量的固定资金和流动资金，投资效益发挥缓慢，难以控制。

建筑企业管理比工业企业管理落后，如劳动生产率低，机械化率低，均衡性差，质量不稳定，安全事故多发，职工队伍技术水平和思想素质提高较慢，技术更新步伐不快，引进现代管理技术难度较大。这就需要对建筑企业管理的研究和实践下更大的力量。

（2）管理科学在建筑企业管理中的应用概况

建筑企业管理难度大，对管理者有鞭策力量，现代管理科学在建筑业有广阔的应用天地，目前的应用是有成绩的。全面质量管理已经在建筑业全面推行，并与创优活动相结合，取得了提高工程质量和企业管理质量的良好效果。统筹法在我国建筑业推行近二十年，出现了不少适合我国特点和建筑行业特点的新的网络计划方法，对加快工程进度、提高劳动生产率和降低成本作用很大，在各行业的应用中处于领先地位。运筹学的应用从 1958 年开始，其线性规划分支在建筑业的应用有一定深度和广度，如土方平衡、材料调配、钢筋下料、混凝土配制、货物存储、配套生产和优化计算等。动整规划、决策论、存储论等在建筑业中的应用也已经起步。计算机已应用于施工网络计划的计算、设计预算和施工预算、工资计算、统计分析等领域中。价值工程、系统工程和行为科学在建筑业的应用也已开始研究。

（3）现代管理科学在建筑业的应用展望

一个国家的庞大而复杂的建设事业，在一切方面都离不开管理。日本以二十多年的时间走完了欧美等国五十年走过的路程，其主要原因之一就是在发展技术的同时，重视改善管理技术，提高管理效率。这个经验告诉我们，要实现现代化，必须实现管理科学化和管理现代化，提高管理水平、管理质量和管理效率，这关系到现代化建设的成败，担负四化建设先行任务的建筑业绝不能例外。

我国建筑企业的管理水平还较低，主要表现在管理体制混乱，管理结构不合理，管理理论陈旧，管理程序烦琐，管理方法和管理手段落后，管理效率低。总之，还没有超出凭个人经验办事的、手工业式的行政管理的范畴。但是我国建筑业管理工作有许多优良传统，如集体领导，群众路线，民主管理，领导、技术人员和工人三结合，岗位责任制等。近几年来，吸收国外先进管理经验改善管理已取得了成效。现在又提出了向经营管理要经济效益的口号，学习首钢实行责任制的经验，改革机构体制，这些都是提高建筑企业管理水平的有利之举。

应用管理科学，建筑管理者要做艰苦的努力。首先，要结合我国生产力发展水平和管理基础来研究国外的管理科学。其次，要大力普及现代管理科学知识，领导干部更要努力学习。第三，要进行专门管理人才的培养。第四，要认真地进行"管理科学"的应用试验。第五，领导要重视，对试行者给以物质和组织保证，对有成绩者给予支持鼓励。只要从系统的角度，扎实地工作，经过一段时间的努力，现代管理科学一定会在建筑企业管理中得到更多的应用，我国建筑企业管理现代化一定能以较快的步伐实现。

【注】本文是"管理科学基础知识讲座"之一，刊登在《建筑技术》杂志1984年第1期。

科学决策在建筑企业中的应用

（1985）

1. 什么是科学决策

为了实现某一项目标，可以建立多个可行方案，通过比较，进行优选，从而对行动做出决定的过程，称为决策。决策导致行动，行动必有结果。决策的质量决定着行动结果的好坏和目标能否实现。现代企业把决策看成是经营的基本职能，是一种手段，也是一种合理的思想方法。

在小生产时代，决策靠领导者的经验。领导者阅历广、知识多、思维敏捷，或辅之以参谋人物，决策就可能成功。这样的决策叫"经验决策"。

在现代社会化大生产中，社会活动规模大，结构复杂，影响因素多，竞争激烈，情况多变，影响大而深远，经验决策已不能适应社会活动和生产企业经营管理的要求。科学技术的发展促成了科学的决策理论、程序、方法的产生，从而使决策活动从经验决策发展到科学决策。

科学决策要具备五个条件：

（1）有一个决策者要达到的既定目标。没有目标就无从决策。目标有可能是单一的，也可能有多个。当目标经常重复出现时，称"常规型目标"，决策时有章可循，有法可依，基本上有把握解决。如果目标是偶然发生或首次出现的，称"非常规型目标"，决策时没有确实的把握。

（2）有可供决策者选择的几个可行方案。决策总是在几个可行方案中进行选择，以求在确定的条件下优化地达到目标。这里的优化有两种含义：一种是追求理想条件下的最优方案，达到最优的实现目标，这要冒很大风险且不易实现；另一种是在现实一些的条件下求得一个有把握的满意结果。这就是"最优决策"和"满意决策"的区别。

（3）每个行动方案都存在着几个不以人们意志为转移的自然状态，从而使各方案在不同自然状态下形成不同的损益。损益可以定量地表达，这就为优选提供了条件。

（4）以科学的决策理论、方法和手段进行优选并求得准确，这是科学决策的重要标志。

（5）完全的决策应注意实施后可能发生的变化。要有应变方案，要考虑

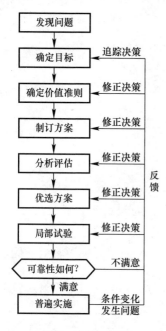

图1 决策程序图

实施后的社会效果。

2. 科学决策的程序

科学决策的程序可用图 1 表示,现分述如下。

(1) 发现问题。当实际现象与应有现象之间出现差距时,即产生了问题。领导者的责任就是通过认真收集和整理有关信息,进行分析,发现本质,确认这些问题。

(2) 确定目标。目标就是在一定环境和条件下希求达到的结果(问题得到解决)。它可以计量,可以规定实施时间和过程,可以确定实施责任。

(3) 确定价值准则。即把确定的目标分解成若干个确定的指标,规定其主次、缓急、相互间发生矛盾时的取舍原则,指明实现这些指标的约束条件。

(4) 制订方案。通过调查现状、收集过去的统计数据等手段,制订多个可供选择的行动方案,为达到目标而寻找途径。

(5) 分析评估。即运用可行性分析和决策技术建立物理模型或数学模型,对可行方案进行科学的定量计算,得出价值指标,然后进行分析评估。

(6) 优选方案。对各方案的利弊进行比较,权衡利害,择优录用。

(7) 局部试验。即对录用方案进行局部试验,验证其在规定条件下或预定时间内达到目的的可能性(或可靠性),成功则普遍实施,否则反馈到前述各阶段中进行检查。

(8) 普遍实施。将可靠性高的方案付诸实施。如果偏离目标,同样要进行反馈,追踪检查,随时纠正偏差。如有重大变化,要进行"追踪决策"。

3. 建筑企业的决策问题

在生产企业中,决策活动要贯穿于领导者和管理者的活动过程之中。建筑企业应当努力推广科学决策技术,以求经营管理工作水平的发展与提高,适应现代化建设的需要。决策内容包括:

(1) 经营决策。经营决策是企业经营管理的首要问题,属战略性决策,是企业上层机构和领导者的责任,或者说是决策层的责任。其主要内容是确定经营方向和产品结构。例如:

承包哪一类工程，是专业施工还是综合施工，是预制装配还是现场制作，如何摆正本企业和其他企业之间的关系，如何投标等。

确定企业发展规模。如应具有多大的生产能力，发展方向与速度。

确定生产战略。如怎样组织均衡生产，如何安排项目的施工程序，施工力量怎样分布。

开发战略。如为了不断提高适应能力和经济效益，如何在工艺技术方面进行开发和更新，选择企业适用的技术体系。

成本和利润战略。如怎样改革施工工艺，怎样改进劳动组织，节约各项费用，以使实现利润和降低成本能达到一定的目标。

经营决策因为是重大的经营问题和长期的战略目标，受着许多可变因素或目前不肯定因素的影响，所以属于非程序性决策。需要决策人员的知识、经验、对情报的掌握、判断力和敢担风险的责任心。

（2）管理决策。或称战术决策，是企业中下层人员、业务部门及其成员所进行的决策。诸如：生产部门如何安排开工和竣工，技术部门如何确定某项工程的施工方案，材料部门采取何种策略取得某几种紧缺物资和确定经济库存量，质量部门提高某些工程质量的决策，成本管理部门对某时期或某工程降低成本的措施决策、机械部门经济适用地选用机械等。

这类问题涉及范围小，多属例行性或经常反复出现的决策，有一套常规的处理方式或决策方法，故属于程序性决策，需要管理人员具有必要的业务水平和专业组织能力。

4. 决策者的科学素养

科学的决策虽然需要有科学的决策程序、方法和技术，但是它不能代替领导者的决策行动。咨询人员（或机构）也不能代替领导者的关键决策作用。领导者的决策水平主要取决于他们的科学素养，包括直观判断、逻辑推理、经验分析和组织能力等。

有三种类型的决策者：一是对利益的反应迟钝，而对损失比较敏感，他们不追求大利，怕担风险；二是对损失的反应迟钝，而对利益比较敏感，他们敢于追求大利，敢冒风险；三是完全按照损益或期望值的高低选择行动方案，是一种稳妥的决策者，属中间类型。一个决策者对于利益或损失的独特的兴趣、感觉或反应，叫作效用。效用实质上代表决策人对风险的态度。效用可以用最大为 1 最小为 0 的区间值表示。效用大表示风险小，效用小表示风险大。可以用损益值和效用值建立效用曲线以衡量决策者对风险的态度。不能把决策过程变成机械的计算过程。决策者应该扬长避短，加强科学素养，提高决策水平，做到善于了解全局性的环境及其发展趋势，思路开阔，目光敏锐，善于准确地发现问题的症结，具有一定的专业知识和经验，熟悉本系统各个环节及其相互联系，具有辩证思维能力，对系统分析方法、信息理论、控制理论等基本概念有所了解，善于进行集体决策。

集体决策之所以必要，是因为企业的生产经营活动涉及面广，影响因素错综复杂，需要掌握许多科学知识。决策失误会产生严重后果，所以不能只由一个人主观作出决策，以免失误。重大的企业经营问题最后要由集体讨论决定。而一般性的决策，则应由企业各级、各部门的负责人决策。然而集体决策要在经理的指导之下，他负有指挥的重任，他的作用是出好题目，提出预期达到的目标或效果，亲自过问和指导决策分析的全过程，提出自己的意见，集中集体的意见，作出结论，组织决策的实施。

5. 决策的定量化方法

根据对自然状态的认识和掌握程度的不同，决策的定量化方法有三种类型，即确定型决策、非确定型决策和风险型决策。

（1）确定型决策方法

确定型决策问题是决策者对自然状态的发生能确切地了解和掌握，对预期要达到的目标和为达到目标所付出的代价能明确肯定。决策方法有两种：

1）如果各方案的指标高低有规律，可以找到各项指标都最优的方案为决策方案。

2）有时某一方案的指标较优，而另一些指标较差，这时的决策就要用某种数学模型进行计算才能做出。

（2）非确定型决策方法

非确定型决策问题的特点是，各自然状态发生的可能性无法预测，常用的方法有五种：

1）小中取大法：其思路是首先找出各方案的最小收益值，然后选诸最小者中之大者所对应的方案作为最优决策方案。这是一种不求得利但求少失的保守决策。

【例1】　某企业拟建集中混凝土搅拌站，根据购置量的不同而计算损益值（见表1），试作决策。

表1

方案（y_i）		强制式搅拌机		自落式搅拌机	
		搅拌车（y_1）	自卸汽车（y_2）	搅拌车（y_3）	自卸汽车（y_4）
自然状态	全企业购买（x_1）	1200	800	500	100
	大部分工地购买（x_2）	900	600	400	150
（x_i）	部分工地购买（x_3）	−100	−50	200	150

【解】 按小中取大法，做出表 2，选定 y_3 方案，即自落式搅拌机搅拌，搅拌车运输。

表 2

	y_1	y_2	y_3	y_4
x_1	1200	800	500	100
x_2	900	600	400	150
x_3	−100	−50	200	150
$\min\limits_{i} V_{ij}$	−100	−50	200	150

$$\max_{j}\ \min_{i} V_{ij}=200$$

选定方案：y_3

2）大中取大法：其思路是首先找出各方案的最大可能收益值，然后从诸最大者中挑出最大的作为决策标准，其所对应的方案为最优决策方案。这是一种谋求最大收益的大胆决策方法。

按本方法对上例进行决策（表 3），选定 y_1 方案，即强制式搅拌机搅拌，搅拌车运输。

表 3

	y_1	y_2	y_3	y_4
x_1	1200	800	500	100
x_2	900	600	400	150
x_3	−100	−50	200	150
$\max\limits_{i} V_{ij}$	1200	800	500	150

$$\max_{j}\ \max_{i} V_{ij}=1200$$

选定方案：y_1

3）最小最大后悔值法：这种决策方法的思路是首先计算在某一自然状态下，由于未采用相对的最优方案而造成的"后悔值"，然后再从最大的后悔值中选取最小的，它所对应的方案即作为最优决策方案。仍以上例作决策：首先找出每个自然状态下的最大收益值（表 4）。最大收益值与该状态下各方案的收益值相减，求出后悔值（表 5）。运用表 5 在各方案诸后悔值中指出最大者。在最大的之中找出最小的所对应的方案，作为最优决策方案。于是应采用 y_1 方案，即强制式搅拌机搅拌，搅拌车运输。

表 4

	y_1	y_2	y_3	y_4	$\max\limits_{j} V_{ij}$
x_1	1200	800	500	100	1200
x_2	900	600	400	150	900
x_3	−100	−50	200	150	200

后悔值表				表 5
	y_1	y_2	y_3	y_4
x_1	0	400	700	1100
x_2	0	300	500	750
x_3	300	250	0	50
最大后悔值	300	400	700	1100
最小最大后悔值＝300				
选定方案：y_1				

4）最小最大收益值法：这是一种旨在获利，但求稳妥的方法。按照这一方法解上例，可在表 3 的诸最大收益值中选最小的（150），对应 y_4 方案，故应选择 y_4 方案，即自落式搅拌机搅拌，自卸汽车运输。

5）等可能性决策（拉普拉斯决策准则）：这种决策方法的思路是在没有特殊理由认为某一种自然状态发生的概率高于其他自然状态时，应认为其发生的概率相等，即概率 $=\dfrac{1}{自然状态数}$。由此可计算出每一种方案的收益期望值 $E(y_j)$，从这些期望值中选出最大者所对应的方案作为决策方案。仍以表 1 为例进行决策。各自然状态发生的概率均为 1/3，于是各方案的期望值为：

y_1 方案： $E(y_1) = 1/3[1200 + 900 + (-100)]$

$\qquad\qquad = 667（万元）$

y_2 方案： $E(y_2) = 1/3[800 + 600 + (-50)]$

$\qquad\qquad = 450（万元）$

y_3 方案： $E(y_3) = 1/3(500 + 400 + 200)$

$\qquad\qquad = 367（万元）$

y_4 方案： $E(y_4) = 1/3(100 + 150 + 150)$

$\qquad\qquad = 133（万元）$

故 y_1 方案的期望值最高，可作为最优方案。这种方法适用于反复出现的决策问题。

（3）风险型决策方法

风险型决策方法也称为随机型决策方法或统计型决策方法，其特点是决策者对某种自然状态是否发生不能肯定，但知道其可能发生的概率（根据统计资料或经验得知）。它与非确定型决策比较，对自然状态的认识增加了。由于这种决策完成后，对执行结果要承担一定风险，故而得名。

【例 2】 某建筑公司承担了一项工程，根据所具备的条件制定了两种工期方案。根据甲方提供的设备是否能接期到达，合同规定：如果工程能接第一方案（加快工期）完成，则奖给建筑公司 4 万元。但是如果设备不能按期到达，甲方要付罚款 5 万元。如果工程能按第二方案（一般工期）完成，建筑公司可获奖 2 万元。但是如果甲方的设备不能按期到达，则罚款 5 万元。设备按期到达的可能性是 30%。问建筑公司应选哪个方案？

【解】 根据下述步骤进行决策：

1）做出损益表（见表 6 第 2、3 列）

表 6

	设备按期	设备延误	期望值
1	2	3	4
概率	0.3	0.7	
加快进度方案	4	4+5	7.5（万元）
一般进度方案	2	2+5	5.5（万元）

2）计算每个方案的损益期望值（见表 6 第 4 列）

3）选择方案。有以下两种情况：

① 接收益期望值最大的标准选择。本例中加快进度方案的收益期望值大，可作为选定方案。

② 按最大可能性标准选择。本例中设备拖期的可能性大，此时的最大收益值为加快进度方案（9 万元），故选择加快进度方案。

究竟上述两种选择标准以哪一种为好，与决策者的素养有关。第一种方法是进取型的，第二种方法是保守型的。

（4）决策树法

风险型决策方法用决策树作为工具，有思路清晰明确的优点，对复杂的决策问题，优点更为突出。

上述的风险性决策实例如果用决策树方法，可绘制成图 2。

决策树是以图论中的"树"形结构来表达决策思路的。A 点是决策点，由它引出方案分枝。B、C 点为自然状态点，由它引出概率枝。"△"为结果点，记录损益值。自然状态点下记录计算得到的损益期望值，决策点下记录决策方案的期望值。

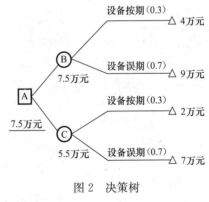

图 2　决策树

本例中 B 点的损益期望值为 $4 \times 0.3 + 9 \times 0.7 = 7.5$（万元）；$C$ 点的期望值为 $2 \times 0.3 + 9 \times 0.7 = 5.5$（万元）

由于 B 点的期望高于 C 点，故选择 B 点所对应的第一方案为决策方案。

图 2 为一级决策树，此外还有多级决策树。

6. 灵敏度分析

由于对自然状态的概率的预测和计算出来的损益值不会十分精确，故有必要对这些数据的变动是否影响最优方案的选择进行分析，这就是灵敏度分析。灵敏度分析是处理方案中不确定性因素重要方法之一。分析方法是利用变换同一因素的输入资料，找出该因素的变化对方案的影响的办法，提高决策方案的可靠程度。如果对某个未知因素的输入资料作合理变换，其变动对方案无明显影响，则说明方案比较稳定；如对方案影响较大，说明方案的可靠性差，则必须进一步收集资料再做分析和调整，尽量减少未知因素的不确定性，使方案建立在可靠的基础上。在实际工作中，往往需要把概率值、损益值等在可能发生的误差范围内作几次不同的变动，然后比较所得到的期望值，看是否相差很大，是否会影响最优方案的选择。（例略）

【注】本文原载于《建筑技术》杂志 1985 年第 12 期。为精简篇幅，其中的若干例题已经略去。

量本利分析法在建筑企业中的应用

（1987）

量本利分析法又名盈亏分析法。它是对业务量、成本和利润三者之间的内在联系进行综合分析，从而为企业的经营预测、决策、组织和控制等领域提供数量依据的一种科学管理方法，是国家经委在《企业管理现代化纲要（草案）》中提出"积极推广应用"的现代化管理方法之一。

1. 量本利关系分析

量本利分析法的基础是将成本划分为固定成本和变动成本两大部分。所谓固定成本，是在一定期间和一定业务量范围内，不因业务量的增减而变动的成本，如工作人员的工资、机械折旧费等。所谓变动成本，是指成本总额随业务量增减成正比例变动的成本，如材料费、计件工资额、动力燃料费等。

量本利分析法的中心内容是盈亏临界点分析。盈亏临界点也叫盈亏平衡点或保本点。它是指企业的销售收入等于产品总成本，企业既不盈利又不亏损的分界点。

量本利三者的关系可以用图1形象化地表示出来。

图1中，纵坐标为金额，横坐标为业务量，可用实物量表示（如施工面积、竣工面积、工程量等），也可以用营业额（如工作量、销售量等）表示。两条斜线分别为业务量和成本的关系线、业务量和销售收入关系线。两条线的交叉点称为盈亏临界点。此点所对应的业务量（x_0）是企业盈和亏的转折业务量。超过此量，企业盈利；低于此量，企业亏损。

量本利关系还可以用公式（1）表示：

$$Px = F + Vx + E \qquad (1)$$

式中　P——单位业务量销售价；

　　　F——固定成本；

　　　V——单位业务量变动成本；

　　　E——利润额；

　　　x——业务量；

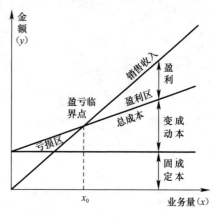

图1　量本利关系图

Px——销售收入；

Vx——变动成本总额。

公式（1）是量本利分析法的最基本数学模型。由这个基本模型可以推导出下列公式：

$$x_0 = \frac{F}{P-V} \qquad (2)$$

式中 x_0——盈亏临界点的业务量；

$P-V$——单位边际贡献，以 M 表示。

故 $$x_0 = \frac{F}{M}$$

将（2）式两端各乘以 P，则有

$$Px_0 = \frac{F}{\dfrac{P-V}{P}} = \frac{F}{M_r} \qquad (3)$$

式中 M_r——单位边际贡献率。

又 $$Px_0 = \frac{F}{1-V_r} \qquad (4)$$

式中 V_r——变动成本率 $\left(V_r = \dfrac{V}{P}\right)$

公式（3）说明，盈亏临界点的销售额可用固定成本和单位边际贡献率求得。公式（4）说明，它还可以用固定成本和变动成本率求得。

因为 $\dfrac{P-V}{P} = \dfrac{Px-Vx}{Px} = 1 - \dfrac{Vx}{Px}$，所以，边际贡献率可以用变动成本和销售额直接求得。变动成本率当然也可以用变动成本和销售额求得。这就便利了多种产品的综合量本利计算。

边际贡献率和变动成本率是两个很有用的概念。公式（3）、（4）的几何图形可以用图 2 表示。

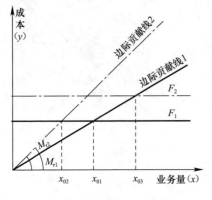

图 2 说明，当固定成本一定时，边际贡献率由 M_{r1} 增大为 M_{r2}，盈亏临界点的销售量由 x_{01} 降低为 x_{02}。这就是说，补偿固定成本支出所需要的业务量降低。所以要努力提高单位业务量售价（增加 Px），尽量减少单位变动成本支出（减少 Vx）。反之，如果边际贡献率保持 M_{r1} 不变，固定成本由 F_1 增加为 F_2，则盈亏临界点的业务量由 x_{01} 增大为 x_{03}。所以应当尽量减少固定成本开支。换句话说，

图 2　边际贡献式盈亏分析图

要取得更多的利润，则要使销售收入增加，使固定成本和变动成本都降低。这个道理还可以用公式（5）表达：

或

$$\left.\begin{array}{l} E = Px - (Vx + F) \\ E = (P-V)x - F \end{array}\right\} \tag{5}$$

这就是说，提高盈利水平，既要降低成本，又要合理提高销售单价或提高单位边际贡献。

由公式（1）还可以推导出公式（6）、（7）、（8）和（9）

$$V = \frac{Px - F - E}{x} \tag{6}$$

$$P = \frac{F + Vx + E}{x} \tag{7}$$

$$x = \frac{F + E}{P - V} \tag{8}$$

$$Px = \frac{F + E}{1 - V_r} \tag{9}$$

公式（6）、（7）、（8）、（9）是求目标利润下的单位变动成本、单位销售价、业务量和销售收入的公式。

应当特别注意有关因素变动后盈亏临界点业务量的变化和盈亏临界点销售额的变化。这种变化是企业在进行预测、决策和进行利润变动分析时必须考虑的，其计算见公式（10）、（11）。

$$x_0 = \frac{F + F'}{P\left(1 \pm \dfrac{P'}{P}\right) - V\left(1 \pm \dfrac{V'}{V}\right)} \tag{10}$$

$$P\left(1 \pm \frac{P'}{P}\right)x_0 = \frac{F + F'}{1 - \dfrac{V\left(1 \pm \dfrac{V'}{V}\right)}{P\left(1 \pm \dfrac{P'}{P}\right)}} \tag{11}$$

式中　$\dfrac{P'}{P}$——单位销售价变动率；

$\dfrac{V'}{V}$——单位变动成本变动率；

P'——单位销售价增减额；

V'——单位变动成本增减额；

F'——固定成本增加额。

2. 建筑企业的费用归类

量本利分析的前提是恰当地进行费用分类。销售收入量是企业的收入，成本是企业的支出，哪些应归入成本，是看企业是否发生了这笔支出。凡支出的费用应一律列入成本，不应受目前成本核算规定的严格制约。成本又分为可变成本和固定成本。这两类成本的识别标志是它们与业务量的大小是否有关。有一种费用支出虽与业务量的变化有关，但又不成正比例，这种费用可称为半变动成本。半变动成本可以进行具体分析，按比例摊入变动成本和固定成本。

（1）材料费：工程材料费与建筑工程量或工作量成正比例增减，无疑应计入变动成本。

（2）人工费：人工费的计算与工资分配方式有关。生产工人的计时工资属固定成本，计件工资属变动成本。奖金要作具体分析，如果是按标准工资提成，则属固定成本；如果是按计件超产发奖，则属变动成本。

（3）机械使用费：折旧费、大修理费、机修工和操作人员的工资属固定成本。因为不管机械是否运转，都要支付。动力费和燃料费则属变动成本。机械安装拆卸费、场外运输费、替换配件费、经常修理费及润滑擦拭费，既不随业务量的增减成正比例变动，又不因机械是否充分利用而发生变化，因此属于半变动成本。

（4）其他直接费：现场施工生产需用的水、电、蒸汽费用，夜间施工增加费，流动施工津贴，二次搬运费等支出，一般与产量大小成正比例变化，应列入变动成本。

（5）施工管理费：工作人员工资、生产工人辅助工资、工资附加费、办公费、固定资产使用费、职工教育经费、劳动保护费均属于固定成本。构件内包管理费、外单位管理费、检验试验费，由于与产量增减有直接关系，应属于变动成本。其他施工管理费分两部分，其中定额测定管理费、门前三包费、绿化费、执行社会义务费、民兵训练费、财产保险费等与产量无关，应列为固定成本；其中工程投标费、预算编制开支、工程定位复测费、场地照明费，竣工清理费、工程点交费等均属变动成本。

（6）建筑企业的销售收入，即是从建设单位收取的工程款，其中包括了法定利润和其他按国家规定应收取的费用。在执行投标合同价的工程上，应是合同价。按工作量作为量本利分析图的横坐标时，"销售收入关系线"必然与横坐标成 45°夹角。

一个企业的经营业务是多种多样的，因此总业务量应综合为总产值，表示在量本利分析图的横坐标上。当然，销售收入也应是综合性的，其计算公式如下：

$$盈亏临界点销售收入 = \frac{固定成本总额}{加权平均边际贡献率}$$

$$加权平均边际贡献率 = \frac{边际贡献总额}{销售收入总额}$$

边际贡献总额 ＝销售收入总额

$$-\sum（每种产品单位变动成本×该种产品销售量）$$

销售收入总额 $= \sum（每种产品单位售价×该种产品销售量）$

（7）企业在进行盈亏平衡分析中所涉及的目标利润或预测的利润总额指税前利润。企业的净利润则涉及利润分配，应在量本利分析后作单独分析。企业的利润总额计算公式是：

企业利润总额＝法定利润＋经营利润±营业外损益

3. 量本利分析法在建筑企业内的用途

量本利分析法的用途相当广泛。在建筑企业中，它可用来进行经营预测、经营决策、施工组织、成本控制和经济活动分析等。

（1）用量本利分析法进行经营预测

经营预测是根据过去的经营资料和现在的经营情况，运用科学的方法，加上领导者和预测人员的主观经验和判断力，对未来的经营发展趋势及水平进行预计和推测。这里所说的科学方法有数百种之多，量本利分析法就是其中的一种。它可以预测经营规模、成本状况和利润水平等。

【例1】 大名建筑公司1986年完成建筑安装工作量2950万元，实际支出2600万元，其中固定费支出330万元，变动费支出2270万元。按该水平预测，1987年公司应完成多少工作量企业才不至于亏损？根据企业经营需要，要求1987年利润留存200万元，缴税等其他上缴费用300万元，那么企业应完成多少工作量？产值利润率是多少？成本利润率是多少？

【解】 首先求1986年的变动成本率 V_r

$$V_r = \frac{Vx}{Px} = \frac{2270}{2950} = 0.7695$$

根据公式（4）可得企业盈亏临界点的工作量为：

$$Px_0 = \frac{F}{1-V_r} = \frac{330}{1-0.7695} = \frac{330}{0.2305} = 1431.67（万元）$$

根据题意要求，1987年企业的目标利润为：

$$E = 200 + 300 = 500（万元）$$

根据公式（9）可得

$$Px = \frac{F+E}{1-V_r} = \frac{330+500}{0.2305} = 3600.9（万元）$$

这就是大名建筑公司1987年为求得目标利润应完成的目标工作量。一般说来，这个水平是否能实现，最好还要运用直线回归分析等方法进行预测。

该建筑公司的产值利润率为

$$\frac{500}{3600.9} = 13.89\%$$

该企业的成本利润率水平为

$$\frac{500}{3600.9 - 500} = 16.12\%$$

当然，这个利润率水平的实现不能只从工作量方面加以预测就可作出决策，还应从企业经营的全面状况加以权衡，并应有相应的盈利措施。

【例2】　为了使企业的生产能力与上述预测工作量的目标相适应，需要增加固定成本2%；同时由于材料涨价，变动成本增长3.5%，求对企业利率的影响是多少？

【解】　根据公式（1）得

$$E = Px - Vx - F$$

1986年的变动成本率为0.7695

1986年的固定成本率为$\frac{330}{2950} = 0.1119$

故1987年的变动成本增长后应为

$$3600.9 \times 0.7695(1 + 3.5\%) = 2867.87(万元)$$

1987年的固定成本增长后应为

$$3600.9 \times 0.1119 \times (1 + 2\%) = 411.00(万元)$$

1987年的实际利润应为

$$E = 3600.9 - 2867.87 - 411.00 = 322.03(万元)$$

利润影响率为

$$\frac{500 - 322.03}{500} = 35.59\%$$

如果要保持500万元的盈利水平，应完成的工作量计算如下

$$Px = \frac{F + E}{1 - V_r} = \frac{411.00 + 500}{1 - \dfrac{2867.87}{3600.9}} = 4474.45(万元)$$

故工作量完成额要比原预测水平提高

$$\frac{4474.45 - 3600.9}{3600.9} = 24.26\%$$

（2）用量本利分析法进行经营决策

企业的经营决策是企业为了达到经营目标，有意识地设计各种不同的可行方案，通过比较、选择，决定出最优方案的过程。经营决策是经营活动的

核心。要搞好经营，必须对经营活动做出科学的决策。经营决策可分为经营目标性决策和资源决策，主要由企业的领导层来做。量本利分析法在经营目标性决策中有重要作用，如投标策略、估价决策、企业盈利目标决策、经营规模决策等，均可应用。现举例说明：

【例3】 华成建筑公司在安排明年计划时，接受了上级提出的建议，竣工面积为27万 m^2，盈利额为500万元。而企业考虑应根据自己的主观能力作决策。它们统计了今年的情况：今年竣工面积25万 m^2，完成工作量9800万元，今年的固定费用为1060万元，每 m^2 竣工任务平均耗费变动费用338元（含未完施工变动费用），问企业应如何作出决策？

【解】 根据今年的情况，企业的盈亏临界点竣工量为

$$x_0 = \frac{F}{P-V} = \frac{1060}{\dfrac{98000000}{250000} - 338} = 196296(\text{m}^2)$$

经营利润为500万元时，企业应竣工的面积为

$$x = \frac{F+E}{F-V} = \frac{1060+500}{\dfrac{98000000}{250000} - 338} = 28.89 \text{ 万 m}^2$$

也就是说，按今年的水平，企业明年要完成上级下达的500万元利率指标，需完成竣工面积28.89万 m^2。这个竣工水平，与上级下达的竣工面积指标27万 m^2 的任务相近。

此时，企业的经营安全率为

$$\frac{28.89 - 19.63}{28.89} = 32.05\%$$

按经验判断，经营安全率达25％～30％为较健全的经营能力。故企业可以做出明年竣工27万 m^2 及完成利润500万元的计划决策。

【例4】 茂源建筑公司的固定费用为550万元，变动费用为施工产值的75％。在安排年计划时，公司根据历年的施工产值，应用直线回归法预测明年可完成施工产值3900万元。经企业领导研究，明年的目标利润为310万元。另一方面，由于材料涨价，预计明年变动费用可能增长11％。在这种情况下，企业应当如何作出决策以实现目标利润？

【解】 可以做出两种方案：第一个方案是多完成施工产值以增加利润水平；第二个方案是按预测施工能力安排任务，以降低成本来确保目标利润。现对两个方案做具体分析。

第一方案：按预测施工产值3900万元计算，明年的目标成本为

$$3900 \text{ 万元} - 310 \text{ 万元} = 3590 \text{ 万元}$$

于是，完成的施工产值应是

$$x = \frac{F+E}{1-V_r} = \frac{550+310}{1-1\times75\%\times111\%} = 5134(万元)$$

第二方案：

$$目标变动成本 = 目标成本 - 固定成本$$
$$= 3590 - 550 = 3040(万元)$$

$$预测变动成本 = 预测施工产值 \times 变动成本率 \times 材料涨价后的水平$$
$$= 3590 \times 75\% \times 111\%$$
$$= 3246.75(万元)$$

$$变动成本应降低额 = 3246.75 - 3040$$
$$= 206.75(万元)$$

$$变动成本降低率 = \frac{206.75}{3246.75} = 6.37\%$$

$$成本降低率 = \frac{206.75}{3246.75+550} = 5.44\%$$

以上计算说明，为了完成目标利率 310 万元，所需完成的施工产值相差 5134−3900=1234（万元），距离甚远。要争取更多的任务还受激烈的竞争环境制约，风险很大，故第一方案不可取。第二方案按预测施工产值完成任务，但要降低成本 5.44%，这就会激励企业提高管理水平，厉行节约，消化涨价带来的不利影响。这是应当决策肯定的方案。但企业应编制切实的技术组织措施计划，以便实现第二方案降低成本的目标。

（3）用量本利分析法进行经济活动分析

【例 5】 某住宅建筑公司年竣工面积为 8 万 m^2，年固定成本 400 万元。每交工 1m^2 收入 350 元，每平方米变动费用为 280 元。为了增加企业生产能力，拟购入新的吊装设备。该设备原值为 175 万元，经济耐用年限 15 年，不计残值。预计使用后年竣工面积可提高到 9 万 m^2，单位竣工面积变动成本可降低 1%，试分析购置该设备是否合算？

【解】 设备购置前企业的边际贡献为 350−280=70 元/m^2，盈亏临界点竣工面积 $\frac{400\,万元}{70\,元/m^2} = 5.7$ 万 m^2。可实现利润额为 70×(80000−57000)= 161 万元。

设备购入后有关指标计算如下：

单位变动成本减少到 280×(1−1%)=277.2（元），单位边际贡献增加 350−277.2=72.8（元）。但年固定成本应增加新购置机械的年折旧费。

$$年固定成本额 = 400 + \frac{175}{15} = 411.67(万元)$$

$$新盈亏临界点竣工面积 = \frac{411.67}{72.8}$$

$$= 5.65(万 \ m^2)$$
$$可实现的利润 = (9 - 5.65) \times 72.8$$
$$= 243.88(万元)$$

可见购入吊装机械是合算的，因为年利润可增加 $243.88 - 161 = 82.88$（万元）。

【注】本文原载于《建筑技术》杂志 1987 年第 4 期。

对企业战略计划的思考

（1988）

战略计划是服务于战略执行的。制定了战略，则一定时期的发展目标和实现目标的根本途径便确定了。为了执行战略目标并最终实现它，还必须对战略的实施步骤、实施时间和进度、应采取的措施、资源供应、组织方式、应变策略等进行筹划和安排。这种筹划和安排就是战略计划。

战略计划有五个最显著的特性

第一，控制性。战略计划用来对未来的活动或行为进行控制，以便把握大方向，实现战略目标。这种"控制性"与"实施性"相对立。

第二，长期性。战略的着眼点是未来，是未来相当长一段时间的事，这就决定了战略计划的长期性。战略的期量也就是战略计划的期量，"长期性"与"短期性"相对立。

第三，风险性。长期性必然带来风险性。时间越长，不可预见因素越多，变化越大，计划就要预测，估计，故而产生风险。战略计划的准确性随预测的可靠性和决策者对风险的态度而变化。美国 Peter Drucker 曾说过："一般的计划根据今天的情况去优化明天，而战略计划的目的是开拓明天的各种新的机会"。战略计划可被用来消减未来经营环境变化中的不利因素。

第四，连续性。战略计划的编制需要以现状为依据，它被用来开拓明天，它的效果又会对计划期以后相当长一段时间产生影响。"今天"、"明天"和"以后"，这本身就体现了时间上的连续性。因而，计划内容，计划效果也都必然有连续性。决不能孤立地、静止地、间断地对待战略计划。

第五，宏观性。战略计划涉及一个单位全局的问题，带宏观性。这就是说，它不是对某一项局部的、具体的行动进行安排，这样的安排是一般的经营计划或生产性计划的职能。因此要求战略计划工作人员胸怀全局，放眼宏观，以战略家的头脑对待战略计划。

1. 企业战略计划的作用和必要性

（1）企业战略计划的作用

企业战略计划对企业的生存发展和经济活动有以下作用。

第一，筹划作用。从战略形成到战略实现，有一个中间环节，这就是战略的执行。对战略执行必须进行筹划，这就是战略计划。孙子兵法中说："用兵之道，以计为首"，"计先定于内，而后兵出境"。战略计划是战略管理的首要职能。

第二，应变作用。战略计划通过对内部条件的分析和对外部环境的分析，掌握变化的因素。预测变化的趋势，减少意外情况对实现战略目标的冲击。变化是不可避免的。故应有战略计划以应付变化。还应指出，预测应立足于推断，往往可靠度差，有些变化是突发性的，无法预料，故战略计划中应把"应急计划"作为一项重要内容。

第三，挖潜作用。企业要实现战略目标，必须创造各种条件。战略计划不但可以根据内部条件调动积极因素，而且可以合理利用外部环境，创造新的实现战略目标的力量。

第四，协调作用。企业的战略计划使企业的领导层、管理层、实务层及全体职工按照统一的战略目标，统一行动步调，明确各自的责任，分工协作，避免分散力量、各自为政、相互掣肘的现象发生。如果发现偏离计划的现象，可以及时干预、纠正，使经济活动保持正常的秩序。

第五，考核作用。战略计划实际上是企业的行动纲领和工作标准，故可以据以分析、衡量和评价企业的工作，起考核作用。

（2）企业战略计划的必要性

战略计划的作用是客观存在的，企业利用它则会产生效益。我们还可以从企业本身的需要来分析利用战略计划的必要性。

第一，企业战略计划的应用是实现企业战略目标的需要。

企业有四类战略目标。第一类战略目标是贡献性目标，即企业对国家、对社会提供的产品，盈利和服务的数量。第二类战略目标是竞争目标，指企业根据所面临的经济环境和竞争态势应采取的策略目标，包括市场占有份额，有关质量、资源、技术、管理优势的追求等。第三类战略目标是发展目标，即企业的实力增长目标。企业的实力指企业的生存发展能力，是企业人力、技术、财产、管理等方面素质的表现。企业如何发展及发展水平，均应当用战略目标确定。第四类目标是利益目标，即企业在经济活动中获得的价值增量可留给自身用以生存、发展、改善职工物质文化生活水平的份额及可能生产的效果。企业应对自身的长远利益加以重视，以近期利益服从于长远利益。

战略目标是企业的总目标，是战略管理的对象，是战略计划应安排实现的目标。战略目标不同于经营目标。经营目标是在战略目标指导下制定的具体目标或称为分目标和阶段性目标。经营目标是经营计划安排实现的目标。

第二，企业战略计划是企业执行国家和地区的经济发展计划的需要。

我国有国家的总体经济发展战略计划，各地区、各部门也有经济发展战略计划。企业既然是国民经济的基本实体，就应以自己的战略计划保证部门、地区和国家的经济发展战略计划的实现。这是局部保全局的客观规律性要求，也是社会主义国家有计划、按比例发展规律对企业提出的要求。

第三，企业战略计划是企业竞争取胜的需要。

经济领域中必然存在着竞争。企业之间、同行业之间、部门之间、地区之间、国度之间，均存在着经济上的竞争。商品经济愈发展，竞争愈激烈。企业战略计划就是有力的竞争武器。好的战略计划，能使企业确定很好的竞争策略，适应环境的变化，对企业的经济运行进行协调、组织和控制，开拓新机会，给企业以极大的竞争优势，保证竞争取胜。

第四，取得经济效益的需要

一个企业必须使自己的活动取得经济效益，否则它就失去了存在的意义。企业的经济效益又必须服从社会效益，从企业和社会的全局来考虑，从长远考虑。战略计划对企业取得经济效益的量、方法和手段、资源的使用、适应环境的变化等方面作出总体安排，这种计划立足全局，高瞻远瞩，适应变化，注重发展，面向未来，极有利于提高企业的经济效益。

2. 企业战略计划的内容

为了发挥企业战略计划的作用，满足企业的需要，企业战略计划应当包括下列主要内容：

（1）战略目标的描述

企业战略计划首先应对战略制定阶段确定的目标进行分类描述，以形成战略计划的出发点和总纲。描述的方法可用文字或图表，明确提出目标的水平及其数量表现（指标），使目标有衡量性和可达性。目标实现的时间也应描述清楚。

（2）环境预测与分析

这里所指的环境是影响战略目标实现的环境，包括社会经济状况及本行业经济状况（发展及衰退）分析，社会需求状况分析，人力资源及劳动政策分析，物资供应与需求分析，能源供求分析，技术装备发展与供应分析，技术进步分析，经济体制改革分析，政治体制改革分析，价格分析，财政及信贷分析以及竞争态势分析等。

通过环境分析，可以看出各种影响企业实现战略目标的可变因素，变化趋势，存在的威胁，找出可利用的机会，作为战略计划的编制依据之一以及编制应变战略计划的出发点。

环境分析以预测作前导。没有科学的预测，无法对环境作透彻的分析，看不出趋势。由于战略涉及长期，预测的时间就长；越长，则"能见度"越低，变化越难预料。因此，预测要采用多种适用的方法，要重视定性预测，努力提高预测的可靠度。不可信的预测会导致对环境的错误分析，会把企业引入歧途，故预测也是战略计划的关键性内容。

（3）企业自我分析

如果把战略上的环境预测和分析作为"知彼"，则企业的自我分析要做到"知己"。"知己知彼，百战不殆"。这里的"己"，主要是企业自身的实力及企业内部在执行战略决策和组织经济活动中的种种信息。企业的实力包括企业的优势和劣势，产品的寿命期，市场占有率，企业现有资源及可获得资源的总量，企业的管理水平，经营能力，组织效率等。通过自我分析，要判断企业的生产能力、盈利能力、发展能力、竞争能力、应变能力和管理能力等。这同样是企业制定战略计划的依据和出发点。

（4）战略实施步骤的描述

战略实施步骤是指对战略目标的实现作出顺序上和时间上的安排，分年度确定阶段性目标，分部门明确部门目标，从而为经营领域提供行动方向。年度目标应与长期目标相协调，对长期目标进行具体化和深化。职能部门的目标是对年度目标作横向分解，给各职能部门提出行动方针和努力方向，指出如何协同动作。战略实施步骤可以用横道计划或网络计划予以表达并辅之以文字说明。

（5）战略制度化的描述

战略制度化是指对执行战略做出的有关规定和说明，以指导企业的日常经营管理活动。

首先，为了执行战略对组织机构的设置提出要求，以保证组织管理的高效化。要对部门设置、管理层次和管理跨度进行设计，选择恰当的组织结构。不同的战略会对组织设置提出不同的要求，因此要克服"组织机构一贯制"的弊端，做适时的、与战略相匹配的调整或组建。

其次，要对组织领导作出选择，以便进行正确的战略指导。组织领导问题在我国的焦点是处理好企业中党政群的关系，搞好经理（厂长）负责制。经理（厂长）应是执行企业战略的最高领导者和决策者。经理的战略观念、战略指导艺术以及领导才能和领导工作能力，对战略的执行关系极大，也直接影响着下属。企业的管理者要由企业的领导人任命，管理者必须协助领导者保证战略成功。这方面的要求在战略计划中应予以设计和描述。

再次，要对"组织文化"进行必要的描述，即对企业的传统、习惯、思想状况、经营理念、价值观等，提出适应新战略的要求，使之作出适当的变革。

（6）对战略控制与评价的描述

要成功地执行战略并在必要时调整战略，必须在战略计划中对战略执行过程中的控制与评价进行描述。

战略控制首先要建立与年度目标相匹配的战略控制系统和经营控制系统。战略控制系统是指领导层，经营控制系统是指管理层。战略控制系统通过它拥有的战略信息，驾驭企业使之在既定的战略方向上行进。这些信息包括决定战略成败的关键因素，如环境因素、行业因素，与战略相关的顾客需求，成本，市场份额，分配渠道，新企业的出现，新产品的推出，企业的生产能力，职工士气，管理状况，资产利用等。经营控制系统的作用在于指导、监督和评价战略实施过程，关键是对人力资源、物质资源及资金进行计划和核算，为企业的日常经营提供控制量度、额度及协调依据，告诉职工在正确的时间、正确的地点做正确的事，分配相应的资源，安排相应的活动。在战略控制中，要对行为偏差进行估计与评价，这就需要在执行战略时进行监测、比较。这些偏差便是进行动态协调与控制的依据。

3. 企业战略计划的编制

（1）编制原则

第一，要处理好企业微观效益与国家宏观效益的关系。

企业要明确，最大限度地满足社会需求是自身的根本利益所在，企业要在满足社会需求的前提下实现自己的生存与发展。因此，制定战略计划要把社会需求和国家利益放在第一位，决不能为企业利益而使国家利益受到丝毫影响。

第二，处理好眼前利益和长远利益的关系。

要取得长远利益，往往影响企业的眼前利益。例如，改革、技术改造、人才开发、技术开发等都需要"投资"。但这种投资正是为了长远利益。战略计划要妥善处理这对矛盾，作为企业的领导者，视线是在"明天"、"未来"，有远见卓识。在眼前利益与长远利益不能兼顾时，要下决心暂时牺牲眼前利益而追求长远利益。

第三，处理好企业与消费者的利益分配关系。

企业以优质、价廉的产品满足消费者的需要，企业也从中获利，有利于市场消费才能有利于企业的生存和发展。反之，消费者会不买你的产品，也不接受你的服务，那么企业的利益就会落空，故要利人而利己。给社会以利，才会受社会支持。

第四，处理好与竞争对手的得利关系。

企业之间的竞争，是对"利"的追求。在我们国家，竞争要讲道德，竞争不能牺牲其他企业利益而追求自身的利益，不能用尔虞我诈、弱肉强食的办法搞竞争。要通过实力与水平的比较竞争，要合乎法律规定。

第五，处理好质量和成本的关系。

质量是第一位的，必须保证，但质量并非是越高越好。提高质量要符合经济原则，忽视质量不成，质量过剩必导致成本提高，竞争力减弱，这也是不好的。我们应在保证质量的前提下追求降低成本。

第六，积局部小利为全局大利。

企业的经济活动是产、供、销统一，人、财、物协调的过程，企业应在提高整体效益原则指导下，使各个具体阶段与各具体环节都因利而动。这样，才能积局部小利为全局大利。战略计划既要规划全局大利，又不能忽略局部小利，并处理好它们之间的关系。大利要有基础，小利要有总方向。

（2）编制程序

第一步，调查研究，对企业的外部环境和内部条件进行全面了解和分析。分析外部环境，寻找机会，避免威胁；分析内部条件，明确本身的优势和劣势，从而为战略计划编制提供依据和前提。

第二步，对未来的趋势进行预测。预测由企业最高层负责，组织经济专家、技术专家、预测专家进行。在预测中要把变化因素全部罗列出来，然后作认真分析，找出主要的变化因素及其发展动向，作为确定战略的根据。预测技术的选用要适当，防止单一和片面。预测的情报渠道要合理利用，经过核实，做到可靠。

第三步，制定战略目标。战略目标以决策为先导，既有总目标，又有分目标和阶段目标，组成目标体系。制定目标注意它的可接受性，灵活性、可衡量性、激励性、适合性、可理解性和可达性。

第四步，对战略计划实施进行描述，描述的内容包括战略具体化、战略制度化，战略控制与评价。

最后，还要对战略计划的贯彻作出交代。特别要明确交代如何使用计划、调整计划与考核执行状况。

（3）战略计划方案的制定

企业有了战略目标，便明确了发展方向和指导原则。战略计划则把目标和为实现目标所必须具备的主要条件作定量化的规定，并对这些条件作综合平衡，确定若干重大的项目和措施，规定其进行的步骤和途径，从而使战略落到实处。因此，战略计划方案必须经过一番设计、选择与优化。战略计划方案的设计是一种研究和开拓性的工作，既要有科学性，又要有可行性和时效性。因此要贯彻定性与定量相结合的原则，设计出多种战略计划方案。对多个计划方案要进行比较，选择经济效果好、实现战略目标可靠、便于执行的方案。战略计划的优化则是对选定的方案借助于模型更具体、更实际、更集中、更深刻地描述计划和选择。更由于战略计划涉及的因素多、范围广，因此，要善于抓住最基本的数量关系，突出主要矛盾，大力应用计算机手段，使优化成为可能。战略计划方案应是集体产品，战略计划方案内容的描述必须在优化之后进行。

（4）战略计划的编制方式

什么方式能适应战略计划的特点而被用来编制战略计划呢？滚动计划方式最好（见图1）。这是因为：

第一，滚动计划方式适用于编制长期计划。滚动计划的时间接触幅度大。它可以对可见的近期进行具体计划安排，对稍远的中期进行比较具体的计划安排，对更远的长期作粗略的计划安排。近期者利于实施，远期者利于控制。这恰恰适应了战略计划"长期性"的特点。

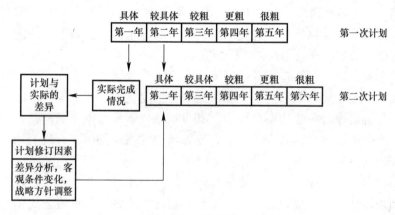

图1 滚动计划模型

第二，滚动计划方式是一种连续的计划方式。当计划执行一个阶段以后，可以再行编制新计划，新计划的计划期除去了已过去的时间，包含了所剩余的时间，又补充了未来的适当时间。所以计划期总是在不断地向前延伸的，而这种延伸又使原来较具体的计划内容可能变得具体，原来较粗略的计划内容变得比较具体，原来难以预料的内容变得比较粗略，朦胧可见。而每一阶段的计划内容都由粗变细，由不可靠变得可靠。这一特点与战略计划的"连续性"相适应。

第三，滚动计划方式是一种能应变的计划方式。在每次编制计划时，一可以对已完成部分进行分析，找出与计划的差距，作为再编计划的信息；二可以对原预测的计划期内的情况进行审视，找出原预测结果的不可靠内容，进行再预测；三可以对新的变化加以了解，在编制计划时考虑，调整原计划。这样，计划可以不断适应变化，不断增加可靠度，减少风险性。

采用滚动计划方式无疑对原计划方式是一次革新。人们习惯于原来的上级下指标，企业编制计划，上报审批再执行的"二下一上"方式，也习惯于进行静态平衡。传统的计划方式既难远瞩，又不连续，应变力很差，故往往使计划破产。

（5）对战略计划人员的要求

战略计划人员并非一般经营管理活动中的计划人员，而应当是经营管理专家，具有丰富的专业知识，有战略头脑，预测能力，善于调查和思考，对纵横业务关系十分熟悉，周旋往来活动能力强，通晓竞争规律，有利于企业机制、排除经营故障、保证战略实施的魄力和才能。这样，在领导授权后，能胜任战略计划编制与贯彻工作。因此，对战略计划人员要选拔，要培养，要信赖。

4. 企业战略计划的应用

战略计划的应用过程，就是战略的实现过程。如果说编制战略计划重要，则应用战略计划更重要，只有应用才能解决实际问题，实现战略计划的目的要求。战略计划的应用要注意下面几个问题。

（1）把战略计划交给职工

战略计划编就以后，就应当让企业全体职工学习、掌握，从而明确方向，了解全局，胸怀目标，立足本职，把行动统一在战略计划的轨道上。

（2）实施目标管理

目标管理（MBO）的特点，符合战略计划应用的要求。首先，目标的制定者就是目标的执行人，上级和下级共同参与目标的制定；其次，根据组织的战略目标，企业各级管理部门制定本部门的策略目标，每个职工根据本部门的目标和本人的情况制定个人目标，从而形成一个目标链；再次，实现目标主要采取自我控制为主的管理办法，充分发挥职工的积极性、创造性和主动性，实现自己制定的个人目标，从而实现部门目标，进而实现组织目标；最后，强调由执行者自我检查执行过程中的缺点和错误，以便更好地发挥自己的能力，为下一步目标管理创造更好的条件。这样，目标管理实际上是把组织目标和个人目标密切结合起来，以协调上下级之间的关系，调动职工的积极性、创造性和主动性，更好地实现组织的战略目标。

（3）在战略计划指导下，加强经营计划工作，发挥日常计划管理的职能。

战略计划并不能代替日常计划工作。经营计划是对日常生产经营活动进行计划管理。经营计划把企业看成一个开放的系统，依赖于社会的需要和支持，满足社会的要求，从社会吸取资源，做企业认为对的事，追求更高的经济效益，重视战略目标。这样，就使它成为实现战略计划和战略目标的具体计划。有了战略计划，则经营计划就有了总纲和目标；有了经营计划，则战略计划的执行便得到落实，有了保证。

（4）发挥滚动计划的作用，采取应变措施，及时调整战略计划

战略计划一经制定，企业整个组织就要坚持不懈地去实现它。但是客观情况必然多变，干扰计划的执行和目标的实现。如果把战略计划看成不可变动的"信条"，结果只能使它落空。只要能根据变化进行合理调整，以消化干扰带来的消极因素，则战略计划可以产生新的动力，直到最后实现。因此，企业领导和计划人员都要善于作"检修师"，正视变化，修正计划，坚持战略方向。以往许多领导一遇到变化，就认为是对计划的"冒犯"，怨天尤人；或把计划束之高阁，认为它"过时"了，搞起无计划的瞎指挥来，都是要不得的。要学会应变，让滚动计划在应变中起作用。

【注】本文是 1988 年在中国建筑学会建筑统筹管理研究会年会上发表的论文。

应用 SWOT 分析方法

（1990）

当前，我国的建筑市场是买方市场，竞争日趋激烈，建筑企业面临着生死存亡的严峻形势。作为企业的领导者，应作出正确的战略选择。"SWOT 分析"是一种新的有效的管理方法，它可以帮助企业领导者选择企业战略。

1. 什么是 "SWOT 分析"？

"SWOT 分析"是对主客观情况进行分析的意思。主观情况包括"优势"（Strengths）和"劣势"（Weaknesses）；客观情况包括"机会"（Opportunities）和"威胁"（Threats）。

对"优势"和"劣势"进行分析的目的，是对企业内部的能力进行自我认识。所谓"优势"是企业同竞争者比较，在内部能力上的有利态势；所谓"劣势"则是内部能力上的不利态势。这里所指的"内部能力"是指企业各种素质综合形成的生存发展能力，包括施工能力、资源能力、竞争能力和经营管理能力等。企业要竞争取胜，必须利用"优势"，克服"劣势"。了解"优势"可以增强竞争信心和勇气，让它成为竞争武器。了解"劣势"可以增加企业危机感和紧迫感，从而受到压力，被迫采取对策，主动夺取成功。在一定程度上说，对企业"劣势"的了解，可能比对企业"优势"的了解更有意义。

对"机会"和"威胁"进行分析的目的是了解企业所处的环境。所谓"机会"，是环境、时间、地点结合对企业有利的方面；所谓"威胁"，即对企业不利的方面。假如企业发现了"机会"，又有一定的行动方案相追随，对"机会"加以利用，便有可能产生重大的利益。假如"威胁"发生，又没有采取适当的措施加以防范或解脱，就会导致重大损失。在这里，"环境"包括宏观环境，即经济环境、政治环境、科技环境和社会环境；"环境"还包括经营环境，是指现有的和潜在的竞争对手、供应单位、用户和市场。宏观环境和经营环境均与企业有直接或间接的关系。

"SWOT 分析"的最终目的是为企业确定战略提供科学依据和工具，搞好战略管理。

2. 建筑企业能力分析

建筑企业能力的分析步骤是：设置适当的指标并加以计算，找出形成这些指标的关键因素，与竞争对手进行比较，判断优势和劣势。

（1）企业的内部能力指标

为了与竞争对手进行比较，企业内部能力指标应是逐项可比的，又应当能全面反映企业的内部能力。在这个前提下，施工能力可用"人均施工产值"和"人均竣工面积"表示；资源能力可用"流动资金周转次数"和"技术装备率"表示；竞争能力可用"得标率"和"工程优良品率"表示；经营能力可用"资金利润率"和"成本利润率"表示。这些指标的计算均有国家规定的方法，这里不作赘述。一个企业内部能力水平，要用历史的统计数字进行逐项预测。在预测时还要考虑未来竞争时企业内部能力形成因素的新的变化，同时要用加权法计算综合能力。

（2）形成企业内部能力的关键因素分析

形成企业内部能力的关键因素包括领导素质、职工素质、技术素质和管理素质，必须进行恰如其分地分析，才能看到企业能力升降的原因、提高的潜力及有待于克服的薄弱环节。以集体建筑企业而论，其素质长处是：产生于开放的大潮之中，其领导有较强的竞争意识；职工的年龄结构好，劳动热情高；有一批离退休人员形成了他们的技术支柱；在组织结构上有精与简的特点；后方比例小，调动灵活，工作得力，包袱很轻；旧体制对他们的束缚少，故自主能力强，进行战略转变也很方便。但是集体建筑企业的素质缺欠也是严重的，领导经验不足，文化水平和专业水平偏低；职工技术等级偏低，质量保证能力差；资源保证能力弱，技术装备少；管理能力低。

内部能力的大小，不仅仅决定于企业素质，还与外部环境有关。外部环境有助于企业素质长处发挥作用，则称为"相匹配"，否则称为"不匹配"。

（3）与竞争对手进行比较

竞争对手的选择是比较的前提。每个建筑企业的竞争对手一般只在承包某项任务时出现。就目前我国的情况看，建筑业的竞争局面尚未完全打开，1988年投标承包的单位工程和施工面积分别只占承包单位工程和施工面积的21.6％和28.6％。有的名为"投标"工程，实为内定承包单位，因此选择竞争对手有时不以投标的形式出现，而以企业在行业和地区的综合优势比较的形式出现。对集体建筑企业来说，不能忽视不够投标条件工程的承包。信息要灵，承揽任务的方式要灵活得当，善于进行"协议承包"，大力争取中小工程及计划外工程。企业选择竞争对手一般应是相同所有制和同等级别的企业，而不应选择所有制不同、级别相差悬殊的企业。

企业与竞争对手内部能力的比较，既要逐项指标比较，又要综合比较。在比较时防止单纯比较内部能力，还要注意外部环境的匹配情况以及关键因素的具体分析，从而进行多方面的、深入的比较，作出正确决策。

3. 建筑企业的环境分析

环境存在于企业外部，大部分是企业无法控制的因素，左右着企业的发展方向和具体行动的选择。环境最终要影响企业的组织结构和内部管理，企业在确定自己的目标时，应该分析环境所带来的影响。判断企业生存发展能力大小的一个重要标志，就是要看企业能否在环境因素变化前就采取行动。许多建筑企业明知国家基本建设战线在压缩，却选择了"大发展"和"高效益"的目标；明知对手强大，却在努力准备与其竞争，这就是不明智的，是战略上的错误。

当今世界，环境瞬息万变，盘根错节，相互影响，企业受环境的冲击越来越大，企业要掌握环境变化带来的机会并加以利用，对环境变化带来的威胁加以解脱或回避，以谋求自身的发展。

"SWOT 分析"的理论告诉我们，企业对环境进行分析的基本步骤有 4 个：第一，收集环境信息；第二，进行环境预测；第三，进行环境分析，找出机会和威胁；第四，确定战略。

(1) 收集环境信息

环境信息是环境预测和分析的基础。收集信息首先要确定目标，是宏观环境，还是经营环境，哪些是宏观环境，哪些是经营环境，从而做出计划，以减少盲目性。

收集信息的渠道要多。收集环境信息的主要渠道有：政府部门、行业协会、信息中心、咨询部门等提供的信息；报纸、杂志、广播、电视、网络提供的信息；统计信息；国家方针、政策、条例、法令；各种制度；企业的公共联系等。

为了收集信息，企业要有信息部门或信息人员，建立信息网络，掌握收集信息的规律和方法，善于对信息进行加工整理和储存。

(2) 进行环境预测

环境预测的目的是掌握未来环境的变化趋势，以便在环境变化之前就采取行动。环境是可以预测的，因为它有变化的先兆，也有规律可循。在掌握了信息以后。预测的关键就是选择预测方法和选择模型。在这方面需要注意的是，要善于把定性方法和定量方法结合起来应用，因为如果偏用定性方法，结果很难保证准确，如果偏用定量方法，又可能产生片面性。例如，将"生命期分析法"和"回归分析法"结合应用十分有效，"趋势外推法"在技术进步预测方面很有用处。

(3) 分析环境，找出机会和威胁

掌握了目前的环境状况和环境的发展变化趋势后，就可通过分析研究找出机会和威胁。第一，要把对本企业起关键作用的环境因素找出来，以便抓住要害。第二，要注意机会往往与新的市场和新的科学技术有关。换句话说，企业应从开辟新市场和开发新的科学技术方面寻找机会。精明的建筑企业家目前都在寻找新的建筑市场，也就是寻找机会。第三，要知道威胁常常与竞争者有关，强大的竞争对手就是威胁。但威胁只是"有一定可能性"的事件，不一定发生，有一定措施就可以解脱。第四，各地区，各种所有制，各种规模和不同的建筑企业都有自己的特殊环境，存在的机会和威胁不尽相同。大的国有企业可以在对外承包中找到机会，集体建筑企业就没有这个机会；集体建筑企业可以从非投标工程或从国有企业手中分包的工程中找到机会，农村建筑企业可以从农田开发中找到机会。许多集体企业面临着政策性关停并转的威胁，而许多国有企业却有着经营亏损的威胁。

4. "SWOT 分析"与企业战略

对企业内部能力和环境作了分析后，就可以把优势、劣势、机会和威胁结合起来分析，从而确定企业战略。

我们把四者组合起来，就可能出现以下 4 种情况。这 4 种情况应如何分析？又应采用什么战略呢？战略管理理论也为我们提供了有效的帮助。

（1）第Ⅰ种情况是，企业面临的环境带来了众多的机会，其内部又有强大的优势可以发挥。在这种情况下，企业应采取"进取战略"，即发挥自己的优势，尽量利用各种遇到的机会，一方面发展自己，一方面大力进行竞争，开拓市场，扩大市场占有份额，实现发展目标和利益目标。例如，一个有对外承包经验的企业，遇到了国外的效益高的发包工程，就应当利用自己的竞争优势，承包到手。一个在某地区、某种专业有特长的企业，对该地区、该专业的大工程一定要争取承包到手。

（2）第Ⅱ种情况是，优势强大的企业也遇到了大的威胁。目前许多国有企业正处在这种状况中。他们有实力，有水平，但是施工任务少，竞争激烈。在这种情况下，企业应采用多样化战略。多样化战略有"集中型"和"发散型"两种。"集中型多样化"是企业从现有的经营基础出发，发展新业务。典型做法是从内部产生新的业务部门，从事新的业务开发。这个业务部门与原业务部门协调、互补，投资少，潜在利益却很高。如北京某总公司成立"海外开发部"，开展对外承包就是"集中型多样化战略"的体现。"发散型多样化战略"是强大的企业从财务角度出发，开发一项被认为是有投资机会的最佳新业务，如北京某总公司成立"预应力技术公司"和"防水公司"决心以高技术取胜，就属于这种战略。

（3）第Ⅲ种情况是，企业虽有很好的机会，但内部能力却处于劣势，不能利用这些机会。这是经常遇到的情形。在这种情况下，企业应采取"扭转型战略"，即进行内部调整。企业可以进行横向联合，也可以进行纵向联合，以克服劣势，还可以加以调整，集中力量突出自身的特点，使企业在总体劣势下能得到局部优势。这就是我们常说的"动动脑子"，"转转弯子"。过去我们的许多企业，机构臃肿，人员众多，能力很差，在新形势下，不加以调整和进行战略扭转是很难生存下去的，有再好的机会也错过了。北京某建筑装饰公司专搞室内装饰，但是突出的问题是国外同行业遥遥领先，在我国市场上信誉高，承包工程多，使建筑装饰公司处于劣势。于是他们进行了"把公司办成技术密集型企业"，"进行设计、配套、施工总承包"，"配套销售"的战略转变。这样，在各建筑企业均感形势严峻的情况下，该企业却市场广阔，生意兴隆，经营状态良好。报载许多企业开展多种经营，都属于在新形势下的战略转移，是克服劣势的好方法。

（4）第Ⅳ种情况是很糟的，企业面临的机会很少，威胁太大，企业的业务能力又很弱，无力对付环境的威胁。在这种情况下，企业必须采用防御型战略，这也是目前许多集体建筑企业的主要选择。一条路是求生存：整顿内部，优化队伍，筛选人员，提高经营管理水平，搞好承包责任制，以高质量和优质服务赢得社会信誉；开展联合以增强实力，按照可能争取到的任务量（市场）实事求是地确定队伍的组织规模和利润目标；广开业务渠道，在满足社会需要的前提下开展业务，防止亏损或破产。另一条路是主动转产：譬如农民建筑队，在"要想富、搞建筑"的口号召唤下进了城，现在建筑任务少了，就应该重返农业，不但仍大有作为，且可以为改变农业滑坡局面出力。

以上是基于"SWTO 分析"考虑的大战略。大战略的确定还要注意 5 个问题。第一，战略是否与企业的基本追求相一致；第二，战略是否与环境一致；第三，战略是否与企业拥有的资源配匹；第四，战略遇到的风险是否适当；第五，战略能否被有效地执行。这 5 个问题同样有主观的和客观的。此后，就要进行战略具体化，即确定阶段目标和行动计划，投入人力、物力和财力资源，确定职能部门的战略，进行日常管理决策，把战略渗透到组织的各领域之中，以确保实现。每一步，每一环节，都要尽可能地利用"SWOT 分析"作工具。

【注】本文原载于《建筑技术》杂志 1990 年第 2 期，与北京统筹与管理科学学会副秘书长郭松婉高级经济师合写。

运用价值分析原理提高建筑企业的经济效益

（1992）

价值分析简称"VA"（Value Analysis），是一种很有用的现代化管理定量方法，其表达公式是：

$$V = \frac{F}{C}$$

式中的 F 称为"功能"（Function）。对于产品（工程）来讲，是指它们的效用；对于作业（工序）或方法来讲，是指它们的作用或要达到的目的；对于企业职工来讲，是指他们的贡献（提供的产品或税利）。质量是产品功能的保证，故亦可列为功能范畴。

式中的 C 称为"费用"（Cost），有广义的含义和狭义的含义。广义的"费用"指"全寿命期费用"；狭义的"费用"指"设计费"或"生产费"，或指两者。对工程来说，是指它们的投资、造价或成本。

式中的"V"，称为"价值"（Value），是功能与费用的比值。仅作为一种评价事物有益程度的尺度。如果用系数表示，以大于 1 为好，说明支出的费用与得到的功能基本相当或以较少的费用支出得到了较多的功能。

价值分析的目的是识别并消除非必要功能的费用支用。对工程施工来说，就是降低成本。为了真正达到降低成本的目的，必须以提高价值为前提，因为成本与功能是相关的。提高价值的途径有 5 条：

第一，功能不变，费用降低 $\left(V\uparrow = \dfrac{F-}{C\downarrow}\right)$；

第二，功能提高，费用不变 $\left(V\uparrow = \dfrac{F\uparrow}{C-}\right)$；

第三，功能稍低，费用大降 $\left(V\uparrow = \dfrac{F\downarrow}{C\downarrow\downarrow}\right)$；

第四，功能提高，费用降低 $\left(V\uparrow = \dfrac{F\uparrow}{C\downarrow}\right)$；

第五，功能大增，费用略高 $\left(V\uparrow = \dfrac{F\uparrow\uparrow}{C\uparrow}\right)$。

价值分析在建筑企业或工程施工中应用较少，主要原因是工程构造复杂，不利于进行功能的系统分析。由于工程建设耗资巨大，节约的必要性是非常突出的，因此虽然应用价值分析法有困难，但为提高效益，必须把价值分析这一特别适用于节省开支的好方法利用起来。本文从 8 个方面对建筑企业如何应用价值分析原理提高经济效益进行探讨。

1. 用价值分析原理提高资金利润率水平

资金利润率是一种经济效益指标，其计算公式是：

$$资金利润率 = \frac{盈利总额（元）}{资金占用额（元）} \times 100\%$$

这个公式的形式与价值分析计算公式相同，因此，提高价值的 5 种途径均可用来提高资金利润率，即增加利润，少占资金；利润不变，少占资金；利润增加，资金不变；利润稍降，资金大降；稍加资金，利润大增。

这 5 种途径分别适用于企业不同的经济状况：

第一，增加利润，少占资金，应作为企业首要的经营思想，因为无论是增加利润还是少占用资金，对企业都是有利的。

第二，当企业资金短缺时，既可以使利润保持原有水平而减少资金占用，又可在允许的限度内使利润稍稍降低，而争取资金占用量大幅度下降。

第三，在资金供应充足时，可通过改善经营管理增加利润水平，而不增加资金占用额；如果能通过增加资金投入而大大提高盈利额，就必须增加资金投入。

提高资金利润率水平的思想适用于提高成本利润率、产值利润率和工资利润率等其他利润率指标。但应当指出，指导思想确定后，要有相应的经营管理措施，才能取得经济效益。

从这些分析中可以看出，要把利润与其相关的因素（投入）联系起来分析。单纯强调高利润或单纯强调少投入的观点都是片面的，甚至是结果与愿望相悖的。

2. 重视材料代用的研究和改进设计

图 1 中有两条曲线，上面的曲线是依靠改进施工方法而使成本降低的曲线；下面一条是依靠改进设计或材料代用而使成本降低的曲线。将两条曲线相比，可以得出结论：依靠改进设计和材料代用比改进施工方法有更大的效果和潜力。因此，施工企业要在不断改进施工方法的同时，更加注重改进设计和材料代用的研究，开拓更多、更有效的降低成本途径。因为改进施工方法降低成本是受原设计约束的、有限的，而材料代用和改进设计具有"改革"的性质，潜力很大。

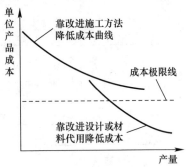

图 1　生产成本变化曲线

施工企业研究材料代用及改进设计的途径很多，也有丰富的经验。例如脚手架材料的代用和构造设计，模板的材料代用和构造设计，粘结材料的研究和代用，配合比的科学设计，新机械和新工具的设计，对新型建筑配套施工工艺及工具的设计等。特别要重视施工组织的设计工作，它将决定一个工程的成本状况。施工组织设计中应对成本进行规划与设计，从而做到施工成本的预控制。

在进行材料代用及改进设计的研究时，应进行价值分析，从5个方面分析其价值是否提高了，或从5个角度上寻求改进设计和材料代用的正确而有效的方向。不利于价值提高的材料代用和设计是不可取的。

3. 用价值分析原理寻求管理的关键对象

价值分析的对象是价值系数低的、降低成本潜力大的。运用这一原理，可以寻求管理的关键对象。关键对象可以是某项单位工程，也可以是某分部工程或分项工程。管好这样的对象可以得到保证功能和降低成本双重效果。现举例说明：

【例1】 假如某企业有A、B、C、D、E、F共6项工程，要求明确管理重点。

【解】 第一步，求评价系数，即重要程度系数（F）。一般可采用强制确定法（Forced Decision）。为此，先根据建筑面积、复杂程度、工程量大小等，综合考虑管理难度，进行两两比较，难管理的得1分，不难的得0分。然后求每项工程的累计得分，并计算其重要程度系数，即评价系数（表1）。

评价系数计算表（FD法） 表1

工程名称	A	B	C	D	E	F	累计分	评价系数
A	×	1	1	0	1	1	4	0.27
B	0	×	0	1	1	0	2	0.13
C	0	1	×	1	1	0	3	0.20
D	1	0	0	×	1	1	3	0.20
E	0	0	0	0	×	1	1	0.07
F	0	1	1	0	0	×	2	0.13
合计							15	1.00

第二步，求成本系数。成本系数用成本和造价均可求出，是计算每项工程费用在费用总额中所占的比重（表2）。

成本系数计算表 表2

工程名称	造价（万元）	成本系数
A	327.6	0.17
B	89.3	0.05

续表

工程名称	造价（万元）	成本系数
C	230.0	0.12
D	837.3	0.44
E	129.4	0.06
F	301.4	0.16
合计	1915	1.00

第三步，求价值系数。评价系数除以成本系数后，即得价值系数（表3）。

第四步，作出选择关键管理对象的决策。根据选择价值分析对象的法则和表3计算的结果，价值系数低而降低成本潜力大的工程是 D 工程和 F 工程，它们应作为关键管理对象。

选择了关键管理对象，就要制定相应的管理措施。主要是保证质量的措施、降低成本的措施和缩短工期的措施，在实施中进行认真的控制。

价值系数计算表　　　　　　　　　　　表 3

工程名称	评价系数	成本系数	价值系数
A	0.27	0.17	1.59
B	0.13	0.05	2.60
C	0.20	0.12	1.67
D	0.20	0.44	0.45
E	0.07	0.06	1.17
F	0.13	0.16	0.81
合计	1.00	1.00	—

4. 用价值分析原理处理好质量与成本的关系

目前，预算定额是在保证产品达到合格水平的前提下确定的人力、物力和财力的消耗数量水平，也就是平均消耗水平。因此，根据预算定额计算的成本，应当是达到合格产品的费用支出水平。如果要使产品质量达到优良水平，则应当追加费用支出。优良率越高，支出的费用越多。反之，如果用降低产品质量去换取降低成本，则是不允许的。因此，质量和成本的关系必然如图 2 所示。图中，C_0 点是预算成本，Q_0 是合格品质量。图中的曲线如何确定呢？确切的定量关系应当用价值分析法求出。

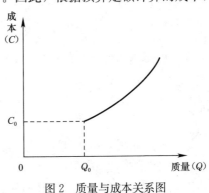

图 2　质量与成本关系图

提高质量等级，必须追加成本，追加的成本内容是：材料成本、人工成本、机械成本、鉴定成本（试验费、检查费、鉴定费等）、预防质量事故成本（质量工作费及培训费的追加、奖励费、改进措施费等）。当施工组织设计完成后，以上费用是可以计算出来的。

追加费用后，质量的提高可用分值或分项工程优良率增加值表示。

这样，可将各分项工程的质量提高值作为一个数据系列，各分项工程追加的费用作为一个数据系列，画出质量成本曲线。但追加的费用和所得到的质量水平的提高是否匹配，要用价值分析法判别，而且在实施前就应当设计好；先定质量目标，再提出措施，然后再算追加成本，求出价值系数。价值系数大于 1 的措施是可行的，否则不可行。

如果国家在政策上解决了建筑产品的优质优价问题，追加成本还可以与质量提高所得到的收益比较，以所得比值大于 1 的标准进行可行性判别。

5. 用价值分析原理设计降低成本措施

降低成本既然是价值分析的目的，那么降低成本措施的设计也就必须以价值分析原理作指导。

设计降低成本措施有两个必要的约束条件：第一，必须使价值提高；第二，必须使产品成本量确实能降低下来。因此，5 个提高价值的途径只有 3 个能用，即 $V\uparrow=\dfrac{F\uparrow}{C\downarrow}$；$V\uparrow=\dfrac{F-}{C\downarrow}$；$V\uparrow=\dfrac{F\downarrow}{C\downarrow}$。不看价值是否提高而设计降低成本措施或为使价值提高而不管成本是否降低的做法都是不可取的。

以模板为例，除个别项目按木模取费外，均按定型组合钢模板与木模混合模板取费。根据上述约束条件，可以采用的降低模板摊销费的主要措施有以下几项参考实例：

第一，使用大模板。它可以提高混凝土的平整度；降低摊销费、装拆费及脚手架费等，加快施工速度。这符合途径 $V\uparrow=\dfrac{F\uparrow}{C\downarrow}$。

第二，使用砖模板、土模板或混凝土底板，混凝土的平整度一般会有所下降，但可以允许，且降低成本的幅度很大。这符合途径 $V\uparrow=\dfrac{F\downarrow}{C\downarrow\downarrow}$。

第三，使用滑动模板，可以认为混凝土的质量不变，但可大大降低成本，从而使价值水平大幅度提高。这符合途径 $V\uparrow=\dfrac{F-}{C\downarrow}$。

另外，使用升板法施工，可以认为是通过改进工程设计而提高功能（质量），并使成本大幅度降低，其效果不仅是节约模板费用，它对传统的结构和施工方法是一种变革，对提高质量、缩短工期均大有好处。

6. 用价值分析原理评标

评标主张用定量方法，因为用数据说话有说服力，可减少矛盾。但是评标需要综合考虑质量、信誉、报价、工期和三材用量，故必须有一个综合指标。过去一般是用加权评分法计算综合分，分值高的为优。这种方法是可行的，但必须进行反指标的换算，且要定出一些加分和扣分的条件，故使用不方便，有时也难免引起加分与扣分的争议。如果利用价值分析公式所提供的模式进行计算，则方便得多，而且争议会大大减少。建议采用以下公式：

$$V = \frac{Q}{P + T \cdot I + M}$$

式中 V 是用以评标决标的综合指标，以高者为优；Q 代表质量保证措施及信誉的综合分值，分值越高越好（正指标）；分母中的都是反指标，P 代表报价金额；T 代表工期；I 代表工程投产后每月获得的效益（万元），故 $T \cdot I$ 就是工期对效益的影响，它们越小越好；M 代表三材用量换算的价值，亦应以少为好。现举例说明这个公式的应用：

有甲、乙、丙 3 个投标者对某项工程进行投标，各自的投标条件列于表 4。

投标条件表　　　　　　　　　　　　　　　　　　表 4

指标名称	甲	乙	丙
报价 P（万元）	190	195	197
工期 T（月）	8	6.5	7
投产后效益 I（万元/月）	18	18	18
三材用量 M（万元）	76	78	78
质量信誉评分 Q（分值）	95	93	98
价值 V	0.231	0.238	0.244

从表 4 中可见，丙方案价值最高，它取胜的主要原因不是报价低，而是信誉好。故这个公式的应用对单纯依靠报价决定取舍的做法也是一种否定，因为如果论报价，本例中丙最不利，工期也不占优势。

7. 利用价值分析的系统思想进行目标分解

价值分析的对象选定后，就应该进行功能分析，这是价值分析的核心。功能分析对于建筑工程是最困难的。在功能分析时，应从 5 个方面去提出问题并作出解答：

第一，功能分析的对象是什么；

第二，它是干什么用的（功能是什么）；是否可以取消，功能是否过剩或不足；

第三，它的成本是多少；

第四，有无其他方法实现同样功能；

第五，新方案的成本是多少，其功能成本是否是实现功能的最低费用。

接下来就应该进行功能整理，即将定义了的功能系统化，明确它们之间的关系，找出基本功能、辅助功能、必要功能和不必要功能。功能分析的基本方法是功能分析系统技术。这个方法的基本点是明确基本功能和辅助功能，以及各功能之间的关系。对每一种功能都必须找出其直接上位功能和直接下位功能的关系。上位功能是目的，下位功能就是手段。以下位功能保上位功能，即以手段保目的。功能分析完成后，可绘制功能系统图（图3）。

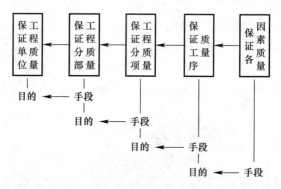

图3　功能的相互关系

掌握这一系统分析方法，便可以对许多管理目标进行分解。并保证其完整性和准确性。例如对质量保证目标就可以如图3所示进行分解。

目标分解后即可落实责任。以责任的实现为手段保证目标（目的）的实现，以次级目标实现（手段）保证上一级目标的实现（目的）。

8. 用价值分析原理进行技术经济分析和方案优选

价值分析方法用来对技术经济方案进行分析从而优选方案是十分有效的。

【例2】　某项工程有A、B、C、D、E 5个功能领域，进行两两比较得A：B＝1：2；B：C＝1：0.5；C：D＝1：0.7；D：E＝1：1.4。又有甲、乙、丙3个设计（施工）方案，请进行方案优选。

【解】　首先用DARE法求各功能的重要程度系数。这种方法又称决定方案比率的评价方法（Decision Alternative Ratio Evaluation System）。它比FD法简便，评定的功能重要程度也比较具体。上述产品的功能重要程度评价结果如表5所示。

其次，求满足程度系数 S_t：各方案对各功能的满足程度的比较，以及满足程度系数 S_t 的计算结果如表6所示。

以 DARE 法求权数 表 5

功 能	两两比较重要程度	整体相对重要程度	重要程度系数（W_t）
E	1.4	0.98	0.17
D	0.7	0.70	0.12
C	0.5	1.00	0.18
B	2	2.00	0.35
A	1	1.00	0.18
合计	—	5.68	1.00

各方案对功能的满足程度 表 6

功 能	方 案	两两比较重要程度	整体相对重要程度	满足程度系数（S_t）
E	丙	1.2	0.6	0.286
	乙	0.5	0.5	0.238
	甲	1.0	1.0	0.476
	合计	—	2.1	1.000
D	丙	1.4	1.54	0.423
	乙	1.1	1.10	0.302
	甲	1.0	1.00	0.275
	合计	—	3.64	1.000
C	丙	1.5	3.75	0.517
	乙	2.5	2.50	0.345
	甲	1.0	1.00	0.138
	合计	—	7.25	1.00
B	丙	2.3	7.60	0.644
	乙	3.2	3.20	0.271
	甲	1.0	1.00	0.085
	合计	—	11.80	1.000
A	丙	0.8	2.56	0.379
	乙	3.2	3.20	0.503
	甲	1.0	1.00	0.148
	合计	—	6.76	1.000

再次，用表 7 求各方案的评价值 U_t。

本例各方案中丙方案的 U_t 最大，故为最优方案，决策方案应为丙。

各方案评价值计算表 表 7

功 能	重要程度系数 W_t	甲方案		乙方案		丙方案	
		S_t	$W_t S_t$	S_t	$W_t S_t$	S_t	$W_t S_t$
E	0.17	0.476	0.081	0.238	0.040	0.286	0.049
D	0.12	0.275	0.033	0.302	0.083	0.423	0.051

续表

功　能	重要程度系数 W_t	甲方案		乙方案		丙方案	
		S_t	W_tS_t	S_t	W_tS_t	S_t	W_tS_t
C	0.18	0.138	0.025	0.345	0.062	0.517	0.093
B	0.35	0.085	0.030	0.271	0.095	0.644	0.225
A	0.18	0.148	0.027	0.503	0.091	0.379	0.068
合计 (U_t)	1.00	—	0.196	—	0.371	—	0.486

【注】本文原载于《建筑技术》杂志 1992 年第 2 期。

项目法施工是一种企业管理模式

（1992）

项目法施工是我国自创的施工企业管理模式，它萌发于 1984 年，诞生于 1986 年，1987 年 10 月开始试点，通过几年来的研究和实践，在理论上已成体系，在生产中已取得很大成果，证明这种模式既符合国际惯例，又适应中国国情，能促进生产力发展，有利于提高企业的经济效益。

1. 项目法施工是以项目为中心的施工企业管理模式

施工企业为正确制定发展目标和战略，合理组织生产力诸要素，不断调整企业中那些与生产力发展不相适应的生产关系，不断调整上层建筑中与企业生产不相适应的部分，以适应经济基础的要求，必须加强企业管理（包括经营管理和生产管理），并力争在思想上、组织上、方法上和手段上实现科学化，既提高施工效率，又提高经济效益。项目法施工就是一种以项目为中心的施工企业管理模式。它是施工企业根据经营战略和内外条件，按照项目的内在规律，通过生产力诸要素的优化配置和动态管理，实现项目合同目标，提高工程投资效益和企业综合经济效益的一种科学施工企业管理模式。

项目法施工这种企业管理模式，特别强调两点：一是以施工项目为中心，二是加强"法"的建设。

（1）以项目为中心

项目是指要按限定时间、预算和质量标准完成的一次性任务。工程项目是广义项目的一类。项目的最显著特征就是一次性，即单件性。它强调，这一次任务完成以后，不会再有完全相同的任务和最终成果。因此，必须根据项目工作内容规划施工，配置资源，处理过程中发生的一系列关系，以利项目目标的实现，也就是要进行项目管理。

项目管理是以具体项目为对象所进行的管理，即按项目的整体性需要配置时间、空间、资金、机具、物资、人力等生产力诸要素，使数量、质量和结构做到整体优化，以提高总效益。这种配置应随内外条件的变化做到动态优化，并进行组织、指挥和协调。工程项目可以由建设单位（业主）、设计单位、施工单位根据各自的任务需要作为主体进行管理。项目法施工进行的项目管理是以施工企业为主体进行的项目管理，一般是施工项目管理。至于建设监理，则是社会监理单位受业主委托，按合同进行的工程项目管理，一般应是全过程的管理。

项目法施工并不等于项目管理，它们之间有原则的区别，也有密切的联系。项目法施工属企业管理范畴，由企业管理学研究，研究施工企业以施工项目为中心的管理规律，虽然也包括项目管理的一般规律，但主要是研究企业对多个项目的综合协调管理，进而取得企业的整体综合效益。项目管理研究的对象是由合同界定的一个施工项目，它由项目管理学研究，包括如何承揽获得项目，如何适应内部条件和外部环境，使管理高效化，进而满足项目目标的需要，提高项目的经济效益。

项目法施工强调以项目为中心，还可以广义地说以项目为出发点、为中心、为归宿，可见，项目法施工应紧紧围绕项目进行，其具体含义有以下几点：

1) 施工企业通过投标竞争获得施工项目，以提供获得经济效益的经营基础。

2) 对承包到的项目，企业要刻意经营，强化管理，以满足项目整体目标的要求，从而使企业获得合法利益，赢得业主和社会的信誉。

3) 建立以项目经理为中心的项目承包责任制；按照统一领导、分级管理的原则组成精干、高效的项目管理班子，并建立该管理班子责任制；运用严格的管理制度、承包合同体系和合同管理体系，建立作业队伍责任制，调动和发挥作业层的积极性。由以上 3 个责任制可形成在项目施工现场上的封闭责任系统。

4) 建立生产要素在项目上进行动态组合的组织系统，主要是劳动组织在项目上的动态管理。生产要素要根据项目的特点和要求进行组合，并随着项目施工的进展而进行调整。项目管理班子（项目管理层）要对本项目的生产要素实行优化管理；可以成建制地使用外部作业队伍，也可以使用企业内部的作业队伍，还可以根据项目的需要，按现有建制，组织精兵强将和项目管理班子完成施工任务。

5) 建立以项目目标管理为主线的全方位、多层次的管理系统。项目目标有进度目标、质量目标、成本目标，它们既是相互关联的，又是自成专业系统的。项目管理组织以这些目标为主线，进行系统的组织和管理，并以此带动生产要素的优化组合。

6) 建立政工、经济、行政三位一体的工作保证系统，为项目服务，保证项目取得经济效益。

7) 以项目目标导向取代产值目标导向，以项目意识取代产值意识。产值目标导向是在固定建制条件下，上级下达以产值指标为主的计划任务，然后企业承包工程项目，以产值的多少接受上级的考核，项目的完成为产值服务。

产值指标既可以是几个项目的，又可以是一个项目的，还可以是分部分项工程的，所以它是综合性及界限不清的目标。项目目标导向，是在项目的产值和质量目标固定的条件下，向提高质量、节约成本、时间和资源的方向引导，尤其是节约，关系到企业和国家的利益。这样企业就不可能盲目地追求产值。项目意识来自于项目的压力，即项目合同的约束。

（2）"法"字的含义

按照项目法施工的基本理论，项目法施工的"法"字有 4 个层次的含义。

1）指"法式"，即施工企业的管理模式。它包括生产关系和生产力两个方面。从生产关系上讲，项目法施工要求重新构筑责、权、利关系，建立为项目服务的责任系统，首先保证项目按合同要求完成，其次才能在这个基础上满足企业战略和提高综合经济效益的需要。固定建制的管理模式不符合项目法施工的需要。建立在项目经理责任制上并以此及于全企业的责、权、利关系的重新构筑，才能满足项目法施工的需要。从生产力的角度讲，施工企业的管理模式必须有利于生产力要素的合理投入和优化配置，并能够实现项目施工的动态管理。

2）指"法则"，即内在规律性。项目法施工要求按项目的内在规律性组织施工，进行企业管理。项目法施工的规律主要有以下几个：

第一，项目的一次性。由于项目的一次性，进行项目法施工应针对每个项目的特点，认真对待每个项目的特殊要求，研究每个项目的关键问题之所在，避免可能出现的风险。然而作为施工企业，又必须认真研究项目的共同特点和规律。针对共同的规律进行管理，以使管理水平不断提高，实现综合效益。认真编制施工规划、编制施工图预算、进行目标控制等，既是根据项目的共同规律进行的管理工作，又是根据每个项目的特点分别进行的。

第二，施工生产的流动性。项目的固定性带来了施工生产的流动性。施工生产的流动性产生了项目法施工的复杂性，即资源配置和调整的困难性。项目法施工应正视这一特殊规律，研究适应生产流动性的组织管理方法，在动态中实现管理的优化。

第三，项目构成的层次性。即一个项目可以分解为几个层次。在一个项目中可能有若干个单项工程，一个单项工程又可能包含多个单位工程，单位工程又可分为分部分项工程。它们的施工是成系统的，层次分明，由小到大，逐层完成。正是这种层次性，带来了项目法施工的特殊规律性和程序性。

第四，投入产出的经济性。完成一个项目，必须进行必要的资源投入，该投入应小于产出物的价值，以使项目施工取得工程结算利润。因此，要进行项目的成本核算、投入的业务核算和产出的价值核算等，这就是研究投入产出的规律和项目核算的规律。

第五，项目和项目法施工的系统性。项目施工是一个完整的过程，经历立项、设计、实施、终结4个阶段，这就要求项目全过程各个阶段都要有阶段目标，通过阶段目标的实现达到总体管理目标的实现。项目是一个技术系统，每个部分都有工作标准和技术要求，只有各部分都达到既定的标准，项目最终成果才能实现。项目是一个经济系统，存在着项目目标的事先限定和资源的有限性这一组矛盾，应以资源的优化配置和动态管理来保证限定目标的实现。

3）指"方法"。项目法施工应建立一套科学方法、手段和程序，引进所有有用的方法和手段。各种方法和手段都有专业适用性，在不同的专业管理中应有针对性地使用，如网络计划法适用于计划管理，数理统计方法适用于质量管理，量本利方法适用于财务管理，价值分析法适用于成本管理，ABC分类法适用于材料管理，承包法适用于劳动管理等。计算机是适用于各专业管理和企业综合管理的现代化辅助管理手段。

4）指"法规"，即各种管理制度、标准、定额、合同、程序、办法等。项目法施工应建立完整的法规体系，用以约束管理活动，使管理行为标准化、规范化、法制化。法规建设包括立法和执法，强调立法的必要性、系统性、完善性及可行性，执法的严肃性和强制性。法规是项目法施工的法制保证。

2. 项目法施工是在改革中产生并发展起来的

（1）传统施工企业管理模式的弊端

我国40多年发展起来的传统施工企业管理模式，虽然在各个历史阶段中发挥了积极作用，但是实践表明它不能适应现代化工程建设的需要，存在着以下需要改革的弊端：

1）施工企业的双重依附性不利于生产力诸要素的有效配置。所谓"双重依附性"，是指施工企业的经济活动由上级行政部门通过行政指令的方式安排，即施工企业依附于行政管理部门；建设物资随投资划拨给建设单位，再由建设单位按实报实销的方式供给施工企业，使施工企业依附于建设单位。因此，施工企业缺乏独立的主体地位，无法根据施工项目的具体要求配置生产要素，造成了资源利用的低效益。

2）非竞争性、封闭的经济环境阻碍了施工生产要素的合理流动和有效配置。由于没有真正的建筑市场，施工企业不能自己选择施工项目，也不能根据施工需要调配生产要素，而完全依靠政府部门的指令性计划，很难顾及经济活动的具体要求，必然造成资源配置的盲目性和巨大浪费。

3）施工企业没有独立的利润和经济目标，国家主要考核施工企业是否完成计划任务和产值，故施工企业只能盲目地追求产值，造成成本增加，经济效益低下。

4）施工企业按固定建制组织施工，不能适应经常变化的施工任务和对生产要素的需求，造成生产要素的浪费或短缺，人事矛盾重重，工作效率低下。

5）分配制度缺乏测度标准和评价制度，而进行平均主义的分配，国家不能根据企业经营的好坏进行分配，企业不能把职工的收入同其贡献挂钩，使施工企业和职工缺乏工作动力和压力，不能充分调动两者积极性。

（2）项目法施工产生的背景

以上弊端，严重阻碍了施工生产力的发展，使投资效益难以充分发挥，施工企业的管理水平和经济效益不能提高。因此必须在改革中寻求一种新的管理模式。项目法施工的产生有以下背景：

1）招标承包制的实行给施工企业的体制和机制带来了三个变化：一是企业模式和任务揽取的相互适应关系发生了变化，即由按企业固有规模、专业类别和组织结构分配任务，变化为根据工程项目的状况调整企业的组织结构和管理方式、竞争揽取任务；二是施工企业的责任关系发生了变化，即由过去的对上级主管部分负责，变化为对用户负责；三是企业的经营环境发生了变化，即经营环境由封闭式的小范围，变化为跨地区、跨部门、远离基地的大环境。

2）国际上通行的是按项目组织施工，进行项目管理，以优化生产力诸要素的配置。我国于1982年首次从联邦德国引进项目管理模式，1982年拉开序幕的鲁布革水电站工程就是按国际惯例进行项目管理的，于1986年取得了成功经验，并开始在我国推广，它启发了我们按国际惯例组织施工并推进企业管理体制改革的思路。

3）改革的实践产生了我国施工管理体制改革的基本思路和实施步骤，这就是：按照精干搞活的原则，有步骤地调整、改组现有国有施工企业，逐步建立起以智力密集型的工程总承包公司（集团）为龙头，以专业施工企业为依托，全民与集体、总包与分包、前方与后方分工合作，互为补充，具有中国特色的施工管理新体制，这就是项目法施工。

（3）项目法施工的优点

在改革中产生的项目法施工，既是对传统的企业管理模式的批判，又是适应现代化施工的企业管理模式的新的创造，在实践中它体现了以下优点：

1）有利于促进施工企业按照政企分开的原则，靠自身的努力去求生存、求信誉、求发展。

传统的企业管理，由于政企不分，企业缺乏自主权，它的行为完全由上级行政部门控制和指挥，故管理的目的只在满足上级的指令要求，接受上级的评价与考核。实行项目法施工后，政企分开，企业的自主权扩大，有可能靠自身的努力通过竞争获得任务，通过加强企业管理更好地为用户服务，赢得用户的良好评价和社会信誉，使企业更有生命力，取得更多的经济效益，得到更大的发展。为此企业就必须把承包的每一个工程项目管理好，完成好，这是根本。因为用户需要的是一个个良好的项目，而项目则正是项目法施工的中心，所以项目法施工的成功，必然导致经济效益的提高，用户的更大信赖，社会的良好评价。

2) 项目法施工有利于促进技术和管理两个轮子紧紧围绕施工生产要素的合理投入运转。

项目法施工的管理基点放在项目上。项目的运行需要技术和管理两个轮子拖动，这两个轮子又要围绕生产要素的合理投入运转，才能适当而有效地利用资源，促进项目质量提高，施工和管理效率提高，生产力水平提高。离开项目去谈技术和管理，便会失去根基，无的放矢，那就不是项目法施工，而正体现了传统管理的弊端。

3) 有利于促进施工企业内部机制的调整。

项目法施工要求建立起以施工项目为核心、适应项目施工需要的企业组织形式，带动企业组织制度的改革，最重要的是要打破固定建制的组织制度。首先要使施工企业管理层和作业层分离，明确双方各自的责、权、利，然后用经济合同的方式并通过市场实现两层的有机结合。既要充实施工企业的技术、管理与科研力量，又要把作业队伍按照专业化施工的要求进行优化组合。其次，改革传统的直线职能制的组织形式，建立矩阵制等组织形式，还要根据项目的技术管理要求，选择管理干部，使之能上能下；根据项目的特点，实行工人能进能出的弹性制度。要根据项目的需要选择人员、设备、材料、资金，建立各种管理制度，运用各种先进管理方法；企业法定代表人任命项目经理，以项目经理为中心建立项目经理部进行项目管理。

4) 有利于培养适应项目管理，熟悉国际惯例的复合型人才，适应发展国际工程承包的需要。

只有推行项目法施工，才能形成"国内工程，国际打法"，把国际通行的项目管理经验学到手，培养一批既能有效完成国内工程，又有进行国际工程承包能力的复合型人才，走出国门，开拓国际工程承包市场。所以项目法施工既是改革的产物，又是开放的基础。

综上所述，项目法施工是我国施工企业管理体制改革的突破口，既能带动施工企业经营管理体制的全面改革，又可以作为联结施工企业微观改革和建筑业经济环境宏观改革的桥梁。

【注】本文是"项目法施工系列讲座"（共 10 讲）的第 1 讲，原载于《建筑技术》杂志 1992 年第 11 期。

信息时代与企业管理变革

（1997）

美国 60 年代开始信息化，70 年代扩大信息化投入，80 年代掀起高潮，用于信息化设备的投资达 1 万亿美元，90 年代美国率先进入了信息时代。1990 年以来，美国经济增长的 38% 来自企业和消费者对信息设备的购买。1995 年，美国企业设备投资额为 5220 亿美元，比 1994 年增长 17.6%，其中信息设备的投资达 2493 亿美元，占设备投资总额的 40%，增长幅度大大超过设备投资的增长，达 24.1%。信息化使美国 1993 年的竞争力重居世界首位，使日本的经济竞争力在雄居 8 年之后落在新加坡之后而排行第三；1995 年再次下滑，落在香港之后排于第四位；1990 年至 1994 年，美国的工业劳动生产率年平均增长 2.1%，制造业增长 2.6%，高于日本 17 个百分点；1994 年美国经济增长率达 4.1%，而单位劳动成本增长仅 0.9%，比日本和欧洲的加权平均水平低 30%。美国的经济学家著文称，美国的经济成就主要得益于信息化和管理变革。

1. 二次大战后的第一次企业管理变革

二次大战后的第一次企业管理变革是从规模模式到质量模式的变革。所谓规模模式，是以规模求效益；所谓质量模式，是以质量求效益。

现代的工业管理模式是美国人在 20 世纪初创造的，主要由三大部分组成，即：泰勒创造的建立在工时研究基础上的操作和操作管理的标准化、规范化；福特创造的大批量流水线生产方式；斯隆创造的建立在管理分工基础上的分权制。再加上其他人的创造，工业化管理模式形成了完整的体系。它的基础是分工论，它的主要方法是标准化、规范化、程序化、生产及管理的规模化；分工是标准化、规范化、程序化的前提，而标准化、规范化和程序化是大规模生产和大规模管理（即分权制管理）的前提。这个工业化管理的模式，就是规模模式。规模模式产生的主要原因是追求经济效益减轻成本压力。规模模式的本质是以规模（多）求效益，它符合当时的市场情况，给美国经济带来巨大好处。

规模模式有两个致命弱点：一是把着眼点放在组织结构和工作程序上，而对人和人的积极性重视不够，把人当作高速运转的一部巨大机器上标准化的螺丝钉；另一个是它的僵化，因为它把制度建立在规范化和制衡的基础上，形成了纵向的官僚制度和横向的部门制度，合作机制很差，很封闭，不适应激烈竞争的市场环境，较适应垄断程度较高的、比较平稳的环境。这也是苏联和改革前我国的企业管理模式。

出于战后经济恢复和振兴的需要，日本和欧洲的企业在美国支持下做了两项基础工作：一是大规模的设备更新和技术引进；另一个是引进美国的管理思想和管理制度。在引进中，最有代表性的是全面质量管理。全面质量管理的思想有两个基本点，一是由于改革生产程序，在生产中处处控制质量，使质量提高而成本反而可以降低，说明成本和质量并不矛盾；另一个就是调动职工的积极性，让职工参与决策，确定目标，在融洽合作的环境中建立质量控制体系。企业硬件和软件的引进，职工和经营者的高素质化，是日本式经营能够创造高效益的基础。终身雇佣、年功工资和企业内工会，是日本式经营的"三大神器"，加上"企业内部的社会规范"，便是"四大支柱"，形成了日本企业以统一认识为基础的决策方式。日本人在经营管理上实现了四大变革：

第一，变规模模式中的技术驱动为市场驱动，在需求差别中寻找机会，开发不同性能的产品，实现产品多样化，打开市场缺口，进而扩大市场。

第二，变规模模式的以规模求效益为以质量求效益，发展了全面质量管理的思想，把企业工作的重心从追求多转到了追求好。质量是日本产品进入世界市场的金钥匙。

第三，把市场供需关系延伸到企业内部，变规模模式的推进式生产为拉动式生产，创造了像"准时制"这样一些新的生产管理方式，把生产管理物流程序中的量、时间、空间的浪费压缩到最低限度，从而大大降低了成本，提高了性能价格比，使日本产品全面实现了多、好、廉，成为市场各层次顾客都欢迎的产品。

第四，以日本特殊的雇佣制度为背景，变规模模式中的竞争与制衡为合作与团队精神，变单纯雇佣为向职工大量进行培训和福利方面的投资，把职工变成企业最重要的资源和投资对象，完成了职工从经济人向社会人的转化，从而创造了崭新的企业文化和价值观。

在市场、质量、成本和人四方面的变革中，质量的变化处于中心地位，因此，日本以企业为主进行的第一次企业管理变革创造的新模式称为质量模式，其基本点是以质量求效益。以日本的成功为背景，80年代在全世界引发了推广全面质量管理的热潮。国籍标准化组织以日本管理为目标模式，建立了ISO 9000系列标准，成为全世界管理的基础标准。

但是质量模式并没有从根本上否定规模模式，而只是有所改善。程序和结构没有得到根本改变，改变的是程序和结构的侧重点；人们所处的环境没有变，变的是在特殊文化背景下人们之间的关系。

这次企业管理变革有两个功绩：第一项功绩是，它证明了发展落后的国家如果能把握市场时机，发挥自己的文化优点，就能建立适合本国国情的高效企业机制，实现经济的高速发展，并能在某些领域战胜强大对手。它使企业中的文化因素突现出来，使那些机械的公式变得不合时宜；第二项功绩是，它给90年代开始的第二次企业管理变革准备了基础，提供了新思想、新概念和丰富的启示以及可贵的操作经验。

2. 重新构建公司和战后第二次企业管理变革

信息化大潮使企业有可能利用信息手段建立与市场的新型关系，可以在几分钟之内巡视整个市场，掌握市场的供销情况，取得最佳的市场时机，争得最多的用户。甚至可以建立个人数据库，使个体消费者迅速得到满意的服务。信息网络还可以使制造商和零配件供应商之间实现低成本交易。自动供货系统节约的时间成本达 70%～80%。总之，信息化大大缩短了制造和交易的时间，从而大幅降低了时间成本。经济学家认为，时间是唯一不会带来增值的成本。在机械时代，时间成本大量浪费在企业内部、企业—企业、企业—市场的各环节中。企业发展到 20 世纪 80、90 年代，在其他要素上节约成本的招数快要使尽了，只有时间成本还被大量占用着。所以，信息化为节约时间成本所开辟的道路意义之大，怎样估计都不过分。

企业外的快速反应和时间成本的减少，要求企业内部同样做到快速反应，灵活制造，压缩时间成本，并能做到"即时制造"。这就必须整个企业具有这样的能力，于是便产生了在整个企业信息化的基础上进行重新构建的必要性。

美国的哈默和钱皮在 1993 年写了一本专著《重新构建公司—企业革命宣言》，畅销 200 多万册；1993 年翻译到日本，当年就售出 25 万册。管理学界和企业界对它好评如潮。《商业周刊》认为，重新构建公司的观念是质量运动开展以来最热门的一种管理思想。他们对"重新构建公司"下的定义是："对企业程序的最根本的重新思考和最彻底的重新设计，以达到当代重要绩效衡量方面（如成本、质量、服务和速度）戏剧性的进步"。

"重新构建"的一个基本的原则概念是"同步工程"（Concurrent Engineering），就是把在分工制下需要内部各部门顺序完成的工作整合起来同时进行，以大大压缩程序中的时间成本。同时组织结构也要随着程序的改变而改变。过去在不同部门等着上一岗位任务完成才着手本岗位工作的人，要组合为一个小组，用共同讨论的办法同时完成这许多过去认为是不同的工作。小组的人必须变专材为通材，既精通自己的工作，又熟悉别人的工作，以便在共同讨论中有共同语言。于是，随着程序的重新设计，组织结构、职工素质、辅助工作的性质，以及过去为这些部门工作所制订的规章制度，都要发生根本变化。这就是公司的重新构建。重新构建公司的目的和衡量标准应该是能否灵敏地反映顾客的需求，而不是贯彻老板的意图。重新构建公司之风从美国吹到日本，又吹到欧洲，遂发展成为战后第二次企业管理变革。

3. 信息时代的企业管理

信息时代的企业管理虽然还在探索和发展着，但是可以通过 90 年代所发生的变革，看出信息时代企业管理模式的一些端倪。

（1）信息时代的企业管理要有两项基础建设：一个是设备的信息化建设，一个是人和组织的知识化建设，一个硬件，一个软件，两者缺一不可。大量的信息设备投资，可以建立市场信息网络和社会信息网络，实现全球资本市场一体化，全球资本可以实现无成本自由流动，它提高了企业对财务控制和整体管理水平，企业获得资本将更容易和更有效率。

在主要工业国家，信息化正走入家庭，电脑购物将成为 21 世纪消费的主要方式。

信息化将使企业面临的市场发生巨变，变化的基本方向就是更快。市场一体化将使竞争变得空前激烈，企业必须做到更快、更好、更省，企业的整体素质必须提高，才能适应市场的变化。企业必须在设备和人员素质两方面做好充分准备，才能适应新的竞争。

通过教育和培训提高职工素质，开发职工智力，是企业所有投资中效益最高的。先进的设备需要素质高的人去挖掘，先进的管理方法需要素质高的人去参与和使用，没有素质高的人，设备和管理的投入会成为最大的浪费。所以，管理学家提出，管理的本质是开发人，企业的竞争是人才的竞争。

（2）信息时代的管理要建立在两个基本变化之上：一个是战略和策略的变化，另一个是企业价值观和文化的变化。一个外变，一个内变，两者缺一不可。

所谓战略和策略的变化，一个是要从单纯技术驱动转变为市场和技术双重驱动；一个是要从追求利润最大化转变为在利润最大化、企业价值最大化和市场份额之间寻找平衡点；再一个是要从单纯追求规模效益转变为在追求效益中妥善处理多快好省的关系，寻找新的效益突破口。

所谓企业价值观和文化的变化，主要集中在如何看待人（顾客和职工）的问题上。这也是企业的重大战略问题。信息化将使公司与顾客建立直接的个体化联系，公司必须以顾客为主体，以顾客需要为设计（包括性能、质量、价格）的出发点，提供超值和个性化服务，才能真正进入信息时代的经营。在信息时代的社会里，职工要使自己成为文化人。在各类小组中，他们没有必须服从的上司，他们的价值正在于他们自己与众不同的特性，他们必须服从的是大家共同遵守和认可的"原则"。信息时代的企业必须把价值观和文化的基点建立在知识的基础上，把尊重人才建立在尊重知识、尊重能力的基础上。它的价值观应该是人才至上；它的文化应该是充分参与的、合作的、团队式的对涌现人才的环境的塑造。

（3）信息时代的管理需要用重新构建的观点对衡量当代企业的基本范畴进行重新审视，这些范畴包括质量、服务、技术和效率等。

信息技术和全球一体化的发展，给人类带来从未有过的快速增长机遇，信息技术不但将带来生产力的飞速发展，也将把它的烙印打在人类组织身上。信息技术是跨时空的，它将使人们的交流变得空前便利，使人和人的组织更加开放和合作。

（4）信息时代人和组织将具备三个基本特点：第一，它将有一个以市场为中心的明确的目标和策略，它将是有史以来最节省的需求与供给关系，也是最有效率和效益的关系；第二，它将有一个以人为中心的价值观和企业文化；第三，它将有一个以效率和效益为中心的不断变革的制度和程序，因为市场的变化不断地通过信息化孔道促使企业不断变化。

"开放"是信息时代的本质。市场、人、效率和效益，是信息时代企业管理的核心。

【注】本文参考于中宁的"九十年代西方主要工业国家的企业管理变革"编写，原载于《北京工程造价》1997年第2期。

工程施工承包经济风险防范

（1999）

工程施工承包的众多风险可分为两大类：一类是由设计和施工工艺的原因造成的技术风险；另一类是非技术的原因造成的风险，导致的因素比较广泛，有自然与环境、政治与社会、组织与协调、法律与合同、经济与资源等。风险所造成的损失有质量的、安全的、时间的和经济的，但是各种损失最终都可形成经济损失。当前工程施工承包人最关心、也最需要防范的就是经济风险。经济风险造成损失的数量大，发生的概率高，给承包人造成的损失多，威胁到承包人的生存。人们把工程施工承包最严重的经济风险形容为插在承包人头上的"四把刀"，即：压价发包、带资承包、索要回扣和拖欠工程款。本文提出对这些风险进行防范的基本方法。

1. 认真分析工程施工承包经济风险

有资料显示，发包人压价发包的项目数占总项目数的 90％以上，压价幅度可达总造价的 5％以上，有的高达 30％；垫资承包的项目占承包总项目的50％以上，垫资数额不等，甚至在结构完成后才开始支付工程款；发包人索要回扣额可占工程总造价的 2％～3％；拖欠工程款的数额能占企业总资产的40％以上，占年完成总产值的近一半，有的拖欠时间达 20 多年。这"四把刀"足以致承包人于死地，也搅乱了建筑市场，伤害了我国的财政事业和经济秩序。它对承包人造成以下恶果：

（1）企业负债经营，资产负债率越来越高

某地前 10 名大公司 1997 年的资产负债率平均为 82.3％，最高者达到92.6％。某企业由于被拖欠的工程款很多，为了维持经营，不得不大量借债，资产负债率从 1992 年的 60.8％增长为 1998 年的 92％。资产负债率增高使企业财务风险增大，信用危机加剧。

（2）承包人的综合效益越来越差

由于负债越来越多，使企业的资金成本率越来越高，赢利减少，综合效益越来越低。某地的前 10 名大建筑公司 1997 年的产值利润率平均只有1.69％，最低的只有 0.31％；某个有代表性的企业，1992 年的综合效益为7％，而后逐年下降，到 1998 年只有 2.5％。综合效益下降使企业丧失了扩大再生产的能力，没有了发展的后劲。

（3）职工收入下降

调查资料显示，一方面是施工企业大量被拖欠工程款，另一方面施工企业又对外拖欠，且严重拖欠职工的医药费和工资，两种拖欠占被拖欠数额的81.7%；被拖欠工程款占拖欠职工工资和医药费的46.2%。可见，如果没有被拖欠工程款，不但不会拖欠职工的工资和医药费，而且也不需对外拖欠。内外欠债，使职工生活水平下降，瓦解职工的凝聚力，降低内外信誉，影响企业的正常经营。

（4）不利于企业的正常市场运作

"四把刀"插在施工企业头上，每一把刀都会影响企业的正常市场运作。压价发包，企业可能以低于成本的报价承包，施工中便可能为降低造价而影响质量，诱发安全问题；带资承包可能因为资金紧张而影响进度；索要回扣，会引发行贿受贿等经济案件；拖欠工程款会导致"胡子工程"和经济纠纷。由于企业难以正常进行市场运行，便有可能在发包人和评标人身上进行"感情投资"，搞关系，进行"暗箱操作"，使建筑市场的秩序恶化，违法违纪现象和大案要案大量产生，给国家和社会造成很大危害。

2. 寻找工程施工承包经济风险产生的原因

（1）法制不严

市场经济必须依法治理，否则在利益机制的驱动下，市场中的不法行为会大肆泛滥。经过最近10多年的法制建设，约束工程施工承包经济风险的法律法规已经发布实施，《合同法》、《招标投标法》、《建筑法》都有相应的约束规定。那么为什么还发生"四把刀"这种严重的经济风险呢？无疑，一是执法不严，对违法者查处打击不力；二是有法不依，尤以发包人为甚。1996～1997年执法监察发现的大量问题中，有59%是发包人造成的，31%是承包人造成的，即发包人的问题是承包人的近两倍。法律意识淡薄，法制不严，到了非常严重的程度。

（2）投资缺口

建筑投入来自固定资产投资。由于我国固定资产投资发展太快，固定资产投资率过高，致使许多项目在投资尚未落实的情况下就做出了决策，资金筹集不到位就仓促上马，产生了"先上马，后追加"的"钓鱼工程"、"垫资工程"和"拖欠工程"。大量的居住房屋建成后积压，资金沉淀，不能实现良性循环，必然使拖欠工程款现象加剧。一些政府投资的工程，在投资没有落实的情况下便以"重点"、"急需"、"办好事"、"政治需要"等为由，指令开工，强迫垫资，承包人明知要亏损，也得服从，形成了回收无期的"死账"。

（3）队伍庞大，竞争激烈

由于建筑业企业创业对资金量要求低，手工操作比重大，故容易入围，加之其资本金利润率高，计算产值利润率基数大，降低工程成本潜力大，所以是颇受青睐的行业，社会上响起了"要想富，搞建筑"的口号。近20年来建筑业的队伍超速增长为3000多万人，占世界建筑队伍的1/4。但是我国的投资额有限，1999年我国的建筑支出只有美国的1/10.5，而我国的建筑队伍要比美国大得多。所以我国的建筑市场是一个不完善的买方市场，形成了"狼多肉少"的局面，施工企业为了利润和生存而展开角逐，竞争非常残酷。发包人趁机安插"四把刀"、"暗箱操作"；施工单位为了获得任务，不得不接受不平等条件，加入"暗箱"，甚至违心地触犯法律、法规，以求生存。国有企业包袱重，常常投标失利，日子更加难过，面对严重的经济风险，几乎没有抵抗能力，常求助于政府保护。

（4）建筑市场主体发育不良，施工承包环境恶劣

我国的建筑市场尚处在建立的过程之中，市场要素很不完善，尤其是市场主体发育不良，使施工企业处在一个充满经济风险的十分恶劣的竞争环境之中。发包人往往不是真正的企业法人，机构不健全，人员不配套，专业缺口，管理能力不足，法制观念淡漠，行为不规范，难以承担投资全过程管理的重担，这是造成承包人工程承包经济风险的主要因素。承包人（主要是国有资产企业），缺乏足够的自主权，社会包袱沉重，竞争能力差，自觉用法律保护自己的意识淡漠，市场行为不规范，不能有力地识别、预防和抵制经济风险，在风险面前无能为力，没有成为真正的市场卖方。中介组织不能为业主提供充分的社会服务，规范和监督市场行为的作用发挥不力。作为宏观管理与监督的政府部门，还没有从计划经济的阴影中走出来，习惯插手于微观管理，容易决策失误，束缚企业手脚，往往加剧承包人的经济风险。工程造价管理不适应建筑市场经济体制发展的需要，价格机制难以发挥作用，标底编制和报价行为不规范，价格不能真正反映价值和满足竞争的需要，在招标投标时就埋下了经济风险的种子，在合同签订中不能妥善处理经济风险的问题。

从以上分析可以看出，工程施工承包经济风险的导因十分复杂，既有宏观的，又有微观的，因此，它的防范是一个大的系统工程，要从宏观上和微观上两方面采取措施。由于承包人是工程施工承包经济风险的承担者，故应当自主地、主动地、科学地从多方面进行风险防范。

3. 宏观上加强治理，提供良好的工程施工承包环境

（1）加强宏观投资管理

首先要做好投资的立项决策，没有投资来源或投资来源不足的项目不予

审批；投资筹集不到位的项目不发给施工执照。前者的责任在各级计划主管部门；后者的责任在各级建设行政主管部门。这一措施执行得好，可缓解投资缺口的问题，拖欠工程款的风险可大大降低。

（2）按《招标投标法》规范招标投标行为

要真正实现招标公开，评标公平，决标和签约公平，签约时遵守诚实信用的原则。发展招标代理队伍，开展招标代理活动。强化有形市场的信息提供、市场管理和市场服务的作用。

（3）强化法治管理

政府主管部门要加紧完善法规，在法律的基础上制定条例和部门规章，对拔除"四把刀"做出像《建设工程施工合同（示范文本）》（以下简称《合同示范文本》）那样具体、细致的规定；有了法律法规，必须认真执法，维护其严肃性，坚决查处违法行为，不能姑息；还要提高建筑市场各主体单位和业内人士的法治意识，护法守法，依法办事，不为追逐利益而违法犯法。要坚持长期进行建筑市场执法监察活动，查处违法违规行为，对构成犯罪的，坚决依法惩治和打击。这样，便能为承包人创造一个良好的竞争环境。

（4）尽快建立工程担保和工程保险制度，为承包人转移风险创造条件

建立这项制度首先要结合行业的实际情况贯彻《合同法》、《建筑法》、《担保法》、《保险法》和《合同示范文本》；其次要争得保险部门、金融组织等的支持和协助；第三，担保方面过去是向发包人倾斜，为了降低承包人的工程承包经济风险，也要让发包人向承包人担保，主要是支付担保，因此要履行《合同示范文本》中的第 33.3 款和第 33.4 款，"发包人收到竣工结算报告及结算资料后 28 天无正当理由不支付工程竣工结算价款，从第 29 天起按承包人同期向银行贷款利率支付拖欠工程款利息，并承担违约责任"，"发包人在收到竣工结算报告及结算资料后 56 天内仍不支付的，承包人可以与发包人协议将工程折价，也可以由承包人申请人民法院将该工程依法拍卖，承包人就该工程折价或拍卖的价款优先受偿。"这两条规定是解决拖欠工程款的极为有效的措施；第四，在工程保险问题上，要执行《合同示范文本》的第 40 条规定，但要创造条件，实施建设部的"指导意见"。"对于有条件的工程，可以由业主将原由工程建设各方自行投保的险种集合起来，统一向保险公司投保综合险，以避免漏保或者重保现象，并降低工程保险费用开支。"

4. 规范发包人的发包行为，降低工程施工承包经济风险强度

从对工程施工承包经济风险的原因分析来看，发包人是导致承包人经济风险的最主要责任人，故要降低承包人的经济风险，必须规范发包人的发包行为，从承包人头上拔掉"四把刀"。

（1）实施《项目法人责任制》

该制度规定，应由项目法人承担起建设全过程投资控制的责任，承担投资风险。发包人只能把少部分风险转移给承包人，且方式要合法，用合同约定，不能通过"暗箱操作"实现风险转移。非法转移风险的最终受害者必然是发包人自己。

（2）发包人要有效利用中介组织提供的社会服务，解决本身专业能力不足的问题

要在中介组织的协助下从决策阶段就进行全过程的投资控制和风险管理：委托咨询公司进行项目的估算和经济评价，审核设计概算；利用招标代理公司进行招标代理和咨询服务；利用造价咨询公司进行造价控制等。在开工之前，要按施工组织设计和合同约定编制资金收支计划，寻找资金使用风险期，提前解决矛盾，以便按时付款；委托监理工程师把好工程变更和工程索赔关。这样，既控制了投资，又回避了风险，不至于把风险完全推到承包人身上。如果承包人不发生资金危机，对保证工程质量、安全和进度都是有利的。

（3）对发包人的经营行为加强监督

监督的重点，一是筹资不足不发给施工执照，杜绝"钓鱼工程"；二是严格审批设计概算，超估算10%的设计概算一般不予审批，严格控制追加投资；三是监督招标人的招标行为，不准"暗箱操作"，不准把不平等的条件强加在承包人身上。所以要由政府部门或其授权单位进行从招标到签订合同整个过程的执法监督，对其招标行为强加约束，避免有些发包人利用《招标投标法》赋予的自主权进行非法经营。发包人是分散在各个行业中的，为了使建筑市场有良好的秩序，执法监督是非常必要的。

5. 承包人努力自主防范工程施工承包经济风险

承包人要克服两种心理障碍：一是为了求生存而消极对待风险，采用"以毒攻毒"的办法，与市场中的不良行为同流合污，屈服于压力，搞"暗箱操作"，甚至违法经营；二是寄希望于环境改善，盼望有一天别人把"四把刀"从自己头上拔掉。要认识到，风险是客观存在的，面对激烈而残酷的竞争，企业要生存和发展，必须靠自己建立风险意识，防范和控制经济风险，靠自己的实力、水平、谋略和成功的经营，赢得竞争的胜利。

（1）承包人要按以下程序防范经济风险

1）获得项目信息，收集资料，进行风险分析，决定是否投标。

2）实地考察，继续收集资料，分析风险，编制资格预审文件。

3）分析风险，作是否投标的决策。

4）办理投标保函，获取招标文件。

5）研究招标文件，听取答疑，澄清问题，做出风险管理规划，确定投标策略，提交投标文件。

6）中标后进行签订合同谈判，为防范风险，努力签订一份有利于减少风险损失的合同。

7）加强合同管理，做好索赔工作。

8）做好竣工结算，及时收回全部工程款。

（2）承包人要建立风险管理体系

建立风险管理体系的目的是，由专门的组织负责风险管理。其具体任务是：进行风险管理规划；制订有利于进行风险防范的投标战略；签订可回避、转移风险的施工合同；在合同实施过程中进行风险控制与监视。该体系不需单独建立，可以和企业的投标、合同、经营、信息、项目经理部等原来的组织结合，明确各目的风险管理责任，完成风险管理任务。也就是说，各有关部门在从事本职工作的时候，要同时完成风险管理任务。因此，企业和项目经理部在制定责任制或责任目标时，一定要明确风险管理责任。

（3）编制和利用风险管理规划

1）编制风险管理规划的目的是预测、识别、度量、分析、评估风险，制订风险管理对策，为防范（回避、转移）风险做准备。

2）投标前的风险管理规划与投标书中的施工组织设计编制相结合，由企业编制；开工之前的风险管理规划与标后的施工组织设计相结合，由施工项目经理部编制。

3）由于工程施工承包的风险主要是经济风险，故投标前的风险管理规划应作为重点，对投标和签订合同过程中的经济风险防范工作做出规划。标后施工组织设计中的风险管理规划也要对施工中的经济风险管理做出规划。

（4）充分利用《建设工程施工合同示范文本》防范经济风险

新颁发的《建设工程施工合同示范文本》对承包人防范经济风险非常有利，承包人要在签订合同中充分利用。

首先是利用"通用条款"，它是签约双方均无争议的。可利用的条款有：第23条"合同价款及调整"，第24条"工程预付款"，第26条"工程款（进度款）支付"，第31条"确定变更价款"，第33条"竣工结算"，第35条"违约"，第36条"索赔"，第39条"不可抗力"，第40条"保险"，第41条"担保"等。

其次是利用"专用条款"对以上各条与防范经济风险有关的内容具体化，要通过双方认真的谈判达成一致。这是很艰苦的工作，承包人应事先通过风险管理规划进行设计，制定出有利于自己的合同专用条款和谈判方案，然后参加谈判，争取用写进专用条款中的内容实现风险管理规划的设计成果。

谈判的要点是：首先力争回避风险；其次是使风险发生的可能性降低到最小；第三是努力争取改善发包人在招标文件中提出的合同建议条款，取消对承包人不利的合同条款，增加有利于保护自己和限制业主的条款；第四是力争采用担保、保险、风险分散等办法转移风险；第五是为将来的索赔创造合同条件。

（5）施工承包经济风险的回避

1）要回避的施工承包经济风险主要是带资承包和拖欠工程款的风险。回避的办法是：首先尽量让发包人提供预付款以减少资金垫付；如果不成，要努力争取分阶段结算；再退一步，努力实现"早收晚付"的黄金原则；如果一定要垫资承包，必须在合同中写进保护自己的条款：一是确定付款方式，二是写明付款时间，三是明确拖延付款的责任，四是尽量使发包人接受提供分阶段付款或竣工付款保函，具有付款保函，可用该保函作为抵押，从银行贷出资金，作为施工中的流动资金。

2）在合同签订后，应尽早进行加工订货，规划材料（特别是供应紧张的短线材料）的采购。在与供应商签订供应合同时，要明确因供应商的原因造成的供应延误、丢失、损坏、进而导致承包人受到损失的赔偿责任，并写进条款之中。

（6）施工承包经济风险的转移与转化

低价中标、地质情况复杂、发包人和监理方造成的施工承包风险，是可以转移或转化的风险。承包人如果能够准确预测，运作得当，这种风险既可以转移，又可以适当利用，使风险转化为赢利的机会。

1）低价中标风险的利用。低价中标的风险是必然会遇到的，因为《招标投标法》有"经评审的投标价格最低"作为中标条件的规定；压价发包又是发包人的"一把刀"。这就是逼迫承包人必须降低成本，寻找索赔的机会，向发包人转移风险，向分包人和供应商转移风险，从而尽量减少支出，增加收入。向发包人转移风险和索赔都要在合同条款中具体明确。向分包人转移风险也要合理，如将履约保证金、保留金、误期损害赔偿费等按一定比例转移给分包人，分段付款等。承包人不能把发包人对承包人的压价发包转嫁给分包人，因为分包人要缴的管理费用高，利润较少，要防止因低价而造成质量和安全问题等负面影响。至于降低成本，则是承包人大有主动权且潜力很大的一项赢利途径，发包人要抓住关键环节，利用科学方法降低成本，并以保证质量为前提。

2）关于复杂的地质条件和施工现场。在复杂的地质条件下施工，首先要避免使用总价合同；其次要把由于复杂的地质条件和施工现场可能造成的损失责任（含时间损失和费用损失）在合同中明确由发包方承担。

3）转化监理方造成的工程施工承包经济风险。由于工程变更、施工索赔、工程计量和支付、工程结算等，都要由监理工程师审核、认可和签字，因此如果监理工程师处事不公，也会给承包人造成风险。所以，要与监理工程师处好关系，使之办事公允。

（7）搞好施工索赔

回避和转移风险是消极的防范风险的措施，索赔是积极的防范风险的措施。但是索赔成功却是一项艰巨而复杂的工作，必须按照索赔规则去做，要具备充足的理由，提供充分的证明材料，进行大量实事求是的计算，得到监理工程师的确认。在《合同示范文本》中已经对索赔做出了明确规定，为承包人提供了索赔的可靠前提条件，因此承包人应该充分利用这个文件，克服阻力，学会索赔，大胆搞好索赔。在具体工作中，一要按合同、标准和计划做好每一项工作，防止发包人提出索赔或反索赔；二是搞好合同管理，熟悉全部合同文件，能从索赔的角度解释合同，了解合同中存在的隐蔽风险，善于发现索赔机会，发现索赔机会时立即提出索赔报告，在编写索赔报告时要会运用合同解释和论证索赔意图，进行细致、合理的计算；三要会进行索赔谈判，使索赔报告能被监理工程师认可。

（8）风险控制

在合同实施的过程中，除了做好索赔以外，还要对风险管理规划中预测到的风险经常进行观察，分析它发生的可能性。特别要对发生可能性大的那些风险因素加强控制，减少其发生的可能性，落实规划中的防范措施，使合同顺利实施，降低风险。

6. 结论

1）工程施工承包经济风险危及承包人的生存、发展和国家经济秩序，因此要开展风险管理，大力防范。

2）防范工程施工承包经济风险，首先要认真分析有哪些经济风险。承包人头上的"四把刀"就是他们的最大经济风险。这"四把刀"使承包人债台高筑，经济效益下降，丢失内外信誉，难以进行正常的市场运作，危害极大。

3）防范施工承包经济风险，还要分析出产生风险的原因，以便对症下药地进行防范。法治不严、投资缺口、队伍过剩、市场环境不良，是施工承包经济风险产生的主要原因。

4）防范施工承包经济风险要从宏观上加强管理，为承包人提供良好的承包环境，其中包括加强宏观投资管理，规范招标投标行为，强化法制管理，尽快建立工程担保和工程保险制度等。

5）防范工程施工承包经济风险必须规范发包人的发包行为，因为他们是

"四把刀"的主要制造者。这就要实施项目法人责任制，有效利用中介组织，强化对发包人的监督。

6）防范施工承包经济风险主要靠承包人自己，即内因是决定因素。承包人要按科学的程序进行风险管理，建立风险管理体制，制定风险管理规划，充分利用合同示范文本，分别按风险的种类采取风险回避、风险转移、风险转化、施工索赔、风险控制等措施防范风险，把风险损失降低到最小的限度。

【注】本文是 1999 年在北京国际建筑管理研讨会上发表的论文，与北京交通大学王瑞芝教授合写。

工程总承包项目风险分析与对策

（2004）

本文所指的工程总承包（以下简称总承包）是指从事工程总承包的企业受业主委托，按照合同约定，对工程项目的勘察、设计、采购、施工、试运行（竣工验收）等实行全过程或若干阶段的承包。工程总承包对整个工程项目进行整体构思、全面安排、协调运行、前后衔接、系统化管理，符合建设规律，符合社会化大生产的要求和国际惯例。工程总承包项目风险管理（以下简称总承包项目风险管理）的主体是工程总承包企业（以下简称总承包企业）；总承包项目风险管理的客体是总承包项目的风险。工程总承包项目有多种类型，各类项目风险管理的客体是不尽相同的。本文所述专指交钥匙总承包，即总承包企业负责工程项目的设计、采购、施工安装和试运行服务全过程，向业主交付具备使用条件的工程；总承包企业可以选择分承包企业，分包施工任务。我国正在大力推行总承包，总承包项目风险管理是总承包项目取得成功的保证，研究如何搞好总承包项目风险管理，对于发展总承包事业具有重大意义。

1. 总承包项目风险管理的特点

（1）多样性。总承包项目风险管理的客体随工程总承包方式的不同而不同。例如，交钥匙总承包必须面对设计、采购、施工、安装和试运行服务全过程的风险；而设计—施工总承包面对的只是设计和施工阶段的风险等。

（2）复杂性。总承包项目风险管理所要处理的风险问题比设计或施工等单项承包所要处理的风险问题复杂得多，风险量大得多。这是不言自明的。因此，总承包项目风险管理的难度必然更大。相应的，总承包项目风险管理所取得的效益也更显著。

（3）社会性。总承包项目风险管理所涉及的社会成员（利益相关者）多，相关关系十分复杂。国际工程项目的风险管理尤甚。

（4）全局性。从事总承包项目风险管理是承包者从全过程（全局）的观点出发进行全局性的综合管理，而不是把各阶段或各个过程分割开来进行的项目风险管理。

（5）发展性。我国目前进行总承包项目风险管理的条件和环境尚不理想，经验相当贫乏，与国际承包商差距很大，容易因此而引发大的风险。根据我国的国情和工程项目的实际情况进行扎扎实实地研究和创新。

2. 总承包项目风险管理的过程

（1）总承包项目风险的识别难度大。原因是要识别众多阶段的风险，涉及的范围广，预测的时限长，可能产生的变化大。因此，风险识别便成了总承包项目风险管理的最具特点、也是重点和难点之过程。

（2）总承包项目风险评估时，风险量和发生概率的估计都比单项承包难，即可预测风险和不可预测风险多。其原因和风险的识别是相同的。因此要特别注意收集风险评估的依据和定性方法的应用。

（3）总承包项目风险管理规划的特殊性在于对风险应对方法有针对性的选择决策上。该决策的正确性与合理性既对风险控制的效果产生直接影响，又隐含着重大的经济意义。

（4）总承包项目风险监控中需要编制大量附加的风险应对计划。这是因为在项目实施的过程中必然会遇到大量未曾预料到的风险因素，或风险因素的后果比已经预料的更严重，使事先编制的计划不能奏效，应重新研究应对措施，即编制附加的风险应对计划。

3. 总承包项目的风险识别

（1）总承包项目风险识别的重点。

由于总承包项目风险的大量性，要求其风险识别要抓住重点。站在总承包项目风险管理主体——总承包企业的立场上识别风险因素，其重点可用表1分析。

（2）总承包项目风险识别的依据。

总承包项目风险识别的风险类别和重点分析表　　　表1

序号	分类方式	风险类别	风险识别重点
1	按风险后果划分	纯粹风险，投机风险	纯粹风险
2	按风险来源划分	自然风险，人为风险（行为风险，经济风险，技术风险，政治风险、组织风险）	人为风险
3	按风险是否可管理划分	可管理的风险，不可管理的风险	可管理的风险
4	按风险影响范围划分	局部风险，总体风险	总体风险
5	按风险后果的承担者划分	承包商风险，业主风险，投资方风险，供应商风险…	承包商风险
6	按风险的可预测性划分	已知风险，可预测风险，不可预测风险	已知风险，可预测风险

1）总承包项目管理规划：该规划中有风险管理规划和各种技术组织措施。

2）总承包项目规划：该规划中有总承包项目目标、任务、范围、进度计划、费用计划、资源计划、采购计划、总承包企业的期望等，都是风险识别的依据。

3）类似工程总承包项目建设的历史资料：可据以编制风险核对表。

4）项目的制约因素和假设：事先确定若干制约因素和重要问题假设条件，使项目变成一个有基本明晰边界的对象，使项目管理有可能性，也使风险识别有一个可掌握的区域。

（3）总承包项目风险识别的核对表法。

核对表法是一种适用于工程总承包项目风险识别的全面、可靠、便捷和启发思路的方法。它利用已完类似工程项目信息和其他相关信息编制，一般按照风险来源排列。核对表可以包括多种内容：以前项目成功或失败的原因、项目和项目管理资料、项目风险管理资料等，用来提醒对新的项目进行风险识别，检查还有哪些风险因素没有考虑到而应予以补充。

（4）总承包项目风险识别的结果。

总承包项目风险识别的结果应写成书面文件，为风险管理的其他步骤服务。风险识别的结果如下：

1）风险来源表。表中尽可能全面列出所有风险，且应当用文字说明每一种风险来源，包括：风险事件的可能后果；对发生风险时间的估计；对该来源产生的风险事件发生次数的估计。

2）风险的分类或分组。分类的结果应便于进行风险管理的其余步骤。风险分类和分组可以是多层的，最底层应能用来进行风险评估。

3）风险症状。风险症状指风险事件的各种外在表现，即发生的苗头和前兆等。

4）总承包项目的主要风险。

从一般规律来分析，总承包项目的主要人为风险可参见表2。总承包项目的风险来源广，风险因素多。识别总承包风险不能面面俱到，应抓住重点。总承包项目风险识别的重点是经济风险，且所有风险均可导致经济结果。

总承包项目人为风险一览表　　　　　　　　　　　　　　表2

序号	项目阶段	风险来源	风险因素
1	设计	行为风险	设计缺陷和设计变更
		经济风险	造价估算不准，价格或汇率变动
		技术风险	新技术出现，新技术应用
		组织风险	设计进度拖延，设计与施工不协调

续表

序号	项目阶段	风险来源	风险因素
2	施工	行为风险	施工中的过程缺陷，项目管理缺陷
		经济风险	市场价格变动，利率和汇率变动，付款和结算问题，经营不善
		技术风险	施工方案中的问题、工艺问题，技术措施不当、设计问题，勘探问题，工程变更
		组织风险	技术物资供应的质量和进度问题，产生纠纷、项目团队组建缺陷，业主的障碍、索赔不利、管理目标和措施不当
		合同风险	合同选型不当，内容不全，文字不严谨，价格不合理，合同变更，违约
		自然风险	特殊的气候、地质条件，不可抗力
3	采购	行为风险	选择供货商不当，订货中的问题
		经济风险	价格变化，汇率、税率变化，预测不善
		技术风险	物资的技术环境变化，物资本身的技术问题
		组织风险	验收问题，保管与存储问题，进度延误，质量和安全问题
		合同风险	合同标的问题，内容问题，价格问题，合同变更，违约
4	试运行	人为风险	设备问题，工艺问题，安装问题，时间延误，资金问题

4. 总承包项目的经济风险

（1）经济观念滞后带来的风险。人们习惯了计划经济下的固定价格、政府定价、政府提供价格信息、政府保护国有企业的中国工程承包企业，对市场经济下的价格机制、价格运行规律、价格风险、汇率风险、合同风险等的认识，远远滞后于市场经济发展的需要，滞后于国外的承包企业，这会带来很大的经济风险。

（2）业主行为的不规范造成的经济风险。业主的管理无序、压价无度、索要回扣、强要承包商带资承包和拖欠工程款等，久杜不绝，愈演愈烈，给总承包企业造成了无限的风险。

（3）传统的设计与施工分离，单一进行施工专业承包或施工总承包，使施工承包企业对设计项目管理陌生，设计企业对施工项目管理陌生，总承包企业发育缓慢，企业缺乏实行总承包的机制等，这些问题有可能造成总承包项目的大量潜在经济风险。

（4）建设市场中的违法操作屡禁不止，激烈的竞争对承包企业的巨大压力，使他们为了生存不得不牺牲自身经济利益，是产生经济风险的巨大黑洞。

（5）中介组织发育不健全，社会服务能力不足，企业缺乏利用社会中介组织为自己服务的意识，使总承包企业缺乏识别和控制经济风险的社会支持，导致经济风险。

（6）我国的总承包企业对国际工程承包规律不熟悉，经验不足，对加入

WTO 以后的经济环境不熟悉，不适应激烈的国际竞争，是产生我国总承包企业经济风险的新源泉。

（7）我国的总承包企业对签订高质量的合同，利用合同进行经营，利用合同进行风险预防和风险转移的能力不足，进行工程索赔的意识不强、知识不足、能力不够、条件欠缺等，是导致经济风险产生的重要原因。

（8）我国的总承包企业对风险管理知识、风险管理方法不熟悉，风险管理法规和制度不健全，工程担保和工程保险体制迟迟没有发育，既是产生经济风险的原因，也是对经济管理乏力的表现。

5. 总承包项目经济风险管理措施和对策

（1）按建设部"建市〔2003〕30 号"文《关于培育和发展工程总承包和工程项目管理企业的指导意见》培育和发展工程总承包企业和工程项目管理企业。建立总承包企业不但要在组织结构上达到要求，更主要的是要在软件建设上满足要求。包括：具有满足工程总承包要求的人力资源，强大的市场竞争能力，合格的设计能力，完善的项目管理体系，强有力的技术支持能力，在国内外市场中采购机械设备、成套设备和建设物资的能力，足够的工程总承包协调能力，善于利用社会中介组织的能力，应对风险能力，先进的企业文化等。

（2）增强风险意识。要深刻认识风险对工程总承包项目的危害性，工程总承包项目风险源的大量性，大部分风险的可预测性和可管理性，居安思危，居险思变，超前分析，认真识别，可靠评估，科学、慎重地进行风险管理规划、决策、控制和监督。

（3）增强法律意识。依法竞争，依法签约和索赔，依法维权，依法经营，依法抵御风险，依法进行融资和结算等。

（4）实施人才战略，进行大学习，向员工灌输国际工程项目管理知识、建造师知识、风险管理知识、合同管理知识、经济知识、金融知识、保险与担保知识、经营管理知识等，使企业具备大量的有技术、懂法律、懂战略、会经营、通外语、善管理的复合型人才和高级项目管理人才。

（5）及早颁布工程项目风险管理的法规，颁布工程保险与担保的法规，制定工程总承包项目管理规范，编制工程总承包项目管理手册，建立企业自身的风险管理体系。

（6）积极采取技术性对策，回避、减轻、预防、分散和自留总承包项目风险：

1）总承包项目回避风险对策。如果项目威胁太大，风险量和发生的可能性都很大，企业难以承担和控制风险，便应当在承包之前放弃承包或在实施之前毅然放弃项目实施，以免造成更大的风险损失。制定并执行企业制度禁止实施某些活动。依法规避某些可能造成风险的行为，也是风险回避的有效对策。

2）总承包项目减低风险对策。这种对策可降低风险发生的概率或减少风险发生后的损失量。对于已知风险，可动员项目资源予以减少；对于可预测和不可预测风险，应尽量通过假定和限制条件，使之变为已知风险，再采取措施降低其发生的可能性，降低到风险可以被接受的水平。

3）总承包项目预防风险对策。采取技术组织措施预防风险对策的作用有三个：防止风险因素出现；减少已经存在的风险因素；减低风险事件发生的概率。具体措施有以下一些：

① 在项目管理规划中制定各种预防风险、保证目标实现的措施，并进行风险管理规划。

② 制定应急计划，对可能发生的风险假定发生后进行风险事件排除作出安排。

③ 采取成熟的技术进行预防，即对关键性技术的采用要进行认真的评估和决策，防止采用不成熟的技术或为了降低成本而使用投机性的技术方案。

④ 进行合同风险预防：一是尽可能地在合同中明确，谁能最有效地防止和处理风险，就由谁来承担该风险。二是选择好适用的合同类型，尽量采用单位合同或成本加酬金合同。三是尽量采用标准的合同条件、合同格式、示范文本。

⑤ 国际工程承包还要防范汇率风险。一是货款币种和支付币种要一致；二是用当地币种支付时，要在合同中规定保值条款或汇率风险条款；三是采用多种货币组合贷款或组合支付（交叉弥补风险）；四是进行汇率保险；五是建立汇率风险监测体系对已经发生的汇率波动及其对项目的影响进行监测和分析。

4）总承包项目分散风险对策。即把风险分散给其他单位，包括业主、分包人、合伙人、投资人、供应商等。办法如下：

① 要求合同对方接受业主确定的合同文件中各项合同条款，使他们承担一部分风险。

② 将风险较大的分包出去，转移给分包人。

③ 在签合同的时候，要有风险观念，尽量在合同条款中把对方应承担的风险确定下来，尽量降低自己可能承担的风险。

④ 进行工程担保（投标、履约、预付款、维修债务、违约或失误等担保），把风险分散给担保方。

⑤ 工程保险，把风险转移给保险公司。

5）总承包项目自留风险对策。即将有些不太严重的已知风险造成的损失由自己承担下来。但是必须自己有能力，有应急措施，有后备措施，有财力准备。故应有风险储备金（预算内的基本预备费、涨价预备费、保险费、社会保障费、综合单价中的风险因素取费等），有富余工期或后备措施，有备用资源，有备用技术或后备技术措施。

【注】本文原载于《工程项目管理》杂志，2004 年第 6 期。

实施蓝海战略和绿海战略

（2007）

1. "四海"战略简介

如果按战略的发展和竞争导向理念分类，企业发展战略理论的发展经历了黑海战略、红海战略、蓝海战略、绿海战略四个阶段，但是每一个发展阶段都是对前一段的改进而不是全盘否定。在同一时期根据企业发展的需要、客观环境和主观条件，可以同时采用其中的一类或几类。但是，现代企业更应当提倡实施蓝海战略和绿海战略，谋求更多的社会贡献和持续的企业发展。

黑海战略始于 20 世纪 50 年代初至 70 年代初的以规划为目的的战略理论。美国的肯尼思·安德鲁斯将战略分成四个方面的要素，即市场机会、公司实力、个人价值与渴望、社会责任。美国的伊戈尔·安索夫在研究多元化经营企业的基础上，提出了战略四要素：产品与市场范围、增长向量、协同效果和竞争优势。伊戈尔·安索夫 1965 年出版的《企业战略》，成为现代企业战略管理理论研究的第一人。

20 世纪 80 年代，美国的迈克尔·波特的著作《竞争战略》和《竞争优势》提出了竞争"五力"理论和"三个基本竞争战略"。"五力"即现有竞争者、潜在竞争者、现代产品的威胁、供应商的议价及购买者的议价五种力量，"三个基本竞争战略"即总成本领先战略、差异化战略、目标聚集战略，这就是红海战略。红海代表现今存在的所有产业，这是我们已知的市场空间。红海战略是立足于红海而采用的战略，是针对竞争对手而进行血腥竞争的战略。

进入 20 世纪 90 年代以后，竞争环境恶化，超越竞争成为战略管理理论发展的热点。欧洲工商管理学院教授 W·钱·金和勒妮·莫博涅提出了蓝海战略。蓝海代表当前还不存在的产业，这是未知的市场空间。蓝海战略是立足于蓝海而采用的战略，是不与竞争者竞争的战略。它以创新为中心，扩大需求，靠加大行业的范围开拓新领域。蓝海战略极力打破现有市场边界，要求企业把视线从市场的供给一方移向需求一方，为买方提供价值的飞跃。

绿海战略是企业持续发展战略，是以可持续发展理论为指导，以实现企业持续发展为目的，企业积极履行社会责任，通过创建企业优秀文化，建立学习型组织，不断创新，培育核心竞争力，获取企业持久的竞争优势，实现企业价值最大化和社会价值最大化相统一的经营管理理念、行动和过程。绿海战略的理论基础是可持续发展理论，目的是建立和谐企业，实现持续发展。绿海战略的核心是获取持久的竞争优势，持久竞争优势的源泉是核心竞争力，持久竞争力的发展依靠软硬件建设，但软实力是持久竞争力的主要来源，要求增强软实力，提升柔韧性。绿海战略的要求是企业发展的可持续性，既追求目前发展也考虑未来发展。企业在追求经济效益的同时，应积极履行社会责任。只有不断增强企业的自身实力，才能在激烈的竞争中立于不败之地，强企必须由内到外。

2. 蓝海战略

开创蓝海的紧迫性与日俱增。目前，市场总供给超过总需求；国家和地区间贸易壁垒被拆除，竞争国际化；产品和价格信息迅速传播，差异性难以持久，缝隙市场和垄断地盘不断消失；发达国家人口下降，需求降低；产品和服务加速商品化，价格战愈演愈烈，利润不断下降。这一切，都使竞争更加激烈，使开创蓝海变得异常紧迫。

（1）蓝海战略的作用

第一，改变红海所面临的困境。在红海中，产品成了商品，竞争越来越残酷，乃至鲜血淋漓。而蓝海战略却相反，不去争抢现有的且可能是萎缩的市场，也不把竞争对手作为靶子。而是去扩大需求，摆脱竞争。运用蓝海战略，可以探索还没有被开发的新市场，满足消费者还没有被满足的需求，从而超越竞争，开创不与竞争者竞争的新商机。当然，有些蓝海是在已有的产业边界以外创建的，然而大多数的蓝海是通过在红海内部扩张已有产业边界而开拓出来的。

第二，开创增加利润的新途径。蓝海战略的发明者［韩］W·钱·金和［美］勒妮·莫博涅量化分析了108家公司推出的新业务后发现，有86%的新项目属于产品延伸，即在已有的市场空间中（即在红海中）小步改进，其总收入和总利润分别占62%和39%；剩下的14%新业务旨在开创蓝海，创下的收入却占总收入的38%，利润则占到61%。此例可见，开创蓝海可以大大提高创收水平和创利水平。事实证明，只要能创造出成功的品牌，就等于实现了"蓝海战略"，也等于开创了"不与竞争者竞争"的全新市场。

（2）蓝海战略的基石

红海中的企业以竞争打败对手。蓝海的开拓者采用的方法是，把精力放在为买方和企业自身创造价值的飞跃上，把价值创新作为蓝海战略的基石，用价值创新开创新的市场空间，该空间无人争夺，因而可彻底摆脱竞争。

价值创新对价值和创新都充分重视，即把创新建立在价值的根基之上，而不是纯粹追求技术创新。把创新与效用、价格、成本紧紧结合在一起，才会实现价值创新。这也就是同时追求"差异化"和"低成本"。价值创新要同时实现压低成本和提升买方所获得的价值。前者为了企业自身，后者为了顾客。企业为买方提供的效用和价格组成买方价值；企业的价值来源于价格和成本。因此，企业实现价值创新，必须使有关效用、价格、成本的活动协调一致时才能实现。蓝海战略把企业在功能和运营方面的活动统一起来。

（3）蓝海战略的原则

开创与夺取蓝海，应以机会最大化和风险最小化的原则为导向。蓝海战略的原则有两类，包括战略制定原则和战略执行原则。

1）战略制定原则。

第一，重建市场边界。这项原则的目的就是摆脱竞争，开创蓝海，因而降低了寻找市场的风险。重建市场边界的途径如下：

一是跨越他择产业看市场。功能与形式都不相同而目的却相同的产品和服务，就是他择品：

二是跨越产业内不同的战略集团看市场。产业集团是产业中的一组战略相似的企业；

三是跨越买方链，重新界定产业的卖方群体；

四是跨越互补性产品和服务项目看市场；

五是跨越针对卖方的功能与情感导向，重设产业的功能和情感导向；

六是跨越时间，参与塑造外部潮流。

总之，跨越常规竞争界限看市场，便可知道怎样改变常规的战略行动，以全新的方式对市场现实重新排序，跨越产业和市场边界，以现有的市场元素重建市场，解脱红海，开创蓝海。

第二，注重全局而非数字。这一原则是减低规划风险的关键。它从绘制战略布局图开始即可表现出现有的战略定位，也能勾绘出未来的战略，能够把企业和管理者们的主要精力集中在大局上，不纠缠在数字和术语中，从而激发企业内各类人员的创造性，把企业的视线引向蓝海战略。这样的战略有利于理解、沟通和有效执行。

第三，超越现有需要。这一原则是以新产品和新服务开发最大的新需求，降低开拓新市场涉及的规模风险。根据这一原则，企业不应把视线集中在顾客身上，而要关注非顾客；不着眼于顾客的差别，而应以顾客强烈关注的共同点建立自己的业务项目。这样才能超越现有需求，开创以往并不存在的新的顾客群体。

有三个层次的非顾客可以转换为新顾客；第一层次的非顾客离你的市场最近，除非必须，他们不去购买你的产业提供的产品和服务。如果你的产业能够提供价值的飞跃，他们便可能成为新的顾客；第二层次的非顾客虽然知道你的产业提供的产品和服务可以作为他们的需求选择，却拒绝使用它们；第三个层次的非顾客从未考虑选择你所在的产业所提供的产品和服务，但是如果能悟出这些非顾客与现有顾客的关键共同点，企业就有可能把它们纳入新市场。

第四，遵守合理的战略顺序。正确的蓝海战略顺序如下：第一步，分析你的创意是否具有好的买方效用；第二步，分析你的价格是否能让买方接受；第三步，分析你的成本目标是否能使你的企业获利；第四步，分析该蓝海创意实施的过程中会遇到哪些接受上的障碍，是否一开始就着手解决它们。如果以上几步均可做到，你便可以得到一个商业上可行的蓝海创意。该原则可以降低商业模式的风险。

2）战略执行原则。

第一，克服关键组织障碍。执行蓝海战略面对四重障碍：一是认识上的障碍，要让员工意识到战略变革的必要性；二是有限资源的障碍，战略转变越大，需要的资源就越多；三是动力上的障碍，即怎样激励关键人员快速行动，与现状决裂，努力实施新战略；四是组织上的障碍，即建立新的组织存在着各方面的阻力。不同的企业这四种障碍程度不同，战胜这四重障碍对降低组织的风险是至关重要的，故应克服关键的组织障碍，以实际行动贯彻蓝海战略。

第二，将战略执行建成战略的一部分。执行战略要使组织的每一个成员都支持该战略。基层员工的态度和行为是执行战略的基础。所以，要是在基层建立员工的信任与忠诚，鼓励他们积极执行战略，将战略的执行建成战略的一部分，避免出现对战略执行的拆台现象，使企业的管理风险最小化。

3. 绿海战略

（1）绿海战略研究提出的创新性论点

绿海战略提出的创新性论点有三个：一是用企业利益攸关方共同利益最大化取代只强调股东利益最大化的传统观点；二是正确处理企业价值、股东利益、企业其他利益攸关方的关系；三是兼顾企业经济利益、社会利益、企业社会责任以及环境责任，并进行深入分析比较。

（2）可持续发展理论

可持续发展理论是绿海战略研究的理论基础，其基本理论有四点：

第一，关于可持续发展的概念：主张公平分配，满足当代人和后代人的基本要求；主张建立在保护地球资源系统中的持续经济发展；主张人类与资源和谐相处。

第二，可持续发展的基本思想：鼓励经济增长，以提高当代人的福利水平，增强国家实力和社会财富；谋求资源的永续利用和良好的生态环境；追求社会的全面进步。

第三，可持续发展的核心思想：健康的经济发展应建立在生态可持续能力、社会公正和人民积极参与自身发展决策的基础上。

第四，可持续发展的目标：既要使人类的各种需要得到满足，个人得到充足的发展，又要保护资源和自然环境，不对后人的生态和发展构成威胁。

（3）发展核心竞争力

绿海战略的核心竞争力包括责任力、文化力、学习力和创新力，合称为"绿色四力"。

第一，责任力。责任力即责任竞争力，是企业作为社会组织，由承担社会责任所形成的竞争能力。2007年3月11日在第10届全国人大五次会议上，有10名民营企业家代表提出了企业构建和谐社会、勇担社会责任的倡议书，呼吁全国同行应承担的社会责任有6项：推动社会经济发展；促进公平正义；发展和谐劳动关系；尊重、维护员工权益；改善人与自然的和谐关系，节约资源，保护社会环境；诚信守法；感恩时代，回报社会。当今时代，如何将企业的社会责任与企业的战略管理结合在一起，使之成为企业持续发展的战略优势，即如何提高企业的责任竞争力，正在得到理论界和企业界越来越多的关注。发展责任力有许多好：有利于企业转变经营理念和经济增长方式；有利于冲破绿色贸易壁垒；有利于提高人力资源的利用效率；有利于塑造良好的企业形象，创造品牌优势，提高客户忠诚度；有利于推动企业文化建设；有利于构建和谐企业关系。总之，可以促进企业持续健康发展。

第二，文化力。文化力即文化竞争力。企业文化是企业通过经济活动所形成的为全体成员认同和遵循的企业理念、管理制度、规范和行为习惯，是企业在自身发展过程中形成的以企业价值观为核心的长期稳定的个性表现和识别系统，是企业的经营管理哲学。企业文化是企业软实力的核心要素，凝聚企业员工以发挥组织群体优势，和谐利益攸关方的关系以实现共赢。所以，发展企业文化是企业绿色战略管理的重要任务。

第三，学习力。学习力即通过建立学习型组织而形成的竞争力。学习型组织是组织适应环境的变化，培养组织的学习气氛和文化，推动员工不断学习，使组织中的个人、团队及组织整体之间有良好的互动，充分发挥创新力，改进管理、技术和服务，使组织获得持续的竞争优势，成为柔性的、扁平的、符合人性的、能持续发展的组织。学习型组织在企业追求持续发展的过程中，可以发挥下列作用：使员工获得丰富的科技和管理知识，建立创新资本；使企业成为知识、信息和资源的结合体并创造新知识的组织；使组织的员工具有积极性、创造性和潜能；使组织跟上顾客需要的变化，保持竞争优势；使组织与时俱进，成为创新型组织。

第四，创新力。企业的创新力使企业在知识经济时代通过创新形成保持其效益的持续性和快速发展的动力，形成巨大的竞争力和企业持续发展的动力。企业要进行经营理念创新、战略创新、技术创新、产品创新、营销方式创新、流程创新、制度创新。为此，企业必须建立有利于创新的理念、战略、机制、资源和文化。

（4）开创绿海战略的方法

第一，建设绿色企业文化。建设绿色企业文化的要点是：加强和谐企业建设，坚持责任和效益的统一；强化现代企业制度建设；重视企业形象建设；不断进行企业文化创新。

第二，有效履行社会责任。履行社会责任要从以下方面做起：把经济利益、社会利益和环境利益紧密结合起来，铲除经营对社会和环境的负面影响；提高经济效益，增强履行社会责任的能力；提高企业员工、特别是高层管理者对履行社会责任的认识；将社会责任纳入企业战略目标，设置专职部门并将其制度化；优化产品和服务质量；保障职工安全，做好责任关怀；与各方协同，关注环境，搞好环保。

第三，正确处理利益攸关方之间的关系。包括以下几个利益攸关方的关系：企业与股东和投资人的关系；企业与员工的关系；企业与顾客的关系；企业与政府的关系；企业与媒体的关系；企业与经销商的关系；企业与供应商的关系；企业与竞争者的关系等。对于工程施工企业，还有与分包企业及中介企业（监理、代理、咨询等企业）之间的关系，与街道居民的关系，与外资企业的关系等。

第四，建立学习型企业。建立学习型企业应做好以下工作：树立学习理念；构建学习型组织，塑造学习型文化氛围；把学习引入工作，将组织愿景融入员工的生活；构建学习体系；注重学习方法；领导要成为学习型组织的带头人；构建知识共享与交换平台；创新学习方法。

第五，提高技术创新能力。提高技术创新能力的措施主要有下列几项：构建企业自主创新平台；建立以企业为主、产学研结合的创新体系；适应市场变化，创新营销；充分的创新投入；搞好创新管理。

【注】本文原载于中国施工企业协会编著、中国计划出版社出版的《工程建设企业管理》中，系本作者编写的内容。

建筑企业工程项目管理发展战略谋划

（2007）

制定建筑企业工程项目管理（以下简称项目管理）发展战略的目的是提升企业的核心竞争力；建筑业的发展现状为制定企业项目管理发展战略提供了基础条件。本文对建筑企业项目管理发展战略的内容谋划进行了构想，包括：战略任务分析，基础条件分析，战略方针与目标，战略措施，战略实施与控制。

1. 建筑企业需要项目管理发展战略

我国的项目管理，经过了 20 多年的引进、实践和创新，已经成为建筑企业不可或缺的生产管理方式和经营管理基础，形成了项目管理文化和项目生产力，促进了生产关系的变革，推动了建筑业和国民经济的发展。

进入 21 世纪以来，传统项目管理迅速发展为现代项目管理，呈现了国际化、多元化、专业化和职业化的特点和趋势。我国已经实现了项目管理规范化，大步走向项目管理国际化，加快了建设全过程项目管理的步伐，启动了项目经理职业化的进程，项目管理科学化的水平不断提高。

发展项目管理的目的是提高项目生产力。检验项目生产力水平的标准是企业竞争力和企业满足业主需要的能力。为了提升建筑企业的核心竞争力，迅速提高企业的经济效益，适应和促进我国经济的快速发展，增加建筑业在国际工程市场上的占有份额，我国建筑企业应建立项目管理发展战略，冲向项目管理的高端水平，大力提高项目管理能力和效果，提升项目生产力。

由于建筑企业的主业是项目承包和运营，大部分的工作是以项目的方式运行的，所以，项目管理能力必然地成为企业核心竞争能力的重要组成部分。项目管理能力强，就增添了国内、国际市场竞争力，就可以扩大占领国内市场和国际市场份额，就可以提高企业的可信度，满足业主的需求。建立并实施企业项目管理发展战略，从企业发展的全局上和远景上驾驭项目管理的发展，对提升项目管理水平发挥关键因素的作用。

2. 建立项目管理发展战略的基础条件

建筑业项目管理的现状和现在环境，构成了建筑企业建立项目管理发展战略的环境条件：项目管理体制已经建立，它已经被确定为企业生产管理的基本方式；其组织体制及项目经理队伍已经形成；其组织结构模式已经建立并优化发展；《建设工程项目管理规范》（以下简称《规范》）已经具备；规范性文件和政策逐步完善；其国际化的进程已经启动，发展势头良好；其科学化的步伐正在加快。

进行深入分析后可以发现，在建立项目管理发展战略具有的上述条件之外，还存在许多薄弱环节，包括：在体制方面，除施工企业外，业主方、设计方和供货方基本没有建立项目管理体制，它会对发展项目管理产生负面影响；从总体来看，项目管理人员的项目管理意识比较差，缺乏项目管理知识，管理能力较弱，其组织结构还受计划经济时期的习惯约束，组织固化、以指挥部代替项目经理部的现象严重；许多企业领导人至今没有项目管理的认识和意识，尚以传统的管理冒充项目管理；《规范》虽已发布并实施，但宣贯力不够、学习热情不足；建设部发布的许多项目管理规范性文件和政策需要大力落实贯彻；重引进、轻实施，重形式、轻实效，重运行、轻总结，重计划、轻控制，重实务、轻信息，重经验、轻教训等现象严重存在。建立项目管理发展战略时应高度重视以上问题，并以它们作为制定项目发展战略措施的部分依据。

3. 项目管理发展战略的方针和目标

企业战略管理是企业经理人的第一要务。企业战略管理的首要环节是制定战略。实施战略是使制定的战略取得成功的保证。建筑企业的项目管理发展战略是其对工程项目管理发展的总体和长远谋划，是企业发展战略的职能战略之一。该战略的作用是指出项目管理的发展方向，是成功实施企业发展战略的保证，核心是提出项目管理的战略目标，主要内容是项目管理的能力分析，环境分析，战略方针，战略目标和战略措施。

（1）战略方针：我国建筑业企业项目发展战略的方针应当是：实施《规范》，提升能力，占领市场，满足需要。

"实施《规范》"是指实施《建设工程项目管理规范》GB/T 50326—2006。按照建设部办公厅"建办市函［2006］470 号文件要求，全面提高对贯彻执行《规范》重要性的认识，切实做好《规范》的宣贯、培训和实施工作。

"提升能力"即提升项目管理能力。项目管理能力是指利用项目管理的理念、思想、原理、工具和方法、合理解决项目运行中的各种问题，保证项目成功、业主满意。它可细分为范围管理能力、规划能力、组织能力、合同与采购能力、目标管理能力、沟通管理能力、风险管理能力、资源管理能力、信息管理能力和综合管理能力等。

"占领市场"即以项目管理能力的提高，促进竞争力的提高，从而扩大国内和国际细分市场的占有份额。

"满足需要"，即项目管理满足业主的需要。满足业主需要的标志是通过项目管理，使业主对企业的履约、产品的功能、隐含的需要和相关服务均得到满足。

（2）战略目标：为了贯彻上述方针，建筑企业项目管理发展战略的目标有以下几类：

第一，贯彻实施《规范》的时间目标和效果目标；第二，提升各种项目管理能力的目标；第三，项目管理效果目标；第四，占领国内、国际市场的目标；第五，业主满意度目标。

建筑企业项目管理发展战略目标的建立，应尽量数量化。确定量的大小除了依据方针之外，还要依据企业的项目管理现有能力、对项目管理能力发展的预测、对项目管理发展环境所给机遇的了解和趋势预测。在分析能力和机遇的同时，应对企业项目管理的不足及环境给予企业的威胁认识清楚，认真对待，克服劣势，避开威胁，方能制定积极可靠的项目管理发展战略目标。行业的优势和机遇不一定就能成为企业的优势和机遇，但是企业要善于抓住行业给企业提供的机遇。行业是企业最重要的环境，目前我国项目管理的行业环境对企业制定项目管理发展战略是非常有利的。

4. 建筑企业项目管理发展战略措施

战略措施是实施项目管理发展战略方针目标的主要途径和手段，也是战略的重要组成内容。对我国大多数建筑企业来讲，应制定下列范围的项目管理战略措施。

（1）认真学习、实施《规范》。

《规范》中用系统的理论和方法规定了项目管理的理念、理论、依据、内容、程序、方法和应取得的成果，是建设项目管理各相关单位都应遵循的行为准则和发展方向。它不但适用于目前，也适用于今后一个相当长的时间。因此，进行项目管理必须首先学习和实施《规范》，且应注意以下环节：

1）学习和执行建设部办公厅的 470 号通知；2）认真学习《规范》内容，学懂、学会；3）将《规范》与企业的项目管理现状进行比较、找出差距；4）制定本企业实施规范的计划；5）进行试点，总结经验教训；6）创造企业全面实施《规范》的条件；7）全面实施《规范》；8）总结经验，不断提高实施《规范》的水平。

（2）建立项目管理的新理念。

项目管理的理念是项目管理的灵魂，是项目管理的"圣经"。发展项目管理必须以理念作支撑。许多管理的理念均可作为项目管理的理念。通过创新，项目管理者可以悟出许多科学的项目管理理念来。但是首先要建立《规范》总则中提出的项目管理四个理念：

1）坚持自主创新。自主创新有三种：原始创新；集成创新；引进吸收再创新。项目管理属第三种。引进项目管理是为了解决我们自己的问题，归根结底要依靠自主创新。我国项目管理的特点之一就是坚持了自主创新。

2）坚持以人为本。项目管理为了人（主要是顾客，含业主），依靠人（组织、员工、作业人员）；用人之道是最高深的哲学，项目管理应研究用人之道。

3）坚持科学发展观。项目管理要讲科学，用科学；科学促进发展，项目管理发展要用科学促进；科学的项目管理促进企业发展和社会经济发展。

4）实现可持续发展。可持续发展是循环管理的根本目的，是质量持续改进的升华。项目管理要用创新获得持续发展，不能停留在引进的水平上；项目管理促进企业和国家经济社会持续不断发展。

（3）以自主创新为主，自主创新与引进吸收相结合。

就国家来讲，引进吸收与自主创新的关系应该是两者相结合，而以自主创新为主。这个原则对行业和企业同样适用。我国的项目管理是引进来的，是后进者，而且要不断引进国外的先进项目管理思想和方法。但引进是手段，应用才是目的。要把引进的东西变成我们用得上的东西，必须进行自主创新。企业是自主创新的主体，我国自主创新项目管理的主体就是建筑企业，所以企业要通过自主创新实现项目发展战略。忽视自主创新而一味靠引进的企业永远不能搞好项目管理，更谈不上项目管理的发展。

（4）学习贯彻部颁文件，发展工程总承包及其项目管理。

建设部发布的"关于培育和发展工程总承包和工程项目管理企业的指导意见"（建市〔2003〕30号）和"建设工程项目管理试行办法"（建市〔2004〕200号）是近年来建设行业改革与发展建设组织方式和项目管理方式的纲领性文件。这两个文件的基本精神是：第一，积极培育和发展工程总承包企业；第二，积极培育和发展项目管理企业；第三，积极发展工程总承包事业；第四，积极发展项目管理企业为业主进行项目管理和项目管理承包服务；第五，提倡进行工程总承包项目管理和建设项目工程总承包管理。建筑业企业在制定项目管理发展战略时，应切实贯彻实施这两个文件的精神，并与贯彻实施《建设工程项目管理规范》和《建设项目工程总承包管理规范》结合起来。

（5）加强项目管理人才队伍建设。

发展项目管理归根结底要依靠项目管理人员。进行项目管理需要经营管理人才和专业技术人才，包括项目经理、建造师和项目管理人员。也包括

IPMP 和 PMP 等。每一个企业都不能说项目管理人才的数量、素质及其知识已经很充足。因此在企业的人才发展战略中要特别重视项目管理人才的开发，包括引进人才，培养人才和继续教育，从而壮大项目管理人才队伍。引进人才是从社会上引进职业经理人和职业项目经理；培养人才指选择人才进行培养和培训，使之具备项目管理的知识和能力，包括从大学里吸纳毕业学生；继续教育是指对现有项目管理人才进行再教育，补充新知识，提高项目管理能力。还要大力加强团队建设，使项目管理人员组成高效项目团队，形成团队机制，发挥组织力，搞好项目管理。

（6）建立企业的项目管理文化

项目管理文化是建筑企业文化的主要内容。发展企业的项目管理文化是企业实现项目管理发展战略的重要手段之一。项目管理文化建设的载体是企业管理层和项目经理部，内容包括四个层次：精神层，制度层，行为层和物质层。建立企业的工程项目管理文化应以企业文化为基础，并分别就以下层面进行战略策划。

1）精神层面，是项目管理文化的深层（灵魂）。应建立科学发展观、以人为本、自主创新和可持续发展的理念，突出为业主服务的宗旨，建立鲜明的项目管理方针和先进项目管理目标，树立项目经理和项目经理部的良好信誉，评选优秀项目经理和评选优秀项目经理部，建立青年突击队等。以上不失为项目管理精神建设方面的有益之举。

2）制度层面，是项目管理文化的中介层，首先要健全一般制度，包括项目经理责任制度，项目成本核算制度，项目质量管理制度，项目进度管理制度，项目安全管理制度，项目技术管理制度等。其次，要建立项目管理的特殊制度，在每个项目上要根据项目的特殊要求补充必要的制度，包括项目的范围管理制度、风险管理制度、沟通管理制度等，以体现项目的个性特色。

3）行为层面，是项目管理文化的浅层。要在项目管理的活动中体现项目经理、项目经理部的主要成员、员工及自有作业人员的精神面貌，生产、经营和管理作风，人际关系，诚信水平等，折射出项目管理团队的精神和价值观。

4）物质层面，是项目管理文化的表层。项目管理的工程对象（或项目产品）形象，项目现场形象，项目员工形象等，均是项目管理文化物质层面的表现。

5. 战略实施与控制

企业发展战略管理既包括战略制定，又包括战略实施与控制。战略实施与控制包括战略具体化、战略制度化与战略控制。战略具体化包括阶段目标，行动计划，职能战略和政策的制定；战略制度化包括组织结构、组织领导和组织文化的建立；战略控制包括战略评价、战略控制与风险管理。

项目发展战略实施与控制的重点是确定阶段目标，编制行动计划，按计划进行控制，在控制中加强项目风险管理。

（1）确定阶段目标是把战略目标按年进行分解，以期分步实现战略目标。

（2）编制行动计划是按阶段目标编制计划，安排战略措施的实施步骤、时间和投入资源。

（3）进行控制指对阶段计划的实施结果与计划进行对比、纠偏与计划调整。

（4）风险管理是对项目管理发展战略实施中的风险进行识别、评估、应对与控制进行策划，以保证战略目标实现。

6. 几个关键点

（1）建筑企业发展战略是建筑企业为实现战略目标而进行的重大的、决定全局的总体谋划。项目管理发展战略是它的职能战略（子战略），为实现企业发展战略服务。

（2）建筑企业项目管理发展战略的核心目的是通过提高项目管理水平而提升企业的核心竞争力。

（3）建筑业的行业环境为建筑企业建立项目管理发展战略创造了较好的环境条件；但是企业建立项目管理发展战略的自身条件却各有不同。因此，如何建立企业的项目发展战略各企业应各有特点。对每个企业来说，这无疑是一个重要的项目。

（4）建筑企业项目管理发展战略由企业相关职能部门（非决策层）根据企业的总体发展战略进行具体制定，但是要由决策层审批。

（5）建筑企业项目管理发展战略的制定程序是：分析企业发展战略和项目管理的任务→分析制定项目管理发展战略环境的有利和不利条件，自身的优势和劣势→找出影响战略方针和目标的关键因素→确定战略方针和目标→制定战略措施→进行战略方案的优选和决策。

（6）战略方针关系战略定位，战略目标反映发展水平，两者构成了战略的核心。

（7）"战略措施"是实现战略目标的途径和手段。本文所述的措施，是一个基本思路。每个企业的战略措施是各不相同的，既要保证战略方针和目标实现，又要具体、可行、积极、有效。

（8）每个企业都要进行项目战略管理。因此，制定了项目管理发展战略以后，还要实施战略，即确定阶段目标，编制行动计划，按计划进行控制，在控制中加强项目风险管理，使战略取得成功。在取得战略管理成功的天平上，战略实施大大重于战略制定。

【注】本文是作者在《项目管理与建筑经理人》杂志创刊号（2007年第1期）上发表的论文。

4 建筑工程项目管理人本化

我们的责任是创造中国特色的工程项目管理模式
——人本化管理
"绿色、科学、人文"三项管理理念是工程项目管理
之魂

工程核算要落实在项目上

（1993）

  为了推进项目法施工，提高施工企业的经济效益，北京市建委在今年初提出了"三落实"的方针，即企业的"管理力量要落实在项目上"、"责任制要落实在项目上"、"工程核算要落实在项目上"。这个方针完全符合"企业管理活动以项目为出发点、为中心、为归宿"的项目法施工管理模式，本文仅讨论"核算要落实在工程项目上"。

  经济核算是企业管理的基础工作之一，企业经济核算的目的是把企业内部各个经济单位和每个职工的经济权力、经济责任、经济效果和经济利益密切结合起来，保证最大限度地降低消耗，降低成本，增加利润。工程核算是施工企业经济核算的基础，要搞好企业的经济核算，首先必须搞好工程核算。

  "核算要落实在工程项目上"，就是把每个工程项目作为一个独立的、完整的核算对象，对工程项目的承包、施工至交工的全过程进行系统而全面的核算，充分利用会计核算、统计核算和业务核算等手段核算工程项目。核算组织的主体便是项目经理部。只有把核算的范围确定在项目上，核算的力量放在项目上，使核算的方法和措施符合项目核算的要求，真正核算出项目的收入、支出、效益和分配效果，才算得上真正的"落实"。

  工程承包要求以工程核算为前提，以工程核算确定承包量、承包价、承包利益和承包责任；工程施工中生产要素（包括材料、机械、劳动力、资金、构配件等）的合理投入和优化配置，要求进行具体而认真的工程核算，以节约资源，降低成本；工程竣工结算和中间结算，要求进行认真核算，对收入和支出详加对比，对管理效果详加计算和分析，清理资源投入、使用和结存，清理债权债务；利润的来源、额度和分配，必须通过核算才能明确或兑现。可以说，没有工程核算，就没有以工程项目为对象的生产经营活动，也就不可能有项目管理的存在。工程核算是生产、经营和管理数量信息的源泉。

  如何搞好工程项目核算？这是一个复杂的大课题。工程核算的内容很广泛，包括工程任务核算、生产要素核算、成本核算、资金核算和利润核算等。因为实现项目法施工是企业管理模式的大变革、是生产关系的变革，改革的大环境和企业内部核算条件都有重大变化，所以，传统的工程核算理论和方法便不能一律沿用。为了把工程核算真正落实到项目上，便有许多新的研究课题。在此，我想就以下几个关键问题谈谈看法。

第一，要建立以项目经理部为核心的项目核算组织系统。在项目经理的领导下，成立核算部门，其主要成员为预算、财务、会计人员，其工作以工程项目的成本核算与成本控制为核心。上对企业核算部门，下对劳务分包企业。项目经理部的专业部门均负责本业务系统的核算，分担指标。工人班组则负责节约指标的核算。生产部门应作好统计工作，使之在费用控制中发挥重要作用。

第二，以成本控制为核心，进行制度化、程序化管理，认真建立以下制度：统计核算办法、材料核算办法、劳动工资核算办法、成本核算办法、项目经济责任规定、利润分配办法、项目经济信息传递系统规定等，切实作好原始记录工作。

第三，项目经理必须懂核算、会管理。因此要加强对项目经理的经济培训，使之具备经营管理、工程定额与预算、统计核算、会计核算、财务、经济合同、经济活动分析及工程索赔等知识，使之具有经济预测和决策、经济控制与分析的能力，以掌握工程项目的经济命脉。

第四，大力强化定额与核算工作。工程定额是针对工程项目复杂的特点，将庞大的项目解剖为分项工程，制定核算标准，从而完成工程项目核算任务而制定的。工程预（概）算是针对项目的单件性（一次性）而计算工程造价所必需的。投标报价、工程承包、施工中的成本核算、计划工作、统计工作、业务核算、工程结算等。都必须以定额和预（概）算为基础。因此做好定额和预（概）算工作，便为企业经济核算和工程项目的核算提供了基础条件。进行项目管理和项目核算，预（概）算定额工作先于和重于其他各项工作。在市场经济中，定额和预（概）算工作既要改革，又要加强，它是工程核算落实到项目上的灵魂，绝对不能有丝毫削弱。为了强化工程核算，造价管理部门要制订统一的建筑产品价格计算方法，做到划分项目、计量单位、工程量计算规则三统一；组织制定供发包单位编制标底、安排投资使用的参考定额；引导施工企业根据统一的方法，结合企业的生产效益、消耗水平与管理能力编制企业定额，作为投标报价的依据；定期公布价格指数，供承发包双方在调整合同价格时参考；真正按照市场经济的要求，放开建筑产品价格，不去干涉承发包双方的协商价格，为企业间的合法竞争创造条件。施工企业则把定额核算工作的重点放在企业定额的制订上，放在为工程核算提供服务上，真正把定额预算工作落实在自有管理水平、自身劳动效率、自我核算需要、自主竞争以求生存和发展上，为项目管理的核算提供充分的服务，即把定额预算工作落实在项目上。

第五，贯彻《企业财务通则》、《企业会计准则》、《施工、房地产开发企业财务制度》和《施工企业会计制度》，强化项目核算。

1993年7月1日起在全国各企业施行的上述财务会计法规，是我国施工企业管理体制改革的重大举措，它适应了建立社会主义市场经济后企业间公平竞争、企业自主经营和自负盈亏、与国际财务惯例接轨、贯彻资金保全原则以保护投资者权益等需要。于是，企业的经济核算和工程项目的核算，均必然发生重大变革。项目的成本开支范围、会计科目和会计核算办法、财务关系和财务评价体系、定额取费范围和标准、造价计算、统计核算以及各种业务核算等，都要进行改变。因此，贯彻新财务制度的过程，也就是企业和项目核算内容、核算方法、核算体制的变革过程。把"工程核算落实到项目上"，也就是要把新的财务制度所要求的核算变革落实到项目上，这是一项艰巨而复杂的工作，应引起项目经理和项目核算人员的高度重视并认真对待。

第六，适应市场经济的要求，加强项目核算。我国原来的经济核算制，是以计划经济为前提建立起来的。建立社会主义市场经济后，必须以市场经济为前提建立经济核算制。项目法施工适应市场经济的需要，项目核算也必须改变传统的模式以适应市场经济的需要。因此，工程项目核算要做到下列几点：

（1）加强市场调查和询价，以预测出较为准确的项目寿命期成本和造价，使之不会因为市场价的波动而发生大幅度的变化；

（2）控制和掌握工程变更，对工程变更进行认真的核算，对成本和造价作动态管理；

（3）强化工程风险管理和索赔管理，认真核算风险费用、风险转嫁费用、各种原因引起的可索赔费用、业主向承包者提出的索赔，因此核算人员必须参与有关合同谈判与签订，熟悉合同，掌握有关法规与法律，在风险管理和索赔管理理中充任主角；

（4）加强经济活动的日常分析、阶段分析、专题分析、工程项目的竣工分析及利润分析，以不断总结核算经验、克服核算中的问题，提高核算水平；

（5）在项目核算中突出节约和效益，施工组织设计要核算出经济效果，计划工作要突出利润，生产要素管理要突出节约并计算出节约价值，成本核算要突出降低成本的核算及技术组织措施的经济效果，在工程项目结算时要特别重视利润的形成原因、失去利润的环节和原因的分析，利润分配作理性的分析，对利润水平进行总考核。

项目法施工的经验证明，凡是做到了把工程核算落实到项目上的企业和项目管理班子，其项目的经济效益便会大幅度提高，成为项目管理的典型。北京市城建一公司曾在北京的松鹤大酒店工程上建立了"可控责任成本核算制"，使产值利润率达到8.13%，高于当年全公司利润率水平，比全国当年的平均利润率水平（4.6％）高出 77％。他们的做法是：第一，按成本费用分解法控制人工费、材料费、机械费、其他直接费和施工管理费；第二，人工费控制做到控制住单位（分项）工程施工预算工日的总数、应付工资总额、国家规定的标准补贴三项指标；第三，材料费控制采购成本，按施工预算控制定额发料；第四，机械费用按预算控制实际台班使用，提高机械设备完好率，及时清退不需要的租赁机械；第五，其他直接费控制材料倒运次数，合理安排施工顺序，确保冬雨期施工不受影响，注意节约水、电等能源；第六，严格控制施工管理费开支标准和范围，压缩非生产人员，控制外单位管理费开支；第七，将成本核算的责任落实到项目管理班子各部门、各成员，并建立制度进行规范化管理；第八，制定合理、可行、可以激发职工积极性的效益奖罚制度并保证奖罚落实到位。

【注】本文原载于《北京工程造价》1993 年第 3 期。

如何进行施工项目成本管理

（1993）

施工项目成本管理是施工企业工作质量的综合反映，是增加企业利润的主要途径。为了搞好施工项目成本管理，企业应做好成本预测以确定成本管理目标；编制成本计划以安排好成本目标的实现步骤；成本计划付诸实施后要建立成本管理责任制，加强检查和协调，坚持成本核算和成本分析，以实现成本管理目标。

1. 施工项目成本管理的意义

施工项目成本管理是在项目施工过程中，运用必要的技术和管理手段对物化劳动和活劳动消耗进行严格的组织、监督、控制和核算等的系统过程，其意义有以下几点：

第一，施工项目成本管理是施工企业工作质量的综合反映。施工项目成本降低，表明企业在施工过程中物化劳动和活劳动消耗的节约。活劳动的节约，表明企业劳动生产率提高；物化劳动节约，说明机械设备利用率提高和材料消耗率降低。所以，抓住施工项目成本管理这个关键，可以及时发现施工企业生产和管理中存在的问题，以便采取措施，充分利用人力和物力，降低施工项目成本。

第二，施工项目成本管理是增加企业利润的主要途径。在施工项目造价一定的前提下，成本越低，利润越高。要增加利润就要搞好成本管理，努力降低成本。

第三，施工项目成本管理是推进项目经理责任制的动力。项目经理承担项目管理责任以质量、工期和成本为约束性目标，成本节约是其经济责任。要实现这项目标，就要以节约成本为动力，管好质量，加快进度，控制投入、降低消耗、提高效率，即以成本节约带动全面管理水平提高。

2. 施工项目成本预测与成本计划

施工项目成本预测是在成本形成之前通过估算、概算和预算，预测施工项目的成本目标，并通过成本计划的编制作出成本的策划，提出可行的成本管理纲领和作业设计。

（1）施工项目成本预测

1）施工项目成本预测的依据。

① 施工项目成本预测的首要依据是施工企业的利润目标对企业降低工程成本的要求。企业根据经营决策提出经营利润目标后，便对企业降低成本提出了总目标。每个施工项目的降低成本率水平应等于或高于企业的总降低成本率水平，以保证降低成本总目标的实现。在此基础上才能确定施工项目的降低成本目标和成本目标。

② 施工项目的合同价格。施工项目的合同价是其销售价格，是所能取得的收入总额。施工项目的目标成本就是合同价格与目标利润（目标成本降低额与计划利润）之差。这个目标成本降低额就是企业利润目标分配到该项目的降低成本要求。根据目标成本降低额，求出目标成本降低率，再与企业的目标成本降低率进行比较，如果前者等于或大于后者，则目标成本降低额可行，否则，应予调整。

③ 施工项目成本估算（概算或预算）。成本结算（概算或预算）是根据市场价格或定额价格（计划价格）对成本发生的社会水平作出估计，它既是合同价格的基础，又是目标成本决策的依据，是量入为出的标准，这是最主要的依据。

④ 施工企业同类施工项目的降低成本水平。这个水平，代表了企业的成本管理水平，是该施工项目可能达到的成本水平，可用以与成本管理目标进行比较，从而作出成本目标决策。

2）施工项目成本目标预测的程序。

施工项目成本目标预测的程序就是有效利用上述各项预测依据确定成本目标的科学工作过程。该程序的步骤如下：

第一步，进行施工项目成本估算，确定可以得到补偿的社会平均水平的成本。目前，主要是根据概算定额或预算定额进行计算。企业全部进入市场后，应根据实物估价法进行科学计算。

第二步，根据合同价格计算施工项目的成本，并与估算成本进行比较。这个合同成本应低于估算成本，如果高于估算成本，应当对工程索赔和降低成本作出可行性分析。

第三步，根据企业利润目标提出的施工项目降低成本要求，企业同类工程的降低成本水平，以及合同成本，作出降低成本目标决策，计算出降低成本率，对降低成本率水平进行评估，在评估的基础上作出决策。

第四步，根据降低成本率决策目标计算出决策降低成本额目标和决策施工项目成本目标。

（2）施工项目成本计划的编制

施工项目成本计划应当由项目经理部进行编制，从而规划出实现项目经理成本承包目标的实施方案。施工项目成本计划的关键内容是降低成本措施的合理设计。

1）施工项目成本计划的编制步骤。

确定施工项目成本计划编制步骤的指导原则是确定出实现项目经理成本承包目标的步骤。

第一步，项目经理部按项目经理的成本承包目标确定施工项目的成本控制目标和降低成本控制目标，后两者之和应低于前者。

第二步，按分部分项目工程对施工项目的成本控制目标和降低成本目标进行分解，确定各分部分项工程的目标成本。

第三步，按分部分项工程的目标成本确定各作业队的成本承包责任。

第四步，由项目经理部组织各作业队确定降低成本技术组织措施并计算其降低成本效果，编制降低成本计划，与项目经理降低成本目标进行对比，经过反复对降低成本措施进行修改而最终确定降低成本计划。

第五步，编制降低成本技术组织措施计划表，降低成本计划表和施工项目成本计划表。

2）设计降低施工项目成本的技术组织措施。

① 降低成本的措施要从技术方面和组织方面进行全面设计，这是因为，成本的形成与技术因素和组织因素都有关系。技术措施要从施工作业所涉及的生产要素方面进行设计，以降低生产消耗为宗旨。组织措施要从经营管理方面，尤其是施工管理方面进行筹划，以降低固定成本、消除非生产性损失，提高生产效率和组织管理效果为宗旨。降低成本是一个综合性指标，不能从单方面考虑，而应当从企业运行机制的全方位着眼。

② 从费用构成的要素方面考虑，首先应降低材料费用，因为材料费用占工程成本的大部分，其降低成本的潜力最大。而降低材料费用首先应抓住关键性的 A 类材料，因为它们的品种少，而所占费用比重大，故不但容易抓住重点，而且易见成效。降低材料费用最有效的措施是改善设计或采用代用材料，它比改进施工工艺更有效，潜力更大。而在降低材料成本措施的设计中，ABC 分类法和价值分析法的应用，可以提供有效的科学手段。

③ 降低机械使用费的主要途径是设计出提高机械利用率和机械效率，以充分发挥机械生产能力的措施。因此，科学的机械使用计划和完好的机械状态是必须重视的。随着施工机械化程度的不断提高，降低机械使用费的潜力也越来越大。因此，必须做好施工机械使用的技术经济分析。

④ 降低人工费用的根本途径是提高劳动效率。提高劳动效率必须通过提

高生产工人的劳动积极性实现。提高工人劳动积极性则与适当的分配制度、激励办法、责任制及思想工作有关，要正确应用行为科学的理论。

⑤ 降低间接成本的途径一是由各业务部门进行费用节约承包，二是缩短工期。

⑥ 必须重视降低质量成本的措施计划。施工项目质量成本包括内部质量损失成本、外部质量损失成本、质量预防成本与质量鉴定成本。降低质量成本的关键是内部质量损失成本，而其根本途径是提高工程质量，避免返工和修补。

3) 降低成本计划的编制应以施工组织设计为基础。在施工方案中应有降低成本措施设计。其施工进度计划所设计的工期，应与成本优化相结合。施工总平面图无论对施工准备费用支出或施工中的经济性都有重大影响，因此，施工组织设计既要作出技术设计，也要作出成本设计。只有在施工组织设计基础上编制的成本计划，才是有可靠基础的、可操作的成本计划，也是考虑缜密的成本计划。

3. 施工项目成本计划执行中的管理

施工项目成本计划执行中的管理环节包括：施工项目计划成本责任制的落实，施工项目成本计划执行情况的检查与协调，施工项目成本核算等。

（1）落实施工项目计划成本责任制

成本计划确定以后，就要按计划的要求，采用目标分解的办法，由项目经理部分配到各职能人员、作业队和班组，签订成本承包责任状（或合同）。然后由各承包者提出保证成本计划完成的具体措施，确保项目经理部成本承包目标的实现。

为了保证承包成本目标的实现，一般应做好以下几点。

1）项目管理班子职能人员责任明确，实行归口控制。

2）项目的作业队伍签订承包合同，实行"四保、四包"。"四保"是由项目经理部对作业队保证任务安排的连续性，料具按时供应，技术指导及时，合同兑现；"四包"是由作业队对项目经理部包质量、包工期、包安全、包成本，然后，工资与"四包"指标挂钩，利润超额完成部分按规定比例分配。

3）作业队对作业班组应按分项工程签发任务书，由班组向作业队包工、包料、包小型工具。工资奖金与质量、安全、进度、场容、效率挂钩。

4）班组应本着干什么、算什么的原则，包定额用工，包材料使用，包质量合格，包安全作业，包活完、场清、地净，按考核得分计酬。

（2）加强成本计划执行情况的检查与协调

项目经理部应定期检查成本计划的执行情况，在检查后及时分析，采取措施，控制成本支出，保证成本计划的实现。

1）项目经理部应根据承包成本和计划成本，绘制月度成本折线图。在成本计划实施过程中，按月在同一图上打点，形成实际成本折线（图1）。该图不但可以看出成本发展动态，还可用以分析成本偏差。成本偏差有三种：

实际偏差 ＝ 实际成本－承包成本

计划偏差 ＝ 承包成本－计划成本

目标偏差 ＝ 实际成本－计划成本

应尽量减少目标偏差，目标偏差越小，说明控制效果越好。目标偏差为计划偏差与实际偏差之和。

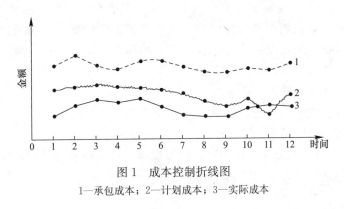

图1　成本控制折线图

1—承包成本；2—计划成本；3—实际成本

2）根据成本偏差，用因果分析图分析产生的原因，然后设计纠偏措施，制定对策，协调成本计划。对策要列成对策表，落实执行责任，对责任的执行情况应进行考核。

（3）加强施工项目成本核算

施工项目成本核算制是项目管理的必有制度。用制度规定成本核算的内容并按规定程序进行核算，是成本管理取得良好效果的基础和手段。

施工项目成本核算是施工项目经济核算的一个分系统，它与统计核算、会计核算、业务核算均有密切关系。要搞好施工项目成本核算，应做到以下几点。

1）在项目经理领导下，建立严密的成本核算组织体系，各业务人员均应承担成本核算责任。还要把施工项目的经济核算与企业的经济核算、作业队的经济核算乃至班组的核算关系处理好，实行分级核算和分口核算。

2）把施工项目的成本核算基础扎在业务核算上，首先做好实物核算，做好原始记录，以保证成本核算的准确性与可靠性。

3）分期搞好施工"三算"；开工之前搞好预算，对施工图预算和施工预算进行两算对比，以便对盈亏作出预测；在施工中搞好会计核算、工程价款结算，确保收入兑现；竣工后抓好施工项目成本竣工结算。

4）为成本核算创造外部条件和内部条件。外部条件包括定价方式、承包方式、价格信息及经济法规；内部条件包括经济核算制度，定额，计量，信息流通体系，指标体系的建立，考核方法，成本项目划分，成本台账的建立等。

4. 施工项目成本分析

施工项目成本分析的目的是找出成本升降的原因，总结项目成本管理经验，制定切实可行的改进措施，不断提高成本管理水平。成本分析既要贯穿于施工的全过程，服务于成本形成的过程，又要在施工后进行一次性分析，作出成本控制效果的判断，为以后的成本控制提供经验。施工项目竣工后的成本分析包括：施工项目成本综合分析和单位工程成本分析。成本分析的方法有比较法、差额分析法、连环替代法等。

（1）施工项目成本综合分析

施工项目成本综合分析的依据是承包成本、结算成本、成本计划和原始成本。分析的对象是整个施工项目。一般有以下分析途径：

1）承包成本与实际成本比较，以检查降低成本情况及盈利水平。不但比较总成本，还应对各成本项目进行比较，以深入分析各成本项目的降低水平，进一步找出原因。

2）实际成本与计划成本进行比较，检查计划成本的降低情况，检查技术组织措施计划的执行情况，分析其原因。

3）施工项目各单位工程之间的承包成本降低率比较，从而发现薄弱点，分析其原因，提供成本控制储备信息。

（2）单位工程成本分析

通过单位工程成本分析，对成本综合分析进行补充，进一步了解成本降低或超支的原因。包括：单位工程材料成本分析、人工成本分析、机械使用费分析和间接成本分析。

（3）运用挣值法进行成本分析

挣值法主要用来分析成本目标实施与期望之间的差异，是一种偏差分析方法，其分析过程如下：

1）明确三个关键中间变量。

第一，项目计划完成工作的预算成本（BCWS）。它是在成本估算阶段就确定的与项目活动时间相关的成本累计值。在项目的进度时间—成本坐标中，随着项目的进展，BCWS呈S状曲线不断增加，直到项目结束，达到最大值。其计算公式为：BCWS=计划工作量×预算单价。

第二，项目已完工作的实际成本（ACWP）。项目在计划时间内，实际完工投入的成本累计总额。它同样也随着项目的推进而不断增加。

第三，项目已完工作的预算成本（BCWP），即"挣值"。它是项目在计划时间内，实际完成工作量的预算成本总额，也就是说，以项目预算成本为依据，计算出的项目已创造的实际已完工作的计划支付成本。其计算公式为：BCWP＝已完成工作量×该工作量的预算单价。

2）计算两种偏差。

第一，项目成本偏差 CV。其计算公式为：

$$CV = BCWP - ACWP$$

这个指标的含义是：已完成工作量的预算成本与实际成本之间的绝对差异。当 CV 大于零时，表明项目实施处于节支状态，完成同样工作所花费的实际成本少于预算成本；当 CV 小于零时，表明项目处于超支状态，完成同样工作所花费的实际成本多于预算成本。

第二，项目进度偏差 SV。其计算公式为：

$$SV = BCWP - BCWS$$

这个指标的含义是：截止到某一时点，实际已完成工作的预算成本同截止到该时点计划完成工作的预算成本之间的绝对差异。当 SV 大于零时，表明项目实际进度超过计划进度；当 SV 小于零时，表明项目实际进度落后于计划进度。

3）计算两个指数变量。

第一，进度绩效指数 SCI。其计算公式为：

$$SCI = BCWP/BCWS$$

这个指标的含义为：以截止到某一时点的预算成本的完成量为衡量标准，计算在该时点之前项目已完工作量占计划应完工作量的比例。当 SCI 大于 1 时，表明项目实际完成的工作量超过计划工作量；当 SCI 小于 1 时，表明项目实际完成的工作量少于计划工作量。

第二，成本绩效指数 CPI。其计算公式为：

$$CPI = BCWP/ACWP$$

这个指标的含义是：已完工作的预算成本是已完工作实际成本的多少倍。即用来衡量资金的使用效率。当 CPI 大于 1 时，表明完成预算成本多于实际支出成本，资金使用效率较高；当 CPI 小于 1 时，表明预算成本少于实际成本，资金使用效率低。

【例】

某项目计划工期为 4 年，预算总成本为 800 万元。在项目的实施过程中，通过对成本的核算和有关成本与进度的记录得知，在开工后第二年年末的实际情况是：实际成本发生额为 200 万元，所完成工作的计划预算成本额为 100 万元。与项目预算成本比较可知：当工期过半时，项目的计划成本发生额应该为 400 万元。试分析项目的成本执行情况和进度情况。

【解】

（1）项目进行到两年末，使用挣值法所需的 3 个中间变量的数值分别为：

项目计划完成工作的预算成本（BCWS）＝ 400 万元

项目已完工作的实际成本（ACWP）＝ 200 万元

项目已完工作的预算成本（BCWP）＝ 100 万元

项目成本差异 CV ＝ BCWP － ACWP ＝ 100 万元 － 200 万元 ＝－ 100 万元

项目进度差异 SV ＝ BCWP － BCWS ＝ 100 万元 － 400 万元 ＝－ 300 万元

进度绩效指数 SCI ＝ BCWP/BCWS ＝ 100/400 ＝ 25％

成本绩效指数 CPI ＝ BCWP/ACWP ＝ 100/200 ＝ 50％

（2）项目成本差异为负，表明项目已完工作的实际支付成本超过计划预算成本，项目处于超支状态，超支额为 100 万元。

项目进度差异为负，表明在项目实施的前两年里项目的预算成本没有足额完成，项目实际施工进度落后于计划进度，落后额为 300 万元。

进度绩效指数小于 1，表明计划进度的实际完成程度只有 25％，在项目实施的两年时间里只完成了计划工作量的 25％，即对应的是 0.5 年工期的计划完工量。

成本绩效指数小于 1，表明资金使用效率低，只达到二分之一。

【注】 本文是"项目法施工系列讲座"之一，原载于《建筑技术》杂志 1993 年第 7 期。

对工程施工项目经理的几点认识

（1997）

1. 工程施工项目经理应当明确自身的地位

工程施工项目经理（以下简称项目经理）的地位是项目管理中的关键问题，涉及项目管理的成败，因此每个项目经理必须明确自己的地位，干本位的事，负本位的责，掌本位的权。

（1）项目经理是企业法人代表派到项目上的代表人

这是项目经理在企业中的地位，对于这一点，要强调以下几个问题：

1）项目经理不是企业法人在项目上的代表人。有的人混淆法人和法人代表的概念，把项目经理说成是"企业法人"在项目上的代表人，这是不正确的。"法人"是指一个组织，"法人代表"是组织的代表人。项目经理只能代表"法人代表"这个人在项目上干事，不能代表企业。代表企业的只能是法人代表。"法人代表"可以给项目经理授权。"法人"不可以给项目经理授权。

2）项目经理不是施工队长。项目经理连同由他组建的项目经理部都是企业的人，即是企业管理层的分支机构，分管一个项目，构成项目管理层。施工队长却不是企业管理层的人，而是企业的基层代表人，即是作业层的代表人，对作业层实施行政管理，施工队长不能接受企业法人代表的直接委托，只能按法人的组织体制作为企业固定的一层组织的代表人，进行分权，分责。

3）项目经理不是一名工长。项目经理是一名管理者，管项目上的事；工长管理技术和工艺上的事。工长是一名技术人员，受项目经理管理。工长是作业层中的人。因此，项目经理与工长的地位不相等，也不平等，不能相互代替。

4）项目经理不能同时管多个项目，只能管一个项目。这是因为项目管理工作难度大，需要实施项目经理责任制，进行专一的管理。如果管的项目多了，既管不过来，影响效果，又难分清责任。但是项目经理可以同时管理地点相近、本身不能作为一个项目管理对象的几个小项目组成的一个大管理对象（相当于一个项目）。

（2）项目经理是项目实施阶段的最高管理者

这是项目经理在项目管理组织中的地位，服从于他在企业中的地位。对于这一点，要强调以下几个问题：

1) 作为项目的最高管理者，项目经理上对企业法人代表负责，下对作业层负责，在企业法人代表的授权范围内，对外与业主打交道。

2) 项目经理是项目管理全过程所有工作的总负责人，是项目目标的制定者，是项目制度和规范的制定者，是生产要素合理投入与动态管理的组织者，是目标控制的指挥着，是各方面关系的协调者。

3) 项目经理是项目管理组织责、权、利的主体。项目经理是实现项目目标的最高责任者，是项目经理责任制的主体。项目经理应利用企业法人代表授予的权利实现承担的责任。项目经理的利益视完成责任的情况而定，且必须处理好企业、个人、职工的利益关系。

4) 项目经理的眼睛应重点向内（项目），而不是重点向外；重点是善管理而不是善经营（但应会经营）；重点是实现项目目标而不是营利（营利是企业的事）。

2. 项目经理应具有较高的素质

项目经理在企业和工程项目管理中的重要地位，要求他们应具有较高的素质，包括政治素质、领导素质、知识素质、实践素质和身体素质，以完成其承担的繁重任务。

项目经理是施工企业的重要管理人员，应具有较高的政治素质，以把握管理的社会主义方向。要求项目经理自觉学习邓小平理论和社会主义市场理论，坚持"四项基本原则"，接受党的领导，成为真正的社会主义建设者。

项目经理是一名基层的领导者，领导施工项目管理工作，应有较高的领导和指挥能力，以调动下属的管理和劳动积极性，要求项目经理博学多识，灵活机变，知人善任，以身作则。为此，应学习领导科学，不断总结经验，努力提高领导能力和水平。

项目经理是一名工程管理专家，应当有充分的专业知识和规定的职称等级，以处理复杂的工程技术和管理问题。这些专业知识包括：工程技术知识、工程经济知识、工程项目管理知识、工程施工合同知识、相关法律知识及信息处理知识。这些知识的取得，除了接受过大专以上学历教育外，还应坚持参加继续教育，结合工作需要补充对解决工程问题有用的新知识。在知识经济时代，项目经理具有非常繁重的学习任务，莫要强调"工作忙"而埋头"干活"，忘了学习。为了迅速适应信息时代项目管理的需要，应当抓紧信息管理知识的补课。还要重视国际工程管理知识的学习和运用。

项目经理是工程建设的实践者，应当有丰富的实践经历和实践经验，要求项目经理善于在实践中总结经验，学会有效处理遇到的各种实际问题。刚从学校毕业的学生，首先应参加实践锻炼，具备足够的实践经验以后再走上项目经理的岗位。

以上几个方面的素质要求是相互联系、相互影响的，项目经理素质的提高有赖于在以上的四个方面全面作出努力，孤立地强调任何一个方面均不能奏效。我国繁重的工程建设任务和开展对外工程承包，迫切需要有高素质的项目经理承担重任，我们希望在职的项目经理和正在努力成为未来项目经理者都从以上四个方面不断提高素质，并具备健康体魄，形成我国工程建设中一支数量充足的高素质专业岗位人员。

目前，对项目经理素质的要求有放松的倾向，表现在以下方面：

1）对项目经理的政治素质要求不高，有的满脑子"挣钱"，从不关心政治学习，甚至违法。

2）把自己当成了一名普通技术人员或管理人员，忘记自己是领导者，整天忙于事务，离开了领导者的位置，失去了领导者的作用。

3）有不少项目经理文化水平低（有的是半文盲），职称够不上标准要求，需要的项目管理知识非常贫乏，又不接受培训。

4）许多项目经理虽经历了不少工程实践，但不善于总结经验，所以缺乏解决实际技术、管理和经济问题的能力，项目管理水平很低。

所以，需要对项目经理进行复查，进行规范化和提高水平性继续教育，还要提高取证培训水平，严把注册关。

3. 项目经理应做好关键性的工作

有人称施工项目经理为施工现场的"总理"，说明项目经理的工作头绪很多，再加上不在现场做的工作，头绪就更多了。所以，要避免陷入忙乱无效的困境，就需要抓住重点工作。

首先，项目经理作为企业法定代表人在项目上的委托代理人，他就要面对上级，面对项目，在授权范围内面对业主。这三者中何为重点？当然"面对项目"是重点。

面对项目并非始终面对现场，但重点在现场。除此之外，项目经理还有内业工作，不是在现场完成的，不能忽略。

项目经理的工作是领导者的工作、管理者的工作、专家的工作、生产者的工作，但最主要的却是管理者的工作，因此他不能陷进"事务堆"里去，要抓住以下两类关键性工作。

（1）基础性的工作

这类工作主要有三项：第一项是规划施工项目管理的目标。施工项目管理的目标有3个，包括进度、质量和成本，怎样规划呢？要利用"施工项目管理实施规划"文件进行规划。这项工作一定要在项目经理的领导下进行，因为制定了目标就等于给管理工作指明了方向。规划的目标要比合同目标更先进，且有保证目标实现的技术组织措施。制定"规划"后要组织实施，切莫束之高阁。

第二项是制定和使用规范。这里所说的"规范"，是指对项目管理活动有约束、可以进行考核的文件，包括工作制度、责任制度、考核制度、管理制度等。要由项目经理亲自主持制定。企业的制度，有关法规等虽不是项目经理亲自主持制定的，但却是项目经理必须主持遵照执行的。有了规范，项目管理就有了"法"，有了标准，项目经理的工作就可依"法"行事了，令行禁止就有力、有效了，也就是讲话灵了，规矩定了，办事行了。

第三项是选用人才。项目经理毕竟是一个人，水平再高，能力也是有限度的，管理工作还要靠项目经理部一班人去做。因此项目经理首先要善于选择人才，根据工程的进展和管理的需要，动态地选择人才。其次要会用人，发挥项目经理部每个人的作用，用行为科学理论进行必要的激励。只有做一个会用人的项目经理，才能担当起项目经理的重任。项目经理千万不要做忙忙碌碌的"管理者"，要作调兵遣将的指挥者。

（2）经常性的工作

这里说的"经常性工作"也是重点工作，不过它不是基础性的，而是管理上的大事，共有四项。

第一项是项目管理决策，即做决定。当出现了例外性的重要事务时，或是当下级请示涉及项目管理全局性的事务时，项目经理要及时果断决定，不要模棱两可。大主意都要项目经理来出。

第二项是深入现场。项目管理者都要面向项目现场，因为管理活动主要在现场进行，现场内反映出的情况和问题最多，需要解决的问题最多，又是项目经理进行管理的信息源。

第三项工作是实施合同。项目经理代表法人代表管理项目，必须履行施工合同，也必须履行项目经理部与资源供应者所签订的合同，实施合同，按合同办事、处理技术经济问题和排解纠纷，以合同作为实现目标的措施。合同应当成为项目经理搞好工作的"法宝"，运用自如。

第四项就是学习。把学习当"工作"，是强调学习的经常性和重要性。项目的一次性、现代工程项目的大规模性和复杂性、现代知识"爆炸"、技术更新速度快、信息时代的大量知识需求、工作节奏快、效率高等，均要求项目经理不断地、快速地补充、掌握和运用新知识、新方法、新思路，因此，项目经理要把学习作为经常性"工作"。

【注】本文原载于《工程项目管理研究》杂志 1997 年第 1 期，是在中国建筑学会建筑统筹管理研究会 1996 年年会上发表的论文。

工程项目承包风险管理框架构想

（2000）

1. 概述

风险是在某项活动中未来可能发生的实际结果与目标之间的差异，在工程项目承包中，这种差异表现为承包者未来可能蒙受的损失。由于工程项目投资和消耗资源的大量性，其施工生产的露天性、长期性，涉及关系的复杂性，不可见因素的多样性等使工程项目承包充满了风险。对工程项目承包中的风险要进行认真管理。因此，工程项目承包风险管理是指在工程项目承包活动中，识别、度量、分析、评估风险，制定、选择、实施风险管理对策的活动过程。

工程项目承包风险管理框架要由四个部分组成：

第一，进行工程项目承包风险因素的识别。风险因素的识别要按投标报价、签订合同、施工准备和施工四个阶段进行分析，从承包商主观原因造成的风险和承包商以外的客观原因造成的风险两方面去识别风险因素，形成"风险因素分类一览表"。

第二，进行工程项目承包风险分析与评估。工程项目风险分析与评估要实现将风险的不确定性进行量化、评估其潜在影响量。要按收集的风险发生可能性、风险潜在影响量求出风险期望值，选择适当的定性方法或定量方法进行风险评价。这一部分的论述是以展示实例的方式进行的。

第三，进行工程项目承包风险管理规划。风险管理规划实现对风险进行防范与采取对策的目的。风险管理规划是在施工项目管理规划（或施工组织设计）中进行的。工程投标阶段的风险管理规划和签订施工合同阶段的风险管理规划是在施工项目管理规划大纲中进行的；施工准备和施工阶段的风险管理规划是在施工项目管理实施规划中进行的。文中分阶段详细论述了风险管理规划应具备的内容。

第四，实施工程项目风险管理规划。工程项目风险管理规划的实施要注意五个要点，即：树立强烈的风险意识，在贯彻施工项目管理规划时贯彻风险管理规划，明确风险管理规划实施的责任者，加强风险管理过程的检查、分析与调整，搞好风险管理总结以不断提高风险管理的质量。

2. 工程项目承包风险因素的识别

工程项目承包风险因素存在于承包活动的全过程，即存在于从投标开始至工程竣工验收为止的各个阶段中。风险识别的目的是辨别影响项目目标实现的各种因素存在的可能性并予以分类，按风险的重要性列出风险因素清单。风险识别的方法是风险调查（现场考查、利用统计资料、询问、分析财务报表、作环境分析等）和预测。风险识别的范围有信息、技术、组织、合同、管理、自然、环境、市场、经济、政治、社会等方面与承包的工程项目有关的广泛领域。

（1）工程项目投标阶段的风险因素识别

工程投标阶段的风险因素的识别标志是是否对中标有影响，是否可能造成造价和工期损失。这个阶段的风险因素如下：

1）承包商主观造成的风险因素：包括，对竞争对手的实力分析不够；对物价的水平估计和物价变化预测不足；对标底预测失误；对项目实施中的风险因素对造价的影响估计不充分；施工组织设计质量不高；企业信誉及实力差；主要材料用量与标底有差距；承诺工期与标底批准工期有差距等。以上因素主要表现为投标书的质量。

2）客观造成的风险因素：包括，业主商誉不高，招标有倾向；竞争对手的实力太强、投标策略高明；市场物价不稳；工程技术难度大；合同建议条款对承包商苛刻等。

（2）签订施工合同阶段的风险因素

签订施工合同阶段风险因素的识别标志是是否有利于通过施工合同的签订将风险因素发生的可能性减少到最低限度，并有利于保护自己和限制业主逾矩，为合同实施减少损失。

1）承包商主观造成的风险因素包括：承包商签订合同的谈判经验不足；签订合同的专业水平、文字水平不高、考虑不周，使合同条文隐含承包商的风险；签订合同时承包商对索赔条件重视不够；主观造成合同内容不完善。

2）客观造成的风险因素包括：合同示范文本规定的应由承包商承担的风险；非承包商原因造成的合同条文有对承包商不利的内容；支付条件与罚则苛刻；国际工程项目保护主义条款过多和无条件保函。

（3）施工准备至竣工验收阶段的风险因素

识别该阶段风险因素的标志是，该因素是否能真正造成承包商的实际损失。该阶段的风险因素最多，但大部分都与投标阶段和合同阶段的风险因素有关。

1）承包商主观造成的风险因素包括：对风险识别不够，使风险突发；对风险评估不准使损失增大；合同中存在的问题使风险事件发生；风险规划质量不高使风险发生造成实际损失；对风险管理规划所确定的对策实施不力造成损失；意外风险发生后措施不得力造成损失；由于施工准备不周到造成风险；施工管理不善（如工艺流程不合理，使用材料不当，违反操作规程等）造成风险；应变能力差造成风险等。

2）客观造成的风险因素包括：技术性风险和非技术性风险。技术性风险主要是设计方案变更多；水文地质资料与实际不符等。非技术性风险有：自然与环境风险；政治、法律风险；经济风险；非承包方的组织协调风险；非承包方责任的合同风险；非承包方的人员造成的原材料与设备供应风险；资金风险；业主商誉不佳（配合不力、拖欠工程款、对质量要求苛刻、结算不及时等）；监理行为不公正等。

在国际工程承包中，通常把风险分成五类：第一类是政治风险，包括：战争或内乱、国有化或没收外资、拒付债务、国际势力制裁等。第二类是经济风险，指承包市场所处的经济形势，项目发包国的经济实力和解决经济问题的能力，包括：通货膨胀、汇率变动、市场动荡、社会各种摊派和征税变化等。第三类是商务风险，指业主在金融管理方面的失误或无理行为而导致承包商遭受风险，其构成因素有：地方金融市场和银行制度、世界金融市场形势、业主对工程实施的管理能力和态度、外汇管制或垄断程度、保护主义的实行程度等。第四类是自然风险，包括：影响工程实施的气候条件（如酷暑与冰冻、地震、海啸、洪水、火山爆发、泥石流等）；施工现场地理位置对物资运输产生的影响、可能导致工程毁损或有害于施工人员健康的因素形成风险等。第五类是其他风险，包括：保函风险、投标报价失误、缺乏管理常识和经验、监理工程师刁难、业主或分包商不守信用、法规变更、宗教信仰风险、发生在工程所在国之外的风险、不可抗力风险等。

对以上风险因素要结合工程和条件进一步筛选、补充和具体化。并进行风险描述，分类排队列表。

3. 工程项目风险分析与评估

工程项目风险分析与评估的目的是在风险识别的基础上对将会出现的各种不确定性事件及其可能造成的各种影响和影响程度进行衡量、分析和评估，也就是将风险的不确定性进行量化，评价其潜在影响。它的内容是：确定风险事件发生的概率，评价风险对目标实现影响的严重程度或风险的潜在影响；进而得到风险决策变量值，作为决策的重要依据。

（1）收集数据

收集数据的渠道有以下几种：类似项目的历史经验和记录（统计资料）；

承包商或专家的主观判断和预测。

（2）风险衡量

风险衡量的目的是对风险进行量化，从而确定各种风险的相对重要性、可能造成的影响和影响程度。为此应首先获得损失发生的概率（或频率），其次应获得造成损失的严重性（或数量）。风险可以用期望值衡量。即：

$$R = f(p, q)$$

式中　R——风险期望值；

　　　p——风险事件可能性发生的概率（或频率）；

　　　q——潜在损失的严重性（或数量）。

例如，某工程的合同造价为 8000 万元，材料费占 66%，故材料费为 5280 万元。表 1 中，通过分析和预测获得（1）、（2）两列的数据，计算后得到（3）、（4）两列的数量，（4）列是风险损失期望值，它是对材料费上涨风险防范的决策依据。

材料费上涨损失期望值计算表　　　　　　表 1

材料费上涨幅度（%）	发生概率（%）	上涨价值（万元）	损失期望值（万元）
(1)	(2)	(3)	(4)
0	0	0	0.00
1	8	52.8	4.22
2	20	105.6	21.12
3	60	158.4	95.04
4	10	211.2	21.12
5	2	264.0	5.28
6	0	0	0.00
合计	100	—	146.78

（3）风险分析与评估

风险分析与评估的目的是在风险衡量的基础上，通过分析与评估，为采取相应的对策和措施、降低风险的不利影响服务。风险分析与评估方法有定性方法和定量方法。定性方法如专家打分法、层次分析法等；定量方法如模糊数学法、概率统计法、蒙特卡罗法、敏感性分析法、影响图法和直方图法等。

表 2 是用专家打分法对某项目风险进行分析，为承包商进行投标决策服务的实例。首先，列出主要风险因素；其次，根据已掌握的资料确定风险因素的权重；第三，规定风险因素发生概率的等级值；第四，根据专家的评议确定项目的每种风险因素发生的概率等级，标注在表中的相应栏内；第五，计算风险度。由于风险度总数为 0.56，属中等风险，故宜进行投标。如果计

算得到的风险度总数超过 0.70，则可认为风险偏大，不宜投标。

投标风险评估表 表 2

风险因素	权数（q）	风险因素发生的概率（p）					风险度（p×q）
		1.0	0.8	0.6	0.4	0.2	
预测水平	0.10				*		0.04
组织设计	0.15			*			0.09
物价上涨	0.15		*				0.12
投标书质量	0.20				*		0.08
竞争对手	0.15		*				0.12
业主商誉	0.10			*			0.06
工程难度	0.10					*	0.02
合同建议条款	0.05			*			0.03
							$\sum$p·q = 0.56

4. 工程项目风险管理规划

（1）施工项目管理规划大纲中的风险管理规划

1）工程投标阶段风险管理规划的内容。

为了提高中标率，在对该阶段进行了风险因素识别、分析与评估以后，便应进行风险管理规划，进行风险防范与采取对策。该阶段风险管理规划的内容如下：

① 认真分析招标文件，明确招标意图和自身条件，慎重决策是否投标及投标准备工作应如何进行。

② 根据招标文件的要求，编制好施工项目管理规划大纲（或施工组织设计），使之具有竞争力，包括：合理确定施工方案；制定好保证质量和安全的技术组织措施；施工进度计划要用网络计划找出关键线路，合理确定开、竣工日期和计划工期；规划好有利于节约、环保和文明施工的施工平面图，并做好暂设工程材料用量。

③ 对主要材料的用量进行计算，充分考虑节约措施后报出投标书中的主要材料用量。

④ 对可能预测到的竞争对手的实力及其投标策略进行调查和分析（在具备资料的前提下，尽量进行定量的具体对手分析）。

⑤ 对标底进行估测，主要包括工期、质量要求、主要材料用量、工程造价等。

⑥ 做好工程造价计价与分析，分析本项目实施中的风险因素及对报价可能产生的实际影响（风险费用或风险系数），以确定具有竞争力的工程投标报价。

⑦ 根据招标文件及可收集到的信息，对业主的招标倾向和商誉进行分析，确定投何种性质的标，判断业主可能造成的风险是多少。

⑧ 制定有理、有据、有力的投标策略，增强自身的竞争力。

2) 签订施工合同阶段风险管理规划的内容。

签订施工合同阶段风险管理规划的内容主要有以下一些：

① 对招标文件中合同建议条款或拟采用的合同条件（或合同示范文本）中对承包商很苛刻的条款及显然是不合理的条款，要争取通过谈判加以修改。

② 通过合同谈判，增加保护承包商的条款。

③ 通过谈判，增加限制业主的条款。

④ 在合同中设保值条款，抵挡外汇风险；写进调值方法（或调值公式）；尽量选择有利的结算币种。

⑤ 在合同条款中，要很明确地进行风险转移，包括：保险内容；业主应承担的风险；分包商应承担的风险；监理单位及其他协作单位应承担的风险；业主的预付款担保和付款保证等。

⑥ 在施工合同中明确列出可索赔条款和工程变更可获得补偿的条款，以减少风险费用及索赔的操作困难。

⑦ 对不可抗力在合同中要明确定义，防止产生争议。

⑧ 对合同条件或合同示范文本中的容易产生争议的条款尽量具体化，防止发生争议或被业主反索赔。

（2）施工准备至竣工验收阶段风险管理规划的内容

1) 风险回避对策。

该对策是通过回避项目风险因素而避免可能发生的潜在损失。该对策有三类：一是拒绝承担风险，如承包商被邀请对某项工程投标，但由于施工条件十分困难，且利润不高，则故意投高标造成失标以回避风险；二是将已经承担的风险主动放弃以避免更大的风险，如承包商已经承包了一项工程，签订合同后发现资金并不落实，势必造成工程难以进行并会大量拖欠工程款，故最好的办法是放弃该工程。三是通过健全规章制度限制职工可能导致风险的行为，如制定安全操作规程，程序性文件，工艺规程，保卫制度，防火制度等。由于项目的一次性，每个项目经理部都应根据项目的特点，补充企业规章制度中不包括的规章制度，尤其是本项目的生产性和技术性管理制度。前两种对策是消极的，后一种对策是积极的。

2) 损失控制对策。

该对策是通过制定风险控制方案减少损失发生的机会，或通过降低发生损失的严重性处理项目风险。损失控制对策所采取的手段分为损失预防手段和损失减少手段两类。前者旨在减少或消除损失发生的可能性，如为避免设计失误而进行图纸会审，为保证冬期施工工程质量而采取冬期施工措施等；后者旨在降低损失的潜在严重性，如为避免发生安全事故而使用"三宝"（安全网、安全帽、安全带），为减少地下埋设物障碍而进行补充钻探等。风险控制对策的内容包括：制定风险控制计划（即风险预防和处理计划）；确保安全装置和设施可靠；加强各种例行检查；进行特殊检查（如雨后检查）；制定应付风险事件发生后的处置计划；制定应急计划。具体措施有：对危险源的产生进行预防；减少构成危险的数量因素（如减少基坑边堆积物）；防止已经存在的危险扩散；降低危险扩散速度；将危险与保护对象隔离开；增加被保护对象抵御风险的能力；迅速处理环境危险已经造成的损害。风险控制计划的编制要点是：各专业人员配合编制；列出所有影响项目实施的风险因素，明确各类人员处理各种应急事件的责任，向现场人员提供明确的行动指南等。

3）风险自留对策。

风险自留对策是由自己承担风险所造成的损失，是一种重要的财务性管理技术。该对策有两种类型：一种是计划性风险自留，即风险管理人员通过一定的财务支出而有计划地、不断地降低风险的潜在损失；另一种是非计划性风险自留，即当风险管理人员没有认识到某种风险存在因而没有处理项目的风险准备时，为排除已发生的风险，增加一笔开支，这笔开支是非计划性的。应通过减少风险识别失误和风险分析失误而尽量避免非计划性风险自留。进行风险自留必须有所需的资金，这些资金低于投保所支出的资金。

4）风险转移对策。

该对策是将项目风险转移给另一方而减少自己的损失。有两种转移方式：第一种是合同转移，是指通过合同规定双方的风险责任，把承担风险的责任随同活动一起明确给责任方（业主方、分包方、供应方），以减少自身的责任和损失。因此合同中一定要包含责任和风险两大要素。在做实施阶段风险管理规划时，合同风险转移可参照签订合同阶段的风险管理规划制定。第二种是工程保险，是风险管理规划中最重要的风险转移技术，目的是把项目进行中发生的大部分风险通过保险转移给保险公司，并可减少项目实施有关单位的风险负担和可能由此产生的纠纷。工程保险虽付出了保险费，却提高了损失控制效率，并能在损失发生后得到补偿，所以也是最理想的风险管理技术。工程保险本身的目标应是最优的风险保险费和最理想的避免风险保障。投保应通过与保险公司签订保险合同予以实现。工程项目保险有以下几种：建筑工程一切险；安装工程一切险；建筑安装工程第三者责任险；施工机械设备损坏险；货物运输险；机动车辆险；人身意外险；企业财产险；保证保险（一种担保业务）；投标和履约保证险；海、陆、空、邮货运险等。承包商可根据需要选择适当的保险方式投保。

5）其他对策。

风险管理对策还有风险分离、风险分散和自我保险等。风险分离是将各风险单位分割开来，以防止发生风险后产生连锁反应，如将易燃材料分散堆放；在建造工棚时保持规范所定的间隔距离以防止火灾蔓延。风险分散是通过增加风险单位以减轻总体单位的风险压力，达到共同分担风险的目的，如将风险大的工程分散给多个单位施工，进行多种经营等均属于风险分散。自我保险是组织内部建立保险机构或保险机制，承担本组织的各种风险。

5. 工程项目风险管理规划的实施

风险管理规划制定并决策以后，要认真实施，使风险回避、风险控制、风险自留、风险转移、风险分散、分离与自我保险等各种对策确保实现。在风险管理规划实施的过程中，应做好以下工作：

1）承包商的管理人员要克服计划经济时期养成的无风险意识，不正视风险，不管理风险的习惯，树立强烈的风险意识，善于进行风险管理。

2）由于风险管理规划是在施工项目管理规划中制定的，故要在贯彻施工项目管理规划的同时贯彻风险管理规划。目前有施工项目管理规划的单位不多，大部分是用施工组织设计代替，故应在施工组织设计中制定风险管理规划（计划），在贯彻施工组织设计时贯彻风险管理规划（计划）。

3）明确实施风险管理规划的责任者。投标阶段的风险管理规划实施的责任者是投标班子。签订合同阶段风险管理规划的实施责任者是签订合同者和制定施工阶段风险管理规划的责任人。施工准备和施工阶段风险管理规划的实施则应当具体落实到责任人：采用风险回避对策时，责任人应是项目负责人和制定规章制度者；采用损失控制对策时，主要责任人是执行计划和检查各有关计划者（这些计划指安全计划、损失控制计划、应急计划等）；采用风险自留对策时，责任人主要是财务管理人员；采用风险转移对策时，责任人主要是合同管理人员和从事保险工作的人员。

4）加强风险管理过程的检查。不断以风险管理的实施效果评价决策效果，还要不断根据情况的变化进行新的风险识别、评估和规划，采取相应的克服新的风险的对策。

5）由于风险管理是一项新事物，需要积累经验，不断改进和深化，加之风险管理本身也需要不断循环，故还应在风险管理规划的执行中加强总结分析，使风险管理不断改进，提高管理质量。

【注】本文原载于《建筑市场与招标投标》杂志 2000 年第 4 期。

我国工程项目管理的特点与科学化方向

（2003）

1. 我国工程项目管理的特点

"工程项目管理"是现代管理科学的一个重要分支学科，1982 年引进到我国，1988 年在全国进行应用试点，1993 年正式推广，至今已经近 20 年了。在各级政府建设主管部门的大力推动和全国工程界的努力实践下，形成了我国工程项目管理的 6 个特点：

（1）向国际惯例学习

我国实行计划经济 30 多年，工程管理的做法与进行工程项目管理的国际惯例大相径庭。20 世纪 80 年代初改革开放后，我国的企业既要出国进行工程承包和综合输出，又要与外国在我国的投资商和承包商协作，因此必须实施工程项目管理。所以说，我国的工程项目管理是走出去和向请进来的客人学习的。学习世行投资的鲁布革水电站工程的建设经验是最典型的体现。正是在这个工程上，我国学习了工程建设监理和施工项目管理，并在 1988 年至 1993 年中进行了工程试点，为全国全面推行这两种项目管理打下了基础。

（2）在改革中发展

在计划经济向市场经济的转化中学习和推行工程项目管理，就要进行深层次的管理体制改革。在计划经济下，依靠政府的权力进行集中管理，企业没有管理自主权，管理层和作业层合一，建制固定，项目上的管理力量十分软弱，建设效果和经济效益长期在低水平上徘徊。这样的管理体制与工程项目管理需要的条件是不相容的。实行工程项目管理本身是一项重大改革，而如果不进行相应体制的配套改革，工程项目管理也就不具备条件。所以我国推行工程项目管理是与管理体制改革同步进行的。1987 年至 1993 年的 7 年中，建设部为了推行施工项目管理，选择了两批共 68 家企业进行改革试点，先后召开了三次研讨会，试点的成果和研讨的观点都及时推向广大施工企业，为我国施工企业的体制改革奠定了基础，为施工项目管理的发展指明了方向。与此同时，工程建设监理体制也已建成，形成了建设市场中买方、卖方和中介方完备的主体系统，改变了业主自营的和政府直接指挥的建设方式。

（3）政府大力推进

市场经济国家是在市场经济体制下自发产生工程项目管理。我国是在计划经济体制向市场经济体制转化过程中推行工程项目管理的，是在政府的领导和推动下进行的，因此，有规划、有步骤、有法规、有制度、有号召，力度很大，既轰轰烈烈，又扎扎实实，使变革的速度加快，工程项目管理水平提高得也很快，形成了有特色的发展模式、理论体系和方法体系。我国工程项目管理的政府推进主要表现是：

第一，政府号召学习鲁布革工程的项目管理经验。

第二，政府作出了工程项目管理的发展计划。对工程建设监理来说，1988年至1993年进行试点，1993年至1996年稳步推广，至2000年达到行业化、制度化的水平；对施工项目管理来说，1988年至1993年试点，1993年以后全面推广，逐步形成"四个一"，即"施工项目管理的一套理论和方法体系"、"一支专家队伍"、"一大批典型的成功工程"和"一代工程施工新技术"。

第三，政府制定法规和发出指示。工程建设监理和施工项目管理，国家和地方建设行政主管部门均设置了专门的主管机构，根据发展的需要，不断制定发布部门规章和指示。

第四，政府领导监理工程师和施工项目经理的培训，并建立注册执业资格制度。

（4）教育与培训先导

成功的管理依靠高素质的人才。习惯了计划经济体制的中国工程管理人员对工程项目管理知识的了解基本是从零开始的，所以岗前教育与培训要摆在先导的位置。国家建设行政主管部门作出决定，工程建设监理人员和项目经理都要首先接受培训，取得培训合格证后方准进入该项管理岗位。国家统一编写了系列教材，培训了师资，认定了培训学校。经过1992年至今的培训，已经由接受培训的人员组成了以数十万人计的工程建设监理人员和施工项目经理两支庞大专业队伍，构成了工程项目管理的坚实支柱。为了不断提高两支队伍的素质，国家建设行政主管部门还指令每人每年必须接受规定学时的继续教育，并进行年检，这就使得工程项目管理人员可以跟上发展的形势，适应工程项目管理不断提高水平的需要。

（5）学术活动十分活跃

对工程项目管理知识、理论方法的学习、研究、交流和实践，需要具有良好的学术氛围。从20世纪80年代开始，我国就开展了十分活跃的工程项目管理学术活动，具体主要表现在以下方面：派出留学人员学习，请留学归来的专家讲学；频繁邀请境外专家来华讲学；组织或参与国际间的工程项目管理交流活动；在大学里设立工程管理专业，在工程专业中广泛设立项目管理课程；设立专项研究课题进行学术研究和攻关；大量编著工程项目管理书籍、教材和手册，翻译境外的工程项目管理书籍和教材，目前已有几十种此类书籍；出版工程项目管理学术杂志，作为工程项目管理的学术论坛和传媒；成立工程项目管理学术团体，团结业内人士进行学术研究、传播学术知识、组织学术活动，成为工程项目管理事业发展的纽带和桥梁。

（6）典型引路

我国为引导工程项目管理事业的发展树立了两种典型：一种是工程管理典型；另一种是个人典型。典型的工程项目管理经验被总结出来，通过参观、交流、宣传，使其具有榜样的作用，成为学习的典型。各地区、各行业不断涌现新的工程典型，诸如京津塘高速公路、北京国际贸易中心、京九铁路、深圳天安大厦和地王大厦、北京东方广场、天津体育中心、广州世贸中心、葛洲坝水力枢纽、上海大剧院、上海金茂大厦等工程，均创造了典型的工程项目管理经验和建设经验。在典型个人方面，我国每两年评选一次全国范围的优秀项目经理，至今已经有了 1000 名这样的典型，特别是 1999 年 6 月，建设部做出了决定：在全国范围内广泛深入地开展学习宣传优秀项目经理范玉恕先进模范事迹的活动，为全国的项目经理树立了光辉的榜样。优秀项目经理均在工程建设中和工程项目经理岗位上做出了成绩，是优秀的管理者，是富于进取精神的创新者，是提高工程项目管理水平的骨干力量和带头人。

2. 我国工程项目管理科学化的方向

为了发展我国的工程项目管理，迎接 21 世纪我国工程建设新高潮，适应"入世"后国际国内建筑市场更加激烈的竞争环境，把我国的建筑市场培育发展得更加完善，使市场机制能够有效发挥它应有的作用，我国的工程项目管理必须科学化。我国工程项目管理科学化的方向应有以下 7 个方面：

（1）工程项目管理规范化

规范化的目的是在总结成功经验的基础上做到统一方向，促进发展。规范化以后，可以形成合力，坚持正确做法，摒弃错误做法，实施科学管理，强化管理效绩。中华人民共和国国家标准《建设工程监理规范》GB 50319—2000 已于 2001 年实施；中华人民共和国国家标准《建设工程项目管理规范》GB/T 50326—2001 已于 2002 年 5 月 1 日实施。从 2000 年 2 月 1 日起开始实施的新的《工程网络计划技术规程》也是服务于工程项目管理的。《建筑法》《建设工程质量管理条例》及《建设工程施工合同（示范文本）》等都是工程项目管理规范性的文件。我们开展工程项目管理，应当严格按法规、规程、规范和标准办事，它像指路的明灯、行车的轨道，指引着前进的方向。

（2）大力创新

创新就是创造、改革和超越，做前人没有做到的事。只有具备创新观念，才能把我国的工程项目管理发展为国际领先水平，而不是总跟在发达国家的后面跑。我国的工程项目管理创新成绩很大，但要实现高水平的工程项目管理，有待于进行更加卓越的创新。

（3）坚持使用科学的工程项目管理方法

最主要的方法应该是"目标管理方法"，即"MBO"方法。它的精髓是"以目标指导行动"，即工程项目管理以实现目标为宗旨而开展科学化、程序化、制度化、责任明确化的活动。目标管理方法要求进行"目标控制"，即控制投资（成本）、进度和质量等目标。控制投资（成本）目标的最有效的方法就是核算方法。各建设行为主体都应有自己的投资控制目标，建设项目总投资控制总目标由项目法人以已被批准的可行性研究报告投资估算为最高限额确定。控制进度目标的最有效方法是工程网络计划方法。控制质量目标的最有效的方法就是"全面质量管理（TQC）方法"，它的本质是"三全"、"一多样"，即"全员、全企业和全过程的管理"、"管理方法多样化"。ISO 9000 质量管理体系标准是全面质量管理的基础之一，不是控制方法。我们应该注意，目标中的投资（成本）、质量、进度的关系是矛盾的，也是统一的，每个工程项目的三大目标之间都有最佳结合点，不可能三者都优，更不能偏废某个目标而片面强调另一个目标，应做到综合优化，以满意为原则。

（4）工程项目管理手段实现数字化

现代化的工程项目管理是一个大的系统，各系统之间具有强关联性，管理业务又十分复杂，有大量的数据计算，有各种复杂关系的处理，需要使用和储存大量信息，没有先进的信息处理手段是难以实现科学、高效管理的。工程项目管理使用 TQC 方法、网络计划方法和核算方法，没有计算机便不能奏效。要运用计算机就要进行两项建设：一是计算机硬件和软件的建设（以软件建设为重），二是人的文化素质建设。两者缺一不可。必须集中力量，大力开发工程项目管理系统软件，作到资源共享、操作简便、速度快、可优化、效果好。现在两项建设的差距都很大，远不能适应知识经济时代工程项目管理科学化的要求。网络计划在项目进度控制中是有用的，这一点毫无疑问，但是真正用好网络计划，应实现网络计划全过程应用计算机，且有待于企业整体管理素质的知识化。工程项目管理是高科技和数字化应用的广阔领地。

（5）施工企业项目管理要抓两个重点

这两个重点是项目经理责任制和项目成本核算制。项目经理责任制的核心是摆正项目经理与企业和作业层的关系。项目经理是企业法定代表人派到项目中的代理人，两者是上下级关系，不能是合同关系，也不宜搞承包。项目经理应是一次性的，不是固定的，项目经理部也不是企业的一级，而是企业派出的管理班子。项目成本核算制是用制度对项目的成本核算作出规定，使之制度化、规范化。要把项目经理部作为成本管理中心，而不要搞成营利中心；项目的制造成本一定要算清，并努力降低工程成本。工程成本降低了，企业的利润就有了基本的来源。项目经理部与作业层则主要是履行合同关系。

（6）工程项目管理科学化应与建筑市场运行的正常化相结合

建筑市场运行的正常化为工程项目管理提供外部环境，其所涉及的因素是多方面的，但最重要的还是做到法制完善、管理得力和主体健全。在主体之中，要使业主真正成为项目法人，依法办事，按建设程序办事，按规范化要求进行工程项目管理。在全国工程建设市场执法监察中，查出了大量问题，有一些大案要案，其中59％的问题是由业主造成的。现在他们把"压价承包"、"带资承包"、"拖欠工程款"和"索要回扣"四把"尖刀"插在施工单位头上，施工企业是不能够正常经营的，弄得许多施工企业为了生存做违心的或违法的事。工程项目管理的主体——建设单位和施工单位的行为不正常，工程项目管理必然走向歪路。所以我们期望工程项目管理科学化为运转正常的建筑市场环境作保证，大力培育、发展和完善我国的建筑市场，把工程项目管理和建筑市场建设紧密结合起来，用这两个车轮把工程建设推向知识经济新时代。

（7）工程项目管理国际化

我国学习了国外的工程项目管理，又结合自身的特点进行了创新，形成了自己的特点。在经济全球化的大形势下，国际工程承包市场将进一步发展，我国的建筑市场也成为国际工程承包市场的一部分，因此，无论是国内工程承包还是对外工程承包，必然要用国际通用的工程项目管理模式处理工程承包中的各种关系和事务，做到工程项目管理国际化。所谓工程项目管理国际化，就是要采用国际上通用的项目管理模式，使我国工程项目管理人员的水平与国际工程项目管理的需要相适应，同时也要在人才资格认定、标准的使用等方面与国际做法衔接。因此，我们要努力发展工程总承包方式，积极采用CM方式、BOT方式等先进的建设方式；大力进行项目经理的继续教育，学习PMBOK等项目管理知识；加快建造师执业资格制度建设；推行IPMP认证资格考试制度和工程项目管理师职业资格认证制度；积极开展国际工程项目管理学术交流与研讨；开展与国际项目管理学术团体和人员互认；特别重要的是，要继续完善《建设工程项目管理规范》，使之可以对工程项目管理的全过程和各主要工程项目管理组织（主要的利益相关者）起规范作用。

【注】本文收录在本人编著的《建设工程项目管理规范培训讲座》中，由中国建筑工业出版社2003年出版。

对优化发展工程项目管理的几点希望

（2003）

　　北京统筹与管理科学学会编辑出版的《工程建设研究与创新》，凝聚了该学会 200 多人在工程建设领域的研究与实践创新成果。这个学会主要是北京地区建筑业的成员，市建委管理的 6 大建筑集团公司都是他的团体会员。因此，围绕会员的主业（工程建设）进行学术研究、实践、经验总结和学术交流，使学会不但有扎实的基础和雄厚的力量，而且其成果可直接服务于学会的成员单位，形成生产力，对经济社会发展作出贡献。本书有一半以上的文章是青年作者撰写的，证明这个学会具有活力，大有希望。所以，我支持他们出版这部对工程建设、对北京建筑业乃至全国建筑业的发展都有贡献的著作。

　　学会的主业是学术研究与学术交流。北京统筹与管理科学学会是我市的一个老学会，多年来坚持进行学术研究、学术交流、人员培训、工程网络计划技术和工程项目管理的推广等活动，发表了许多著作，受到了其主管部门北京市科学技术协会的 10 多次奖励和表扬，对我市的建筑业做出了许多贡献，证明这是一个十分活跃和卓有成效的学术团体。

　　本书有 10 集，包括：战略研究与改革，工程设计与测量，土建工程技术，安装工程技术，工程材料应用，建筑业企业管理，信息应用与管理，工程项目综合管理，工程项目目标管理与生产要素管理，工程风险管理与索赔。其中每集的核心内容都是当今建筑业的研究热点；有许多企业领导成员的文章，反映了我们的领导层成员不但站在改革和发展的前沿，而且也在坚持我党大兴调查研究之风的优良传统，研究新问题、解决新问题，努力进行创新。本书的第一部分"战略研究与改革"，就应该是领导成员调查研究的重点课题，希望有更多这方面的文章面世。本书的大部分内容是有关管理、尤其是有关工程项目管理的文章，很有参考价值。工程项目管理是一种国际惯例，在我国推广近 20 年，得到了很大的发展，目前已在向现代化、国际化和规范化方向发展，我们应该大力促进这一发展趋势，对此我有以下希望：

　　第一，要总结成功的经验，克服工程项目管理中存在的问题。北京市已经建成了许多成功的工程项目，成功项目必然进行了成功的项目管理，要把成功的工程项目管理经验都总结出来，形成大量的工程项目管理资源储备。

第二，全面、深入地贯彻《建设工程项目管理规范》，以它为标准，对比我们的做法，找出差距，改进工程项目管理，做到项目管理规范化，提高工程项目管理水平。

第三，继续加强项目经理队伍的建设，坚持搞好项目经理的继续教育。项目经理的岗位是永恒的，人才需求是大量的，因此，企业要持续不断地进行项目经理培训。

第四，做好建立建造师执业资格制度的各项工作，把建造师执业资格认证制度的工作做好，做好建造师的考前培训工作。

第五，要大力促进项目管理的国际化，学习国外的项目管理科学知识和方法，研究并吸取其项目管理人员认证标准的精髓，与国际项目管理组织和专家开展学术交流，努力做到管理模式接轨、管理组织接轨和专业水平接轨，把我国的项目管理水平放到国际建筑市场的竞争中进行考验和发展。

第六，搞好在手的每个工程项目的过程管理，坚持 PDCA 循环的持续改进管理法则，创项目精品和项目管理精品，注意积累原始信息资料，防止或减少信息损失，以方便总结项目管理经验。

第七，坚持项目经理责任制，处理好企业各层的关系，为项目管理提供组织保证和人力资源支持。

第八，坚持用好目标管理方法，把项目的进度、质量、成本目标全面控制好，用对立统一的法则对待它们之间的关系，防止各目标之间脱节，不忽视任何一项目标，真正做到好、快、省各项的统一。

【注】本文是作者 2003 年为北京统筹与管理科学学会编著、中国建筑工业出版社出版的《工程建设研究与创新》一书所写的序。

对西部地区开发项目应用项目管理科学的建议

（2003）

1. 西部地区开发项目的特点要求应用项目管理科学

西部地区开发项目的普遍特点是：项目对本地、西部乃至全国的发展具有重要和长远意义；项目所处的自然环境较差或很差；项目所处的经济和交通环境不利；项目的技术环境基础薄弱；项目的信息设施不健全；项目的资源供应困难，项目的资金筹集需要着重策划并运作；政府对项目的决策非常重视并会对选定的项目给予大力支持；许多项目受到外商的青睐；项目的创新点和科研内容较多；在中央开发西部总战略的指引下容易得到发达地区的支持等。这些特点适宜于使用项目管理方法，因为，项目是由一组有起止时间的、相互协调的受控活动所组成的特定过程，该过程要达到符合规定要求的目标，包括时间、成本和资源的约束条件。项目管理包括对项目各方面的策划、组织、监测和控制等连续过程的活动以达到项目目标。西部地区开发项目的上述特点可以归纳为重要、困难、特殊、创新，适宜于用项目管理方法进行策划、组织、监测和控制。我国进行经济和科学开发的实践证明，在开发项目上应用项目管理科学具有重大的经济效益、社会效益和环境效益。

2. 把握开发项目的生命期，进行稳步有序地开发工作

每个开发项目都有生命期，先后经过策划、可行性研究、规划设计、准备、实施、收尾并交接6个阶段。

（1）在项目策划阶段，应由个人或组织根据社会需求、资源和环境的状况，把握机会，进行项目识别，然后进行机会研究，对社会或市场进行调查和预测，确定项目并选择投资机会，寻求支持者和投资者，提出项目建议书。

（2）在可行性研究阶段，要对项目建议书的可行性进行技术、经济、社会和环境的分析和评估，进行方案比较，推荐最佳方案，提出可行性研究报告，以期项目获得批准。

（3）在规划设计阶段，要对项目进行规划和设计，提出最优方案，做出估算或概算，确定投资额和主要资源需要量，进行风险预测和规划，编制控制性计划。

190

（4）在准备阶段，应进行组织准备、资源准备、资金筹集、技术准备、环境准备、办理许可证等行政和法律手续，进行招标和签订有关合同，编制项目实施管理规划等。

（5）在实施阶段，实施者要对项目进行进度目标、质量目标、安全目标和费用目标等过程控制，最终实现产品、服务或其他成果性目标。

（6）在收尾和交接阶段，要结束合同约定的全部任务，进行成果验收，结清账目，整理档案资料，进行总结评价，向使用者移交项目产品，对维修做出承诺，并保证用户能够正常使用、维护、改造或扩大，取得预期效益。

3. 优选项目经理，建立项目管理组织

项目管理组织是实现项目的组织依托，是进行项目管理的载体。项目管理组织应是一次性的，根据项目的特点和需要而专门建立，并随项目管理任务的完成而及时解体。大的项目组织机构的设置要经过认真设计，按设计的构架组建。该组织由企业法定代表人委派的项目经理（法定代表人在项目上的委托代理人）在企业的支持下组建。组建的步骤是：分析项目，确定组织目标，明确组织任务，选择组织形式，确定层次、跨度和部门，对各层次和部门分配权力，确定岗位和人员，明确各岗位人员的责任并授予相应的权限，制定规章制度。组织形式的选择原则是符合项目特点和需求，有利于调动组织的积极性以完成项目管理任务，应具有弹性并可以随时予以调整，有利于法人组织的领导、监督和服务。项目经理是组织的领导者，是项目实施的最高管理者，因此，其素质应得到保证，应经过考核并具有建造师资质和项目经理资格证书方可执业。

4. 按项目管理的内容和质量要求进行管理

项目管理的内容包括以下过程管理：

（1）战略策划过程，其目标是确定项目方向并管理各项目过程的实现。首项要求是满足顾客和其他受益者明确和隐含的需求；通过一组经过策划和相互配合的过程来实现项目；必须同时注重过程质量和产品质量以满足项目目标；管理者既要对营造质量负责，又要对持续改进负责。

（2）配合管理过程。其目标是使项目各过程之间做到相互配合。该过程包括立项和项目计划的制定，协调管理，更改和技术状态管理，关闭过程并得到信息反馈。

（3）与范围有关的过程。范围包括项目产品的说明、特性及如何对其进行测量和评价，目的是将顾客和其他受益者的要求转化为实现项目目标所进行的活动，并组织这些活动；在实现这些活动时，确保人们在其范围内工作；

确保实施的项目活动满足在范围中所表述的要求。该过程包括概念（方案）确定，范围确定和控制，活动确定，活动控制。

（4）与时间有关的过程。其目的是确定活动的相关性和周期并确保及时完成项目。包括过程相关性策划，周期估算，进度确定，进度控制。

（5）与成本有关的过程，其目的是预测和管理项目成本，确保在预算内完成项目。包括成本估算、预算、成本控制。

（6）与资源有关的过程。其目的是策划和控制资源，包括识别、估算、分配所有相关资源并安排资源使用进度，控制资源的使用。

（7）与人员有关的过程。其目的是营造一种环境，使人们有效和高效地为项目做出贡献。包括项目组织结构的确定，人员分配，开发个人或团队的技艺和能力以改善项目业绩。

（8）与沟通有关的过程。其目的是促进项目所需信息的交换，确保及时和适当地生成、收集、传递、贮存和最终处理项目信息。包括沟通策划、信息管理，沟通控制。

（9）与风险有关的过程。其目的是将可能的不利事件的影响减少到最小，并最大限度地利用各种机会进行改进。包括风险识别，风险评估，风险控制方案规划，风险控制方案的实施、检查和信息反馈。

（10）与采购有关的过程。其目的是为项目提供材料、设备等产品或半成品。有关的过程包括采购策划和控制，编写采购文件，评价并确定哪些分承包方参加投标，评标并决标，签订分包合同，合同控制。

5. 学习并灵活运用项目管理知识，进行科学的项目管理

在国际上，经过 40 多年的研究、实践和发展，项目管理已经形成了一套完整的知识体系，包括以下知识领域：

（1）范围管理知识。项目的范围是指项目的最终成果和产生该成果需要进行的工作。范围管理的目的是保证项目能按要求的范围完成所涉及的所有过程，其内容包括确定项目目标、定义和规划项目范围、制定范围管理计划、范围管理的实施、范围的变更管理。范围管理所涉及的技术和方法有工作结构分解（WBS），界面管理，范围变更控制系统等。

（2）时间管理知识。为了确保项目按时完成所需要的过程，需要分析活动的依赖关系，确定全部活动的工作内容、目标、成果、起止时间、持续时间、负责人、所需资源和费用，制定进度计划，实施进度计划并控制进度。时间管理的技术和方法有流水作业方法、网络计划技术、S 形曲线方法等。

（3）费用管理知识。为了确保项目的费用控制在预算或合同确定的额度内，需要在进行资源规划的基础上进行费用估算，制定费用计划，进行费用

控制，进行费用核算和结算，做费用分析等。费用管理的技术和方法有费用分解结构（CBS）、预算法、S形曲线方法、挣值分析法、因素分析法、差额计算法等。

（4）质量管理知识。质量管理反映项目对目标的需求及需求满足程度。主要内容包括质量需求分析，制定质量计划，进行质量控制并持续改进。主要技术与方法有：全面质量管理（TQM），ISO 9000 系列质量管理体系认证标准，控制图等数理统计方法，图表方法等。

（5）人力资源管理知识。人力资源管理内容包括建立组织和人力资源规划，获取人力资源，对项目成员进行使用及管理，进行团队建设以提高工作效率。主要技术与方法包括组织结构图，责任分配图，人力资源平衡与优化，冲突管理，员工培训等。

（6）沟通与信息管理知识。主要技术与方法包括：沟通技能，谈判，现代信息技术，偏差分析和趋势预测。

（7）采购管理知识。采购管理技术与方法包括：ABC 分类法，合同类型选择，采购经济分析，合同变更控制系统等。

（8）风险管理知识。主要技术与方法有：优势/劣势/机会/威胁/（SWOT）分析，层次分析法，风险评估矩阵，决策树，灵敏性分析等。

（9）整合管理知识。整合管理指应用系统理论保证项目要素之间相互协调。它涉及项目管理的全部职能，需要权衡与协调，满足项目相关人员与组织的需求和期望。主要内容包括整合项目目标和计划，协调项目内、外部环境的关系，在项目生命周期内对各种影响目标实现的干扰事件予以排除，对关系阻滞进行疏通。主要技术与方法有工作授权系统，变更控制系统，合同管理，行政管理，计划调整等。

（10）与项目管理密切相关的通用管理知识。如战略管理，目标管理，项目信息管理，价值工程，项目评估，商务管理，系统工程等，在项目管理中均有很大应用价值，项目管理人员也应进行学习、掌握和应用。

6. 对西部地区开发项目应用项目管理科学的实施建议

西部地区开发项目应用项目管理科学的潜力是巨大的，但是不能采取放任的态度，应有计划、有步骤、有措施地进行，现提出以下建议：

（1）由有关项目管理社会团体在有关行政部门的统一领导下，用项目管理的办法对西部地区应用项目管理方法进行策划和实施。

（2）以科普的办法对项目管理人员尤其是对项目经理进行项目管理科学知识与方法的培训，使其取得培训合格证，进而进行注册并取得执业资格证书。培训时应避免以营利为目的，要高标准、严要求、见实效、低收费。

（3）为了保证培训的质量，应总结我国近 20 年来实施项目管理的经验，学习国际通用的项目管理理论和方法，编写出高质量的教材，提供给培训单位使用。

（4）宣贯和实施《建设工程项目管理规范》GB/T 50326—2001 及《质量管理　项目管理质量指南》GB/T 19016。前者是我国学习国际先进管理经验，实行建设工程项目管理的经验总结，是为了提高建设工程施工项目管理水平，促进施工项目管理的科学化、规范化和法制化，适应市场经济发展的需要，与国际惯例接轨而编写和发布的；它的规范内容全面细腻、科学合理、实用可行、专业性强，适用于西部地区开发项目实施阶段的项目管理，应当大力宣贯并在西部开发项目中广泛使用。后者是等同采用 ISO 质量管理系列标准的一个，对项目管理过程的质量要求进行了规范，适用于各种项目管理，西部地区的开发项目管理质量应以该标准为依据进行规范。

（5）目前从事项目管理研究和培训的主要单位有中国双法研究会项目管理研究委员会，中国建筑业协会工程项目管理委员会，北京统筹与管理科学学会，中国科学院项目管理研究所等学术团体。建设部建筑市场管理司设有专门管理机构，建议在建设部的总协调下，各方组织联合起来，协调一致，形成合力，共同进行研究、编写教材、进行培训，建立统一的、可与国际惯例接轨的项目管理人员资质认证标准和道德规范，推进项目管理科学在西部地区开发项目中的应用。

【注】本文是 2003 年报送给北京市科学技术协会的"专家建议"，曾刊登在《工程项目管理研究》杂志 2003 年第 1 期。

工程项目管理方法体系

（2003）

1. 工程项目管理方法应用的特征

（1）选用方法的广泛性。由于现代化管理方法具有科学性、综合性和系统性，故凡是现代化管理方法，均可在工程项目管理中选用。

（2）工程项目管理主要方法服从于工程项目目标性管理。各种管理方法都有自己的特点和适用范围。某些方法具有综合性，可以适用于多种方法；某些方法具有很强的专业适用性，仅对某种专业的管理具有适用性。因此，对每种目标进行管理应明确主要目标，并建立该目标性管理方法体系。

（3）工程项目管理方法与企业管理方法密切相关。由于工程项目管理是企业经营管理活动的中心，故企业管理方法与工程项目管理方法具有密切关系。他们中间有结合部，结合部中使用的方法适用于两者。

2. 工程项目管理方法的分类

（1）按管理目标划分，工程项目管理方法有进度管理方法、质量管理方法、成本管理方法、资源管理方法等。

（2）按管理方法量性分类，工程项目管理方法有定性方法、定量方法和综合方法。

（3）按工程项目管理的专业性分类，工程项目管理方法有行政性管理方法、经济性管理方法，技术性管理方法和法规性管理方法。

3. 工程项目管理方法的应用原则和步骤

（1）工程项目管理方法的应用原则

根据我国的经验，应用工程项目管理方法的原则有四项：一是实用性原则，即与工程、专业、目标对路；二是灵活性原则，即灵活选用方法，根据情况的变化进行调整；三是要有坚定性，即在遇到干扰和产生困难时，应坚持正确的做法，不可轻易否定方法的有效性而半途而废；四是要有开拓性，研究为了用好某种方法而进行开拓和创新。

（2）工程项目管理方法的应用步骤

应用工程项目管理方法的步骤如下：

1）研究管理任务，明确其专业要求和管理方法应用的目的。

2）调查进行该项管理所处的环境，提供选用方法的依据。

3）选择适用可行的方法。

4）对选用方法应用中可能遇到的问题进行分析，找出关键，制定保证措施。

5）在方法的应用过程中进行动态控制，使之产生好效果。

6）在应用过程结束以后，总结经验，进一步提高管理方法的应用水平。

施工企业项目管理的基本方法是"目标管理方法"（Management by Objective）。要完成项目管理的基本任务应依靠这种基本方法。然而，各项目标的实现还有其适用的最主要专业方法。进度目标管理的主要方法是"网络计划方法"；质量目标管理的主要方法是"全面质量管理方法"；成本目标管理的主要方法是"可控责任成本方法"。

4. 目标管理方法是项目管理的基本方法

施工企业项目管理的基本任务是进行施工项目的进度、质量、成本目标管理，它们共同的基本方法就是目标管理方法，该方法自 20 世纪 50 年代美国的德鲁克创建以来，之所以得到了广泛的应用，并被列为主要的现代科学管理方法，就是因为它在实现目标上的特殊功效。

目标管理是指组织中的成员亲自参加工作目标的制定，在实施中运用现代管理技术和行为科学，借助人们的事业感、能力、自信、自尊等，实行自我管理，努力实现目标。因此，目标管理是以被管理活动的目标为中心，把经济活动和管理活动的任务转换为具体的目标加以实现，通过目标的实现，完成经济活动的任务。这就可以得出一个结论，即目标管理的精髓是"以目标指导行动"。目标管理是面向未来的管理，是主动的、系统的、整体的管理，是一种重视人的主观能动作用、参与性和自主性的管理。由于它确定了人们的努力方向，故是一种可以获得显著绩效的管理。管理的绩效＝ƒ（工作方向×工作效率）。它被广泛应用于经济和管理领域，成为项目管理的基本方法。

目标管理方法应用于施工项目管理需经过以下几个阶段：首先要确定项目组织内各层次，各部门的任务分工，提出完成施工任务的要求和工作效率的要求；其次要把项目组织的任务转换为具体的目标，既要明确成果性目标（如工程质量、进度等）又要明确效率性目标，（如降低成本率、劳动生产率等）；第三，落实目标：一是要落实目标的责任主体，二是要明确责任主体的责、权、利，三是要落实进行检查与监督的责任人及手段，四是落实目标实现的保证条件；第四，对目标的执行过程进行协调和控制，发现偏差，及时进行分析和纠正；第五，对目标的执行结果要进行评价，把目标执行结果与计划目标进行对比，以评价目标管理的好坏。

这里有两个关键问题：一是目标的确定与分解。施工项目的目标首先是在业主与施工企业之间签订的合同中确定的。项目经理部根据合同目标进行规划，确定更积极的实施总目标。规划目标进行自上而下的三个方面的展开：即通过纵向展开把目标落实到各层次（子项目层次、作业队层次和班组层次）；通过横向展开把目标落实到各层次内的各部门，明确主次责任和关联责任；通过时序展开把目标分解为年度、季度和月度目标。如此，可将总目标分解为可实施的最小单位。二是责任落实。要把每项目标的主要责任人、次要责任人和关联责任人一一落实到位，并由责任人定出措施，由管理者给出保证条件，以确保目标实现。在实施目标的过程中，管理者的责任在于抓住管理点（关键点和薄弱环节），创造条件，服务到位，搞好核算，做好思想政治工作，按责权利相结合的原则，给予责任者以权和利，从而最大限度地调动职工的积极性，努力自下而上地实现各项目标。

5. 网络计划方法是进度管理的主要方法

网络计划方法因管理项目的进度而诞生，在诞生后的 40 年成功地被用来进行了无数重大而复杂项目的进度管理。它自 20 世纪 60 年代中期传入我国以后，在我国受到了广泛的重视，用来进行了大量工程项目的进度管理并取得了效益。现在，业主方的项目招标、监理方的进度管理、承包方的投标及进度管理，都离不开网络计划。网络计划已被公认为进度管理的最有效方法。随着网络计划技术应用全过程计算机化（已实现）的普及，网络计划技术在项目管理的进度管理中将发挥越来越大的作用。为了普及网络计划及提高其应用水平，我认为在项目管理中应注意以下几点：

第一，《工程网络计划技术规程》JGJ/T 121—1999 于 2000 年 1 月 1 日起实施。每个从事施工项目管理的人员都应当认真学习，用它指导以网络计划表示的进度计划的编制和施工进度管理，做到网络计划规范化，进度管理集约化。

第二，要在网络计划的应用中贯彻国家标准 GB/T 13400·3《网络计划技术在项目计划管理中应用的一般程序》，严格按下述步骤进行工作：确定网络计划目标→调查研究→编制施工方案→分解施工项目的施工任务→进行逻辑关系分析→绘制网络图→计算工作持续时间→计算网络计划时间参数→确定关键线路→检查与调整→编制可行网络计划→优化→编制正式网络计划→贯彻→检查和数据采集→调整与控制→总结与分析。以此，做到进度管理程序化。

第三，大力推行先进适用的网络计划应用软件，努力实现网络计划应用全过程的计算机化，尤其要用计算机实行优化、调整和资料积累，并做到应用网络计划的各种信息与其他专业管理（如统计核算、业务核算、会计核算等）信息共享。

第四，克服畏难情绪，不断积累网络计划的应用经验，不断提高进度管理的水平。还要注意工程项目进度的动态管理，不搞一次性网络计划，要坚持在实施中不断调整和更新网络计划。计划多变并不可怕，可怕的是情况变化后将计划束之高阁而丧失应用的信心。只有应用了计算机，才能做到计划调整可行、科学和及时。

第五，摆正应用网络计划技术与应用流水施工法的关系。两者具有对立和统一的关系，也有互补关系。所谓"对立"，是在表达方式上各有优缺点，即流水施工计划的一般表现形式是横道图，有时间参数一见便知、绘图简便等优点，也有工序间逻辑关系不易表达清楚的严重缺点；网络计划的表达方式有利于处理好复杂工程项目的逻辑关系，但需要经过一番计算才能得出全部可用时间参数，并不一目了然。所谓"统一"，是指网络计划也要应用流水施工原理中的"分段法"、"连续施工"、"工作持续时间计算"等理论，而网络计划也可以用时标表示，即绘制"时标网络计划"，以克服其不能直观时间参数之缺点。所谓"互补"，是指两者可分别应用于不同的计划编制中。在编制简单工程计划、一次性计划、周期为月、季、年度计划时，可用流水施工横道计划；在编制大型、复杂工程的计划、需进行动态调整计划时，还是以编制网络计划为宜。编制工程项目计划时，还是网络计划最为有利，因为它有利于处理复杂逻辑关系，有利于全过程地使用计算机操作，有利于集约化管理。说"横道计划与网络计划"互斥和"用网络计划取代横道计划"的说法和做法都是不正确的，"网络计划无用论"也是毫无道理的。

6. 全面质量管理方法是质量管理的主要方法

在我国 20 世纪 80 年代初兴起了推广全面质量管理方法（TQC）的热潮，持续了 10 多年，对推进我国各种产品质量水平的提高发挥了重大作用。至今，我们仍可以说，没有任何一种方法能取代全面质量管理方法作为工程项目质量管理的主要方法。

有人把全面质量管理方法归结为"三全一多样"，这是很有道理的。"三全"指参加管理者包括全企业的全体人员和全部组织，管理的对象是工程项目实施的全过程和全部要素；"一多样"指该方法中所含的具体方法是个大体系，多种多样（见图1）。"全企业参与质量管理"主要是全企业要形成一个质量体系，在统一的质量方针指引下，为实现各项目标开展各种层面的 P（计划）、D（实施）、C（检查）、A（处理）循环，而每一循环均使质量水平提高一步；"全员参与质量管理"的主要方式是开展全员范围内的"QC 小组"活动，开展质量攻关和质量服务等群众性活动；"全过程"的质量管理主要表现在对工序、分项工程、分部工程、单位工程、单项工程、建设项目等形成的全过程和所涉及的各种要素进行全面的管理；多种多样的质量管理方法可用图 1 加以说明。当然，全面质量管理方法用上述说法描述未免简单化了些，但是这种说法道出了全面质量管理的真谛。

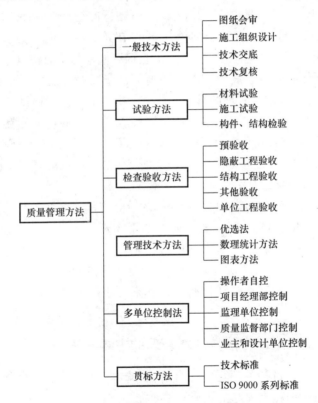

图 1　质量管理方法系统图

在工程项目中用全面质量管理方法应强调以下几点：

第一，全面质量管理方法对工程项目质量管理是有效的，这一点应充分肯定。大量的实践证明，它在项目管理中的突出地位不可动摇。全面质量管理虽然是全企业的管理，但它并不排斥在项目上使用。项目经理部是企业的一部分，工程项目是管理的对象，施工现场和工序是管理的重点。企业管理不可脱离项目管理而处于架空状态。

第二，全面质量管理方法不要混同于数理统计质量管理方法。以往在宣传该方法时往往把大量时间花在学习数理统计知识上，而对"三全一多样"的精髓内容不予重视，从而导致理解该方法的片面和应用该方法的畏难和失效。我们应该承认，数理统计方法是"统计质量管理"阶段的方法，发展到TQC以后，统计方法虽仍然有效且可用，但是质量管理方法产生了新的飞跃，故应在其本质上下大力气掌握和应用，不能停留在数理统计的水平上。TQC既然是全员使用的方法，它就不应该成为"阳春白雪"，而应该是易于被广大职工所掌握的"下里巴人"。

第三，摆正TQC和ISO 9000系列标准的关系。现在大有以"ISO"代替"TQC"的倾向。TQC是方法，ISO 9000系列标准是标准。ISO 9000系列标准对TQC有规范作用，有利于推行TQC。在其中的"ISO 8402：1994"中曾对全面质量管理下了如下定义："一个组织以质量为中心，以全员参与为基础，目的在于通过让顾客满意和本组织所有成员及社会受益而达到长期成功的管理途径"。全面质量管理的基础工作之一是标准化，"标准化"中的"标准"，应包含ISO 9000系列标准。所以，两者是统一的，不是互斥的。推行ISO 9000系列标准有利于推行TQC；推行TQC应利用ISO 9000系列标准。两者不可相互替代，更不能在推行ISO 9000时排斥TQC。在工程项目管理中，应当用TQC控制工程质量。

第四，推行TQC控制项目质量目标的重点应是工序控制和质量检验。工序控制要以控制人、机、料、法、环五要素实现；质量检验要求把好工序、分项工程、分部工程和单位工程各项检查验收关，不允许有任何一项和任何一环不达标。"预防为主"是主动控制，但是不容忽视被动控制，即加强检查把关。只有把主动控制和被动控制结合起来，才是提高项目质量水平的有效途径。

7. 可控责任成本方法是成本管理的主要方法

成本是工程项目各种消耗的综合价值体现，是消耗指标的全面代表。成本的控制与各种消耗有关，把住消耗关才能控制住成本。

如何把住消耗关？要从每个环节做起。在市场经济中，资源供应、使用与管理都是消耗的环节，都要把关。消耗有量的问题，也有价的问题，两者都要控制。操作者是控制的主体，管理者也是控制的主体。因此每一个职工都有控制成本的责任。一种资源在某一环节上的节约，可能与多个责任者相关，要分清各相关责任者各自的责任，负责自己可以控制的那一部分的责任。所以"可控责任成本"是责任者可以控制住的那部分成本。"可控责任成本方法"是通过明确每个职工的可控责任成本目标而达到对每项生产要素进行成本控制以最终导致项目总成本得以控制的方法。"可控责任成本方法"本质上是成本控制的责任制，也是目标管理的责任目标落实方法，所以，它仍是目标管理方法范畴的方法。在使用该方法时应注意以下几点：

第一，按以下程序实施管理：列出成本控制的总任务，确定各项成本目标→按项目组织的层次、部门分解成本控制目标→根据各层次、各部门的责任制分配成本控制目标→各部门根据每个成员的管理责任和操作责任确定每个成员的成本可控责任和目标→各成员制定节约成本和控制所承担的责任成本目标的措施→综合各责任者所承担的成本目标再与各部门、各层次的成本责任目标相比较，看是否有偏差→如确能实现，则做出决策，如不能确保责任目标，则应调整各成员提出的措施，直至可实现责任目标→在月、季、年度成本计划实施中，通过责任成本目标的落实，确保可控责任成本的实现→统计实际成本控制结果，进行动态控制，并不断总结。

第二，可控责任成本方法的前提是责任制。因此，要建立每个责任者、每个部门和每个层次的成本责任制，为可控责任成本的落实创造条件。

第三，为实施可控责任成本方法，必须加强成本核算，包括成本预算、成本计划和成本统计。要算细账，算实账，算准账。

第四，特别要重视管理人员的可控责任成本的落实。项目经理部各个成员概莫能外。

第五，可控责任成本方法实施的全过程，就是目标管理方法实施的过程。要把握目标管理方法的灵魂，以目标指导行动，确保可控责任成本取得实效。

第六，项目经理部应以项目成本核算制保证可控责任成本方法的成功应用。

以上我们突出了项目目标管理的四种方法。它只说明我们应重视的主要（基本）方法，它绝不意味着可以忽视其他管理方法的应用。项目管理的方法是非常丰富的，我们应当有针对性地选用。另外，这四种方法也是相关的，不可孤立地对待它们。在具体工作中应根据需要，做相应的选择，做有效的管理。

【注】本文被收录在作者编著的《建设工程项目管理规范培训讲座》中，由中国建筑工业出版社出版。

施工项目生产要素管理要点

（2003）

　　施工项目生产要素指施工项目中使用的人力资源、材料、机械设备、技术和资金等。施工项目生产要素管理是指对上述资源进行的计划、供应、使用、控制、检查、分析和改进等过程。生产要素管理的目的是满足需要、降低消耗、减少支出，节约物化劳动和活劳动。生产要素的供应权应主要集中在企业管理层，有利于利用企业管理层的服务作用、法人地位、企业信誉、供应体制。企业管理层应建立生产要素专业管理部门，健全生产要素配置机制。生产要素的使用权掌握在项目管理层手中，有利于满足使用需要，进行动态管理，搞好使用中核算节约，降低项目成本。

　　项目管理层应及时编制资源需用量计划，报企业管理层批准并优化配置。项目管理层和企业不应建立合同关系和承包关系，而应充分发挥企业行政体制、运转机制和责任制度体系的作用。生产要素管理要防范风险，原因是在市场环境下，各种生产要素供应存在很大风险。防范风险首先要进行风险预测和分析；其次要有风险应对方案；再次要充分利用法律、合同、担保、保险、索赔等手段进行防范。

1. 施工项目人力资源管理

　　人力资源指能够推动经济和社会发展的体力劳动者和脑力劳动者的能力。现代项目管理把人力资源看作企业生存与发展的一种重要战略资源，而不再将企业员工仅仅作为简单的劳动力对待。本文仅涉及项目中的体力劳动人员。

　　进行人力资源管理应掌握人力资源的以下特点：能动性，实效性，再生性，消耗性和社会性。项目人力资源管理除了注意上述特点外，也要针对人员组合的临时性和团队性，并对应项目的生命期进行有针对性的管理。

　　项目经理部在编制和报送劳动力需求计划时，应根据施工进度计划和作业特点。由于一般的施工总承包企业和专业承包企业不设置固定的作业队伍，故企业管理层应同选中的劳务分包公司签订劳务分包合同，再按计划供应到项目经理部。如果由于项目经理部远离企业管理层需要自行与劳务分包公司签订劳务分包合同，应经企业法定代表人授权。

　　项目经理部对施工现场的劳动力进行动态管理应做到以下几点：

（1）随项目的进展进行劳动力跟踪平衡，根据需要进行补充或减员，向企业劳动管理部门提出申请计划。

（2）为了作业班组有计划地进行作业，项目经理部向班组下达施工任务书，根据执行结果进行考核，支付费用，进行激励。

（3）项目经理部应加强对劳务人员的教育培训和思想管理，对作业效率和质量进行检查、考核和评价。

2. 施工项目材料管理

由于材料费用占项目成本的比例最大，故加强材料管理对降低项目成本最有效。首先应加强对 A 类材料的管理，因为它的品种少且价值量大，故既可以抓住重点，又很有效。在材料管理的诸多环节中，采购环节最有潜力，因此，企业管理层应承担节约材料费用的主要责任，优质、经济地供应 A 类材料。项目经理部负责零星材料和特殊材料（B 类材料和 C 类材料）的供应。项目经理部应编制采购计划，报企业物资部门批准，按计划采购。

采购管理是项目管理中的一个管理过程，采购管理过程的质量直接影响项目成本、工期、质量目标的实现。采购包括实物和服务，本文专指实物。项目采购的基本原则是：保证采购的经济性和效率性；保证质量符合设计文件和计划要求，及时到位；保证采购过程的公平竞争性；保证采购程序的透明性和规范化。项目采购管理的程序包括：做好准备；制定项目采购计划；制定项目采购工作计划；选择项目采购方式；询价；选择产品供应商；签订合同并管理；采购收尾工作。项目采购计划的内容是：采购什么？何时采购？如何采购？采购多少？向谁采购？以何种价格采购？

项目经理部主要应加强材料使用中的管理：建立材料使用台账、限额领料制度和使用监督制度；编制材料需用量计划；按要求进行仓库选址；做好进场材料的数量验收、质量认证、记录和标识；确保计量设备可靠和使用准确；确保进场的材料质量合格再投入使用；按规定要求搞好储存管理；监督作业人员节约使用材料；加强材料使用中的管理和核算，重视周转材料的使用和管理；搞好剩余材料和包装材料的回收等。

3. 施工项目机械设备管理

机械设备技术含量高，工作效率高，可完成人力不能胜任的任务，故应是项目管理中应高度重视并大力采用的生产要素，加强其管理。由于项目经理部没有自有机械设备，使用的机械设备是企业内部的、或租赁的、或企业专门为该项目购买的，故项目经理部应编制机械设备使用计划报企业管理层审批，对进入现场的机械设备进行安装验收，在使用中加强管理并维护好机械设备，保养和使用相结合，提高机械设备的利用率和完好率。操作人员持证上岗，实行岗位责任制，按操作规程作业，搞好班组核算、单机核算和机组核算，对操作人员进行考核和激励，从而提高工作效率，降低机械使用成本。

4. 施工项目技术管理

技术是第一生产力，它除了融会在其他生产要素中并产生基础作用以外，还在现场施工和管理中单独发挥重大作用，保证施工和管理正常进行、加快速度、提高质量、降低成本，因此技术管理是项目管理的脊梁，应特别加以重视。

技术管理的内容包括：技术管理基础性工作，施工过程的技术管理工作，技术开发管理工作，技术经济分析与评价。

项目经理部的技术管理工作是在企业管理层的领导下进行的，其技术管理体系是企业技术管理体系的组成部分。项目经理部的技术管理工作要求是：根据项目规模设技术负责人并建立内部技术管理体系，融入企业的技术管理体系；执行技术政策、接受企业的技术领导与各种技术服务，建立并执行技术管理制度；建立技术管理责任制，明确技术负责人的责任、技术人员的责任和各岗位专业人员的技术责任；审查图纸并参加设计会审，向设计人提出工程变更书面洽商资料；编制技术方案和技术措施计划；进行书面技术交底；进行工程预验、隐验、分项工程验收；实施技术措施计划；收集整理和管好技术资料；将分包人的技术管理工作纳入技术管理体系，并对分包人的技术工作进行系统的管理和过程控制。

5. 施工项目资金管理

资金是生产要素的货币表现，是项目的经济支持，故它也是生产要素。资金管理的目的是保证收入，节约支出，防范风险，提高经济效益。现代施工项目及其管理必须有强大的资金支持，应非常重视施工项目的资金管理。

施工项目资金管理的主要责任在企业管理层，其财务部门设立项目专用账号；进行收支预测；统一对外收支与结算；及时进行资金计收；对项目经理部的资金使用进行管理、服务和激励。

项目经理部的资金管理责任主要是资金使用管理。首先要编制年、季、月资金收支计划，上报企业财务部门审批后实施；其次要配合企业财务部门按要求及时进行资金中间结算和计收；第三，按企业下达的用款计划控制资金使用，并设立台账，记录资金支出情况；第四，加强会计核算，及时盘点盈亏，进行资金运行和盈亏分析，改进资金管理；第五，配合企业管理层的资金管理工作并做出竣工结算。

目前，特别要防范资金风险，因为资金风险发生频率高，风险量太大，对项目的影响严重。压价承包、带资承包、拖欠工程款、索要回扣、限制索赔、通货膨胀和紧缩等，都是资金风险，项目管理者应正视这些风险，加强资金供应预测，强化合同管理，做好风险管理规划，按风险管理的规律和方法对风险加以防范。

【注】本文是《建设工程项目管理规范》系列讲座之一，刊登在《施工技术》杂志2003年第3期，曾收录于《建设工程项目管理规范培训讲座》一书中，于2003年由建筑工业出版社出版。

施工项目组织协调的内容和方法

（2003）

施工项目组织协调是指施工项目管理者以一定的组织形式、手段和方法，对项目管理中产生的关系进行疏通，对产生的干扰和障碍予以排除的过程。组织协调实现管理中的组织职能，其目的是排除障碍、解决矛盾、支持目标控制、保证项目目标的实现。

1. 施工项目组织协调的分类

（1）内部关系的协调。

内部关系指建筑企业为项目管理所建立的内部关系，包括企业各层之间的关系、专业主管部门之间的关系、人员之间的关系等。这些关系如果不畅，就需要进行协调。

（2）近外层关系的协调。

近外层关系指建筑企业在进行项目管理时遇到的由合同建立起来的与外单位的关系，这些单位包括：建设单位、设计单位、监理单位、供应单位、融资单位、公用单位、分包单位等。建筑企业如果与这些单位的关系产生不畅，就需要进行近外层关系的协调。

（3）远外层关系的协调。

远外层关系是指在项目管理中，建筑企业遇到的除以上2种关系外的其他关系，是由法律、法规和社会公德等决定的关系。项目的社会性越强，这种关系就越多。远外层关系涉及的组织包括：政府、环保部门、新闻单位、社区街道、司法部门、公证机构等。建筑企业如果与这些组织的关系不畅，就需要进行远外层关系的协调。

2. 组织协调的内容

以上3种协调的内容有以下几类：人际关系、组织之间的关系、供求关系、协作关系、法律关系、其他可能发生的关系。关系的种类繁多，并且涉及组织的层次，故协调的内容呈现了较大的不确定性，并且在项目运行的各阶段有不同的表现。

3. 内部关系的协调方法

（1）内部关系的协调是行政力可以起作用的，故主要应使用行政的方法，包括利用企业的规章制度，利用各级人员和各岗位人员的地位和权利，做好思想政治工作，搞好教育培训，提高人的素质，加强内部管理等。

（2）项目经理部与企业管理层关系的协调依靠严格执行《项目管理目标责任书》，因为它是两层之间约定的行为目标和考核标准。

（3）项目经理部与劳务作业层关系的协调依靠履行劳务合同与项目管理实施规划。前者是双方的约定，后者是根据项目管理目标责任书编制的指导项目管理的文件，对双方都有约束力。

（4）项目经理部进行内部供求关系的协调包括人力资源、材料和构配件、机械设备、技术和资金，首先要利用好各种供应计划，其次要充分发挥调度人员的管理作用，随时解决出现的供应障碍。

4. 近外层关系的协调方法

近外层关系协调主要依靠合同方法，因为合同是建立近外层关系的基础。

（1）项目经理部与发包人之间关系的协调贯穿于施工项目管理的全过程。协调的方法除了全面、实际地履行施工合同以外，还应加强协作，及时向发包人提供生产计划、统计资料和工程事故报告等。发包人也应按时向项目经理部提供技术资料，积极配合项目经理部解决问题、排除障碍。要紧紧抓住资金、质量、进度等重点问题进行协调。

（2）项目经理部与监理机构关系的协调要按《建设工程监理规范》的规定和施工合同的要求，接受监理机构的监督和管理，搞好协作配合。

（3）项目经理部与设计单位的关系协调主要是在设计交底、图纸会审、设计洽商变更、地基处理、隐蔽工程验收和交工验收等环节中密切配合，接受发包人或监理机构的协调。

（4）项目经理部与供应人关系的协调应充分依靠供应合同，运用价格机制、竞争机制和供求机制搞好协作配合，还要充分发挥企业法人的社会地位和作用。

（5）项目经理部与公用部门有关单位关系应通过加强计划进行协调，还要接受发包人或监理机构的协调。

（6）项目经理部与分包人关系的协调应按分包合同执行，处理好目标控制和各项管理中的技术关系、经济关系和协作关系，支持并监督分包单位的工作。

5. 项目经理部与远外层关系的协调

处理远外层关系必须严格守法，遵守公共道德，并充分利用中介组织和社会管理机构的力量。

（1）严格守法。"法"代表国家或政府的意图，是项目经理部处理与政府、相关社会部门（如文物、环保、消防等部门）关系的依据。守法首先要懂法，故必须学法；还要用法保护自己、解决问题。与项目管理组织协调有关的法律、法规和部门规章很多，要根据发展和变化不断补充法的知识。

（2）遵守公共道德。公共道德是处理公共关系的依据。由于项目具有露天性、社会性和长久性，故涉及公众利益的机会很多，关系不畅在所难免。遵守公共道德就是要求项目经理部在矛盾面前以社会公德约束自己，尊重公众利益，并用公共道德要求对方，将矛盾在公共道德的标准下解决。

（3）充分利用中介组织和社会管理机构的力量。中介组织包括监理组织、咨询（顾问）组织、律师事务所、会计师事务所、代理机构等，他们具有社会服务功能，又是智力密集型组织，能提供管理支持、社会监督、业务咨询、协调服务、纠纷仲裁等系列服务，因此是可利用的协调力量。社会管理机构包括质量监督部门、环境监督部门、安全监督部门、税务部门、司法部门、公安部门及其各种授权管理部门等，都是可利用的远外层关系协调力量。

6. 组织协调的几个问题

（1）组织协调与沟通的关系。

沟通是指借助于一定的信号系统，进行信息发布、信息接收的信息交换行为。项目管理需要有效的沟通，以保证在有限的时间，有限的成本内使正确的信息被相关人员及时获取，这就需要沟通管理。沟通管理是指对项目管理中的沟通行为进行管理的过程，对传递信息的内容、方法和过程进行综合管理并排除信息交流中的障碍。因此，沟通管理是项目的过程管理，它是组织协调的信息保证和手段；组织协调是沟通管理的目的之一，也是沟通过程的基本内容；没有沟通管理就不会有有效的协调；没协调的有效需求，沟通则失去方向。

（2）组织协调的手段。

组织协调的手段很多，包括协商、对话、发文、督促、谈判、交流信息、修改计划、召开会议、发布指示、进行咨询、提出建议等。在进行协调前，必须明确协调对象、协调主体、问题的性质，然后选择适用的手段，以提高组织协调的效率。

（3）组织争执和解决措施。

在项目管理中经常会发生组织争执，包括目标争执、专业争执，角色争执、过程争执、权利争执、利益争执、界面争执等。解决争执是组织协调任务之一。争执不一定是坏事。适度的争执对一个组织是有利的，可以发现问题、暴露矛盾、获得新的信息，通过积极的沟通达成一致，化解矛盾。

解决组织争执实际上是协调问题。不影响项目整体大局的争执，领导者应采取策略，引导双方回避争执、适当妥协或作非原则让步。涉及双方共同利益的争执，可引导双方互谦互让、加大合作面、形成利益互补或利益共同体，化解争执。利益冲突性争执，如果双方协调困难，可交由双方领导出面裁决，尽快解决争执；如果争执的问题对立性很大，协商、调解都不能解决时，可由行政裁决，甚至司法判决。

（4）关于抓关键。

由于项目实施中的关系复杂、障碍众多、矛盾多样化，时效性很强，协调的头绪必然很多，因此要使用一种重要的管理法宝，即抓关键。尽管问题众多，但关键的问题必然是少数，且影响很大，解决了关键问题，其他问题便可迎刃而解。组织协调者要善于使用这件法宝，当有事半功倍之效。

（5）充分发挥调度职能的作用。

计划经济时代形成的利用调度职能保证计划实现的经验可以被用来进行有效的协调。调度职能是生产管理部门的主要职能，其作用是调查施工情况，掌握信息，作领导的助手，解决矛盾，排除障碍，为计划实施提供服务和资源保证。调度的方法主要是利用领导赋予的权力、建立的调度体系、通信手段、交通工具等，发布调度令，召开碰头会议、调度会议、检查会议、协调会议、通气会议等，疏通关系，解决问题，保证计划实现。

【注】本文原载于《施工技术》杂志2003年第4期。

工程项目管理以人为本

（2005）

工程项目管理者应建立以人为本的全新理念。这里的"人"，指管理人员、作业人员、项目管理组织和项目管理的相关组织。这里的"本"，指根本、基本、原本和资本。"工程项目管理以人为本"，是指工程项目管理为人，工程项目管理管人，工程项目管理造就人，工程项目管理依靠人，工程项目管理要处理好人际关系，工程项目管理应建立人才战略。

1. 工程项目管理为人

工程项目管理为人还是为目标？这是现代工程项目管理和传统工程项目管理的分水岭。现代项目管理为人，不是为实现目标；实现目标的目的是为人；如果没有为人的观念和思想，既制定不出优化的目标，有了目标也难以实现。为人，就是为顾客服务或为用户服务。对工程项目管理者来说，顾客有大小。自小而大可指：下道工序，发包人，使用人，社会，国家。上一道工序的用户是下道工序；承包人的用户是发包人；发包人的用户是业主，建设者的用户是社会；所有项目管理者要为国家服务，维护国家的利益，国家是用户，国以人为本。在国际工程项目管理中，上述道理同样适用，既要为外国的客户服务，又要为我国这个大用户的利益服务。损害国家利益的任何项目管理行为，都要被杜绝。

工程项目管理为人应包括为员工和为作业人员。要为他们的利益服务。在作业的时候，要提供符合标准的作业环境，搞好安全管理、劳动保险和医疗保险，满足劳动保护的需要，保障他们的安全；在进行分配的时候，要兑现承诺，不拖欠工程款；要运用行为科学原理，满足员工的各个层次的需要，既要有精神激励，又要有物质激励；对农民工要与自己的员工一视同仁；要像比尔·盖茨说的那样，"给员工最大的福利是给员工以支持，给员工培训"；要用人力资源管理的理论和手段调动项目所涉及的各类人员的积极性，发挥他们最大的潜能，搞好项目。

2. 工程项目管理管人

工程项目管理管人，就是要运用各种管理职能把员工和作业人员管好。

管理的计划、组织、指挥、协调、控制、激励、教育等职能，对管人都适用，尤其是不要忽略教育和激励。

人力是资源，是可再生的资源，在使用过程中需要适宜环境，需要克服风险，需要分配时间，需要有好的情绪和心态。因此，人的管理对于项目的成功至关重要。从一般原理讲，人力资源管理过程有人员的获得、培训、保持和利用。具体讲，包括人力资源规划、工作分析、员工招聘、员工培训和开发、报酬管理、绩效评估。当前，工程项目人力资源管理应特别重视四点：

（1）坚持项目经理责任制。项目经理责任制的核心是选择一个好的项目经理，明确其责、权、利，建立好项目经理部。项目经理是项目管理的核心人物，必须具有建造师执业资格，达到相应的工程项目经理岗位执业资格等级，接受有关的继续教育。项目经理部的建立要搞好三个优化：一是结构优化，即根据项目的特点选择科学的组织结构形式；二是人员优化，即配备适宜专业、数量、素质的人员；三是行为优化，即分配好团队角色，提高凝聚力，搞好激励，强化士气。总之，要搞好项目团队建设。

（2）继续教育。现在是知识型社会，要发展知识型企业和知识型团队，培养知识型的人。只有通过学习，才能拥有知识。要建立学习型企业、学习型团队。每个人都要成为学习型的人。所以，要大力发展继续教育，加强知识培训。继续教育要给学习者输入新的急需的知识，真正提高其素质，不是拿了证书完事、得到资质满足。我国的继续教育制度是比较健全的，但是执行制度的差距太大。要缩小差距，以继续教育造就优秀工程项目管理人才和优秀项目经理。

（3）建立诚信型项目管理组织。诚信是讲究道义，是良好的品质，是职业道德，是团队文化的基石，是为人服务的基本条件，是无形资产，是重要的资源。管人就是要建立个人的和组织的良好职业道德标准，提高人的职业道德水平。项目管理者的职业道德要通过学习建立，在活动中坚持。学什么？学法律法规、专业标准和职业守则；坚持什么？坚持爱国守法、遵守行业规范、敬业爱岗、尽责守信、维护客户利益、工作一丝不苟、实事求是、信守合同、保证质量。

（4）管好作业队伍。人力资源管理不能忽视作业队伍管理。尽管作业队伍一般是通过招标从市场上获得，但是进入项目后，他就与项目团队融为一体，就要接受项目团队的统一管理。作业队伍管理的关键是提高效率，提高效率的关键是调动人的积极性，调动积极性的重要手段是执行合同、加强培训、制度管理、纪律约束、行为激励和搞好分配。不要把作业队伍看成是"外来人"，要当作自己人；不要把作业队当作传统的资源管理而是有思想意识且可再生的人力资源管理；不要把作业队当作"工具"，而是能动的具有可激发潜力的人和组织。

3. 工程项目管理造就人

北京曾有个集团企业的总经理作了"三个一"的规定：完成每一个大型项目要出一批人才，总结出一批经验，出版一本书。这个规定体现了以人为本的思想。通过大项目的实践，使人经历其项目运行和管理的全过程，运用技术手段、管理手段、法律手段和经济手段解决各种问题，从而使项目成功，出了经验，锻炼了人才。把经验总结出来，才能够积累经验，记录经验，不丢失经验，变成其他人可以借鉴的知识。实践是造就项目管理人才的最主要途径，实践是提出理论的最主要途径。我国现在工程任务量很大，大中型项目很多，正是出经验、出人才、出项目管理理论的大好机遇，应当充分利用这个机会，创造出一套我国自己的工程项目管理经验来，锻炼出一个庞大的项目管理专家群体。现在正在营造的奥运场馆工程就是出"三个一"的极好机会。学习别国的先进经验是必要的，但是切不可把别国的做法都当作先进的，更不能用别国的做法否定我国自己的经验和创新做法。广大的学者有两个任务：首先是总结我们自己的实践经验并上升为理论，其次才是引进国外的先进经验和理论，顺序不能颠倒。

我国的工程项目管理造就人的制度历来坚持得比较好。但是要适当地处理好文凭和资历的关系。唯文凭论是不可取的，唯资历论（唯经验论）也不可取。持文凭者必须通过实践取得经验才可以担当项目管理角色。近几年来我国涌现的大批优秀项目经理和建立的评选杰出国际工程项目经理，极好地体现了工程项目管理造就人的科学思想，应当坚持和发扬。

4. 工程项目管理依靠人

工程项目管理依靠人，这是毫无疑问的，问题是依靠哪些人？依靠什么样的人。

（1）依靠哪些人？当然首先要依靠自己人，即项目经理部的一班人，尤其是项目经理。其次要依靠企业。项目经理接受企业法定代表人的委托进行项目管理。企业给项目经理确定管理目标，支持其建立项目经理部，在项目运行期间供应资源和服务，进行调控、监督与考核。所谓"项目承包"，助长了短期行为，违背了企业管项目的前提，造成"以包代管"，应当抛弃。第三，要依靠所有的相关组织，主要包括设计单位、供应单位、监理单位和建设单位等。为此，要执行合同，处理好关系，加强沟通，协调动作。

（2）依靠什么样的人。要依靠优秀的人。优秀的人指具有专业理论知识、工程实践能力、优秀职业道德品质的个人，三者缺一不可。毋庸置疑，国际杰出工程项目经理和优秀项目经理都是这样的人，所以我国要造就大批的、满足我国工程项目管理需要的这样的人。这样的人的检验标准是他能不能承担起他在工程项目管理中的责任，出色地完成工程项目管理任务。这样的人一要培养，通过学习培养，在实践中培养；二要优选，最好是竞争优选。不是有了建造师资格就一定能担当起所有项目的管理责任，建造师不一定就能担当某个项目的经理，项目经理要在建造师中优选。还要注意依靠有熟练技艺的技工。应当加强建筑岗位的技工等级选拔制度，使工程项目的运作具有合格技能的作业队伍。作业队伍合格，管理才能奏效，管理目标才能真正实现。

5. 工程项目管理与人际关系

处理人际关系是项目管理成功的重要因素，因为管理归根结底是管人，管人就要处理好人际关系。工程项目管理的人际关系有内部关系和外部关系。

内部关系又有个人之间的关系、部门之间的关系及项目经理部与企业各部门之间的关系。个人之间的关系主要是项目经理与项目经理部一班人之间的关系。项目经理要当好班长，用责任制调动每个人的积极性，并依据责任完成的状况进行考核和激励。部门之间的关系关键是各自完成承担的目标，并处理好界面中的对立统一关系。为此，应加强界面分析，明确重点，进行管理策划，分清协作责任，加强控制。项目经理部必须服从企业各部门的指导、监督和服务，用好项目进展报告和有关统计报表。

外部关系指项目经理部与相关组织之间的关系，主要是在企业的领导下履行合同，诚信处事、讲求职业道德和行业规则，遵纪守法，以出色的服务取得相关组织的信赖和支持。

为了处理好人际关系，项目经理部应进行科学的沟通管理。为此，项目管理组织应根据项目的实际需要，及时预见可能出现的矛盾和问题，制定沟通计划，明确沟通的内容、方式、渠道、手段和所要达到的目标。在项目实施的全过程中按沟通计划与项目相关方进行充分、准确、及时的沟通，并适时调整沟通计划。

项目组织内部沟通应依据项目沟通计划，企业的各项规章制度、项目管理目标责任书，各项控制目标，各种原始记录。项目内部沟通可采用下列方式：执行制度、标准、方案、计划、指令，授权，思想政治工作，例会，培训，检查，项目进展报告，考核与激励等。项目组织与外部相关组织的沟通应依据沟通计划，有关合同及合同变更资料，法律、法规与部门规章，政策，项目环境。

项目外部沟通可采用下列方式：履行合同与协议，执行法律、法规、方针政策、标准、设计方案、计划，遵守职业道德，召开交底会、协调会、协商会、恳谈会、例会等适当形式的会议，进行联合检查，权威部门或人员协调，使用有关方认可的信息载体，编制项目进展报告等。

项目沟通时应尽力避免干扰，越过沟通障碍，保持沟通渠道畅通，使信息保持原始状态。排除项目沟通障碍可在链式、轮式、环式、全通道式、Y式等沟通渠道中挑选适宜的沟通渠道。要灵活选用正式沟通、非正式沟通、上行沟通、下行沟通、平行沟通、单向沟通、双向沟通、言语沟通、非言语沟通等方式。应在协商，妥协，缓和，强制，退出等解决冲突的模式中进行选择。

6. 工程项目管理应建立人才战略

实现工程项目管理以人为本的根本途径是企业建立人才战略。企业的人才战略应包括 4 项内容：

（1）凝聚人才。一是企业自身要招揽一批精英并形成合理人才结构，包括工程项目管理人才，工程技术人才和经营管理人才。二是要善于利用社会上的以上三种人才，尤其是项目管理人才。项目管理人才存在于项目管理公司等中介公司、相关企业或离退休人员中，可单独聘用或成建制利用。企业必须建立凝聚人才的机制。

（2）开发人才。通过开发，使人成才，使才提升。开发人才的根本途径是学习和培训。工程项目管理在不断创新和发展，其管理者应在实践中不断学习提高。企业要成为学习型，组织要培训，个人要学习。既学国内的，也学国外的，哪一个都不可偏废。当前企业尤其要开发高素质的、可以进行建设工程项目全过程管理的项目经理。

（3）善用人才。企业要通过相信人、理解人、尊重人、岗位对、责任明、权利足、激励当等方式激发人的积极性，提高其管理工作效率。

（4）项目文化。工程项目管理要作为企业文化的一部分并创立项目文化。项目文化的主要内容是：营造和谐环境，创建和谐文化；加强制度建设，规范项目行为；注重人才教育，提高职工素质；塑造项目品牌，扩大社会影响；强化诚信意识，健全服务体系。

【注】本文是 2005 年作者在北京市学会学研究会年会上发表的论文，曾刊登在其论文集与《工程项目管理研究》杂志中。

中国工程项目管理理论的创新

（2006）

工程项目管理是一门科学，因此它应该有科学的理论。我国引进了这门科学，经过消化吸收和应用，在 20 多年的实践中，自主创新，产生了我国的工程项目管理理论体系。它主要的有八个方面：工程项目管理生产力论；工程项目管理系统论；工程项目管理组织论；工程项目管理人本论；工程项目管理方法论；工程项目管理规范论；工程项目管理发展论；工程项目管理文化论。这些理论又指导着我国的工程项目管理实践，促进工程项目管理的发展。

1. 工程项目管理生产力论

（1）工程项目管理是生产力。我们为什么引进并实施工程项目管理？理由就是一个：用工程项目管理促进生产力发展。在 20 世纪 80 年代初改革起步不久，我们就发现，我国的管理水平远远不能满足生产力发展的要求，迫切需要提高。工程项目管理就是我国为提高生产力引进的先进管理方法之一。鲁布革工程项目的成功，证明了项目管理方法是可以促进生产力发展的。20多年来大量的事实说明，管理是生产力，工程项目管理毫不例外的也是生产力，它能提高企业的核心竞争力乃至行业的生产力。

（2）生产关系要适应工程项目管理生产力的发展。当生产关系不适应生产力发展的时候，就要改变生产关系，使之相适应。我国原有的计划经济体制不适应工程项目管理生产力发展的需要。为了适应这一需要，我国调整了建筑业行业和企业的生产关系。在建筑行业中建立集团企业，发展龙头企业；进行企业改制，建立现代企业制度；将企业计划经济下的三级管理、施工队为基础的固化组织方式，改变为建立一次性的项目经理部进行工程项目管理的方式；进行管理层、作业层两层分离，作业队伍社会化；努力使组织结构扁平化，推行矩阵组织结构模式和信息化管理；发展以业主为核心组织的工程项目管理；实施了项目管理企业和工程总承包企业进行工程项目管理的改革；建立了工程项目监理制度。这些，都使我国建筑业和企业的生产关系逐渐适应了工程项目管理生产力发展的需要，为工程项目管理这种生产管理方法的应用提供了基础条件。

2. 工程项目管理系统论

创新点在于，用系统论定义工程项目管理。工程项目管理是一种管理方法，但是却不能用"一种方法"定义工程项目管理。它的内涵更深刻。《建设工程项目管理规范》对建设工程项目管理的定义是："用系统的理论和方法，对建设工程项目进行的计划、组织、指挥、协调和控制的专业化活动"。ISO 1006—2000《质量管理 项目管理质量指南》这样定义："项目管理包括对项目各方面的策划、组织、监测和控制等连续过程的活动，以达到项目目标"。两者相比，显然我们的定义明确了项目管理立足于系统的理论和方法。工程项目管理系统论的含义如下：

第一，工程是系统。工程系统包括的子系统有：建筑，结构，设备，管线等。

第二，工程项目是系统。建设项目是大系统，其分解的单项工程、单位工程是儿子系统和孙子系统。单位工程也有儿子系统和孙子系统，那就是分部工程和分项工程。

第三，工程项目管理是系统。在项目管理系统中包含的子系统有：范围管理，组织管理，规划管理，目标管理，职业健康与安全管理，环境管理，采购与合同管理，资源管理，风险管理，信息管理，沟通管理等。

第四，工程项目目标管理是系统。目标管理的子系统包括的孙子系统有：进度管理，质量管理，成本管理。

第五，工程建设管理过程是系统。建设工程项目管理过程系统包括的子系统有：设计过程管理，施工准备过程管理，施工过程管理，竣工验收过程管理。

第六，工程项目管理制度是系统。其子系统有项目经理责任制度，项目成本核算制度，项目技术管理制度，项目质量管理制度，项目资源管理制度等。

第七，工程项目管理是系统性的管理，必须重视总系统与子系统的关系、子系统之间的关系、全面管理与相关管理（界面管理、信息管理和沟通管理）的关系等。

第八，系统管理的思想要贯彻四项原则：一是目标体系的整、分、合原则，即在分解的基础上加以综合以实现专业化，实现高质量和高效率；又通过系统综合提高管理绩效，发挥整体功能。二是协调控制的相关性，即协调和控制各项管理工作之间的关系、各项资源之间的关系、目标和条件之间的关系，以保证系统功能的整体优化。三是整体功能的有序性，即项目管理在时间上、空间上、分解目标上、实施组织上都具有有序性，尊重有序性才能使项目管理成功。四是应变的动态性，即要预测和驾驭系统内外各种变化，提高应变能力，以取得管理的主动权。

第九，系统的方法就是进行系统分解与综合的方法，系统分析的方法，系统控制的方法，系统评价的方法等。

3. 工程项目管理组织论

组织论是项目管理的基础理论。我国在工程项目管理组织论上的主要创新点是建立项目经理责任制。项目经理责任制强调以下几点：

第一，用制度确定项目经理的责任。

第二，建立适应项目管理对象需要的一次性高效项目管理团队——项目经理部。

第三，把项目经理放到项目经理部的核心地位，作为承担项目管理任务的第一责任人。

第四，精选项目经理，项目经理作为企业法定代表人的授权委托代理人全权进行项目管理。

第五，项目经理应具有与项目需要相适应的职业资格和素质。

第六，项目经理在企业的参与下组建的项目经理部，是企业的项目管理层；项目经理部要处理好与企业管理层各职能部门的关系，使各职能部门发挥专业指导、综合服务和宏观调控的作用。

第七，企业用项目管理目标责任书确定项目经理部的任务和责、权、利，并以此作为考核和激励的依据。

第八，建立适应项目管理需要的规章制度、运行机制和奖惩制度。

第九，建立项目经理责任制采用四个结合方式：与政府推动相结合，与体制改革相结合，与工程项目的特征要求相结合，与人才教育培训（主要是项目经理的教育培训）相结合。

4. 工程项目管理人本论

我国《建设工程项目管理规范》提出了工程项目管理者应建立以人为本的全新理念。这里的"人"，指项目经理、项目管理人员、项目作业人员、项目管理团队和项目管理的相关组织。这里的"本"，指根本、基本、原本和资本。"工程项目管理以人为本"，是指工程项目管理为人、管人、造就人、依靠人、处理好人际关系、建立人才战略。

工程项目管理"为人"，就是为顾客服务或为用户服务。对工程项目管理者来说，下道工序、员工、发包人、使用人、社会和国家都是用户。

工程项目管理"管人"，就是要运用各种管理职能把员工和作业人员管好。管理的各项职能对"管人"都适用，尤其是不要忽略教育和激励。人是最主要的资源，是可再生的资源。工程项目人力资源管理应特别重视五点：一是坚持项目经理责任制，二是加强继续教育，三是建立诚信型项目管理组织，四是管好作业队伍，五是合理的报酬和激励。

工程项目管理"造就人"。实践是造就项目管理人才的最主要途径，也是出理论的最主要途径。我国现在工程任务量很大，大中型项目很多，全国从政府主管理部门到企业普遍重视工程项目管理，正是出经验、出人才、出项目管理理论的大好机遇，应当充分利用这个机遇，创造和发展我国自己的工程项目管理理论和方法，锻炼出一个庞大的项目管理专家群体。项目管理人员应是复合型人才，造就人要适当地处理好文凭、资历和能力的关系。唯文凭论、唯资历论和唯经验论都不可取。也要处理好引进和自主创新的关系，不要自我菲薄。

工程项目管理"依靠人"。首先依靠项目经理部的一班人，依靠具有专业理论知识、工程实践能力、优秀职业道德品质的个人，尤其是项目经理。其次要依靠企业，企业给项目经理确定管理目标，支持其建立项目经理部，在项目运行期间供应资源，进行调控、监督与考核。第三要依靠所有的相关组织，主要包括设计单位、供应单位、监理单位和建设单位等，为此，要执行合同，加强沟通，协调运作，处理好相关关系。

"处理好人际关系"是项目管理成功的重要因素，因为管理归根结底是管人，管人就要处理好人际关系，包括内部关系和外部关系。内部（即企业内部）关系又有个人之间的关系、部门之间的关系及项目经理部与企业各部门之间的关系，因此要发挥行政、制度和激励机制的作用。外部关系指项目经理部与相关组织之间的关系，主要是在企业的领导下履行合同，诚信处事，讲求职业道德和行业规则，遵纪守法，以出色的服务取得相关组织的信赖和支持。项目经理部应进行科学的沟通管理，尽力避免干扰，越过沟通障碍，畅通沟通渠道，使信息保持原始状态。

工程项目管理应建立"人才战略"，这是以人为本的方向标。企业的人才战略应包括4项内容：凝聚人才，开发人才，善用人才和发展工程项目管理文化。

5. 工程项目管理方法论

《建设工程项目管理规范》规定，"建设工程项目管理应坚持自主创新，采用先进的管理技术和现代化管理手段"。

创新点之一，是对工程项目管理方法的科学性、综合性和系统性有了深刻的认识。所谓科学性，是指工程项目管理方法是现代化的生产、技术和管理知识在工程项目管理中的具体应用；所谓综合性，指某一种方法可以应用到不同的工程项目管理专业中，而且工程项目管理可以综合运用各种现代化管理方法；所谓系统性，是指各种工程项目管理方法是个大系统，它包含许多子系统和孙子系统，各种方法相互联系和依存。

创新点之二，是认识到了工程项目管理方法的三个应用特征：选用方法的广泛性；主要服从于目标管理需要的针对性；项目管理方法与企业管理方法的紧密相关性。

创新点之三，是确定了工程项目管理方法应用的四项原则：适用性原则，可行性原则，坚定性原则和创新性原则。

创新点之四，是现代化工程项目管理方法应用成功，需要讲究科学的应用程序，这个程序是：第一，研究工程项目管理任务，明确应用目的；第二，调查项目环境，提供选择依据；第三，选择适用方法，进行人员培训；第四，找出关键环节，制定保证措施；第五，加强应用控制，注重应用实效；第六，做好应用总结，不断提高水平。贯穿在这个程序之中的是集约化的管理思想。

创新点之五，是工程项目管理方法的专业适用性。就项目管理总体来说，其基本方法是目标管理方法，即以目标指导项目管理行动。具体来说，每个专业都有自己基本的适用方法，正确使用这些基本方法是项目管理成功的保证。进度管理的基本方法是网络计划技术；质量管理的基本方法是贯标方法与全面质量管理方法；成本管理的关键方法是可控责任成本方法和成本核算方法。

6. 工程项目管理规范论

（1）自主创新和不断地引进消化吸收，使我国有条件制定一部《建设工程项目管理规范》，以促进建设工程项目管理的科学化、标准化、制度化和国际化，提高建设工程项目管理水平。2001年底，我国发布了第一部《建设工程项目管理规范》GB/T 50326—2001，规范了企业的项目管理行为，对建设工程项目管理水平的提高发挥了很大促进作用。随着建设工程项目管理的快速发展和国际化水平的提高，2006年发布了修改后的《建设工程项目管理规范》GB/T 50326—2006，可以起到建立项目管理组织、明确企业各层次和员工的责任与工作关系，规范项目管理行为，考核和评价项目管理成果的基础依据等作用。

（2）建筑业协会工程项目管理委员会负责同志把《规范》归纳为"一个灵魂，五个创新"。"一个灵魂"是，把投资主体的业主项目管理体系与承包商的项目管理体系一于工程项目的全过程管理行为。"五个创新"如下：一是行为主体创新，以项目管理的客观和内在规律为主体编写规范；二是规范的内容创新，把项目的范围、规划、组织、合同、采购、进度、质量、成本、职业健康安全、环境、资源、风险、沟通、收尾等管理的内容全部纳入工程项目管理范畴；三是管理方式的创新，大力推进工程总承包的新生产方式和经营管理模式，有利于实现工程项目设计、施工、采购全过程的一体化管理；四是执业资格创新，国家政府实行注册建造师制度为企业选择优秀的项目经理提供了环境和条件；五是项目管理理论创新，它把投资理论与项目生产力理论很好结合起来，把国际的两大系统，九大项目管理知识体系和我国工程项目管理的实践结合起来。

（3）《规范》具有以下特点：

1）行为规范性。《规范》规范的是工程项目管理行为，而不是企业的行为。

2）内容全面性。《规范》从工程项目管理理论系统的全局上对工程项目管理做出了全面的规定。

3）适用范围的广泛性。由于《规范》约束的对象是建设工程项目实施过程和各环节的管理行为，规定其主要的组织要求和管理技术要求，可以供与建设工程项目管理各相关的单位使用。

4）促进工程项目管理国际化的重要性。《规范》体现了国际工程项目管理的一般规律和建设工程项目管理的专业规律，体现了我国建设工程项目管理和国际建设工程项目管理的共性要求，与国际上的一些影响较大的工程项目管理模式如 IPMP 和 PMP 有较好的接口，适应我国广大企业提高核心竞争力和实施"走出去"战略大局的需要。

5）对工程总承包企业和工程项目管理企业的发展的支持性。充分考虑了我国的这一新情况和新需要，为工程总承包企业和工程项目管理企业提供了项目管理的模式、理论、组织、方法和运行的全面支持，有利于促进工程总承包企业和工程项目管理企业的快速发展。

6）与建立建造师执业资格制度要求的一致性。

我国新建立的建造师执业资格制度与建设工程项目管理有着不可分割的关系。参加建造师执业资格考试的人员应该学习《规范》，接受这方面的考核，在建造师执业时应该实施它、应用它，在应用中为《规范》的完善做出贡献。

7. 工程项目管理发展论

（1）《建设工程项目管理规范》指出，建设工程项目管理应不断改进，提高项目管理水平，实现可持续发展。这就是工程项目管理发展论的典型理论。

（2）20 多年来我国工程项目管理发展的历程是：工程项目管理引进；工程项目管理试点；工程项目管理典型经验推广；全建筑行业全面推行施工项目管理；推行工程总承包项目管理；发展以业主为核心的工程项目管理；发展工程项目管理企业进行工程项目管理社会化服务；工程项目管理科学化、

规范化、制度化和国际化；工程项目经理职业化。

（3）发展的动力是：政府政策调控，协会组织引领，市场竞争促进，企业实践创新，可持续发展理念支撑。

（4）工程项目管理的理论是发展的；工程项目管理方法是发展的；工程项目管理的范围是发展的；工程项目管理的主体是发展的；工程项目管理文化是发展的。

（5）工程项目管理发展的成果是：促进了建筑业和建筑企业的改革与发展，提高了企业的核心竞争力，使建筑业对国民经济的发展和 GDP 的增长发挥了更大的作用。

8. 工程项目管理文化论

"工程项目管理文化"是我国提出的新概念。经过 20 多年的创造和发展，我国已经形成了比较丰富的工程项目管理文化。建筑业协会工程项目管理委员会领导同志提出了下列工程项目管理文化的理论：

（1）工程项目管理文化是以品牌形象为外在表现，以企业理念为内在要求，以项目团队建设为重点对象的阵地文化。

（2）工程项目管理文化是工程项目管理文明的载体。工程项目管理文明是对创造"文明工地"活动的升华。

（3）企业文化建设在工程项目上实施的结果是工程项目文明，是对项目管理主体和客体的全面要求。主体是指建筑企业，包括总包单位、分包单位、监理单位和项目管理层次的文明建设；客体是指工程项目的质量、安全、成本、进度和现场管理的优化。

（4）工程项目管理文化具有三个特征：一是露天文化特征，具有形象宣传力；二是显形文化特征，工程项目管理文化形象明显，也是不同的项目行为主体文化的统一体；三是大众文化特征，工程项目管理文化是项目管理人员和作业人员创造的并成为项目文化的载体，因此必须加强作业队伍建设。

（5）我国工程项目管理文化的内容包括：我国的工程项目管理理念（如体现在《规范》总则之中的）、管理理论（如体现在本文的阐述之中的）、管理推进动力、发展目标和历程、管理组织建设、管理方法应用、管理特征、管理法规、管理规范和规程、管理著述和文献、管理教育与培训、管理形象与影响等。

【注】本文是 2006 年北京学会学研究会第 5 届学术年会的交流论文，刊登在北京统筹与管理科学学会编著的《工程建设自主创新与科学发展》一书中，由中国城市出版社于 2006 年出版。

三大理念是工程项目管理之魂

（2008）

绿色奥运、科技奥运、人文奥运、简称为"三大理念"，是 2008 年北京奥运会的理念，是我国进行奥运工程建设的理念，也是奥运工程项目管理的理念。我们也可以把其中的绿色、科学、人文理念抽象出来，作为我国建设工程项目管理的三大理念。奥运工程项目管理的成功实践已经证明，以三大理念作为工程项目管理之"魂"，是我国人民对工程项目管理科学的一项重要创新性贡献，应载入工程项目管理发展的史册，贯彻于每个工程项目的全过程管理。

1. 实施三大理念是工程项目管理发展的绿海战略

工程项目管理的发展，要提高到战略高度来认识，即要从全局上、长远地对待项目管理的发展。这个战略应当是绿海战略。落实三大理念，就是实施工程项目管理发展的绿海战略。工程项目管理绿海战略，是以可持续发展战略为指导，以实现项目相关方利益最大化和承担社会责任为目标，通过创建优秀的项目文化，建立学习型项目组织，节约项目资源，与项目环境友好，不断创新，出色完成项目，实现项目价值最大化和社会价值最大化相统一的经营管理理念、行动和过程。绿海战略的使命就是源源不断地提供适应社会需要的产品（项目），其核心价值体现在融会于项目中的绿色、科技与人文理念。三者中，科技理念是工程项目管理的支撑力，包括科学的与技术的两方面理念；人文理念是工程项目管理以人为本的功能体现，包括项目文化、项目组织与人才、项目的社会责任等；绿色理念是工程项目管理对于社会与环境的影响，要求节约、环保、实施循环经济和绿色服务。三者结合，体现工程项目管理价值最大化和社会价值最大化相统一的经营管理理念、行动和过程。

只有实施工程项目管理发展的绿海战略才能落实三大理念。据"北京市2008 工程建设指挥部办公室"（以下简称"08 办"）统计，奥运工程项目 22个主要新建、临建场馆和相关设施，共有 625 个集中体现三大理念的优秀项目随工程建设项目同步落实，这是一个巨大的项目群系统。在奥运工程项目上实施绿海战略，对于落实三大理念的项目，建立创新型、节约型、环境友好型的建设工程项目和首都和谐社会，具有巨大的实际价值和战略意义。

实施工程项目绿海战略可以提高工程项目相关组织的核心竞争力。由于奥运工程项目群体庞大，就必须有项目投资、项目法人、咨询、规划、设计、承包商、供应商、科研单位、高等学校、使用单位、场馆周围社会等庞大的相关社会组织参与，他们都以奥运工程项目为舞台落实三大理念，做出贡献并接受锻炼，从而大大提高并调动组织的核心竞争力，使项目相关组织获得长足的发展。

三大理念形成工程项目管理企业的软实力。核心竞争力是组织的软实力，支持组织在项目上不断创新。组织要获得核心竞争力并持续发展，需要有硬件建设和软件建设，两手都要硬，但软实力是核心竞争力的主要源泉；责任力、文化力、学习力和创新力（合称绿色四力）是软实力的核心要素。显然，绿色、科技、人文三大理念所形成的正是软实力，是包含在"绿色四力"之中的。奥运工程项目的实践已经验证，项目各相关组织都是落实三大理念的受益者，受益的显著标志就是受到了锻炼，增强了实力，提高了信誉，得到了持续发展的动力。

"08办"落实三大理念的战略是：以"四节一环保"为核心，在建筑节能、环境与生态保护、水资源节约和利用、绿色环保建材等方面，全面落实绿色奥运理念；从自主创新、科技攻关、高科技信息服务、基础设施建设、专项新技术及产品等方面，重点落实科技奥运理念；强调在硬件建设中体现以人为本，尤其是为运动员、教练员、观众、记者，官员，特别是残障人员等各类人群提供舒适的环境和服务为重点，落实人文奥运理念。这一战略实施的结果是：科技攻关与技术创新全面促进了建筑技术水平的提高；水资源节约得到了广泛落实；新型能源得到较好利用；环境保护体现于每个建设细节；建筑节能全面落实；坚持以人为本地做好人文奥运的细节建设；需在工程建设阶段落实的申奥承诺，得到了全面和出色的落实。这实际上是把三大理念提升到了绿海战略高度对待的，从而全面实施了三大理念，促进了工程项目管理理论和实践水平的提高。

2. 用三大理念指导工程项目管理决策

工程项目管理的决策阶段所要进行的工作包括项目构思、项目范围的确定、项目投资数额的估算和资金来源渠道的确立等，其关键是确定项目范围。落实三大理念所需的项目和在每个工程项目上的具体内容就在此时确定。

奥运工程项目落实三大理念的绿海战略在决策阶段就确定了。例如，关于绿色奥运理念，"08办"确定，把环境保护作为奥运设施规划和建设的首要条件，制定严格的生态环境标准和系统的保障制度；广泛采用环保技术和手段，大规模多方位地推进环境治理、城乡绿化美化和环保产业发展；积极参与各项改善生态环境的活动，大幅度提高首都环境质量，建设宜居城市。关于科技奥运理念，"08办"确定，紧密结合国内外科技最新进展，集成全国科技创新成果，建设高科技含量的体育场馆；提高科技创新能力，在奥运工程中推进高新技术成果的广泛应用，使奥运工程成为我国展示新技术成果和创新实力的窗口。关于人文奥运理念，"08办"确定，在奥运工程中，传播现代奥林匹克思想，展示中华民族的灿烂文化，展现北京名城风貌，开展中外工程建设文化的交流；体现人与自然、个人与社会、人的精神与体魄之间的和谐共存；突出以人为本的思想，以运动员为中心，提供优质服务，努力建设使奥运会参与者满意的自然和人文环境。

以上决策思想既体现在奥运工程的总体策划上，也具体到了每个工程项目的策划中，并在建设的实施中一一实现了，为召开奥运史上最好的一届奥运会奠定了基础。这就启示我们，进行工程项目管理，决策阶段是非常关键的，它为工程项目的成功奠定了一半以上的机率。在项目决策阶段必须以落实绿色、科技、人文三大理念为特征识别需求，进行项目策划和构思，确定项目范围，估算项目所需资金，筹划项目的融资方式、组织方式、建设实施方式及管理方式等。

基础性项目和公益性项目运用三大理念的决策权在政府主管部门和业主手中；竞争性项目运用三大理念的决策权在项目法人或投资者手中。"08办"在奥运工程建设伊始，就为三大理念的全面落实提出了"全面部署，突出重点，狠抓落实"的工作思路；尔后又从规划、设计、施工到运行，全面推动各奥运工程项目落实三大理念。

有鉴于此，建议政府建设行政主管部门把工程项目决策阶段必须进行三大理念的策划和决策，纳入我国的工程建设政策之中，作为对建设工程项目管理的强制性要求。

3. 落实三大理念是工程设计项目管理的核心任务

设计工作的核心任务就是把决策阶段的策划和决策通过设计人员的智慧和笔端，构成可以付诸实施的蓝图。在决策阶段确定的三大理念项目，设计人员要从初步设计到施工图设计，逐项成图，落实在案。奥运工程的项目管理实践告诉我们，工程设计项目管理的核心任务就是落实三大理念。

每一项重要的奥运场馆工程项目的设计方，都已经在工程项目的设计中落实了三大理念，做出了落实三大理念成果的总结。例如数字北京大厦工程的设计，在绿色奥运理念方面，为了环保，采用了清水混凝土、室外FRP格栅与共享大厅FRP装饰等，减少了环境污染；为了节能，采用了外墙外保温与低辐射LOW-e玻璃幕墙，降低了热传导；采用了LED作为景观照明光源，比常规照明节能约 60%；采用了节水型供水系统，雨洪、中水利用系统等，用于景观水池和园林绿洒；采用了空调热回收系统、变新风比、变频空调系统与采暖加湿、除湿和控制技术，达到了节能效果。在科技奥运理念方面：采用了大面积 FRP、LED、清水混凝土、防静电预制水磨石等新技术、新材料；采用了大空间主动智能灭火系统、空气采样智能报警系统、FM-200 备压式气体灭火系统等新技术；采用了变配电系统的和谐波治理技术，减少了对市政电网的干扰。在人文奥运理念方面：设计实现了建筑与功能的统一、内容与形式的统一、建筑与环境的和谐；在功能上，提供了多种形式的无障碍设施和条件，为残障人员在大厦内的活动提供便利；提供了多种形式的通信设施并实现全覆盖，满足了不同用户的个性化需求，实现了任何时间、任何地点、任何形式的网络通信畅通；在使用上，不仅在赛时可以充分服务于奥运，而且在赛后可服务于数字北京。

因此，工程设计企业进行工程设计项目管理，首先要掌握决策阶段对三大理念的策划结果，以此为目标，进行设计准备，确定设计范围，委派设计项目经理，组建相应的设计团队，按项目管理规范的要求进行全过程的设计项目管理，在管理中把落实三大理念作为指导思想和核心任务。工程设计企业还要在施工和试运行的过程中，进行跟踪、监督和服务，使设计意图得以兑现。今后，应该把落实三大理念作为工程设计项目管理的核心任务，纳入相关的设计规范之中。

4. 实现并运行三大理念是工程施工项目管理的本质要求

工程施工项目管理的本质要求是实现三大理念和运行三大理念。所谓实现三大理念，就是把三大理念的设计成果付诸实施，变成项目产品；所谓运行三大理念，就是工程施工项目管理组织在项目管理的全过程运行中，始终要把三大理念作为守则和标准予以实施，这是对工程施工项目管理的本质要求。

由北京城建集团总承包部总承包施工的国家体育场工程项目（"鸟巢"），在开工之前就制定了"建奥运精品、筑人文丰碑"的方针，把完全实现三大理念的策划成果和设计成果、把国家体育场建设成为人类文化历史遗产项目，作为工程项目管理的任务。在现场管理和物资供应与使用方面，贯彻绿色奥运理念；在人力资源管理和与工程建设相关方沟通方面，贯彻人文奥运理念；在工程施工及项目管理过程中，贯彻科技奥运理念。为了实施科技奥运理念，针对该工程项目十分独特的设计特点而带来的极为复杂的施工技术，北京城建集团国家体育场工程总承包部进行了科技信息查新和检索，组织工程技术人员并联合冶金建筑研究院、中国建筑科学研究院及清华大学等科研院校开展科技攻关，进行科研项目的立项，成立了 14 个课题组具体负责实施，统一制订科技攻关计划发至各课题组，将课题项目落实到课题负责人。经过各课题组的卓有成效的研究和创新，早在 2006 年 10 月之前，就完成了这 14 项课题，其中包括在科技部立项的 6 项，在北京市科委立项的 4 项、完成国家公益性应用类课题 4 项。国家体育场工程已经获得国家级科技进步奖 3 项，北京市科技进步奖 6 项，编制国家级工法 3 项，制定工程验收标准 6 项。该工程已被评为"全国科技示范工程"。这就是科技奥运理念在国家体育场工程施工中获得的巨大成功。

奥运工程施工项目管理的实践告诉我们，实现三大理念是针对项目管理产品的，是由设计项目管理产品传递下来的任务；运行三大理念是指进行工程项目管理全过程中的各项活动都要符合三大理念：

(1) 工程施工项目管理组织要通过工程项目管理规划确定运行三大理念的工作范围、任务、计划和措施；

(2) 在建立项目管理组织时，要设立实施三大理念的职能。项目经理和项目团队员工都要有实施三大理念的意识并在管理工作中把实践三大理念作为自己应承担的社会责任；

(3) 在进行项目合同管理、采购管理、目标管理（进度、质量、成本）、职业健康安全管理、资源管理、风险管理、沟通管理、信息管理时，其程序制定、计划编制、计划实施、动态控制、成果评价等各个环节，都要以落实三大理念为灵魂；

(4) 三大理念是相互联系和相互制约的整体，防止硬性割裂、孤立对待、顾此失彼的问题发生。例如，职业健康安全管理，表面看来是个人文问题，是以人为本的，但是健康和安全要以绿色作保证，以科技作支撑，所以它也是要全面实施三大理念的；

(5) 由于工程施工项目的长期性，大量资源消耗性、露天现场性、人工操作性等特性，带来了工程施工项目管理实施三大理念具有巨大的社会责任性、公益效果性和持久影响性，因此，实施并运行三大理念的重要性是怎么强调都不为过的；

(6) 工程施工企业应在编制工程施工项目管理规程中，制定出实施三大理念的有关条文，并制定出评价指标。

5. 工程项目管理总结中应对实现三大理念进行评价

为了确保三大理念真正在工程项目管理中得以实现，总结经验教训，对工程项目管理组织进行激励，促进工程项目管理科学和实践的持续发展，工程建设相关企业（主要是设计企业和施工企业）应设立指标，在工程项目管理总结报告中，评价并报告实施三大理念情况。建议设置以下范围的指标体系：

（1）在绿色理念方面，围绕循环经济、污染控制、绿色生产三个方面，设置以下内容的评价指标：节能、节水、节材、节地，绿色材料利用，雨水利用，废物利用，废气（NO_2 及 SO_2）控制，废水控制，有害物质控制，垃圾处理，现场管理，文明施工等。

（2）在科技理念方面，围绕新技术应用、创新、科学研究三个方面，设置以下内容的评价指标：新技术应用项目，新技术应用效益，创新投入，创新项目，创新效益，获得专利，制定工法，科研投入，科研成果，科研效益等。

（3）在人文理念方面，围绕经济绩效、社会责任、员工权益三个方面，设置以下内容的评价指标：项目成本，项目工期，项目质量，项目安全，员工健康与安全保证，员工福利，培训教育，民主管理，合同履约，用后服务，业主满意度，社区满意度，社会影响，社会效益，文化效益等。

6. 三大理念是工程项目管理之"魂"释义

通过以上论述，对本文的论题，做出以下释义：

（1）绿色、科技、人文三大理念是所有工程项目管理的理念。

（2）工程项目管理发展战略要实施三大理念，这项战略是绿海战略。

（3）工程项目管理各个阶段都要实施三大理念。

（4）工程项目管理各相关组织都要实施三大理念，其中包括政府相关部门或政府的项目管理指挥部，这是符合我国国情的。

（5）对每个工程项目以及实施三大理念所包含的具体项目要进行逐项策划、立项、设计、施工和进行单项的项目管理。

（6）三大理念的三项理念是对立的统一体，相互联系、相互支持、相互制约，在进行工程项目管理和三大理念项目管理的过程中，要尊重和利用它们的关系，使每一个项目获得成功。

（7）对三大理念项目管理和工程项目管理的绩效要进行评价，设置科学、适用的指标体系，并应当把三大理念项目管理评价指标体系纳入工程项目管理评价总指标体系之中。

（8）实施三大理念应该纳入工程项目决策的政策之中，纳入与工程项目管理有关的规范或标准之中。

（9）以三大理念作为工程项目管理之"魂"，是我国人民对工程项目管理科学的一项重要创新性贡献。

总之，要把绿色、科技、人文三大理念作为"魂"，附体于所有工程项目管理相关组织，融会贯通于工程项目管理的全过程和全部活动，使工程项目获得成功。凡进行工程项目管理，就离不开"魂"的三大理念。三大理念项目只有作为"魂"附体于每个具体的工程项目，才能够体现出它的巨大价值。

【注】本文原载于由中国建筑工业出版社 2008 年出版的《北京奥运工程项目管理创新》一书中。

弘扬北京奥运工程项目管理创新经验

（2009）

《施工技术》杂志编者按：

　　在第 29 届北京奥运会已经成功举办一年后的今天，"鸟巢"、"水立方"、国家体育馆等奥运场馆仍以其独特的魅力吸引着来自世界各地的游人。这些美轮美奂的建筑的形成，是当年建设者精心筹划、设计、施工、组织与科学的项目管理成果，是创新工程项目管理的辉煌成果。建设者们以奥运工程为舞台，演出了世界高端的工程项目管理活剧，为世界贡献了项目群和单体工程的项目管理成功典范。为了弘扬北京奥运工程的项目管理成功经验，我们特邀请了《北京奥运工程项目管理创新》（中国建筑业协会编，中国建筑工业出版社于 2008 年 6 月出版）一书的副主编和统稿人、中国建筑业协会工程项目管理委员会顾问兼专家组副组长、北京建筑工程学院教授丛培经先生，为我们讲述了下面发表的一些内容，中心是"大力弘扬和推广北京奥运工程的项目管理创新经验"。

　　自 2003 年 9 月北京市委、市政府成立 2008 工程建设指挥部伊始，奥运工程便拉开了长达 5 年的建设大幕。在这一千多个日夜中，北京建设了 31 个比赛场馆，45 个独立训练场馆和奥运村、媒体村、国际广播中心等 6 项相关设施，建筑总面积 199 万 m^2，参建单位和人员既包括了北京市几乎全部的建设企业，也牵动了全国许许多多为奥运工程做出了贡献的组织和人员。奥运工程的建设管理成为一项空前复杂的大系统，使我国政府和参建人员面临着严峻考验和挑战。怎样进行这庞大系统的管理呢？北京的建设者选择了先进的工程项目管理模式，创新了大量的北京奥运工程项目管理经验，这是我国人民为世界人民贡献的一笔宝贵的财富。在全国大力宣传学习与推广这些经验是很有意义的。下面谈谈我所了解的北京奥运工程项目管理的十二点经验。

　　第一，确立工程项目管理理念。

　　成功的项目管理首先要有高屋建瓴、统帅全局的科学理念。众所周知，本届奥运会有三大理念，就是绿色奥运，科技奥运，人文奥运。这三大理念也是北京奥运工程的三大理念。它给我们提供了启示，一切工程项目管理都要以绿色、科技、人文作为理念，贯穿于工程项目管理的全过程，作为工程项目管理之"魂",依附于参与工程项目管理的相关组织,融会贯通于工程项目管理的全过程和全部活动,使工程项目管理获得成功。工程项目管理绿海战略的实施、工程决策阶段的项目管理、工程设计阶段的项目管理、工程施工阶段的项目管理都要将"三大理念"贯穿其间。对此我们可以得出以下结论:绿色、科技、人文"三大理念"是所有的工程项目管理的理念;工程项目管理发展战略要求实施"三大理念",实施"三大理念"的战略是"绿海战略"(可持续发展战略);工程项目管理各个阶段都要实施"三大理念";工程项目管理各相关组织都要实施"三大理念",其中包括政府相关部门或政府的项目管理指挥部,这是符合我国国情的;对每个工程项目以及实施"三大理念"所包含的具体项目,要进行逐项策划、立项、设计、施工和进行单项的项目管理;三项理念是对立的统一体,相互联系、相互支持、相互制约,在进行工程项目管理和"三大理念"项目管理的过程中,要尊重和利用它们的关系,使每一个项目获得成功;对"三大理念"项目管理和工程项目管理的绩效要进行评价,设置科学、适用的指标体系,并应当把"三大理念"项目管理评价指标体系纳入工程项目管理评价总指标体系之中;实施"三大理念"应该纳入工程项目决策之中,纳入与工程项目管理有关的规范或标准之中;以"三大理念"作为工程项目管理之"魂",是我国人民对工程项目管理科学的一项重要创新性贡献。有感于此,我曾在《北京奥运工程项目管理创新》一书中撰文阐述,供工程项目管理同仁参考。

第二,要进行全过程工程项目管理。

奥运工程是举全国之力,在多方共同努力、协调下完成的大型群体工程项目,基于该工程项目的特殊性和重要性,政府主管部门、投资、业主、设计、承包、供应、代建、代理、咨询、供应等所有相关组织,从融资开始到设计、招标投标、实施、收尾等各个阶段、环节和过程都要进行项目管理。虽然一个项目管理组织进行全过程项目管理的优越性在理论上早已证明,然而奥运工程项目管理的创新性贡献是在如此庞大的项目群体上进行了全过程管理的成功实践。这个成功既来自于2008奥运工程指挥部的有力号召与推动,也来自于全国建设业20多年来对工程项目管理的研究、实践和情有独钟,以及参建相关组织对奥运工程项目管理的高度重视和精心实施。

第三,重大工程项目的政府指挥组织也要进行项目管理。

北京2008工程指挥部代表政府对奥运工程进行指挥,在奥运工程建设全过程中进行了成功的项目管理。首先是对项目的精心策划,其次是将监管贯穿项目始终,建立监管体系,完善监管制度,全程跟踪,进行项目审计、质量安全监管以及廉政建设监督,从组织、制度、机制、手段等方面实施全面监管;指挥部凭借自身的权威性、号召力和影响力为工程建设创造了其他机构不能给予的有利条件，为奥运工程建设顺利进行起到根本保障作用。2008工程建设指挥部不但自身的工作运行按照项目管理模式，而且指示、指导参建相关组织全部采用项目管理模式。政府参与奥运工程项目管理的实践证明，大型工程项目管理、标志性工程项目管理，尤其是大型政府投资工程的项目管理，必须有政府参与，政府的参与可充分发挥其位置优势和权威作用，起到其他组织无法做到的促进作用，这是由我们的国情决定的。

第四，建立科学的项目管理组织。

上自2008工程指挥部，下到各相关组织，均对建立项目管理组织给予了高度重视。首先是设计科学的项目经理部组织机构图，然后选配称职的项目经理，建立相应的职能部门，配备有相应职业资格的人员，建立制度，确定责、权、利和应承担的风险，形成与项目要求相匹配的组织机构，实行项目经理责任制，以组织的科学合理来确保项目成功。奥运工程的成功，也证明了项目组织建立和组织运行的成功。

更值得一提的是，奥运工程中实行了代建制，通过公开招标投标确定了代建单位，由具有项目综合管理能力的专业化代建单位作为第三方全过程管理项目，这在北京市尚属首次，在这样大型的项目中实施代建制，也是全国的创举。代建制的推行有效控制了工程建设的规模、功能、投资、质量、安全和工期，提高了建设管理水平和投资效益。北京建工集团是最先启动的奥运工程代建项目"中国科学技术馆新馆工程"的代建单位，在代建过程中积累了经验，提升了企业综合实力。

第五，业主组织应进行项目管理。

奥运工程项目管理的独特，就是业主成了工程项目管理的核心组织，由其建立项目经理部，组织项目投融资、设计、施工、运营等环节的综合项目管理，实行项目业主负责制，充分发挥业主的核心组织作用。业主作为项目法人通过招标投标方式产生，这在我国大型工程建设中是创举，它有利于推行建设和运营一体化管理，能实现设计、施工、运营的综合管理，也有利于奥运场馆及相关基础设施的赛后利用。国家体育场、国家体育馆、奥运村、国家会议中心、五棵松文化体育中心、奥林匹克水上公园等6个项目，总投资约205亿元，其中85％的资金经过项目法人招标投标、运用市场机制融资完成，在减轻政府财政负担的同时，创造了公开、公平、公正的竞争环境；而作为业主的项目法人为实现投资效益，势必会加强、完善项目管理，为工程项目建设全过程及运营等创造有利条件。

第六，贯彻实施《建设工程项目管理规范》。

《建设工程项目管理规范》于2001年发布实施，2006年进行了修订。其中阐述了项目管理的四大理念，有24个术语、24项综合性管理、3项目标管理、9项过程性管理。它对工程项目管理的各相关组织都具有指导意义，进行项目管理必须按规范操作才能科学有效。在全国的建设组织中，这方面较好的是工程承包组织，而其他组织的差距都较大。参加奥运工程建设的各承包组织基本都认真执行规范的规定。值得一提的是，作为业主方代表的奥运数字北京大厦建设办公室，在工程建设的全过程中，即在项目决策、管理策划与组织、设计与综合管理、项目收尾验收与运行准备等各阶段和各环节，全面实施了《建设工程项目管理规范》，在取得项目管理成功之后，总结了实施该规范的经验，成为业主单位实施《建设工程项目管理规范》的典范，其做法和经验值得推广。要把我国的项目管理提高到高端水平，必须各大、中、小建设相关企业都来按照规范进行项目管理操作。

第七，做好项目的前期策划和项目管理全过程规划。

项目管理规划是指导项目管理工作的纲领性文件，应对项目管理的目标、依据、内容、组织、资源、方法、程序和控制措施进行筹划与决策，它在项目管理中有着十分重要的作用。工程项目管理应有周密、可行、有效的项目管理规划。项目管理规划既要根据项目需要就如何进行管理作出策划，又要为项目建设的顺利进行创造必要条件，同时确定项目管理目标。奥运工程参建各方，尤其是咨询方、监理方、施工方，都十分重视项目管理规划，规划做得认真，执行到位，发挥作用巨大。凡是有好规划的项目经理部，其项目管理就能出色、成功；没有规划的项目管理也不可能进行成功的项目管理。相应工程创造了大量的可供推广的项目管理规划。北京建工集团所完成的全部奥运工程项目都进行了项目管理规划的经验总结，大都公开出版。

奥运工程的建设不是孤立的，它与城市整体发展、规划相结合。在奥运工程项目的前期策划中，合理规划城市功能布局、推动城市道路建设、增加城市绿化面积、促进城市环境综合治理等，均列入其中，并在方案设计、优化等阶段贯彻实施。奥运工程建设过程也是北京城不断趋于现代化、科技化、人文化的过程，而正是因为有这些前期策划的落实，工程建设才得以更好、更顺利地进行，建成后的工程项目与整个城市布局才更和谐。

第八，项目管理应提出积极可靠的目标。

项目管理的目标是项目管理的方向、引力、动力、追求和结果。制定积极可靠的项目目标是项目成功的法宝，要在项目管理规划中通过认真筹划而推出。

奥运工程建设伊始，北京市委、市政府和2008工程指挥部就提出了工程建设必须按照"安全、质量、工期、功能、成本"五统一目标协调统一地推进，并由项目业主全面承担五统一责任。五统一目标为各参建相关组织的项目管理指出了方向。五统一目标要求狠抓安全质量监管，所有工程都明确严格的安全质量管理标准和质量创优目标，全面开展奥运工程施工现场安全质量标准化工作；五统一目标提出的功能目标打破了原来"三大目标"的禁锢，从项目整体上确定了最重要的目标，也为项目法人的目标管理提出首要目标；各环节都进行成本控制，前期策划、设计优化、招标投标和施工过程等，无不与成本目标管理密切相关。为实现"节俭办奥运"，鸟巢、水立方等项目的瘦身取得了丰硕的成果，是功能目标与成本目标综合优化的成功之举，是为项目增值的典型案例。总之，奥运工程的目标管理经验应记录下浓重的一笔，在全行业中推广这些经验。

第九，重视设计项目管理。

奥运工程设计从引入国际竞赛征集设计方案，到工程建设过程中的优化设计、限额设计，也创新了设计项目管理。这在鸟巢、水立方、北京射击场、北京会议中心、北京数字大厦等项目中表现得尤为突出。设计组织以"绿色、科技、人文"三大理念为主线，创造的可观经济效益、科技效益、环境效益和长远效益，案例举不胜举；设计组织在项目设计中以增值为目标作出的贡献，成为奥运工程分量最重的创新成果和色彩最绚丽的花朵。

第十，创新工程项目管理模式。

根据奥运场馆赛时的作用及赛后的使用，场馆建设的融资既要保证场馆建设按时完成，也要保证赛后能够顺利运营；既要保证资金充足，又要使融资成本小；既要考虑融资效益，又要考虑风险的分散。在此前提下，奥运工程融资利用市场经济手段，通过 PPP、BOT、社会捐赠等方式灵活组合，拓展资金来源渠道。奥运场馆建设投资总量的一半以上是社会投资，如国家游泳中心由海外华人赠款建设，国家体育馆、国家会议中心、五棵松文化体育中心等采取 BOT 融资模式，国家体育场为 PPP 模式，由政府和企业共同出资。这些融资方式，减轻了政府财政负担，降低了投资风险，增强了社会资金活力，实现了全民办奥运，对于类似工程的资金运作有很大的借鉴作用。为了提高建设效益，奥运项目大量采用了总承包建设方式、合伙方式、咨询方式和代建制等方式。以上这些新的建设方式，都要求进行项目管理方式创新，在原来分别发包、国家投资的项目管理传统模式上大力开展项目管理方式的改革创新。

第十一，进行项目的技术管理，提升项目的科技含量。

"绿色、科技、人文"三大奥运理念，以及设计国际化趋势，为奥运场馆建设增添了高科技含量。无论是城市绿化、环保及污染综合治理，还是国际设计元素中的奇特造型、复杂结构、凸显的人文关怀及节能减排的高水平体育馆，同样都需要科技含量高的项目管理。反过来，对这些高水平工程项目的建设和管理过程将进一步提高项目管理的科技含量，促进项目管理不断完善。有关项目管理中的技术管理，我国过去不太重视，规范中涉及的也较少。奥运工程的项目管理给了我们启示。面对工程中大量的设计新技术、施工新技术、设备新技术和材料新技术，如果我们对其项目管理不重视或不研究，仍按传统模式操作，是不可能取得成功的。鸟巢工程、水立方工程、首都机场新航站楼工程等的项目技术管理，都取得了成功经验。北京建工集团的国家会议中心工程，由于进行了成功的项目技术管理，创造了 25 项新技术。现在，北京工程管理科学学会每年出版一本著作，名称是《重点建设工程施工技术与管理创新》，其中以对项目的技术管理总结为主，目的是推动工程项目的技术管理。他们的这个做法值得学习。如果能按这种做法把奥运工程项目的技术管理创新成果总结出来，推广开来，它便可成为奥运工程项目管理的一个很重要的创新点。

第十二，重视风险管理和信息化管理。

奥运工程充分运用了信息和网络技术，实现建设工程数字化管理，以提高管理效益和经济效益，促进建设工程管理优化升级和企业可持续发展。建立奥运工程建设项目管理信息平台成为各个参建单位的共同追求，如国家体育场工程总承包部使用"国家体育场工程总承包信息化 4D 管理平台"、"国家体育场工程协同资料管理平台"，提高了工作效率并转变了工作模式；许多项目开发了工程施工实时监控系统，通过自动化办公实现项目管理信息的共享，在奥运工程上创出了大批项目信息化管理成果。

奥运工程建设规模大、技术复杂、建设时间长，当然风险很高，需要有效识别工程风险，重视和加强工程项目责任风险管理。例如北京城建集团围绕国家体育场工程项目的进度、质量、成本、安全、环境五大要素，通过定性与定量分析相结合，对各种风险因素进行综合评价，合理分担项目风险，同时建立健全风险管理体系，在工程初期即对各种潜在风险进行了全面预控，因而战胜了许多重大风险，确保了工程建设总目标的实现。在重视和加强风险管理方面，奥运工程的项目管理也创造了许多成功经验。

【注】本文原载于《施工技术》杂志 2009 年第 11 期。

项目经理职业化是项目管理必由之路

（2010）

由中国建筑业协会、中国化工施工企业协会等 12 个"中字号"建设行业相关协会联合发布的"建协［2008］28 号《关于全面推进项目经理职业化建设的指导意见》"（以下简称"28 号文"）及其两个附件，是贯彻中共中央、国务院《关于进一步加强人才工作的决定》（以下简称《决定》）精神，在建设类企业中实施人才战略，对企业中占经营管理人员很大比重的工程项目经理（以下简称"项目经理"）人才进行培养、吸引和使用的纲领性指导文件，应当引起全体建设类企业及其项目经理的高度重视，加强学习，全面贯彻实施。下面谈谈我对解读"28 号文"的一些体会。

（1）"28 号文"提出的"全面推进项目经理职业化建设"，是提高我国工程项目管理水平的关键措施。这是因为，项目经理是工程项目管理的核心和领导者，是企业中的关键人才和组织基础。提高工程项目管理水平必须依靠项目经理，而这项措施的实施将大大提高广大项目经理的职业化水平，从而把我国的项目管理提升到一个新的平台。所谓职业化，简单说来就是专职化，也就是以项目经理为职业在市场上从业。

（2）项目经理职业化建设的全面推进范畴。"28 号文"所说的"全面推进"，指的是推进项目经理职业化建设的全面性，就是要从全行业、全企业、全部工程项目、全体项目经理的广度上推进项目经理职业化建设；从思想、知识、能力、标准的全新高度提高项目经理的职业化水平，"28 号文"为此而进行了全面部署和指导。所以"28 号文"的发布是我国工程项目管理发展历程上的重要一步。

（3）推进项目经理职业化建设的主体是全体项目经理。也就是说，能否成为职业项目经理，要靠全体项目经理自身的努力，政府、行业、企业和相关单位（如培训单位）只能起辅助、促进作用，不能起决定作用。政府建设行政主管部门发挥监督指导作用；行业协会提供服务，反映诉求，规范行为；企业把项目经理作为宝贵财富，纳入企业发展规划，以聚才的方法培养，以识才的慧眼选拔，以爱才的诚心任用；培训机构发挥支撑作用，重诚信、高水准、强管理，以行业需求为导向，以理论与实践相结合为主线，以提高培训质量为根本，创造性地开展职业化教育和培训工作。

（4）兼顾重视业主、设计、监理、代建、代理、咨询、供应等相关组织的项目经理。应当明确，虽然全体项目经理中的主要部分分布在工程承包企业中，但是也必须重视业主、设计、监理、代建、代理、咨询、供应等所有与工程相关组织的项目经理，尤其是业主组织的项目经理，他们是项目管理核心组织中的项目经理，是该项目全面管理的总组织者。没有各相关组织项目经理的协调管理，要取得项目的成功，是完全不可能的，应当向全体项目经理宣传推广"28号文"，做到全部项目经理职业化。

（5）推进项目经理职业化建设的关键内容是专业化。专业化就是要精通所在工程专业的项目管理；不是非所在工程专业的项目管理；不是一知半解，不是会干不会管或以干代管，也不是会说不会干。有些人对专业化的认识过于片面，认为专业化是指技术方面而不是管理方面，更不是项目管理的专业化。项目经理专业化的关键是工程项目管理专业化，技术和一般意义上的管理都是与其相关的，但不是关键。工程项目管理是独立的专业，是科学，也是专业技能，是职业化的灵魂和支柱。

（6）推进项目经理职业化建设的关键途径是学习。当然，在实践中加强锻炼也是推进项目经理职业化的途径，但这不是其关键途径。在知识经济时代或信息化时代，知识以爆炸方式增加，要做到专业化，关键是要通过学习补充知识，包括学习项目管理传统理论知识，实践经验、创新知识及其他相关知识。

（7）国内外有关项目管理的新知识是项目经理职业化学习的关键内容。如我国在北京奥运工程中的项目管理创新知识，诸多企业创新的工程总承包项目管理知识等。将"科技、绿色、人文"三大理念作为工程项目管理之"魂"，是我国在北京奥运工程中创新的项目管理理论，应当对此进行推广学习，进而提高项目经理的业务素质。目前项目管理工作中存在重干轻学、重外轻内现象，应大力除弊。只干不学必然导致瞎干、错干、蛮干、坏干；重外轻内必然导致脱离国情、行情、业情。另外还存在为取证而学、为年检而学、为猎奇而学等问题，也要摒弃。为实现项目经理职业化，项目经理要能够静下心来，投入时间和精力，系统、扎实、全面地学习，补充项目管理知识。所以，企业要成为学习型的企业，项目经理部应成为学习型的团队，项目经理要成为学习型的人才。

（8）加强项目经理的业务素质学习。学习的目的既然是提高项目经理的项目管理水平，那就必须克服项目经理的弱势。"28号文"中提到的项目经理三项素质（政治素质、业务素质和职业能力素质）中，业务素质是其"软肋"。例如，不少项目经理搞不清"什么是真正的工程项目管理"这个起码知识，不知道项目管理到底应该怎么做，对《建设工程项目管理规范》中的规定了解甚少、甚至完全不了解。当然项目经理工作忙，但这不是拒绝学习的理由。有些项目经理进行了学习，却不愿学《建设工程项目管理规范》中的项目管理知识，只想听案例。案例是在规范的理论指导下产生的，学习案例是要学习其中体现的理论及其应用方法，所以学习的"纲"是规范中的规定而不是"案例"。

（9）在项目经理职业化学习中发挥关键作用的是得到政府或协会认可的培训机构和企业自身的教育部门，而不是以盈利为目的、教学软硬件全无的"教育商人"。培训的内容是按《项目经理职业化培训大纲》（"28号文"的附件二）和由建筑业协会编写、建工出版社正式出版的"项目经理职业化培训系列教材"，因为它们是根据"28号文"和《建设工程项目经理岗位职业管理导则》编写的适用大纲和教材，内容、水平、时间等都是符合要求的。

（10）项目经理职业化培训的关键人物是教师。加强教师队伍建设应当是其中一个关键环节。一个地区，应该形成批量教师；一个培训点或企业，应该有可靠的师资来源，但不能与学校争教师而分散教师的校内教学精力。项目经理职业化培训的教师应当精通系统的项目管理理论知识，具有较丰富的项目管理实践知识，能够理论结合实际地进行案例教学。教师来源除了选聘以外，还要进行计划培养。有了优秀的教师，才能保证项目经理职业化培训的良好效果。

（11）实施"28号文"要按《建设工程项目经理岗位职业管理导则》（"28号文"的附件一，以下简称"《导则》"）的导向去做。《导则》把项目经理划分为A、B、C、D四个评价等级，其中A级是工程总承包项目经理，B级是大型工程项目经理，C级是中型工程项目经理，D级是小型工程项目经理。《导则》规定了各个评价等级项目经理的能力要求和必须具备的条件，明确了建立和实行"统一标准，自愿申报，专业培训，行业考核，企业选聘，市场认可，编号登记，颁发证书"的项目经理职业管理机制，为加强行业自律、为企业任用合格的项目经理提供了依据，较好地实现了项目管理活动中专业技术人才和经营管理人才提高知识素质和加强专业能力的有机结合。

（12）项目经理职业化建设的四个重要环节，即素质培养、能力考核、行业服务与总结提高。"素质培养"主要靠工作实践，且随着工程规模的扩大、项目管理模式的多样、国际工程承包的发展而要求越来越高；"能力考核评价"以市场需求和出资人认可为依据；"行业服务"指拓宽协会为项目经理职业化建设的服务领域，包括建立人才数据库、健全市场诚信体系、为企业提供全过程服务等；"总结提高"指不断总结职业化建设的经验，形成规范，促进职业化建设水平持续提高并加快与国际接轨。

（13）建造师执业资格培训、注册与项目经理职业化建设应协同推进、相互补充。建造师作为专业人员的执业资格，重在知识和能力的积累，在政府主管部门注册后方可执业。项目经理是企业的经营管理人员，需要企业授权于具有综合管理能力的人员担任，重在经验、业绩的积累。执业资格是职业化的基础和条件，要接受职业岗位的选择。绝对不可用建造师制度代替项目经理岗位责任制度。

（14）以职业化建设巩固项目经理责任制，以项目经理责任制推动项目生产力的发展。虽然我国已经普遍建立了项目经理责任制度，实现了项目中生产关系的变革，但是如果没有高度专业化的职业化项目经理队伍的支撑，这项制度不可能巩固，也不可能促进项目生产力的发展。职业化建设搞好了，人才具备了，项目经理责任制才有人才保障，才能巩固项目经理责任制，才能科学地进行工程项目管理，不断提升项目管理的水平。

（15）加快建立《工程项目经理素质标准》，科学评价项目经理职业化建设成果。《决定》指示，"努力形成科学的人才评价和使用机制"，"完善人才评价标准"，"建立人才评价指标体系"。制定《工程项目经理素质标准》，建立科学的工程项目经理素质评价指标，设计一套客观的、全面的、操作性强的、评价内容可以结构化、标准化、以定量评价方法为主的工程项目经理素质评价方法，正是为了在建筑企业中贯彻《决定》的上述指示精神，建立良好的工程项目经理人才机制，科学、准确地对职业化建设过程中项目经理的素质进行评价和鉴别，为建设企业发展项目管理核心人才，培养、选拔、使用、考核和评价项目经理提供可靠依据，从而做到工程项目经理人尽其才、才尽其用，避免人才滥用和庸才错用，充分发挥职业化项目经理的积极性和创造性，为各行业建筑企业的健康、持续、科学发展，为每个工程项目的成功建设，为全面建设小康社会，提供强大的组织和智力支持。

【注】本文原载于《施工技术》杂志 2010 年第 1 期。

工程项目管理组织环境剖析及案例

（2011）

　　事物总要在一定的客观环境中生存与发展的，工程项目管理也不例外，在进行工程项目管理时应当认清环境，重视环境，预测影响，利用机会，避开风险，消除威胁，疏通关系，排除障碍，赢得成功。工程项目管理是一种一次性的社会经济活动，其所面临的客观环境系统具有许多子系统，包括自然环境、社会环境、政治环境、经济环境、组织环境、市场环境、法律环境、技术环境、文化环境、国际环境等，错综复杂，认识清楚并处理得当并非易事，需要企业领导和项目经理以高超的管理水平，认真分析，正确预测，科学决策，努力处理好工程项目管理所处的环境。本文仅对工程项目的相关组织环境进行剖析并介绍案例。

　　工程项目管理的相关组织环境就是工程项目的利益相关者，即在项目实施中和项目完成后与其利益相关的组织。不同的组织，对工程项目有不同的期望，享有不同的利益，在工程项目管理中扮演不同的角色，有不同的管理目的和利益追求。为了确保项目管理成功，应分析各利益相关者在项目管理中的地位、作用、沟通方式和管理特点，以便充分调动其管理积极性，保证项目成功。工程项目管理者处理与各相关组织关系的总原则是：加强沟通，密切配合，互利双赢。

1. 相关组织的构成

　　工程项目的相关组织包括：投资人、建设单位、中介组织、使用者、研究单位、设计单位、施工单位、分包单位、生产厂商、主管部门、监督机构、检测机构、地区社会等，其中与工程项目管理关系紧密的是签订合同的有关组织。

　　（1）投资人

　　投资人是为工程项目提供资金的人，可能是项目的发起人，也可能是项目发起人的融资对象。如果是项目发起人，则会对工程项目给予多方面的支持，决定着工程项目的发展方向和产出效果。投资人的目的是通过投资，使工程项目完成，使产品满足其获得收益的期望。作为发起人，其职责是发起项目，提供资金，保证项目的正确方向，为工程项目提供与发起人身份相称的支持，对工程项目范围的界定予以审核、批准，批准工程项目的策划、规划、计划、变更报告，监督项目的进程、资金运用和质量，对需要其决策的问题做出回应。

（2）建设单位（项目法人）

建设单位是受投资人或权利人（如政府）的委托进行工程项目建设的组织，是建设项目的管理者。国家计委于 1996 年发布《关于实行建立项目法人责任制的暂行规定》，要求国有单位建设大中型项目在建设阶段必须组建项目法人，按公司法的规定建立有限责任公司或股份有限公司，所以，建设单位可能是项目法人。建设单位也有可能是投资者，可以称为项目业主。从承发包方面看，也可以称为发包人。从投资者的利益出发，根据建设意图和建设条件，对项目投资和建设方案做出决策，并在项目的实施过程中履行建设单位应尽的义务，为项目的实施者创造必要的条件。建设单位的决策、管理水平、行为的规范性等对一个项目的建设成功起着关键作用。

（3）中介组织

建设单位对建设项目进行管理需要一定的资质。当建设单位不具备工程项目要求的相应资质时，或虽然具有相应资质但自身认为有必要时，或制度要求必须时，可聘请具有相应资质的中介组织进行管理或咨询，如进行项目策划，编制项目建议书，进行可行性研究，编制可行性研究报告，进行设计和施工过程的监理，造价咨询，招标代理，项目管理等。中介组织应作为单独一方，而不是"代甲方"。咨询公司、招标代理公司、造价咨询公司、工程监理公司、工程项目管理公司等均可为建设单位提供所需要的服务。中介组织进行的项目管理，称为工程中介项目管理。监理公司进行的工程项目监理，也是工程项目管理。

（4）工程项目产品使用者（用户）

生产性项目或基础性设施的使用者，是工程项目产品移交后的接收者，可能是建设单位或投资者，也可能是国家，对工程项目的功能要求起主导作用，也有费用要求、工期要求和质量要求。

非生产性项目包括公共项目、办公楼宇、商业用房、民用住宅等，既是广义的社会财富，又是人们生活的消费资料，使用者就是用户或物业管理者。使用者对项目产品既有功能要求，又有质量要求。随着社会生产力的发展和生活水平的提高，消费的观念和要求也会发生变化，这对工程项目的策划、决策、设计、施工乃至保修，都提出了越来越高的要求。工程项目管理者必须坚持质量第一、用户至上、综合效益满意的指导思想，把使用者的评价作为评价工程项目管理效果的依据。

（5）研究单位

工程项目的实施过程，往往也是新技术、新工艺、新材料、新设备、新管理思想和方法等自然科学和社会科学的新成果转化为社会生产力的过程。因此，研究单位是工程项目的后盾，为工程项目的策划、决策、设计、施工、管理等提供社会化的、直接的或间接的科学技术支持。工程项目管理者都必须充分重视研究单位的作用，注意社会科学技术和生产力发展的新动向，运用新成果，既对项目管理产生积极影响，又对工程项目产品的运营、使用和效益的提高产生极为重要的作用。

（6）设计单位

设计单位将建设单位的意图、建设法律法规的规定和建设条件作为投入，经过设计人员在技术、经济和管理方面综合的智力创造，最终产出可指导施工和安装活动的设计文件。设计单位的工作联系着工程项目的决策和施工两个阶段，既是决策方案的体现，又是编制施工方案的依据。它具体确定了工程项目的功能、建设规模、技术标准、质量水平、总造价等目标。设计单位还要把工作延伸到施工过程，直至竣工验收交付使用的工程项目管理最后阶段，以便处理设计变更和其他技术变更，通过参与验收确认施工中间产品和最终产品与设计文件要求的一致性。因此，设计单位不但责任重大，而且工作复杂、时间长，必须独立地进行设计项目管理。

（7）施工单位（建筑企业）

施工单位承建工程项目的施工任务，是工程项目产品的生产者和经营者。施工单位是建设市场的主体之一，一般都要参加竞争取得施工任务，通过签订工程施工合同与建设单位建立协作关系，然后编制施工项目管理规划，组织投入人力、物力、财力进行工程施工，实现合同和设计文件确定的功能、质量、工期、费用、资源消耗等目标，产出工程项目产品，通过竣工验收交付给建设单位，继而在保修期限内进行保修，完成全部工程项目的生产经营和管理任务。建设单位对施工单位主要的要求是搞好施工，产品符合要求。施工单位为了满足建设单位的要求，除了搞好施工过程的各种活动以外，还必须进行长期、艰苦、复杂的项目管理。由于施工单位的工作在工程项目中的重要作用和生产经营活动在国民经济中的巨大作用，我国进行了施工项目管理的长期实践和创造，在2002年颁发了《建设工程项目管理规范》，2006年进行了修改，2009年开始进行项目管理职业化建设，实现了施工项目管理的科学化、规范化、法制化和逐步职业化。

（8）分包人

分包人包括设计分包人、供应分包人和施工分包人，从总包人或总承包人已经接到的任务中获得任务。双方成交后建立分包合同关系。分包人不直接对建设单位负责，而直接对总包人负责，在工程质量、工程进度、工程造价、安全等方面对总包人负责，服从总包人的监督和管理。

（9）生产厂商

生产厂商包括建筑材料、构配件、设备、其他工程用品的生产厂家和供应商。他们为工程项目提供生产要素，是工程项目的重要利益相关者。生产厂商的交易行为、产品质量、价格、供货期和服务体系，关系到项目的投资、进度和质量目标的实现。工程项目管理者必须注意供应厂商的这些影响，在进行目标制定、设计、施工、监督中认真选择供应厂商，充分利用市场优化配置资源的作用，搞好供应，加强资源计划、采购、供应、使用、核算等各方面的管理，为工程项目取得良好技术经济效果打下基础。

（10）贷款方

贷款方指银行（或银团），他既可以为投资人管理资金，又可以为工程项目提供资金支持，还可以为工程项目管理提供其他金融服务。工程项目管理组织贷款要与贷款方签订贷款合同，故应按合同处理两者之间的关系，按金融运行法则和财会制度办事。

（11）政府主管部门

政府主管部门虽然与项目管理组织没有合同关系，但是由于其特殊地位和手中掌握部门管理权力，故他是项目管理的相关组织，具有以下作用：

第一，贯彻工程项目管理的法律、法规，制定发布有关部门规章、标准、规范、规定、办法，保护社会公众利益，满足工程项目管理上层建筑方面的需要。

第二，按照《中华人民共和国建筑法》中关于建筑许可方面的规定，负责发放施工许可证、对项目管理组织资质认定与审批、对技术与管理人员执业资格认定与审批。

第三，通过调控建设市场，使市场引导企业，企业管理工程项目，间接对工程项目管理发挥作用。

第四，对企业在市场与项目管理中的行为进行行政监督、执法监督、程序监督、价格监督等。

第五，对国有投资工程项目和国有资金控股项目直接确定或招标选定项目法人，通过项目法人进行工程项目管理，并作为投资人、监督人和使用人，对工程项目进行相应的监督、检查和管理。

第六，在总体上对工程项目进行计划平衡管理，审批有关重点项目的规划、项目建议书、可行性研究报告、立项、概算、设计，组织对工程项目产品进行国家验收等。

（12）质量监督机构和质量检测机构

我国实行质量监督制度，质量监督机构代表政府对工程项目的质量进行监督，包括对设计、材料、施工、竣工验收的质量监督，对有关组织的资质与工程项目需要的匹配进行检查与监督，以充分保证工程项目的质量。

我国实行质量检测制度，由国家技术监督部门认证批准建立工程质量检测中心。它分为国家级、省（自治区、直辖市）级和地区级三级，按其资质依法接受委托，承担有关工程质量的检测试验工作，出具检测试验报告，为工程质量的认证和评价、质量事故的分析和处理、质量争端的调解与仲裁等，提供科学的检测数据和有权威性的证据。

质量监督机构和质量检测机构也都是中介服务组织。

（13）地区社会

工程项目所在地区有许多系统的接口与配套设施，都对工程项目提供条件和要求，包括供电、供气、给水、排水、消防、安全、通信、环卫、环保、绿化、道路、交通、运输、治安、居住、商店、其他建筑设施及其使用者等。密切的沟通与协调、相互的支持和理解是非常必要的。项目管理者不可忽视其中的任何一个方面。

2. 首都博物馆新馆工程处理相关组织关系的经验

首都博物馆新馆工程（以下简称首博工程）地处北京西长安街延长线，白云路北口的西侧。占地面积 2.4 公顷，总建筑面积 63390m²，建筑高度 42m，地上 5 层，地下 2 层。地下为通体，地上主体结构由基本展厅、专题展厅和办公楼三部分组成，展厅首层高达 10m。基础为钢筋混凝土梁板式筏形基础，主体为框架剪刀墙体系，层顶为钢结构，椭圆斜筒结构为抗侧力筒体。抗震设防为乙类，框架、剪力墙抗震等级为一级，耐火等级为一级，人防抗力等级为六级，设计使用年限为 100 年，总投资为 13 亿元。首博工程是新中国成立以来北京市投资规模最大的文化公益设施，成为北京市标志性建筑之一，强调"以人为本，以文物为本"的理念，集文物收藏、展览、修复、研究、教育、文化交流为一体。设计方案选型别致、新颖大方、功能齐全，设计理念体现了过去与未来、历史与现代、艺术与自然的和谐统一。它是 2008 年北京奥运工程体现"人文奥运"的代表工程。首博工程施工方是北京建工集团总承包部（以下简称总承包部）。为了全面实现对业主的合同承诺，项目经理部领导层由项目经理、项目执行经理、党支部书记、项目总工程师、生产副经理 5 人组成；下设工程部、技术质量部、机电部、物资部、预算部和综合办公室。为了整合社会资源，为广大市民提供一座建筑精品，项目经理部在处理相关组织关系中确立了"大顾客"理念，即把相关组织都视为"大顾客"，纳入被服务领域，高度重视沟通管理，从而正确处理了工程施工项目管理过程中的十大组织关系，保证了管理目标的有效控制和精品建筑的建成。

（1）项目经理部与业主的关系

项目经理部与业主的关系是最主要的关系，它对与其他组织的关系有统领作用。在工程招标投标阶段，双方是市场经济中两个主体，通过价格杠杆、平等协商以求共赢的关系；进入施工阶段以后，就必须全心全意地为业主（顾客）服务，通过高标准的服务达到共赢的目的。

新馆工程投资方是北京市政府。市政府抽调专业人员成立了"首都博物馆新馆工程建设业主委员会"（简称业主）。业主由特聘专家、首博专家和聘请的项目管理公司组成，阵容强大，要求严格。项目经理部受企业委托，在现场全权处理与业主的关系，代表企业为业主服务，为业主排忧解难，其做法如下：

第一，全心全意地服务，始终把业主放在"上帝"的位置，为业主排忧解难。

第二，用实绩取得业主信任。例如，工程最大的难点是全现浇混凝土椭圆斜筒工程，其平面为椭圆，壁厚400mm，长轴为36m，短轴为27m，竖向沿长轴方向倾斜，倾斜比为10：3，倾斜度为16°，椭圆平面内设有11根圆形斜柱，有90°圆心角的弧形斜墙，混凝土强度等级为C40。为了完成任务，项目经理部从样板入手，进行了一系列技术创新，使这项施工工艺被建设部批准为国家级工法。此举赢得了业主对项目经理部保证质量的高度信任。

第三，实事求是地消除沟通障碍，以诚、以心、以正直相待，交真朋友，把竞争关系变成了伙伴关系，彼此信任，相互依存，经济上以理求信，实事求是地维护自身的合法利益。

（2）项目经理部与企业主体的关系

项目经理部是施工企业的派出机构，是企业经济活动的主要团队，是企业盈利的主要源泉，是企业面对社会和市场的窗口，是企业在市场动作中的内部利益相关者，是企业文化中经营理念、经营目的、经营方针、经营目标、经营行为、经营形象、价值观念和社会责任等的直接体现者和承担者。项目经理部与企业的关系，既是被领导与领导的关系，又是内部经济责任关系。在整个施工过程中，企业给予项目经理部资源支持、管理、监督和服务。离开企业，项目经理部将寸步难行。完成项目和向企业负责，是项目经理部的天职。为企业创造利润，是项目经理部的重要任务。

（3）项目经理部与上级领导的关系

项目经理部与上级领导的关系，是指与企业以外的各级领导的关系。重点工程的项目经理部有更多与上级领导直接接触的机会，上级领导可能会直接提出要求，甚至布置工作。落实上级指示，完成任务，是项目经理部的责任。从更大的方面看去，上级领导也是顾客，是代表着更广泛、更广大群众利益的顾客，让这个层次的顾客满意，是对工作更全面的考验。

（4）项目经理部与设计单位的关系

首博工程是由法国 AREP 设计公司和建设部设计研究院联合设计的，在施工过程中主要由建设部设计研究院进行设计指导和管理。施工方与设计方的关系往往你中有我、我中有你，而设计单位始终起着指导作用。设计图纸在施工中不断创新、不断完善，导致了"三边"工程。为了不使"三边"工程影响项目正常运行，项目经理部采取的措施是：第一，加强信息沟通，把设计可能对施工造成的负面影响降到最小限度；第二，争取设计单位支持，及时向供应商进行设计交底，以减少加工订货的失误、加快其进度、保证其质量。第三，主动地与设计单位配合，及时办理设计变更洽商，以增加预算收入，减少损失。

（5）项目经理部与监理机构的关系

监理机构既对业主负责，又对施工单位负责，一手托两家。处理与监理机构关系的要点是：第一，教育职工克服对立情绪，服从监督；第二，积极配合监理机构的工作，在人员配备、组织管理、检测设备、施工过程等各个环节上全部做到位；第三，通过严格管理、把好质量关、消灭质量隐患等，树立良好的管理形象，建立与监理机构相互信任、相互帮助的运作机制；第四，把好隐蔽工程的质量关，隐检工程和预检的工程不经监理人员验收不进行下道工序；第五，自觉抓好"第一次"、"重点"和"临界点"工程的施工和管理。所谓"第一次"，就是现场第一次做的某些关键部位，做到有样板、有交底、有过程控制；所谓"重点"，是指重点部位，也是目标控制的重点；所谓"临界点"，是指结合部，是工序、部位和专业管理的结合部，是难点、关键点、易出问题点，必须与监理机构一起控制好。

（6）项目经理部与分包单位的关系

首博工程施工的大小分包单位有 50 多个。其中，有总承包部下的分包单位，有业主直接指定的（甲定）乙签分包，有使用单位（首都博物馆）指定的展览和陈设分包。面对这些分包队伍，项目经理部提出的工作原则是：依据合同约定管理好自己的分包，其他分包以为工程负责、为业主服务的思想，视同自己的分包代行管理。

（7）项目经理部与供应商的关系

与供应商的关系是市场中的买卖关系，供应市场复杂多变，暗藏玄机，可能买不到真正的品牌货，也可能卖方不能按时供应，还可能因为资金不到位而拖欠供应商的货款。首博工程的物资采购和加工订货方式总原则是集中管理，A 类材料和大宗材料等重要的采购和租赁，由总承包部统一签订合同与管理，全部按照"阳光工程"的要求做到公开、公平、公正，进行采购招标，货比三家，择优选用。项目经理部只对材料和物资进行使用与现场管理，与供应商建立伙伴关系，请他们监督，防止出现贪腐问题。

（8）项目经理部与社会公众的关系

首博工程有周边居民 3200 多户，相邻单位 8 个，在长安街旁接受市民的监督，与社会距离极近，社会责任重大。项目经理部把他们也看成顾客，是没有直接经济利益关系的特殊顾客，是第三只监督的眼睛。因此，严格按照集团公司 CI 管理的统一要求，优化施工场容场貌；在红字白墙上镌刻着"新世纪、新建工、新首博"，显示良好的企业文化和形象；向周边居民和单位发送公开信取得社会的理解和支持；采取措施，把可能的扰民问题减到最少；主动为居民排忧解难以拉近距离、加深感情、增进理解，真正融入首博周边的社会圈。

（9）项目经理部与政府职能部门的关系

市政府与工程有关的职能部门，包括交通、环保、城管、卫生、防疫、公安以及市、区建委等，都可依法对施工现场进行监督，都有权对工地进行检查。项目经理部对此当作对工作的支持，努力做到来时欢迎、主动请示、主动求助、接受检查、迅速整改，形成指导关系、服务关系、对话关系、互助关系。

（10）项目经理部与新闻媒体的关系

首博工程备受新闻媒体关注。业主委员会有对外报道的专门文件要求，项目经理部按照执行，与媒体建立了共赢关系；为媒体提供真实信息，赢得媒体的支持和监督；工程的进展状况不断地通过媒体向社会公布，使社会民众看到首都建设者的风采。

【注】本文的"相关组织构成"根据中国电力出版社出版的《建设工程项目管理》一书的自编部分整理；"首都博物馆新馆工程处理相关组织关系的经验"根据北京建工集团总承包部党委书记臧红星提供的资料整理。

工程项目管理案例的亮点评析

（2012）

1. 工程项目管理综合案例①

"工程项目管理综合案例"的内容不是专题性的，而是多专题的综合，是从项目的整体上以全过程为着眼点进行的全面管理。

（1）从项目的整体上以全过程为着眼点进行的全面管理，应当如同《建设工程项目管理规范》GB/T 50326—2006 中所规定的，包括范围管理、管理规划、管理组织、项目经理责任制、合同管理、采购管理、进度管理、质量管理、职业健康安全管理、环境管理、成本管理、资源管理、信息管理、风险管理、沟通管理、收尾管理。本章各案例都在某几个方面取得了创新成果，特别是理念创新、组织创新、方法创新、技术管理创新、环境管理创新等更值得我们研究、学习、参考。

（2）一切工程项目都应该进行项目管理。大型、复杂、高难的项目，处在恶劣环境下的项目、一般的项目都要进行项目管理。凡是有难题的项目，工程项目管理就是破解难题的金钥匙。所有案例所取得的成效都是很喜人的，803 号案例创造了世界第一的超高层钢结构施工速度，804 号案例攻克了万里长江第一难隧，这些成效都是世界一流水平的。

（3）业主方是建设工程项目实施过程的总集成者和总组织者。案例 801 "奥运数字北京大厦工程全过程项目管理"是业主方进行的工程全过程的项目管理，实现"安全、质量、工期、功能、成本"五统一，其管理实践符合 GB/T 50326 的规定，取得了项目管理和工程建设的成功，可作典范。

（4）要取得项目管理的成功，必须针对项目的特点和难点，包括技术难点和管理难点。找准难点是项目管理取得成功的前提。难点是压力也是动力，是项目管理的重点和取得管理成效的平台。案例的技术难点找得准，寻找相应的管理难点也就有了方向。

（5）项目管理应该是精细的管理。案例 802、805 都是以精细化管理为题进行实践和总结的，它们是精细管理的典范。案例 805 说得好："精细化管理摒弃传统的粗放式管理模式，把提高项目管理效能作为管理创新的基本目标，用具体、明确的量化标准，取代笼统、模糊的管理要求，将量化标准渗透到管理的各个环节，以量化的数据使无形的管理变成有形的管理，利用量化的数据规范管理者的行为，并对管理进程进行导引、调节、控制，从而便于及时发现问题，及时矫正管理行为。"所以应大力提倡推广精细化管理，用以改革粗放式管理。

（6）创新是项目管理发展和提高的必由之路。各案例所总结的项目管理创新或闪光点，成果之丰富值得我们认真研究和学习应用。例如，各案例都用加强技术管理解决技术难题；案例801业主方进行全过程项目管理的创新性运作；案例802用自编的《项目管理手册》实施精细化管理；案例803用进度管理创钢结构2天一层的世界施工新速度；案例804在江底60m处解决6大世界级技术难题；案例805走精细化管理之路的一些做法；案例806建立"双优化"与技术创新体系；案例807在偏僻的山区和恶劣环境下完成重量级国防任务，采用军地联合的办法进行创新；案例808倡导"经营项目"理念和"创造品牌、创造效益、培育人才、培育协力队伍"的项目管理价值观，确定四个主要创效空间（"二次营销"、材料选用优化、暂估价与指定分包招标投标、优化与深化设计）解决6大难题；案例809利用工程总承包模式解决5类风险，创造具有国际水平的国家第一，取得5大成效；案例810的"三位一体"管理方式、强化"六个协调"、"五个接口"；案例811精细全面的过程管理；案例812进行时间管理时采用关键线路法和资源平衡法进行计划的优化，是进度管理科学方法的灵活应用。

（7）工程项目管理的各个环节（过程）是先后有序的，但又是相互联系和相互制约的，不能孤立地运作；取得的成效也不要轻易地与某个环节的运作对应；项目管理有丰富的工具和科学方法可以充分利用。管理和技术是推动项目生产力发展的两台引擎。

2. 工程项目进度管理案例②

施工项目进度管理是实现进度管理目标，达到优化程序和节约时间的目的。程序优化和时间节约相互依存，相互制约。各案例都在节约时间方面进行了许多细致的考虑，取得了较好的实施效果。

施工进度计划过程涉及两个工期目标：一个是合同工期，一个是计划工期。合同工期是业主方的要求，并与承包方达成协议后见诸文字的；计划工期是为了实现合同工期经承包方编制计划、科学排序后决策的，计划工期及其相应的施工进度计划，应是直接进行项目进度管理的指导文件。各个案例都明确了这个道理，而且都对进度计划的编制给予了重视。合同工期是从业主方的主观需求提出来的。往往给承包方造成时间压力。因此，几乎所有的案例都具有一个"工期紧"的共同难点。这使过程进度计划的编制和优化成为进度管理的前提，是成功进度管理的第一步，因此，合同工期的确定应该由承发包双方本着实事求是的科学态度进行协商，综合考虑需求与可能，为项目进度管理创造一个宽松和谐的环境，就不会因为"工期紧"而为难或乱了章法。

进度目标是项目的管理目标之一，它与质量目标和成本目标是平等的、相互依存和相互制约的。从几个案例上来看，为了提高项目管理的水平，提升工程项目建设的效益，应大力实施"在保证质量和节约成本的前提下，合理利用和节约时间"的进度管理方针。

可喜的是，各个案例都用网络计划方法和计算机编制进度计划。利用网络计划找出关键线路、关键工作和关键节点，利于抓住重点和里程碑节点目标控制工程进度；大的项目还编制多级网络计划，由粗到细地明确进度目标和实施步骤。特别应当提倡的是，优化应作为编制网络计划的一个必经步骤。天津文化中心交通枢纽工程项目还利用网络计划提出比选方案，进行进度方案比较，从中选优，取得了好效果。大屯住宅工程项目之所以能够取得比合同工期缩短 6 个半月的效果，就是得益于施工顺序的优化。在这些优化中，他们还利用了平行流水和立体交叉施工的理论和方法。

在各个案例中，尤其是国家体育馆工程的进度控制体现的进度管理方法和经验，归纳起来有以下几个重要的工作环节：

第一，依据项目总进度网络计划或总控计划，编制年、季、月、周、日等周期计划指导进度控制，做到日保周、周保月、月保季、季保年，最终保工程项目进度目标实现。

第二，进行计划交底，分清工作界面，明确责任，实施进度管理责任制。

第三，资源保障到位。劳动力要高效率，物资要保质、保量、保进度，资金要按进度供应，技术创新及其管理要跟上。

第四，加强协调和沟通工作，不断解决进度控制中的矛盾。

第五，利用多种手段及时收集进度控制中的信息，将实际与计划进行比较，发现并纠正偏差，必要时调整计划。

第六，抓住关键线路、关键部位和关键工序，措施到位，排除风险，实现每个关键节点的计划目标。

第七，总包和分包一盘棋，总包要为分包的进度控制及时提供自己责任范围的服务和指导，分包要站在总包的立场理解和执行总包的目标。

第八，在进度管理中处理好与质量和成本的关系，防止顾此失彼，要做到三者综合为优。

必须指出，几乎每个项目都会遇到一个共同的难点，就是"工期紧"。这就必须应用科学方法和管理工具，如网络计划、流水方法、优化方法、科学排序、计算机等，去寻求破解难题的方法。

　　于是科学的进度管理的重要性就突现出来了，进度管理创新的空间也就有了。可是，我们在这类案例编选过程中，所接触到的总结资料不多，经典案例更是十分贫乏。期待业界同仁继续努力，取得更多工程项目进度管理创新成果。

　　【注】本文是作者为建筑工程专业一级建造师继续教育培训辅导教材《建设工程项目管理案例选编》中的两章所写的"综述"，其中①为第 8 章，②为第 2 章，该书由中国建筑工业出版社于 2012 年出版。

5 建筑施工组织设计当代化

改革建筑施工组织设计，适应当代建筑管理的需要
建筑施工组织设计要运用当代的科学技术和管理方法

建筑施工组织设计中适用的科学方法

（1986）

建筑施工组织设计作为指导工程施工准备和现场施工的全局性技术经济文件，无疑是企业管理的重要内容和行之有效的方法，应围绕提高经济效益与产品质量、降低物质消耗，有重点地选择一批综合性较强、适用面广而且经过试用确实有效的科学方法加以应用。为此，本文介绍以下几种方法在建筑施工组织设计中的应用，包括：决策方法，滚动计划法，排序法，大差法，设备选用方法，ABC 分类法，场址选择方法。流水施工方法和网络计划技术的应用另文阐述。

1. 决策方法

为了实现某一项目标，可以建立多个可行方案，通过比较，进行优选，从而对行动作出决定的过程，称为决策。决策导致行动，行动必有结果。决策的质量决定着行动结果的好坏和目标能否实现。现代企业把决策看成是经营管理的基本职能，是一种管理手段，也是一种合理的思想方法。

科学决策要具备五个条件：第一，有一个决策者要达到的既定目标，也就是要实现的结果；第二，有可供决策者选择的几个可行方案；第三，每个行动方案都存在着几个不以人们意志为转移的自然状态，从而使各个方案在不同的自然状态下形成不同的损益。损益可以定量地表达，这就为优选提供了条件；第四，以科学的决策理论、方法和手段进行优选并求得准确；第五，要有应变的方案，考虑实施后的效果。

科学决策要按以下程序进行：发现问题→确定目标→收集信息→制定方案→分析评估→优选方案→局部试验→普遍实施。

施工组织设计中要进行的决策属战术决策，是企业的中下层人员或基层业务部门进行的决策，其内容是多方面的，如在施工方案中选择机械的决策，选择施工方法的决策，施工段划分的决策，施工程序和顺序的决策等；在进度计划中，总工期和分部工程工期的决策，开竣工时间的决策，劳动力等资源计划的决策等；在施工总平面图中，占地面积的决策，道路布置的决策，大型临时设施搭建的决策等；在技术组织措施中，保证质量措施的决策，节约措施的决策，季节施工的决策，安全措施的决策等。总之，凡是施工组织设计中所涉及的内容，都有决策需要。

决策应用的方法，有定性决策法和定量决策法，由于组织管理中涉及的问题十分复杂，许多问题难以定量化，故定性决策用得较为广泛。定量决策只有在决策问题可以用数学模型表达时才可以应用。如果将定性决策和定量决策有机地结合起来，会收到更好的效果。

在定量决策中，如果按信息掌握的程度分类，可以有三类：第一类是肯定型决策，即决策的条件及其预期结果都有明确肯定答案的决策；第二类是非肯定型决策，即掌握的信息不足或缺乏可靠性，对可能的结果没有什么把握；第三类是概率型决策（亦称风险型决策），即决策所依据的条件和信息不足，只能从历史的统计或调查中求得可能发生的概率，做决策时只能按成功的概率来求取效益最高的决策方案。概率型决策应用范围较广。兹举例说明。

【例1】 假定对进行施工组织设计的工程进行工期选定的决策。根据所具备的条件制定了两种工期方案。第一方案为加快工期，第二方案为正常工期。在合同中约定，按第一方案工期实现后，甲方奖给建筑公司4万元，但如果甲方供应的设备不按期到达，甲方另付罚款5万元。如果工程按第二方案工期完成，甲方奖给建筑公司2万元，但如果甲方供应的设备不能按期到达，则甲方要付罚款7万元。根据分析，甲方供应的设备按第一方案按期到达的可能性是40％，按第二方案按期到达的可能性是60％。要求进行决策，对工期方案进行选择。

【解】 有两种方法求解：第一种是决策表法，见表1，第二种是决策树法（略）。

决策条件表 表1

方 案	第一方案		第二方案	
供应	按期	拖期	按期	拖期
概率	40％	60％	60％	40％
收益值	4万元	（4+5）万元	2万元	（2+7）万元
期望值	7.0万元		4.8万元	

两种方法的结果是相同的，选择期望值高的第一方案。

2. 滚动计划法

滚动计划法是一种编制灵活，有弹性，动态的，连续性和应变性强的计划方法，特别适用于计划期较长的计划编制和调整，对于计划期短的计划也适用。它既适用于周期性计划，又适用于按工程对象编制的进度计划。

所谓"滚动"是指在每次制订或调整计划时，均将计划期顺序向前推进一段时间。该计划期过后，又根据计划的执行情况及新产生的环境变化，在调整前期对本期计划和推进时间的计划的基础上，将计划预测顺延一个计划期。如此不断延伸，形成计划的"滚动"趋势，如图 1 所示。

施工组织设计中的"施工进度计划"也可以编制成滚动式计划，大型工程可用，中小型工程也可用。既可以按时间滚动（类似于图 1 的计划），也可以按部位滚动。例如：某施工工程，基础施工阶段的条件在编制施工组织设计时已经明确，然而对结构阶段以后的情况尚不能把握，采用滚动式计划时可以如图 2 所示。

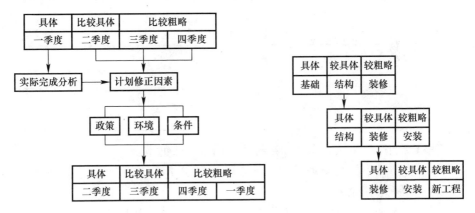

图 1　滚动计划模型　　　　　图 2　滚动施工进度计划模型

滚动计划的应用可以克服以往计划工作中"一锤定音"、按周期死卡、缺乏预见、应变性差等弊病，使计划更符合实际，增强实用性。它的应用会带来好的经济效益。

3. 排序法

一个建筑群，其中有许多单体工程，它们都有着相同的多道工序；一个单体工程可以划分为几个施工段，各段都有相同的多道工序。一项工程的装修工程有许多房间，各房间都有相同的多道工序。各工序如果施工持续时间不同，那么哪一部分先施工，哪一部分后施工（也就是顺序不同），所得的施工工期是不相同的。使工期最短的施工顺序是最佳的施工顺序。排序法就是寻求最佳顺序的数学方法。

设有 n 个工程，两道工序，如果不用排序法而用穷举法，则要排出 $n!$ 个方案，进行比较后才能找出最佳工期。如果采用排序法，则问题要简单许多倍，使复杂工序的科学安排成为可能，其方法如下：

第一步，确定安排在最先或最后施工的工程。方法是在全部工程各工序持续时间中找到最小值。如果这个最小值是第一道工序的，则该工程应安排在最先施工。如果这个最小值是第二道工序的，则该工程安排在最后施工。

第二步，观察余下各工程的各工序的持续时间，找出最小值。如果它属于第一道工序，则它所对应的工程安排在第二位施工。如果它属于第二道工序，则它所对应的工程安排在倒数第二位施工。

重复上述步骤，直到各有关工程的顺序都确定了，则用该顺序确定的工期为最佳工期。

【例2】　如有六项工程，两道工序。A工序先施工，B工序后施工，各工序的持续时间如表2所示。试排序并绘制进度计划横道图。

两道工序的持续时间　　　　　　　　　　　　表2

工序＼工程	甲	乙	丙	丁	戊	己
A	3	2	4	1	3	5
B	2	3	4	5	6	3

【解】　如用穷举法，需720种排法。用排序法如下：

第一步，最小的持续时间是1，它属于A工序，故丁工程应首先施工，填进表3。划去丁列。

第二步，余下的持续时间中，最小的是2，分属于甲乙工程。故甲工程安排在最后施工，乙工程安排在第二位施工，填进表3。划去甲列和乙列。

第三步，余下的持续时间中，最小的是3，故戊工序安排在第三位施工，己工序安排在倒属第二位施工。

排序表　　　　　　　　　　　　表3

工序＼工程	丁	乙	戊	丙	己	甲
A	1	2	3	4	5	3
B	5	3	6	4	3	2

第四步，剩下丙工序，安排在戊己之间施工。

这样的顺序得到的总工期是24，低于其他各种顺序，故为最优顺序。其进度计划横道图见图3。

有一种情况要指出来，就是当某工程出现两个相同的持续时间时，在排序时自前向后排还是自后向前排均可。如果两个（或两个以上）的工程在某工序上出现了相同的持续时间，则先安排哪项工程或后安排哪项工程都是

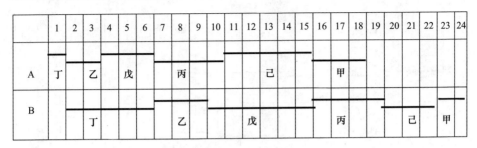

	1	2	3	4	5	6	7	8	9	10	11	12	13	14	15	16	17	18	19	20	21	22	23	24
A	丁		乙		戊			丙					己				甲							
B			丁					乙				戊					丙			己			甲	

图 3　表 3 的进度计划横道图

一样的。

　　当工序数为 3 时，问题复杂得多，在具备下列条件时可以按工序数为 2 的方法排序。即第（1）道工序或者第（3）道工序中至少有一道工序的最小持续时间大于或等于第（2）道工序的最大持续时间，就可以把第（2）道工序的持续时间分头加入到第（1）和第（3）道工序的持续时间中去，使其变为等价的两道工序问题，再按前述的两道工序的最佳解决来寻求最优排序方法，这个顺序也是原来三个工序的问题的最优排序方案。

　　【例 3】　有三个工程各有三道工序，见表 4。试排序，并绘制进度计划横道图。

持续时间表　　　　　　　　　　　　　　表 4

工序＼工程	A	B	C
（1）	5	4	3
（2）	1	2	3
（3）	2	3	4

　　【解】　由于第（1）道工序中 C 工程的持续时间 3（最小）等于第（2）道工序的最大持续时间 3（属 C 工程）故可以化为两道工序（见表 5 所示）。

并序表　　　　　　　　　　　　　　表 5

工序＼工程	A	B	C
（1）	6	6	6
（2）	3	5	7

　　按照两道工序的排序规则得出最佳施工顺序为 C→B→A。用这个顺序安排的进度图见图 4，最佳工期为 19 天。

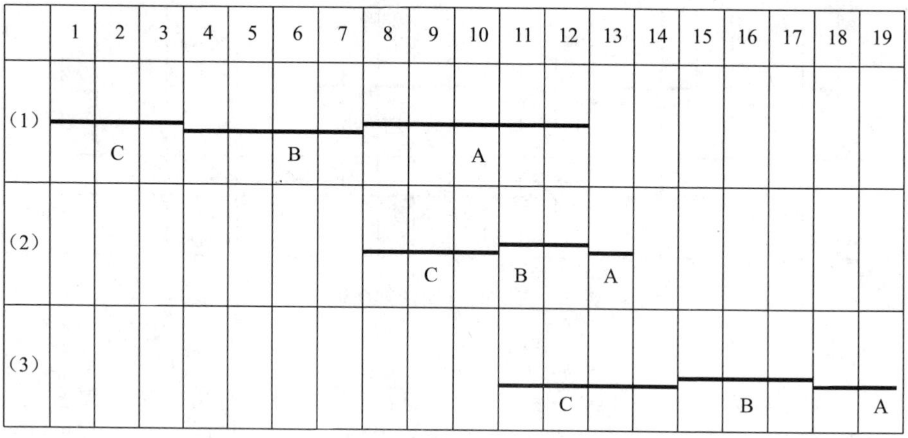

	1	2	3	4	5	6	7	8	9	10	11	12	13	14	15	16	17	18	19
(1)		C				B				A									
(2)									C		B		A						
(3)												C				B			A

图 4 表 4 的最优进度计划横道图

4. 大差法

在安排无节奏流水（亦称分别流水）施工时，流水步距的确定如果用试凑法，则手续烦琐，容易出错。大差法（亦称潘特考夫斯基法）则十分简便。它的原理是：确定最小流水步距，使每段的后工序不会发生超过前工序现象。即后工序在某段的开始时间，要在前一工序在该段完成后立即开始或相隔一段时间开始。确切地说，即要找出一个最小的流水步距，使得该流水步距加某段之前各段持续时间之和等于或大于前工序包括该段在内的以前各段的持续时间。即该流水节拍：前一工序 n 段及它之前各段持续时间之和与后一工序 n 段之前（不含 n 段）的各段持续时间之和的差值的最大数。

【例 4】 有一工程，分成五段进行流水施工，各段都有甲、乙、丙三个工序，其持续时间见表 6。

持续时间表 单位：d 表 6

工序 \ 流水段	A	B	C	D	E
甲	3	2	4	2	3
乙	2	2	3	2	4
丙	5	4	3	3	2

【解】 第一步，横向持续时间累加；第二步，相邻工序累加数错位相减；第三步，取最大差值作为该两工序的最小流水步距。这就是潘特考夫斯基法的解法，本例演算如下：

甲工序	3	5	9	11	14	
差值	(3)	(3)	(5)※	(4)	(5)※	
乙工序	0	2	4	7	9	13
差值		(2)※	(−1)	(−2)	(−3)	(−2)
丙工序		0	5	9	12	15	17

上列各数中，括弧内的数为上下两工序累加数错位相减的差值。在差值中，甲、乙两工序间的最大数为5，乙、丙两工序间的最大数为2（已标注※号），它们就是相应的最小流水步距。绘制的流水施工横道图见图5，总工期为24d，未发生超前现象，是最佳工期。

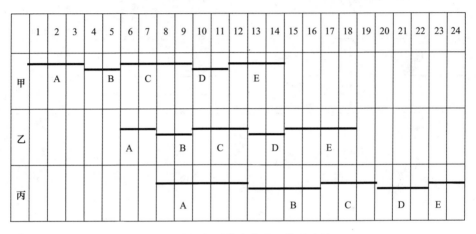

图5　表6的最优流水施工横道计划

5. 机械设备选用方法

施工组织设计的"施工方案"部分要进行施工机械设备的选用。选用机械设备要联合使用定性与定量的两种方法，以求选用的机械设备是合理的。

所谓选用合理，是指符合国家技术经济方针政策，能够保证供应，有利于环境保护和公众的安全，工作效率能满足要求，工作质量有保证，节约能源和劳动力，使用安全、灵活，维修保养方便，耐用程度好，使用费节省等。这些要求绝对不能完全地定量决策；相反，首先是作定性地选用决策，然后才是定量地计算以辅助决策。总之，选用机械设备要对各种因素全面考虑，切忌片面性。

定量的计算方法有单位工程成本比较法和界限使用时间比较法等。

（1）单位工程量成本比较法

在使用机械设备时，总要支出一些费用。这些费用可分作两类：一类费用称为固定费用，它与工程量的大小无关，而是按使用时间分摊的费用。例如折旧费、大修理费、应付的利息、固定资产占用费以及机械设备保管费等。另一类费用称作操作费或可变费用，它随着完成的工程量的增减而增减，例如劳务费、直接材料费、施工中的间接费（包括动力费、小修理费、施工管理费等），因此单位工程量成本可用以下公式计算：

$$单位工程量成本 = \frac{操作时间固定费用 + 操作时间 \times 单位时间操作费}{操作时间 \times 单位时间产量}$$

如果我们有多种可供选用的机械设备，就可以分别计算它们的单位工程量成本，然后进行比较，选用费用最低的一种。

【例 5】 设两种挖土机有关经济性资料如表 7 所示。问当每月使用时间分别为 80 小时，130 小时和 180 小时时，选用何种机械为宜。

表7

机 种	月固定费用（元）	每小时操作费（元）	每小时产量（m³）
A	7000	30.8	45
B	8400	28.0	50

【解】

第一 当使用 80 小时时：

$$A 机单位工程量成本 = \frac{7000 + 30.8 \times 80}{80 \times 45} = 2.63 元/m^3$$

$$B 机单位工程量成本 = \frac{8400 + 28.0 \times 80}{80 \times 50} = 2.66 元/m^3$$

故选用 A 机好。

第二 当使用 130 小时时：

$$A 机单位工程量成本 = \frac{7000 + 30.8 \times 130}{130 \times 45} = 1.88 元/m^3$$

$$B 机单位工程量成本 = \frac{8400 + 28.0 \times 130}{130 \times 50} = 1.85 元/m^3$$

故选用 B 机好。

当使用 180 小时时：

$$A 机单位工程量成本 = \frac{7000 + 30.8 \times 180}{180 \times 45} = 1.55 元/m^3$$

$$B 机单位工程量成本 = \frac{8400 + 28.0 \times 180}{180 \times 50} = 1.49 元/m^3$$

故选用 B 机好。

（2）界限使用时间比较法

从上例可以看出，使用时间不同，决策的结果并不相同。也就是说，有时单位工程量成本较高，但由于工程使用的时间较长，其最终成本却更低。

因此用界限使用时间比较法选用有时更可靠。

所谓界限使用时间，就是两种机械单价相等时的使用时间。

根据单位工程量成本公式，界限使用时间（设为 x_0）可用下列等式求出：

$$\frac{R_a + P_a x_0}{Q_a x_0} = \frac{R_b + P_b x_0}{Q_b x_0}$$

式中 R_a、R_b 为 A 机和 B 机的固定费用；

Q_a、Q_b 为 A 机与 B 机每小时能完成的工程量；

P_a、P_b 为 A 机和 B 机的每小时操作费。

将上式变换可求出

$$x_0 = \frac{R_b Q_a - R_a Q_b}{P_a Q_b - P_b Q_a}$$

为了判断操作时间的变化对决策的影响，我们假定 $Q_a = Q_b$。于是上式变成：

$$x_0 = \frac{R_b - R_a}{P_a - P_b}$$

此式可用图 6 表示。

显然。当 $R_b - R_a > 0$，$P_a - P_b > 0$ 时，使用时间低于 x_0 时选用 A 机，高于 x_0 时选用 B 机；当 $R_a - R_b < 0$，$P_b - P_a < 0$ 时，使用时间低于 x_0 时选用 B 机，高于 x_0 时选用 A 机。

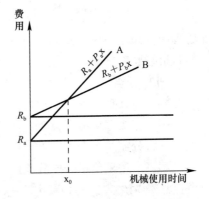

图 6　界限使用时间示意图

【例 6】　上例的界限使用时间 x_0 是多少？当使用时间低于 x_0 时选用何机？当使用时间高于 x_0 时选用何机？

【解】

$$x_0 = \frac{8400 \times 45 - 7000 \times 50}{30.8 \times 50 - 28 \times 45} = 100 \text{ 小时}$$

式中：$R_b Q_a - R_a Q_b = 28000 > 0$

$P_a Q_b - P_b Q_a = 280 > 0$

故：

当使用时间少于 100 时，选用 A 机。

当使用时间多于 100 时，选用 B 机。

这个结果与前例是一致的。

6. ABC 分类法

在经济工作、自然现象及社会现象中，总要有某些相关的因素，诸因素

261

对事物所起的作用及所处的地位并不都相同，有主次和轻重之分。例如，一项工程用千百种材料，但占用绝大多数资金的材料只有几种。其他材料品种很多，但所占用的资金却较少。再如一项工程有许多质量问题，但主要问题只有几个，一般不超过三个。这个规律就是"关键的少数，次要的多数"。

ABC分类法就是根据这种规律设计的。A类是主要的，B类是次要的，C类是一般的。A类物资品种数量仅占品种总数的10％～15％左右，而其占用的资金却有80％以上；B类物资的品种占品种总数的20％～30％左右，而其占用的资金有15％左右；C类物资的品种占品种总数的60％～65％左右，而其占用的资金仅占资金总额的5％左右（见图7）。

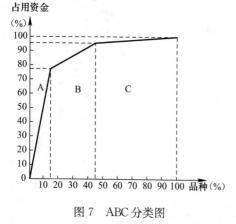

图7　ABC分类图

显然A类物资是主要的，应作为管理的重点及节省资金占用额的主要挖潜对象。B类物资是次要的控制对象。当然，也可以针对不同类的物资分别采用不同的管理方法。在物资管理中，采用ABC分类法有利于降低储备量，压缩储备资金，加速资金周转，节省仓库费用。这种方法道理简单，方法简便、易学、好用。

ABC分类法用于物资管理程序如下：

第一　计算每种库存物资在一定期间的库存金额（库存量×单位价值）。

第二　按库存物资金额大小顺序排列并计算其资金占资金总额的百分比及累计百分比。

第三　按累计百分比分类：占资金总额80％以上的各种物资为A类，占资金总额95％左右的物资中除去A类即为B类物资，下余为C类物资。

第四　针对A、B、C三类物资的特点分别采用不同的管理方法，而以A类作为管理的关键。

我们在做施工组织设计的时候，必然要做材料供应计划，必然有个现场储存问题，也必然有现场管理问题。这些，都可以应用ABC分类法以突出重点，采取措施。例如，在编制施工组织设计时，利用材料分析表将所有的材料按其价值大小排列后，找出A、B、C三类材料的品种规格。假如水泥是A类材料之一，我们在采购、储存、使用中便可以采取措施，并在施工组织设计中对应当采用的措施进行计划。

劳动力使用计划也可以用ABC分类法进行分析。A类人员是占用工数80％的那些工种，它是管理的关键，可在施工组织设计中予以重点计划。

7. 场址选择方法

这里所指的场址选择，是指在平面布置时，将仓库、搅拌站、加工厂等布置在适当的位置，以便节省运输费用。规划论中的"麦场作业法"可以借用，只是这里的"场"就是场、站、库的位置，这里的"麦场"就是应用物资的场所。问题的特点是道路和用料点已定，场址待定。根据道路的特点，有二种情况分别予以介绍。

（1）道路无圈的情况

设有两个点用料，中间有路相通，场址可根据"少数服从多数"的原则，将场址选定在用料多的一方。如图 8 中的 A 点附近。可以证明，设在 A 处比设在 B 处或路中间的任何一处都节省运距，因为 A 点不需运输。

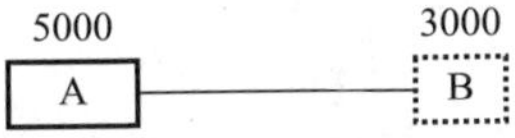

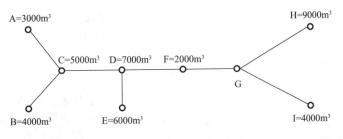

图 8　场址选在用料多的一方

【例 7】　如果有多处用料，则用下述口诀去解："道路不成圈，比各端，小半进一站，大半设场"。

图 9 所示的情况是 A、B、C、D、E、F、H、I 各点中所列的数字，均为需用混凝土的 m³ 数，求出合理的设置搅拌站地点。

A=3000m³
H=9000m³
C=5000m³　　D=7000m³　　F=2000m³
G
B=4000m³　　　E=6000m³　　　　I=4000m³

图 9　多处用料分布图

【解】　各点需用混凝土量之和为 40000m³，因此其半数为 20000m³。只有一条道路联结的点称为端点，如图中的 A、B、E、H、I。这些点都没有超过总量的一半，因此都要进一站，变成图 10 的情况。

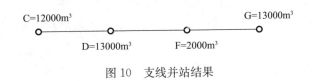

C=12000m³　　　　　　　　G=13000m³
D=13000m³　　　F=2000m³

图 10　支线并站结果

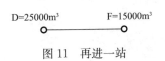

D=25000m³　　　F=15000m³

图 11　再进一站

现在的端点是 C 点和 G 点，仍未过半，再进一站，则成图 11 的情况。

最后根据少数服从多数的原则，将搅拌站设

置在 D 点。D 点为最佳设置搅拌站的场址。

（2）道路中有循环圈时的情况。

【例8】　如图 12 所示。各点均为用料地点和其用料数量，路途里程也已标注，A、B、E、D 呈圈状，求中心仓库设在何处为好。

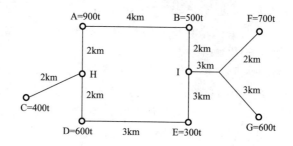

图 12　道路有圈的站点分布图

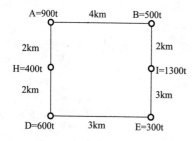

图 13　并站后的圈路和站点

【解】　数学可以证明，最优场址可以在用料点或交叉路口找到。根据道路无圈时的原理，我们首先可以将 A、B、E、D 这个圈上各点的用料数作为一个大点。其半数为 2000m² 。于是可知 C、F、G 各点均不过半，可以进一站。图 12 变成了图 13 的情况，完全成了一个圈状。

我们可以分别以 A、B、I、E、D、H 各收点为设站地点，设置点要向各点供应。只要分别求出各点的 t-km 数，就可以从中选择最小值，以此为中心仓库的设置点。需要注意的是，从某用料点到拟设置站址有两条通路时，选路近的方向。例如计算在 A 站时的运输 t-km 路如下：

$$P_A = 500 \times 4 + 600 \times 4 + 400 \times 2 + 1300 \times 6 + 300 \times 7 = 15100 \text{t-km}$$
$$\quad\ \ \text{(B)}\qquad\quad \text{(D)}\qquad\quad \text{(H)}\qquad\quad \text{(I)}\qquad\quad \text{(E)}$$

同理，$P_B = 14900$t-km，$P_H = 17900$t-km，$P_D = 16600$t-km，$P_I = 14100$t-km，$P_E = 16500$t-km。

各点运输 t-km 数不同。以 I 点为最低，故中心仓库就设在 I 点。

【注】本文原是作者的讲课资料，曾由北京市建筑工程总公司印刷成讲义并组织授课，这里有较多删节。

建筑施工组织设计应辩证地兼用两种计划方法

（1987）

建筑施工组织设计中的施工进度计划应兼用横道计划方法（流水施工方法）和网络计划方法（统筹法），这两种方法都是发展成熟、行之有效的，但是如何使用它，业内人士的认识却有许多分歧，尚需加以研究探讨，以排除应用障碍。

有些人认为网络计划方法不适用，还是应用横道计划方法为好，理由是网络计划方法太复杂烦琐，不易掌握，而横道计划方法简单易学，用惯了，用起来轻车熟路。

另一些人认为，横道计划方法落后了，网络计划方法是新方法，科学性强，应丢弃横道计划方法，以网络计划方法代替。

这两种观点各自有更多的理由，在此不便一一列举，但是都带有片面性，都不可取。正确的认识是：两种方法都有优点，也都有缺点，都有不同条件下的适用范围，使用得当便会提高施工组织设计的效果；如果使用不当，会产生许多负面影响；兼用两种方法可以做到优势互补，相得益彰。

两种方法的优缺点可用表 1 表示。两种方法的适用范围可用表 2 表示。

两种方法的优缺点比较　　　　　　　　　　　　　表 1

方　法	优　点	缺　点
横道计划	绘图简单 计算容易 识图容易 分工明确 资源连续	工艺关系难以明确 计算的时间参数少 优化施工较难组织 调整计划很不方便 难识关键和非关键
网络计划	工作之间的关系清楚 计算的时间参数较多 方便于找出关键线路 可以求出可用的时差 方便使用计算机管理	绘图复杂容易出错 计算烦琐较难掌握 不易编制周期计划 时间长短不够直观 资源连续使用困难

两种方法的基本适用范围比较 表2

方 法	适用范围	不适用范围
横道计划	重视资源连续的计划 使用时标表示的计划 作业人员使用的计划 工艺关系简单的计划 没有优化任务的计划	大型复杂工程的计划 需要找出关键的计划 需要求出时差的计划 需要适时调整的计划 需要用计算机的计划
网络计划	大型复杂工程的计划 需要找出关键的计划 需要求出时差的计划 需要进行优化的计划 需要用计算机的计划	追求资源连续使用的计划 年季月旬周等周期性计划 工作不多关系简单的计划 小型工程工艺简单的计划 不如横道计划方便的计划

表1和表2的规律是经过大量实践经验总结和深入研究得出来的，基本符合客观实际。它给人们提供的启示是：由于两种计划方法各有优缺点，所以比较适用的范围便不会相同，但是适用范围不是绝对的，在一定的条件下可以相互代替。根据以上规律和启示，提出以下在施工组织设计中兼用两种方法的见解，期以提高施工组织设计进度管理的质量并辐射提高如范围、质量、成本、风险、沟通等管理工作的质量。

1. 根据工程对象选用计划方法

大中型项目和群体工程项目一般来说都是比较复杂的，工程规模大，个体比较多，如果编制施工总进度计划，可选用横道计划，便于简化图形，平衡资源，组织资源流水；如果编制单位工程或分部工程施工进度计划，最好使用网络计划方法，以便处理复杂的工艺关系和组织关系，寻找关键工作和关键线路，进行计划优化和调整。

小型项目一般来说不会太复杂，工艺关系和组织关系比较简单，可以编制横道计划，以便于节约计划时间，工人易于掌握；但是也有的项目虽小，工艺关系却很复杂，例如某些安装工程项目，此时应采用网络计划方法处理复杂的工艺关系。

2. 根据使用计划者的需要选用计划方法

工人班组使用的作业计划，如果工人已经掌握了网络计划方法，则最好是选用网络计划方法或时标网络计划方法；否则，应选用容易识图的横道计划方法。

技术与计划管理人员（包括技术负责人），由于指挥和管理的需要，应使用网络计划方法，以便掌握关键工作和关键线路、进行资源平衡与调配、适时调整或修改计划。

领导人员，如企业主管或部门主管，总经济师或会计师，其他管理人员，应使用横道计划，以便一目了然，把握全局，进行指挥。

周期性计划，最好选用横道计划方法。旬月计划也可以采用时标网络计划方法。

3. 根据管理水平选用计划方法

不同的施工组织，管理水平不同，掌握的计划方法也不同。大型企业一般管理水平较高，掌握了网络计划方法。中小型企业，乡镇企业，一般管理水平较低，不但网络计划方法没有掌握，而且流水施工方法（横道计划）也不熟悉。所以，管理水平较高的施工单位可优先选用网络计划方法；管理水平较低的企业，不得不选用横道计划方法。

要求进行计划优化和调整的计划，应使用网络计划方法。有使用计算机进行计划管理的组织，应采用网络计划方法。

4. 根据领导指令和业主的要求选用计划方法

有些领导，指令进行计划优化和动态调整，指令采用网络计划方法，无疑计划人员必须采用网络计划方法。有些领导则不甚在意选用何种方法，计划人员可以自行决定采用的计划方法。

业主的要求也影响计划方法的选用。招标工程业主在招标文件中要求采用网络计划方法，施工单位必须无条件地采用网络计划方法。

5. 几点说明

由于网络计划的优点多于横道计划，所以自改革开放以来，网络计划技术知识逐渐普及，各地都举办网络计划技术学习班，有关主管部门要求普及应用网络计划技术，大专院校也都设立了网络计划技术课程（设在施工组织或设在工程项目管理课程之中），计算机知识逐渐普及，设备条件逐渐具备，所以，有条件的建筑企业，应尽量采用网络计划技术编制计划并用计算机进行绘图、计算、优化、调整与统计。

在使用网络计划技术的时候，有两点需要注意：第一点是尽量做到网络计划可以转换成横道计划，以方便不同的使用者；第二，提供给基层组织或作业人员使用的计划最好绘制成时标网络计划，以便于识图。

流水施工计划也是一种科学性较强的计划，在我国已经普及。流水施工计划一般是绘制成横道计划，横道计划都应是流水施工计划。但是有的横道计划不一定是按流水施工计划方法绘制的，所以，横道计划不能与流水施工计划画等号。我们要求的网络计划方法与横道计划方法辩证地兼用，其中的横道计划指的是流水施工计划，而不是随意绘制的非流水施工横道计划。

在编制网络计划的时候，一定要结合应用流水施工方法的原理，努力做到资源连续均衡地使用。

普及使用网络计划方法有两个关键：一个是普及网络计划技术知识，使管理人员都能用网格计划绘图和管理，作业人员都会认知和使用网络计划图，所以要加大培训力度。第二是普及应用计算机，为此，首先要投资购买计算机硬件，其次要大力开发掌握适用的网络计划程序，使应用计算机成为可能。

使用网络计划技术贵在坚持，如果只重编制，不重使用和调整，不能适应计划的变化，则谈不上使用网络计划方法。

【注】本文是作者在网络计划培训班上的讲稿，曾刊登在北京统筹与管理科学学会的会刊《统筹法理论与应用》中。

论建筑施工组织设计改革

(1994)

编制和实施施工组织设计是我国建筑施工企业一项重要的技术管理制度，它使施工项目的准备和施工管理具有合理性和科学性。然而，在计划经济下，建筑施工组织设计只有施工管理的职能，它主要追求施工效率，很少考虑经济效益。为了适应建立建筑市场的需要，应对传统的施工组织设计进行改革。

1. 使建筑施工组织设计服务于施工项目管理的全过程

我国正在推行的建筑施工项目管理，带动了建筑施工企业管理模式的成套改革。相应地，建筑施工组织设计应从原来服务于施工准备和现场施工，改革为服务于施工项目管理的全过程，即服务于投标承揽、签订施工合同、施工准备、现场施工和竣工验收各阶段。

根据这一前提，建筑施工企业应编制两类建筑施工组织设计：一类是投标前编制的建筑施工组织设计（以下简称"标前设计"），满足编制投标书和签订施工合同的需要；另一类是施工前编制的施工组织设计（以下简称"标后设计"），满足施工项目准备和实施的需要。建筑施工企业为了使投标书具有竞争力以实现中标，应编制标前设计，对投标书所要求的内容进行筹划和决策，并附进投标文件之中。标前设计的水平既是能否中标的的关键因素，又是总包单位进行分包招标和分包单位编制投标书的重要依据。它还是承包单位进行合同谈判、提出要约和进行承诺的根据和理由，是拟订合同文本中相关条款的基础资料。两类施工组织设计的特点见表1。

两类施工组织设计的特点　　　　　　　　　　　　　　　表 1

种类	服务范围	编制时间	编制者	主要特征	追求的主要目标
标前设计	投标、签约	投标书编制前	经营管理层	规划性	中标、经济效益
标后设计	施工准备至验收	签约后、开工前	项目管理层	作业性	施工效率、效益

2. 标前设计的内容

根据编制投标书和签订施工合同的需要，标前设计应具有下述内容：

1) 施工方案，包括施工方法选择，施工机械选用，劳动力和主要材料、半成品投入量。

2) 施工进度计划，包括工程开工日期，竣工日期，施工进度计划图及说明。

3) 主要技术组织措施，包括保证质量、保证安全、保证进度、防治环境污染等方面的技术组织措施。

4) 施工平面图，包括施工用水量和用电量的计算，临时设施用量、费用计算，道路及现场布置略图等。

5) 其他有关投标和签约谈判需要的设计。

3. 标后设计的内容

为满足施工项目的需要，应当对传统的施工组织设计内容进行扩展，设计以下内容：

（1）施工部署

施工部署应对重要组织问题和技术问题作出规划和决策，包括：

1) 项目经理部的组织结构和人员配备。应首先根据工程规模确定组织结构的规模（级别）；然后确定组织结构的形式，提倡采用矩阵式组织，亦可采用事业部式组织或直线职能式组织；再次确定职能机构设置，应突出施工、技术、质量、安全、核算等与建筑安装直接相关的职能机构，最后根据部门责任配备职能人员。

2) 质量、进度、成本、安全和文明施工控制目标的决策。应在已签施工合同的基础上，从提高施工项目经济效益和施工效率的目的出发，作出积极决策，为采取各项技术组织措施留有足够余地，使职工有更高的努力目标，以调动其积极性。

3) 总包和分包的分工范围和交叉施工部署。应在分包合同的基础上，根据综合进度计划进行规划。

4) 拟投入的施工力量总规模和物资供应方式。

5) 资金供应方式规划。其中包括可能取得的预付备料款、需垫支的流动资金、贷款规模及偿还规划等。

6) 临时设施建设目标的规划。

（2）施工方案

施工方案包括：施工方法和施工机具选择，施工段划分，施工顺序，新工艺、新技术、新机具、新材料、新管理方法的使用，科学实验安排等。后两项是改革后的扩展内容，是提高整体科技水平和提高劳动力生产率的需要，也是引进先进技术和科学管理方法的需要，应予高度重视。

（3）施工技术组织措施

这项内容是实现控制目标的需要，是提高施工效率和经济效益的潜力所在。它应包括以下具体措施：

1）保证质量的技术组织措施。

2）安全防护技术组织措施。

3）控制施工进度和保证工期的措施。

4）防治环境污染的措施。

5）文明施工措施。

6）降低费用措施。

7）不利季节（冬雨期）施工措施。

在设计技术组织措施时，应把重点放在组织措施上，因为它潜力大，辐射面广，效果显著。

（4）施工进度计划

施工进度计划对施工顺序、施工过程的开始和结束时间、搭接关系等进行综合安排，实现合同工期目标。施工进度计划应利用流水作业和网络计划方法，贯彻《网络计划技术》国家标准 GB/T 13400.1～13400.3 和《工程网络计划技术规程》行业标准 JCJ/T 121。

（5）资源供应计划

它是依据施工进度计划编制的劳动力供应计划、材料供应计划、施工机械和大型工具供应计划、预制品供应计划、资金收支计划等。它既保证施工进度计划实施，又是市场供应的依据，是取得经济效益的主要影响因素。其中的"资金收支计划"如图1所示。

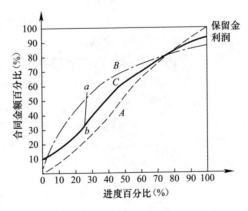

图1　施工项目资金收支计划

A—施工进度计划线；B—资金支出线；C—资金收入线；a—b—需筹集资金的最大值

（6）施工平面图

该图以合理利用施工用地、节约临时设施费和现场运输费、实现文明施工、厉行节约为宗旨进行设计。

（7）施工准备工作计划

该计划对开工前的施工准备工作进行业务量计算，明确责任和完成时间，对所涉及的相关单位关系的处理重点予以安排。

（8）技术经济指标

计算技术经济指标的目的是为了评价施工组织设计的质量。

4. 应用科学管理方法

通过施工组织设计，规划科学管理方法的应用，从而实现施工项目管理方法的科学化，大力提高管理水平。

1）在编制施工组织设计的全过程中，应当采用目标管理方法、系统分析方法、预测方法和决策方法等。

2）在编制施工方案时，应使用设备选用方法、排序法、方案比较法等，以优选施工方案。

3）在设计技术组织措施时，可应用 ABC 分类法、经济库存方法、盈亏分析法、价值分析法、全面质量管理方法、看板管理法等。在施工组织设计中"应用科学管理方法"的本段选题，本身就是一项组织措施。

4）在编制施工进度计划时可使用滚动计划法、流水施工法、网络计划法、排序法、"S"形曲线（或"香蕉"曲线）法等。

5）在设计施工平面图时可使用线性规划法（表上作业法、单纯形法、麦场作业法等）、经济库存法等。

6）应用"S"形（或"香蕉"形）曲线法在国际上十分普遍。它既可用于计划，还可用于统计和核算。图2是一份"S"形计划。它是时间与数量的相关图形，既可以绘制计划曲线（可根据横道图计划），又可以绘制统计曲线（可根据统计数字），还可以在图下表示计划数字和统计数字。通过计划与实际的对比，发现偏差，便可据以调整计划。图2是当计划进度到小 t_1 时进行检查，完成数量为 C_1，超计划完成量为 a，时间提前为 b，点划线是在 t_1 时编制的"修正计划"，总工期缩短 t 时间。图3是"香蕉"曲线计划，其中 A 线

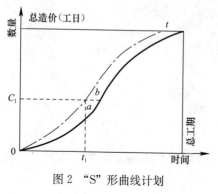

图2 "S"形曲线计划

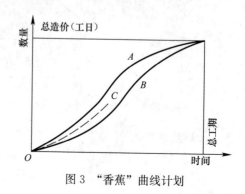

图3 "香蕉"曲线计划

是根据网络计划最早时间绘制的，B 线根据最迟时间绘制，两线之间呈"香蕉"形。C 线是实际进度线，它在 A、B 线之间表示进度正常；如在 A 线之上表示进度快于计划，如在 B 线之下，表示进度缓于计划，均应进行调整。

5. 加强对施工组织设计的指标计算和分析

目前施工组织设计应建立哪些指标还不统一，计算机方法也不规范。由于它是评价施工组织设计整体效果好坏和评价执行状况的尺度，故应当重视，并提出以下意见。

（1）指标体系

指标体系的设置要反映施工组织设计目标达到的水平，为评价提供方便。可按表 2 设置。

施工组织设计评价指标体系　　　　　　　　　　表 2

目　标	指　标
劳动生产率	施工项目劳动生产率，单方用工，劳动力不均衡系数
工程质量	分项工程优良率，单位工程质量指标
降低成本	降低成本额，降低成本率
施工安全	事故频率控制指标
机械使用	机械化程度，施工机械完好率，施工机械利用率
工厂化水平	工厂化施工程度
临时工程	临时工程投资比例，临时工程费用比例
三材节约	节约钢材、木材、水泥的百分比
施工期	施工准备期，部分投产期，单位工程工期，工期节约效益

（2）指标计算

对部分指标的计算介绍如下：

1）劳动力不均衡系数：施工期高峰人数与施工期平均人数之比。

2）降低成本额：施工组织设计或降低成本技术组织措施的价格成果。

3）降低成本率：降低成本额占承包成本的百分比。

4）机械化程度：机械施工完成产值与工程承包造价之比。

5）工厂化施工程度：预制厂提供的产值与工程承包造价之比。

6）临时工程投资比例：全部临时工程投资与工程承包造价之比。

7）临时工程费用比例：全部临时工程投资加租用费减回收费与工程承包造价之比。

8）施工准备期：从现场准备开始到正式工程开工的全部时间。

9）部分投产期：从项目开工到第一批工程投产的全部施工时间。

10）单位工程工期：由单位工程施工进度计划安排的施工期。

（3）指标分析

施工组织设计指标与同类工程历史实际水平相比，可评价施工组织设计效果；不同施工组织设计方案的指标对比，可以优选方案；求指标的加权分数，可作为评标依据。工期提前的经济效益可用下式进行计算：

$$E_t = E_b \cdot Q_s(J_j - T_p)$$

式中　　E_t——提前工期的经济效益；

　　　　E_b——行业投资效果系数；

　　　　Q_s——工程造价；

　　　　J_j——承包合同工期；

　　　　T_p——施工进度计划工期。

【注】本文是 1994 年 8 月在烟台召开的"中国建筑学会施工学术委员会高校学组"1994 年会上发表的论文。

建筑施工组织设计与施工项目管理规划

（1996）

1. 施工项目管理规划的任务

施工项目管理规划的基本任务体现在施工项目管理目标的实现和管理的全过程中，即对施工项目管理的全过程事先予以安排，为目标控制提供依据。第一，承包人以业主或总承包单位的招标文件为依据，以中标和盈利为前提进行规划，力争项目投标中标。第二，应对中标项目的合同谈判和签订进行规划，以期谈判成功，签订一项既能满足发包人要求，又是承包人力所能及的、能够取得综合效益的工程承包合同。第三，对施工准备、工程施工进行规划，提出实现合同目标的内部控制目标，以及实现控制目标的组织方案、施工进度计划、施工平面图、实现目标的各类控制措施等。第四，提出对施工项目管理活动进行考核的标准和方法。

2. 施工项目管理规划的种类和编制分工

施工项目管理规划根据完成其任务的需要应分为三类（表1）：

施工项目管理规划分类　　　　　　　　　　　　表 1

名　称	编制对象	编制时间	编制者	任　务
施工项目管理规划大纲	拟投标的施工项目	投标前	企业投标办	争取中标并签订满意合同
施工项目管理总体规划	施工项目	签订合同后	项目经理部	为项目施工准备和施工提供纲领性文件
施工项目管理实施计划	施工子项目	子项目开工前	子项目管理班子或项目经理部	指导子项目施工准备及施工全过程的实施

第一类是施工项目管理规划大纲，其任务是规划如何投标和如何进行合同的签订，争取中标和签订乙方满意的合同。这项规划应在投标前由企业进行编制。企业应由总经济师牵头，组织投标办公室进行集体编制。总工程师等技术人员、计划人员、预算与合同人员，应在其中发挥作用，结合项目投标活动的开展进行工作，务必使施工项目管理规划大纲在投标书发出之前编制完成，并将其主要精神融会在投标书中。

第二类是施工项目管理总体规划，是对施工项目整体施工管理活动所进行的规划。它应由项目经理部在签订合同后编制，并在项目准备前期完成，越是大的项目，尤其是群体项目，这项规划越重要。因为它是项目进行施工准备与施工活动的纲领性文件，有着综合决策的作用。一般的小项目，如该项目只是一个单体工程，则不需要编制总体规划。

第三类是施工项目管理实施规划，是在子项目（亦可称为单体工程或单位工程）开工前由项目经理部编制的作业性管理规划。编制施工项目管理总体规划的项目，这项工作应在其后编制，用以指导子项目的施工准备和施工全过程的管理工作。

3. 施工项目管理规划与施工组织设计的关系

施工项目管理规划与传统的施工组织设计有着密切的关系，但并不相同。只能说，施工项目管理规划类似施工组织设计，并融进了施工组织设计的内容。施工项目管理规划与施工组织设计的区别（表2）表现在以下几个方面：

施工项目管理规划与施工组织设计的区别　　　　表2

文　件	性　质	范　围	产生的基础	实施方式
施工项目管理规划	管理文件	施工项目管理全过程	市场经济	目标管理
施工组织设计	技术经济文件	施工准备和施工	计划经济	技术管理制度约束

（1）文件的性质不同

施工项目管理规划是一种管理文件，产生管理职能，服务于项目管理；施工组织设计是一种技术经济文件，服务于施工准备和施工活动，要求产生技术管理效果和经济效果。

（2）文件的范围不同

施工项目管理规划所涉及的范围是施工项目管理的全过程，即从投标开始至用后服务结束的全过程；施工组织设计所涉及的范围只是施工准备和施工阶段。

（3）文件产生的基础不同

施工项目管理规划是在市场经济中，为了提高施工项目的综合经济效益，以目标控制为主要内容而编制的；而施工组织设计是在计划经济中，为了组织施工，以技术、时间、空间的合理利用为中心，使施工正常开展而编制的。

（4）文件的实施方式不同

施工项目管理规划是以目标管理的方式编制和实施的，目标管理的精髓是以目标指导行动，实行自我控制，具有考核标准；施工组织设计是以技术管理制度约束的方式实施的，没有考核的严格要求和标准。

然而，由于施工组织设计的服务范围（施工准备和施工）是施工项目管理的最主要阶段，而且施工组织设计又是我国几十年来约定俗成的技术管理制度和方法，有着丰富的实践经验，发挥了成功的、巨大的作用，故在编制和执行施工项目管理规划时有必要吸收施工组织设计的成功做法。或者说，应对施工组织设计进行改革，形成施工项目管理规划，充分发挥文件的经营管理作用。否定并取消施工组织设计的做法不可取；以传统施工组织设计代替施工项目管理规划的做法也不可取。相反，应在施工项目管理规划中融进施工组织设计的全部内容；在施工项目管理规划制度没有建立前，可以用改革后的施工组织设计代替。

4. 施工项目管理规划大纲的内容

由于编制施工项目管理规划大纲的目的是指导投标与签约，故它的主要内容主要取决于编制投标书和合同谈判的需要。当投标结束和合同签订成功时，施工项目管理规划大纲的任务也就完成了。投标书的内容有：综合说明，标价及钢材、木材、水泥等主要材料用量，施工方案和选用的主要施工机械，保证工程质量、进度、施工安全的主要技术组织措施，计划开工、竣工日期、工程总进度、对合同主要条件的确认。因此，施工项目管理规划大纲应当包括以下内容（图1）：

（1）施工项目管理组织，包括：组织结构图、主要人员配备、拟分包项目名称及分包人情况等。

（2）施工方案，包括施工方法和主要施工机械的选用。

（3）施工进度计划，包括项目开工日期、竣工日期和施工进度计划图说明。

（4）主要技术组织措施，包括保证质量的技术组织措施，保证进度的技术组织措施，保证安全的技术组织措施。

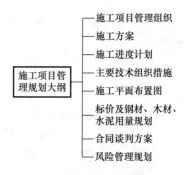

图1　施工项目管理
规划大纲的内容

（5）施工平面布置图，包括施工用水量、用电量、临时设施需用量及费用估算，道路设计施工平面布置图。

（6）标价及钢材、木材、水泥用量规划，包括标价决策方案、预算文件和钢、木、水泥用量计算表。

（7）合同谈判方案，包括合同谈判组织，期望达成协议的谈判目标，对合同主要条件的分析和确认，谈判重点准备。

（8）风险管理规划，包括对风险因素的预测，对策措施，风险管理主要原则等。

5. 施工项目管理总体规划的内容

施工项目管理总体规划的内容类似于施工组织总设计，它应包括的内容见图 2 所示。

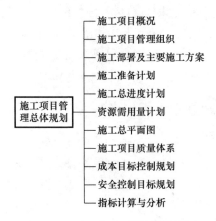

图 2　施工项目管理总体规划的内容

6. 施工项目管理实施规划的内容

施工项目管理实施规划相当于单位工程施工组织设计，也是详细的施工项目管理规划，具有作业性，应包括的内容见图 3 所示。

图 3 中项目施工技术组织措施规划是实现施工项目管理控制目标的需要，是提高施工项目管理效率和经济效益的潜力所在，它应包括图 4 所示的各类措施。

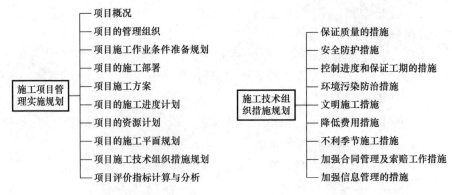

图 3　施工项目管理实施规划的内容　　图 4　施工技术组织措施规划的内容

图 4 中的项目评价指标反映施工项目管理目标达到的水平，也是对施工项目管理实施规划进行评价的依据，建议采用表 3 所示的指标体系，其中较特殊的指标计算方法如下：

施工项目管理规划指标体系　　　　　　　　　　　　表 3

目　标	指　标
劳动生产率	施工项目劳动生产率，劳动力不均衡系数
工程质量	分项工程优良率，单位工程质量指标
降低成本	降低成本额，降低成本率
施工安全	事故频率控制指标
机械使用	机械化程度，施工机械完好率，施工机械利用率
临时工程	临时工程投资比例，临时工程费用比例
三材节约	节约钢材、木材、水泥的百分比
施工期	施工准备期，部分投产期，单位工程工期，工期节约效益

1）劳动力不均衡系数：施工期高峰人数与施工期平均人数之比；

2）降低成本额：施工项目实施规划降低费用措施的价格成果；

3）降低成本率：降低成本额与承包成本的百分比；

4）机械化程度：机械施工完成的产值与工程承包造价之比；

5）临时工程费用比例：全部临时工程投资加租用费减回收费与工程承包造价之比；

6）部分投产期：从项目开工到第一批工程投产的全部施工时间（只适用于施工项目管理总体规划）；

7）单位工程工期：由单位工程施工进度计划安排的工期。

7. 施工项目管理规划的编制

（1）实行目标管理

各类施工项目管理规划的编制都应实行目标管理原则。施工项目管理规划大纲根据招标文件的要求，确定造价、工期、质量、三材用量等级主要目标以参与竞争。签订合同的关键是在上述目标上双方达成一致。施工项目管理总体规划的目的是实现合同目标，故以合同目标来规划施工项目管理组织的控制目标。施工项目管理实施规划是在项目总目标的约束下，规划子项目的目标并提出实施的规划。综上所述，编制施工项目管理规划的过程，实际上就是各类目标制定和目标分解的过程，也是提出项目目标实现办法的规划过程，这样就应遵循目标管理的原则，使目标分解得当，决策科学，实施有法。

（2）施工项目管理规划的编制程序

各类施工项目管理规划都大致按施工组织设计的编制程序进行编制。具体说来就是：施工项目组织规划→施工准备规划→施工部署→施工方案→施工进度计划→各类资源计划→技术组织措施规划→施工平面图设计→指标计算与分析。违背上述程序，将会给施工项目管理规划工作造成困难，甚至很难开展工作。

（3）施工项目管理规划的编制责任

如前所述，除《大纲》由企业经营管理层编制外，其余两种规划都应由项目经理主持编制。然而，由于施工项目管理规划内容繁多，难以靠一个人或一个部门完成，需要进行责任分工。具体说来应按以下要求进行分工：由项目经理亲自主持项目组织和施工部署的规划；由技术部门（人员）负责施工方案的编制；由生产计划部门（人员）或工程部门（人员）负责施工进度计划的编制和施工平面图的规划；由各相关部门（人员）分别负责施工技术组织措施和资源计划中相关的内容；由项目经理负责协调各部门并使之相互创造条件，提供支持；指标的计算与分析亦由各部门分别完成。

（4）施工项目管理规划要形成系统文件

施工项目管理规划一定要文件化，编制完成的施工项目管理规划应是一个系统文件，既是施工项目管理的依据，又是进行考核的标准，还是宝贵的档案文件。

8. 施工项目管理规划的执行

（1）施工项目管理规划执行的目标管理，主要是：

1）设置管理点，即施工项目管理规划的关键环节。要把每项规划内容的管理点都找出来，制定保证实现的办法；

2）落实执行责任，原则上是谁制定的规划内容，由谁来组织实施；

3）实施施工项目管理规划是个系统工程，各部门有主要责任也有次要责任；明确责任以后，还要定出检查标准和检查方法，必要的资源保证应及时提出。

（2）执行施工项目管理规划要贯彻全面履行的原则，但它的关键是目标控制，因此要围绕质量、进度、成本、职业健康安全与环境目标，实现规划中所确定的技术组织措施，加强合同管理、信息管理和组织协调，确保目标实现。

（3）在执行施工项目管理规划时要进行检查与调整，否则便无法进行控制，检查与调整的重点是质量体系、施工进度计划、施工项目成本责任制、职业健康安全与环境体系和施工平面图。

（4）施工项目管理规划执行的结果要进行总结分析，其目的是找出经验与教训，为提高以后的规划工作和目标控制水平服务，并整理档案资料。

总之，要使施工项目管理规划文件的编制和执行成为施工项目管理运作贯穿始终的一条主干线。

【注】本文发表于《工程项目管理研究》1996年第1期。

当代建筑工程的施工组织设计

（2006）

利用修改再版彭圣浩主编的《建筑工程施工组织设计实例应用手册》（第三版）的机会，谈谈我对当代建筑施工组织设计的一些认识。这些认识也是我修改该书理论部分的指导思想。

1. 当代建筑施工的特点及其对施工组织设计的要求

当代建筑施工的特点是什么？简言之，是大建筑施工。所谓大建筑施工，自然是与计划经济时代相比，也与改革前20年相比，建筑施工变得大规模、大市场、大过程、大环境、大科技、大运作。"大规模"是指建筑体量大、面积大、层数多、投资多；"大市场"指市场有本地市场、外地市场、境外市场、国外市场；"大过程"指建筑施工的过程涉及建设项目的前期工作、设计、施工、用后服务和物业管理；"大环境"指建筑施工涉及国内外地域环境、市场环境、复杂的自然环境、人文环境、社会环境、政治环境、资金环境、物流环境、竞争环境等；"大科技"指建筑施工需要运用大量的、广泛的、复杂的现代科学技术，包括技术和管理的信息化；"大运作"指施工运作涉及长时间、大量物资、大量资金、大量人力、多种设备、多种高风险、科学经营与管理。

大建筑施工对其施工组织设计（以下简称施工组织设计）提出了一系列新要求：第一，要以全新的观念认识施工组织设计，对其概念、种类、内容、编制原则、编制依据、编制与实施重新认识，加以创新；第二，要有对原有施工组织设计进行改革的决心，改变其狭义性，纠正其偏颇，补充其不足，扩展其用途；第三，使施工组织设计与施工项目管理的需要紧密衔接；第四，强化施工组织设计的科学化和信息化。

2. 关于施工组织设计的概念

传统的施工组织设计定义是"施工组织设计是指导施工的全局性技术经济文件"。为了适应大建筑施工的要求，施工组织设计应定义为"规划和指导工程投标、签订施工合同、施工准备以及施工全过程的技术、经济和管理文件。"

这一概念是从施工组织设计的用途定义的，也就是说，施工组织设计必须满足工程投标、签订施工合同、施工准备、施工全过程的需要，既指导其技术工作，又指导其经济工作和管理工作。这些用途是全局性的，包括工程的全局、过程的全局和所涉及要素的全局。

技术需要指方法、手段、设备、设施、工具、信息、资料、记录等软硬技术的总和；经济指资金、核算、节约，以及资源（人力资源、物资与设备、信息资源、土地资源、交通资源、环境资源和智力资源）的利用及其效果等；管理是指计划、组织、指挥、沟通、协调、控制、考核与评价等活动。所以，施工组织设计是施工全寿命期中必需的最重要、非可有可无、非一般性的文件。

3. 施工组织设计的种类和作用

由于施工组织设计的全局性和用途多样性，决定了其种类的非单一性。按照应用过程的阶段性和使用施工组织设计的工程对象的不同，应当把施工组织设计划分为两大类：标前设计和标后设计，如表1所示。

表 1

种　类	服务范围	编制时间	编制者	主要特性	追求的主要目标
标前设计	投标与签约	投标书编制之前	企业的经营管理层	规划性	中标、经济效益
标后设计	施工准备至工程验收	签约后、开工前	施工项目管理层	作业性	施工效率、管理效果

表1说明，标前设计满足投标和签订施工合同的需要，由企业的经营管理层在投标书编制之前编制，规划如何投标取胜和签约成功，以取得好的经济效益；标前设计的水平是能否中标的关键因素，是总包单位进行分包和分包单位编制投标书的重要依据，是进行合同谈判、提出要约和进行承诺的根据和理由，是拟定合同中相关条款的基础资料。

标后设计满足施工准备、施工过程和工程验收的需要，由施工项目管理层在签订施工合同以后、开工之前编制完成，安排如何做好施工准备，搞好施工和竣工验收，以取得高施工效率和理想的管理效果。标后设计又可分为三种：施工组织总设计、单体工程施工组织设计和分部工程施工组织设计。

施工组织总设计以整个建设项目或群体工程为对象编制，是整个建设项目或群体工程施工的全局性、指导性文件。其作用如下：确定设计方案施工的可能性和经济合理性；为建设单位编制建设计划提供依据；为施工单位经营管理层编制施工计划、组织资源供应、及时进行施工准备等工作提供依据；规划生产和生活基地建设。

单体工程施工组织设计就是传统所称的单位工程施工组织设计，它是施工组织总设计的具体化，以单体工程或一个交工系统为编制对象，用以指导单体工程或一个交工系统的施工准备、施工和管理。

分部工程施工组织设计是以主要分部工程为对象编制的，该分部工程的特点是施工难度大，施工技术复杂，管理水平要求高。它在单体工程施工组织设计编制完成之后编制，以施工方案为主，突出重点内容的作业性而不要求内容的全面性。

4. 施工组织设计和施工项目管理的关系

在市场经济中，我国进行了建设工程施工管理方式和管理体制改革，推行并发展了工程项目管理；工程项目管理需要施工项目管理规划，包括施工项目管理规划大纲和施工项目管理实施规划。施工组织设计是计划经济时代延续下来的成功管理文件，在市场经济中仍应发挥它的作用，因此它应为施工项目管理服务，与施工项目管理规划相融合。《建设工程项目管理规范》GB/T 50326—2006（以下简称《规范》）规定，"承包人的项目管理实施规划可以用施工组织设计或质量计划代替"。更确切地说，施工项目管理实施规划可以用标后施工组织设计代替。根据标前施工组织设计的性质和作用，它符合施工项目管理规划大纲的要求，因此完全可以用标前施工组织设计代替施工项目管理规划大纲。这就要求对传统的施工组织设计进行改革，改革它的内容、设计原则等，使它满足施工项目管理的需要。

5. 关于建筑施工组织设计的内容

大建筑工程施工组织设计的内容，应根据编制施工项目管理规划的需要对传统施工组织设计的内容进行改革，在保留原有施工组织设计内容的基础上增加满足施工项目管理规划需要的内容。

根据《规范》对项目管理规划内容的规定，标前施工组织设计应包括以下内容：施工项目概况；施工项目实施条件分析；施工项目管理目标；施工项目组织；质量目标与主要施工方案；工期目标与施工总进度计划；施工预算与成本目标；施工风险预测与安全目标；施工平面图与现场管理规划；投标与签订合同工作规划；文明施工与环境保护规划。

根据《规范》对项目管理实施规划内容的规定，标后施工组织设计应包括以下内容：工程概况；施工部署；施工项目管理总体安排；施工方案；施工进度计划；资源供应计划；施工准备工作计划；施工平面图；施工管理措施计划；施工项目风险管理规划；技术经济指标计算与分析。

有必要说明，由于对施工组织设计作用的要求高、要求多，施工组织设计的内容涉及面相当广，显得十分复杂而量大，因此给其编制工作带来了沉重的负担。解决这一难题的途径有两条：一是与施工项目管理相结合，开发计算机编制施工组织设计的系统软件，以信息化破解复杂化难题；二是抓住重点内容编制，以关键代动一般。

施工组织设计的重点内容有以下四项：

第一，施工部署和施工方案。前者解决战略和策略问题，后者解决技术和组织问题。技术方案设计的内容包括：施工工艺，施工方法，机具和设备的配置，测量技术和信息技术的应用等；组织方案设计的内容包括：建立施工组织机构，划分施工区段，确定施工流向、程序和顺序，人力资源平衡等。

第二，施工进度计划。它以已定施工方案为依据，在保证质量、安全、成本、环境保护目标实现的前提下进行设计，包括时间进度计划和资源进度计划，前者实现工期目标，后者实现进度目标。巨大的经济效益寓于施工进度计划之中。

第三，施工平面图。它解决空间问题和主要经济问题，包括：施工总平面图和阶段性施工平面图。要求施工平面图具有科学性、系统性、技术性、经济性、安全性、环保性及综合性，而非简单地写实。

第四，施工管理措施，包括组织措施、技术措施、经济措施、合同措施与环境措施等的设计，辅助解决组织、技术、经济、环境、绿色施工等方面的问题，实现施工项目管理目标。

6. 编制建筑施工组织设计的原则

如前所述，大建筑的施工组织设计要与施工项目管理密切结合，因此应对原施工组织设计的编制原则进行重新界定，确立原则如下：

第一，满足工程施工和项目管理双重需要。项目管理需要的是：目标管理、组织结构设计、合同管理、风险管理、沟通管理和管理措施等。

第二，严格遵守工期定额和合同规定的工程竣工和交付使用期限。时间问题与技术、经济、管理均有密切关系并产生重大影响，不能带有随意性，不能盲目地提出过短工期和易造成质量安全事故和极大浪费的盲目赶工要求。

第三，科学、合理安排施工程序与顺序。施工程序与顺序反映施工中的技术、安全与经济规律，也是实践经验的积淀，应精心设计。

第四，用流水施工法和网络计划技术编制施工进度计划。这两种方法的科学有效性已经被几十年的实践以及其显著效果所证实。应用网络计划技术要求执行新修订的三个《网络计划技术》国家标准 GB/T 13400.1～3 和《工程网络计划技术规程》JGJ/T 121。

第五，合理安排冬雨期施工项目。大建筑不可避免地要进行季节性施工，因此要按季节施工标准的要求编制季节性施工措施，做到连续施工，保证质量、安全与节约。

第六，贯彻多层次结构的技术政策，因时、因地制宜地促进技术进步和建筑工业化的发展。包括：贯彻工厂预制、现场预制和现场浇筑相结合的方针；贯彻先进机械、简易机械和改良机具相结合的方针；积极采用新材料、新设备、新工艺、新技术；大力进行技术创新，采用新型结构；使技术的先进性、实用性和经济合理性相结合。

第七，实施目标管理。编制施工组织设计的过程，就是提出施工项目管理目标及其实现方法的规划过程，要求遵循目标管理的原则，目标分解得当，决策科学，实施有道。

第八，组织绿色施工（"三节一环保"，即节水、节电、节材和环境保护）；组织均衡施工；减少暂设工程和二次搬运。

第九，搞好风险管理规划，进行扎实有效的风险管理。

7. 编制施工组织设计的依据

为了贯彻施工组织设计的编制原则，使施工组织设计的内容满足施工需要，应具有充足的编制依据，即具有足够的参考资料与信息。

标前设计的编制依据主要有：招标文件及发包人对招标文件的解释，对招标文件的分析资料，对工程现场及其环境的调查资料，发包人提供的工程信息和资料（包括勘探资料），投标需要的竞争信息，承包人对本工程投标和施工的总体战略，有关工具性资料（如合同示范文本、工期定额、估算指标、类似工程的建设资料等）。

标后设计的编制依据主要有：标前设计及其编制依据的具体化，企业与施工项目经理签订的项目管理目标责任书，工程施工合同及其相关文件，施工项目经理部的自身条件及其管理水平，企业的施工项目管理体系，设计文件，勘探资料、市场及技术经济调查资料，工具性参考资料（规范、法规、定额等）。

8. 施工组织设计的编制责任与程序

由于标前设计适应经营的需要，追求中标和承包后的经济效益，带有战略性和控制性，因此应当由企业经营管理层进行编制。标前设计的编制程序依次是：熟悉招标文件→描述施工项目概况→施工项目实施条件分析→确定施工项目管理目标→拟定施工项目组织构架→编制质量目标和主要施工方案→工期目标和跟踪进度计划→施工预算和成本目标规划→施工风险预测和安全目标规划→施工平面图和现场管理规划→投标和签订合同规划→绿色施工规划。

　　标后设计是作业性文件,故应当由施工项目经理组织项目经理部各部门(或职能人员)编制。标后设计的编制程序依次是:工程概况→施工部署→施工项目管理总体安排→施工方案→施工进度计划和资源供应计划→施工准备工作计划→施工平面图→施工管理措施计划→风险管理规划→技术经济指标计算与分析。

　　【注】本文根据彭圣浩主编的《建筑工程施工组织设计实例应用手册》(第三版)作者执笔编写的第1部分改写。

建筑施工组织设计开启了新的一页

（2009）

　　《建筑施工组织设计规范》GB/T 50502—2009（以下简称《规范》）于2009年5月3日发布，2009年10月1日起实施，它翻开了建筑施工组织设计（以下简称施工组织设计）新的一页，将提高施工组织设计的质量。我曾在1997年著文《论建筑施工组织设计标准化》，呼吁制定《规范》的愿望实现了，心情格外高兴，学习了《规范》后遂写下后文的一些体会。

1. 《规范》统一了全国的施工组织设计

　　正如《规范》"制定说明"的总则中所说，"由于以前没有专门的规范加以约束，各地方、各企业对施工组织设计的编制和管理要求各异，给施工企业跨地区经营和内部管理造成一些混乱。同时，由于我国幅员辽阔，各地方企业的机具装备、管理能力和管理水平差异较大，也造成各施工企业编制的施工组织设计质量参差不齐。因此有必要制定一部国家级的《建筑施工组织设计规范》，予以规范和指导"。发布并实施《规范》后，上述的统一全国施工组织设计、减少混乱、提高质量的目的有望达到。

2. 《规范》提高了施工组织设计的科学性和实践性

　　施工组织设计是一门科学，有其科学的理念、理论、术语、内容、程序、方法和适用范围。但是自20世纪50年代初从原苏联引进施工组织设计的50多年来，虽然在大专学校教学中它是一门重要课程，在建筑施工中它是应用广泛、不可或缺、不可替代的重要文件，发挥着重大作用，但是其科学性却始终不够成熟，表现是：理论体系没有建立，术语定义五花八门，原则、内容、程序、依据、方法存在不确定性乃至严重分歧，适用范围界定不清等。《规范》的发布给学科的建立和实践中的应用提供了统一性的标准依据，无疑提高了组织设计的科学性和实践性。

3. 《规范》统一了施工组织设计的术语

　　《规范》中定义的术语有15个，包括施工组织设计、施工组织总设计、单位工程施工组织设计、施工方案、施工组织设计的动态管理、施工部署、项目管理组织机构、施工进度计划、施工资源、施工现场平面布置、进度管理计划、质量管理计划、安全管理计划、环境管理计划、成本管理计划。这15个术语无疑是施工组织设计理论的重要组成部分，在未来的教学和实践中将发挥统一概念、明确认识、规范文件、减少矛盾的作用。

4. 《规范》确定了施工组织设计的管理性质

《规范》的 2.0.1 条规定，施工组织设计是"指导施工的技术、经济和管理的综合性文件"，改变了传统的只指导"技术、经济"的提法，为施工组织设计服务施工管理提供了理论依据，扩大了施工组织设计的作用范围和应包含的（管理）内容，为施工项目管理提供了工具。"综合性"三字使三种作用形成相互联系、相互制约的统一体，文件的性质更明确了。

5. 《规范》明确了施工组织设计的原则

施工组织设计原则是指导思想，是技术和管理政策，是实践守则，亦是施工组织设计理论的重要组成部分，向来被教学单位、技术和管理人员所重视。但是长时间以来对这么重要的内容的认识却存在严重的不确定性、不全面甚至不适用。《规范》中规定的施工组织设计原则共 5 条，使原则统一了，规定简练、明确，符合当今的技术管理政策，尤其是将合同、招标文件、环境保护、节能、绿色施工、三个管理体系等纳入原则之中，体现了施工组织设计为当代建筑服务的原则要求。

6. 《规范》详细规定了施工组织设计的基本内容和主要内容

《规范》第 3.0.4 条规定了施工组织设计的 8 项基本内容，包括：编制依据、工程概况、施工部署、施工进度计划、施工准备与资源配置计划、主要施工方法、施工现场平面布置、主要施工管理计划。之后又在基本内容的框架下，用三章分别详细规定了三类施工组织设计的主要内容。施工组织总设计的内容包括：工程概况、总体施工部署、施工总进度计划、总体施工准备与主要资源配置计划、主要施工方法、施工总平面布置。单位施工组织设计的主要内容包括：工程概况、施工部署、施工进度计划、施工准备与资源配置计划、主要施工方案、施工现场平面布置。施工方案的主要内容包括：工程概况、施工安排、施工进度计划、施工准备与资源配置计划、施工方法与工艺要求。内容的规定有下列意义：有利于编制人员明确目标，有利于审查人员明确审查方向和重点，有利于不同地区、不同企业施工组织设计的交流，有利于跨地区工程承包与管理。

7.《规范》规定的管理计划是一项管理创新

《规范》的第 7 章规定了主要施工管理计划及其主要内容，包括：进度管理计划、质量管理计划、安全管理计划、环境管理计划、成本管理计划、其他管理计划。在《规范》"制定说明"中说道："施工管理计划在目前多作为管理和技术措施编制在施工组织设计中，这是施工组织设计必不可少的内容。"从管理和技术措施中分离出来成为单独的管理计划，是一种创新，它说明，施工组织设计为管理服务的基本性质得到了确认和重视，也明确了施工组织设计为管理服务的 5 大重点领域的基本内容，有利于提高施工项目管理水平。

8.《规范》明确了施工组织设计编制和审批的责任

管理责任制是重要的管理制度，在各项管理中不可或缺。《规范》第 3.0.5 条就是施工组织设计的责任制度，对管理施工组织设计及其服务于管理很有意义。第 3.0.6 条用 3 款对施工组织设计本身的动态管理做出了规定，对施工组织设计的贯彻执行和实现其设计目标的控制提供了保证条件。

以上 8 点体会总起来就是：《规范》从无到有，使 50 多年的混乱状态转变为有规律可循、有规定可遵、有框架可填、有方法可用且有创新内容，因此《规范》是可行的，施工企业应遵照执行。

9. 三点参考意见

当代的建筑施工与计划经济时代和改革的前 20 年相比，产生了巨大的变化，建筑施工变得大规模、大市场、大过程、大环境、大科技、大运作。大建筑施工的管理要求当然也产生了巨大变化，对施工组织设计有了新的更高要求。在大建筑施工组织设计方面，全国各地都有许多创新，《规范》既应适应这一变化，吸收重要的创新内容。所以应解放思想，对传统的施工组织设计进行改革。学习了《规范》之后，感到它受传统的施工组织设计的约束较大，尚有以下需要在未来改进的三个要点，在此提出以供修订《规范》时参考或商榷。

第一点，《规范》应服务于招标投标阶段。施工组织设计不但要服务于施工准备和施工，而且要服务于招标投标与签订合同，要包含在投标文件中，接受评标委员会的审查和评分。在招标投标阶段对施工组织设计的要求，与在施工阶段的要求不同，编制内容和编制条件差别非常大。显然，一份施工组织设计是不能满足两个阶段要求的，应该分别编制。但是《规范》中对招标投标阶段要求的施工组织设计没有提及。北京市先于《规范》发布、备案号 10877—2006 的《建筑施工组织设计规程》中，第 3.0.2 条将施工组织设计分为四类，包括：施工组织纲要、施工组织总设计、施工组织设计、施工方案，其中规定，施工组织纲要"适用于工程的招标投标阶段"；在其第 4.1节中规定了施工组织纲要的内容和编制依据。我认为，北京市的这些规定适用于全国各地，应将类似内容纳入《规范》中。

　　第二点，《规范》应服务于施工项目管理。施工项目管理早在 20 世纪的90 年代便成为我国建筑施工的管理模式，在全国范围实施项目经理责任制。《建设工程项目管理规范》GB/T 50326—2006 的第 4.1.5 条中规定，"大中型项目应单独编制施工项目管理实施规划；承包人的项目管理实施规划可以用施工组织设计或质量计划代替，但应能够满足项目管理实施规划的要求"。纵观《规范》全文，并没有对这条规定予以关注，全文没有提及项目管理的需要，甚至没有提及项目管理和项目经理；虽然在第 7 章中规定的"主要施工管理计划"符合施工项目管理的需要，但是还远远不够，例如施工组织设计应满足资源管理、风险管理、沟通管理、信息管理等需要，不是一个"其他管理计划"的规定能够满足的；在施工组织设计的编制、审批和动态管理方面，项目经理有重要责任。

　　第三点，《规范》内容对"术语"中关于施工组织设计是"经济"文件的正确规定执行缺失。施工组织设计的经济价值是毋庸置疑的，为了使它起到经济作用，应包含下列内容：融资和资金使用计划，降低成本计划（不是成本管理计划），资源（含材料设备、资金、人力等资源）节约使用计划，技术经济指标计算与分析等；在编制依据中，充实有关经济方面的资料，如：技术经济定额、经济环境资料、企业的技术经济档案等。从管理的需要看，技术经济指标体系应是各种施工组织设计的内容之一，它是评价施工组织设计效果及判定是否达到质量要求的依据。

　　【注】作者 2009 年在编写工程管理专业教材《工程项目管理》（第四版）一书之前，认真学习了《规范》，产生许多感想，其中大部分是高兴的想法，但也有遗憾之感，因此，除了将其有关主要规定纳入教材加以贯彻之外，还将这些感想写了下来，形成了上述文字，在此发表，以志其详。

6 统筹方法应用大众化

贴近人民的数学大师华罗庚先生是统筹法的创始人和
践行导师
统筹法的理念是统筹兼顾

关于编制通用网络计划的探讨

（1980）

绘制正确的网络计划是比较费力的，因此在广泛采用标准设计的情况下，编制通用网络计划是解决这个矛盾的有效方法之一，不仅如此，还可以减少计划工作的大量重复。对如何编制通用建筑网络计划，我们有以下体会。

1. 编制通用网络图的要求

编制通用网络图的主要目的是给作业计划编制者提供可供参考的网络图模型。要使它具有实用价值，能被人们接受，它应当符合以下几点要求：

（1）通用网络图所反映的工艺顺序应合理，不允许出现影响生产、质量和安全的工艺关系。如果某些工艺关系不是非常严格的，也应推荐一种较通用而有效的工艺关系，以供借鉴。由于在不同情况下往往有多种可行的工艺关系，所以在工艺顺序上不能做硬性的规定，应使人们有回旋的余地。

（2）通用网络图的绘制应遵循严格的逻辑关系，只能而且必须把有工艺联系的工作联接起来，没有联系的工作一定不要联接，只能在图面上表现逻辑关系，而不能主观地去推想逻辑关系。

（3）在通用网络图中，主要工种应尽可能进行连续施工。因此，必须有组织联系线。它也是使网络图合理表现的一个重要方面。但对次要的承担工程量较少的工种，可不必有严格的均衡和连续要求。

（4）通用网络图画法要统一，应清晰易懂，便于分析；要尽量减少箭线交叉和零箭线。

（5）通用网络图编成的通用网络计划要附以相应的说明及技术经济指标，以便于检查工作效果，作为编制综合计划的参考。

2. 关于网络计划分级及其项目的粗细程度

由于使用网络计划的对象不同，对网络计划项目划分的粗细程度和其内容要求也应有所不同，可以考虑编制分级网络计划。

标准图住宅建筑有一个突出的特点，就是标准层或标准单元的工作量占工程的绝大部分。因此，可以通过对标准层工艺的细致分析，绘制标准层结构和标准层装修施工网络计划，此为一级网络计划。这种网络计划是班组的执行计划，项目要详尽具体，逻辑关系着重在工序衔接，适当考虑劳动力连续作业。为便于执行和识图，可绘制成带日历坐标的网络计划。

二级网络计划应以单位工程为对象编制。它主要由管理部门（人员）掌握，用于控制工程进度。它的项目内容应是一级网络计划的适当合并或综合，组织工种流水较严密，并形象地反映出工程的进程，对全工程的施工有个全面的安排。所以，在图上要有工艺联系线和工种流水联系线。从全局来考虑，允许某些工作面空闲，以表现能机动调整的时差。因为这种网络计划项目较多，工艺衔接和组织联系复杂，并且供管理人员使用，因而可不采用时间坐标，这样便于通过计算确定各项时间参数，且当工期延误或出现新情况时，便于调整和修改。

3. 通用网络计划的表达方式

时标网络计划能直接、形象地反映工作时间参数，故一级网络计划应提倡使用。不带时标的网络计划，构图方便，调整也方便，故单位工程通用网络计划和大型、复杂、工期长的网络计划应提倡使用。

在绘图时，应从低层到高层，自下而上，每一层的各工序应基本保持在同一个水平方向，给执行和调整计划者提供方便。

4. 关于工序搭接和劳动力的安排

如果仅从工艺关系上考虑，工序搭接可以安排到最紧凑的程度，以取得最短工期。但最短工期并非最优工期，还应考虑劳动组织和管理水平等因素。通用网络计划不应该是最紧凑的计划，而应是工艺和组织上合理的计划，非经努力不能实现。定额选用上要留有余地，工序搭接应通过认真研究后确定。例如，装修与结构的关系问题，应考虑的原则是：多层建筑，结构完成后作装修，自上而下，这样工期不会延长很多，组织管理上有许多方便之处，也容易保证质量。而对于高层建筑，则要在结构施工的同时插入装修，以缩短工期，这样，装修作业只能自下而上进行。但要每层的结构周期小于每层的装修周期。反之，装修工程就不能连续。当然，推迟装修工程的开始时间可以解决这个矛盾，但推迟到什么时候才能连续作业，则要通过计算确定。也可以自上而下分组进行，如12层宿舍楼，可以从6层到1层，12层到7层。也可以类似地分三组或四组。不同的安排，经济效果往往不一致，可以通过技术经济比较择优选取。在安排中还应考虑劳动组织的现状。这给网络计划的通用性带来不利影响，因为劳动组织方式各企业很不一致，尤其是装修工程，投入的人力究竟多少为宜，难以统一。尽量做到结构施工阶段采用混合工作队。装修阶段则不得不按班组安排。这就增加了许多组织联系箭线，且有交叉。应力争做到主要工种连续流水。我们感到，时差和均衡流水施工是一对矛盾，使之统一起来是一项很复杂的组织工作。

5. 关于定额标准和技术经济指标

网络计划的先进合理性，主要取决于技术组织措施和采用的定额标准。网络计划的技术经济效果，很大程度上取决于生产技术水平。编制通用网络计划时，立足于在现有技术水平上适当提高，在调查研究基础上选择施工方法和经过一定努力才能达到的定额标准。所以其技术经济效果应是中高水平的。达到了这个水平，就可以使生产率得到提高，经济效果也较好。所以，通用网络计划既可以参照执行，又可以作为衡量生产管理水平和计划合理性的尺度。从这个目的出发，在通用网络计划的基础上，应计算以下几项技术经济指标：

（1）总工期

单位工程计划工期是生产周期指标，是发挥投资效果速度的标志。工期应是一定生产技术水平下的合理工期。工期太短会增加费用，太长对发挥投资效果不利。它应是在目前水平上略有提高，经过合理组织能够达到的，可以作为一个参考尺度。

（2）主要机械使用台班、最大吊次和平均吊次

在结构施工阶段，主要垂直运输机械影响到整个工程施工的开展，合理使用机械，对降低成本和缩短工期具有很大意义。它的作业一般总是在关键线路上。所以，应计算使用台班、最大吊次和平均吊次，以此作为网络计划合理性的衡量指标之一。台班最大吊次决定于机械的生产能力，平均吊次则反映机械实际生产率，由生产组织管理水平决定。为了说明问题，我们建议在生产中引进机械生产均衡性指标，即 $k_1 =$ 台班平均吊次 $\div$ 台班最大吊次。一般情况下，它总是小于 1 的；当 k 值接近于 1 时，说明机械生产是均衡的。

（3）最大劳动力人数及平均人数

它反映劳动力的使用情况，即是否均衡。它由是否连续流水施工及劳动组织是否稳定决定。这个指标大小在城市工程施工中影响还不算太大，因为调动劳动力较容易。然而在边远地区及新建区，劳动力使用不均衡，则会造成严重浪费，使劳动生产率大幅度下降。最大劳动力人数必须控制在可投入力量的范围内。平均人数是每天劳动人数相加除以工期所得。劳动力不均衡系数可用公式计算：$k_2 =$ 最大劳动力人数 $\div$ 平均人数，它应尽量接近于 1，这样劳动力才能相对稳定。一般在一个单位工程上很难做到，故应组织建筑群体的均衡施工。于是要讲求在施工程面积大小。在通用网络计划中可推算合理在施工程面积。在施工程面积小了，不能流水施工；大了会分散力量。两

种倾向都要防止。

（4）单位面积劳动力量

它反映劳动生产率水平，应力求降低。其计算公式是：单方用工＝总用工量÷建筑面积。

（5）平均日产值

它由总工作量与总工期决定，也反映一个单位的生产率水平。但这个指标只有在一个固定单位完成一项工程时才有意义。建安工人平均日产值＝单位面积造价÷单位面积劳动量。

【注】本文原载于《建筑技术》杂志 1980 年第 6 期，是与湖南大学崔起鸾教授合写的。

标准单元网络计划及其应用

（1981）

为了改善人民的居住条件，我国各地正在建造许多具有标准设计图的住宅，如何深入研究其施工和管理的标准化问题，以提高施工速度及工程质量具有重要的现实意义。本文提出标准单元网络计划及其应用的看法，希望有助于这个问题的解决。

1. 标准单元网络图

凡是用标准设计图纸建造的居住建筑，必具有标准单元或标准层，可以编制标准单元网络计划，标准单元网络计划可作为同类的标准设计住宅建筑的施工组织与管理的基础资料。不同的标准设计图，其标准单元网络计划当然不同。它主要应体现合理的工艺关系，并附以符合平均先进水平的各施工过程的持续时间。

假如有某标准单元，其主要施工过程名称及施工持续时间列于表1，其相应的标准单元网络计划可绘制成图1。

表 1

施工过程名称	持续时间（d）
基础	2
结构	4
屋面	1
门窗框	1
管道	3
抹灰	1
木装修	1
电气	1
油浆	2
修理	1

此网络计划的逻辑关系完全受施工工艺顺序的约束。一般说来，工艺顺序不是唯一的，但我们在编制"标准单元网络计划"时所据的施工顺序，应当是标准的，即在各种安排方法的基础上比较、择优、而后定型。

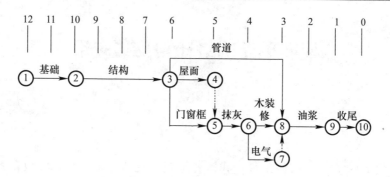

图1 标准单元施工网络计划

　　持续时间是按工程量及平均先进的计划劳动定额求出工日后，按合理的劳动力安排求得的。工程量是一个单元的；劳动力安排是组织流水施工时所需要的，这在目前的组织水平下不难找到。例如，目前北京施工的四单元左右砖混结构工程，在结构施工阶段一般是安排一个瓦工组（25～30人），分四段，一天一步架，八天一楼层；至于高层大模工程组织混合队（80～90人），实现结构一天一单元楼层（或5～6条轴线），则已形成了规律。

　　时间单位可以按工作日表示（这是基本的时间单位），也可以按周、旬、月表示。在图1的示例中，是按周表示的，这是根据管理上的需要而定的。

　　标准单元网络计划项目的划分，根据用途的不同可以有所不同。如果是供领导机关管理使用，像图1那样的粗细程度就可以了；或者再将结构划分得细一些，分出层及主要施工过程来。如果是供施工队指导施工作业，则要详细：在粗的标准单元网络计划的基础上再绘制单元分部工程标准网络计划或绘制细致的标准单元网络计划。例如外砖内模（80MD2）的结构工程，要按下列施工过程编制网络图：放线，砌墙，板墙钢筋，支正模板，预埋件及立门口，支反模板，浇灌混凝土，拆模刷隔离剂，预制构件安装，圈梁板缝的支模、扎筋、浇灌混凝土。而装修则要分内装修、外装修。内装修划分项目为：砌隔墙，厕所垫层、油毡及地坪，地面，墙面，顶棚，楼梯，安门窗框扇，喷浆，油漆，水暖立管，支管，电气，灯具等。外装修划分为挑檐抹灰，各层外装修，台阶散水等。屋面工程分屋顶结构，保温层，找坡，找平层，防水层等。总之，要使这些施工过程的确能指导施工作业而又不过于琐碎。

　　标准单元施工网络计划应带时间坐标，时间的顺序是倒排的，这是施工准备和资源管理提前安排上的需要。

2. 标准单元网络计划在工程中的应用

（1）安排施工任务

对于一个施工企业需要合理安排某一计划周期的施工任务。目前多以在施面积或任务面积来考虑。对于专门负责住宅建筑施工的企业来说，以单元数来衡量施工任务的规模，既形象具体，又很有定量意义。

例如，我们可以根据标准单元网络计划求出一个单元的总劳动量（r）。假如一个施工单位在计划期内（年、季）可以干出总劳动量为 R 的工作，则在计划期内可以完成的施工任务为：

$$N = \frac{R}{r} \quad （单元）$$

有了单元数，竣工面积也就不难得到：

$$S = N \times m \quad （m^2）$$

式中　　S——计划期内的竣工面积；

　　　　m——每单元的建筑面积；

　　　　N——计划期内可完成的单元数。

（2）安排交工速度

有了计划期内可以完成的施工任务数，就能求出正常情况下的交工速度：

$$v = N/T$$

式中　　v——交工速度（单元/天、周、月）；

　　　　T——计划期所具有的工作天（工作周、月）。

例如某施工单位一年内可完成 60 个单元的建筑任务，则其交工速度为：

$$v = 60 单元 /12 月 = 5 单元 / 月$$

或　　　　　　$$v = 60 单元 /52 周 = 1.15 单元 / 周$$

当然，按这样的速度组织均衡交工，可以很好地实现均衡施工，但这总是理想的。建筑施工受气候影响，也受目前计划中某些不完善因素的影响。例如，年初任务不定，一般要在二季度以后才能定下来，这必然会影响交工的均衡性。目前的情况是，上半年交工少，下半年交工多，四季度交工最多。一季气候寒冷，不利于装修，雨季不利于开工，这都会影响生产的均衡性，而最终影响交工速度。所以交工速度不是一条直线，往往是一条折线（见图2）。但无论表现为直线还是拆线，计划期内的完工总量不应变化。图 2 所示的交工速度图在各项管理上也是很有用处的。例如在统计工作中，可以作为统计考核的依据：我们要问第 10 个月应交工多少单元房屋，就可以从斜线上寻求，即为 50 单元（图 2a）；或 47.3 单元（图 2b）。

（3）安排开工速度

同安排交工速度一样，我们可以依据标准单元网络计划安排开工速度，力争均衡开工。

例如，有一批用图 1 安排的建筑施工任务共 90 个单元，按照每月 5 个单元的速度交工，并决定在 1983 年 10 月底全部完成，我们可以安排一个交工速度图（见图 3 之 AA'）。那么应该如何组织分期分批开工呢？总工期又应是多少呢？

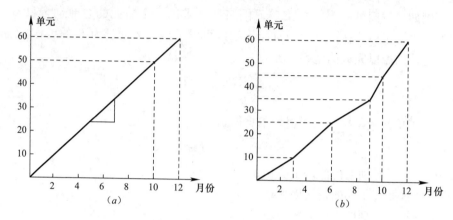

图 2 交工速度图

（a）均衡的交工速度；（b）不均衡的交工速度

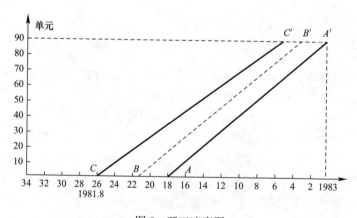

图 3 开工速度图

按照均衡施工的要求，开工速度应与交工速度一致。但实际上也是不可能的。一项工程刚刚开始的时候，开展速度较慢，原因之一是各项准备工作要分期分批完成；开工速度比交工速度更易受气候的影响，例如冬期避免挖冻土，雨期避免留大坑，而基础处理需要一定时间等。所以一般说来，其速度要比交工速度来得慢。图 3 中的 BB' 是理想的开工速度，而 CC' 则表示考虑各种因素后的实际开工速度。很显然，B' 点应比 A' 点提前一个单元的施工周期（12 周，即 3 个月）。实际上，即便考虑不利情况，最后一个单元的开工时间也应不迟于 B' 点。那么为什么又出现了 C' 点呢？这是因为开工不可能一个单元单独开工，开工是按栋计算的，我们假设四个单元为一栋，则最后一个单元的开工时间应比 B' 点提前 $4×0.5$ 月＝2（月）（式中的 0.5 月为一个单元的基础工期（2周））。另外，还应考虑各种不利因素，假设分析得到这段时间为 3 个月，则 C' 比 B' 应提前的时间为 $2+3=5$ 个月。于是，开工速度变成为

$$v' = \frac{N}{18+5} = 90/23 = 3.9 \text{ 单元／月}$$

式中 v' 为开工速度，18 为交工期 $\left(\frac{90}{5}=18 \text{ 月}\right)$

总工期为

$$T = \frac{N}{v} + K$$

式中 T——总工期（月）；

v——交工速度（单元/月）；

K——第一个单元开工至最早一个单元交工的时间间隔（月）。

图 3 的总工期为 $T=\frac{90}{5}+(5+3)=18+8=26$（月）。于是，总的开工时间应比 1983 年 10 月底提前 26 个月，即在 1981 年 8 月底开工。AA' 与 CC' 两条线中所包含的面积，为建筑群中全部工程的施工活动范围。BB' 与 CC' 之间的面积，是安排开工活动的范围，可供调整开工的速度。

当然，开工速度线 CC' 一般说来也不是一条直线而是一条折线，折线的斜率可用历年的统计资料求出（季或月的平均水平）。

（4）用"标准单元网络计划"安排一栋楼的网络计划

利用标准单元网络计划安排一栋楼的网络计划，前提条件是组成该楼的各单元虽然型号不同（如 80 住 1 改有甲、乙、丙、丁四种单元，又有南入口、北入口及是否尽端之分等），但因其工程量基本相近，施工过程亦没有太多区别，故视为各单元完全相同，可使用同一个标准单元网络计划。

例如，有四个单元组成的宿舍，其标准单元网络计划仍如图 1，共五层，现绘制其单位工程施工网络计划，步骤如下：

1）基础四个单元流水施工，无楼层之分（见图 4 的①→②箭线）。

2）结构与内装修分层绘制。它们的施工顺序按标准单元网络计划不变。屋面做完后装修自上而下。其工程量为：一个单元的工程量除以层数乘以单元数，故其时间为标准单元网络计划该施工过程的时间除以层数乘以单元数，例如每层结构的时间为 $T_{结}=4÷5×4=3.2$ 周；每层内装修为组合时间，$T_{内}=3÷5×4=2.4$ 周。

3）屋面和外装修为全楼共同性的，在结构完成后相继开始不便分层，可按整个楼来考虑（但屋面有个干燥时间，非一单元时间的倍数）。

4）将基础、各层的结构与装修、屋面、外装修的安排结果适当加以组合。

图 4 即为该五层四单元单位工程的网络计划（图中时间是经过上述计算后得到的）。总工期为 40.4 周。可见组合后的总工期并非一个单元的倍数。

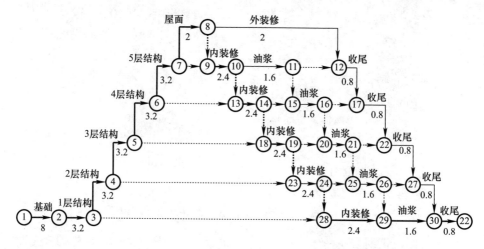

图 4 单位工程网络计划

3. 其他用途

标准单元网络计划还可用来进行开工准备、统计、物资管理、劳动管理等（略）。

【注】本文是 1981 年 11 月在"第一次全国统筹法施工经验交流会"上发表的论文的一部分，全文刊印在该会的论文集《统筹法在工程中的应用》中。

302

网络计划执行中的管理

（1983）

网络计划执行中的管理，涉及网络计划的调整、检查、调度、统计和分析等内容。为了使编制完成的网络计划取得效益，就要重视网络计划执行中的管理，研究执行管理的理论和方法。不然，网络计划编制得再好，充其量也只能作为供人们执持欣赏的一张图画。

1. 防患于未然

编制计划的时候，就要预测执行时可能发生的变化及应付办法，这就是"防患于未然"（或预防风险）。重点有两个方面应引起注意，即调查研究再加预测，持续时间留足余地。

（1）调查研究再加预测

编制计划前的调查研究不能只对目前，更重要的是对执行中可能涉及的许多问题在调查研究基础上的预测和决策，包括：材料和设备的加工和供应、劳动力的供应和调动、设计试验的进程、上级的指挥意图等。要看得远，尽量预测准确，作出决策，赖以应变。

（2）持续时间要留足余地

除班组作业计划外，凡带有综合性、控制性特点的网络计划，其工作持续时间均应进行估算。估算公式是：

$$t_e = t_1 + t_2 + t_3$$

式中　t_e——一项工作的持续时间

t_1——按计划定额计算的时间

t_2——环境影响可能耽误的时间

t_3——劳动条件变化可能延误的时间

t_1 应按企业的水平确定计划定额进行计算，不能死套统一劳动定额；t_2 需要预测和决策得到；t_3 也要估计，如利用农民工、外包队可能产生对效率的影响等。

这样 t_2 和 t_3 就有个估计的准确性问题。如确有困难，不妨采用三时估计法，即

$$t_e = \frac{a + 4m + b}{b}$$

式中　　t_e——综合估计时间

　　　　a——乐观的估计时间

　　　　m——最可能的估计时间

　　　　b——悲观的估计时间

2. 把握两种逻辑关系

网络计划的首要优点是能够确切地表达各工作之间的相互依赖和相互制约的逻辑关系。实现网络计划提供的这一重要信息，是网络计划执行中管理的重点。

网络计划提供的逻辑关系包括两大类：一类称作"工艺关系"或"技术关系"。一类称作"组织关系"或"生产关系"。一般说来，当施工方法确定之后，"工艺关系"也就确定了，工艺上的先后顺序是不能颠倒的。然而"组织关系"却往往因为施工方法、资源供应、各种客观条件，甚至组织施工的习惯不同而有所区别。尽管"组织关系"不同，却不会影响产品质量。所以，"工艺关系"一般是不变的，"组织关系"是可优化的。这个特点对网络计划执行中的管理非常重要。举例说明如下：

图1所示的双代号网络计划是一项分三段施工的钢筋混凝土基础工程的实施计划。网络计划中每项工作紧后关系是根据"工艺关系"和"组织关系"决定的。例如，第一段、第二段和第三段中，各自的支模、扎筋、灌混凝土和拆模之间的关系就体现了"工艺关系"。而第一段、第二段和第三段之间的支模和支模、扎筋和扎筋、灌混凝土和灌混凝土、拆模和拆模的关系，就体现了"组织关系"。

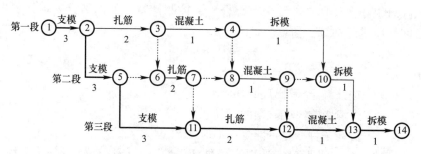

图1　钢筋混凝土基础实施网络计划

掌握这两种逻辑关系很有实际意义。在编制计划时，全面考虑这两种关系就不会出现逻辑关系上的漏洞；在执行计划时，也要根据这两种关系对计划进行调整。如果因为情况发生了变化，需要调整计划中的逻辑关系，无需改变"工艺关系"，只要调整"组织关系"就可以了。对于复杂的、大型的工程网络计划，只考虑"组织关系"的改变可以大幅度缩小调整的范围，节省时间，减少工作量，不容易出现错误。如图1的网络计划所代表的工程由于第二段基础需要处理，将第三段提到第二段之前施工，调整后的网络计划见图2（a）；假如由于拆模要待浇灌混凝土工人工作完成后承担，则调整后的网络计划见图2（b）。可见网络计划只有很小的改动。

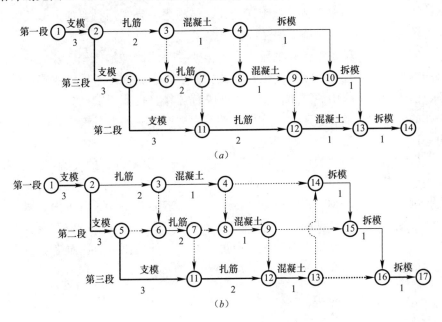

图2　钢筋混凝土基础调整后的网络计划

3. 抓住"关键"

网络计划为人们提供的第二个重要信息就是关键工作和关键线路，简称"关键"。全面地说，在资源供应问题上和成本控制问题上也有"关键"性问题。在计划执行中应牢牢抓住"关键"，用"关键"带动"一般"。

（1）在计划执行前，应当对"关键"的实现制订措施，并且让领导和工人均对措施有充分了解，以便在执行中下力量去抓、去干，步步把牢，不轻易改变。

（2）某关键工作提前完成了怎么办？

某关键工作如果提前完成了应视为好事，因为它可能导致整个计划提前完成。但是如果此关键工作平行的其他关键工作也必须提前完成，非关键工作不要变成关键工作。紧接着这项关键工作运作的其他工作也要有提前实施的条件。

（3）关键工作延误怎么办？

某关键工作延误，应视为坏事，因为它导致工期延长。应采取以下措施

处理:

1) 当发现某关键工作有了延误的征兆,应当设法利用其结束节点前面尚未完成的非关键工作进行支援。

2) 如果某关键工作延误已成事实,应在其后的关键工作上采取措施以缩短持续时间,才不至于造成总工期延长。措施之一是利用时差加大非关键工作的资源支援与其平行施工的关键工作。

应当说明,某关键工作的延误,不会使关键线路增加。相反,关键线路可能减少,它发生在后续关键工作与此关键工作不属同一条关键线路的情况下。由于有的工作由关键工作变成了非关键工作且可能影响到其后续的关键工作的消失,会在这些工作上产生时差,应视同原有的非关键工作一样对其时差加以利用,支援被拖期了的关键工作。

(4) 资源上的"关键"。抓关键应将时间与资源两方面的关键都抓起来。凡关键工作上的资源应视为"关键"。而在非关键工作上的资源,如果其数量大且供应可能有困难,亦应视为"关键"。计划编成以后,最好列出资源供应曲线(综合的和分品种的),其高峰处应视为关键,劳动力、物资及设备等供应部门应以此为工作重点对待之。而虽不在高峰处但供应有困难者亦应在网络图或资源平衡曲线上标出,以引起注意。

4. 合理利用时差

网络计划为人们提供的第三个重要信息是时差。时差是一种潜力,应当在计划执行中加以利用。

由于关键工作时间的变化,非关键工作的时差出现了复杂的变化情况,时差的利用也必须适应变化了的情况。

利用时差使非关键工作支援关键工作应有一个前提,就是其资源有共享的可能,否则无法支援。

在时差范围内用非关键工作支持关键工作,可采用三种方法:其一是延长非关键工作的持续时间,以减少其资源需用强度,其减少部分用来支援关键工作;其二是提高非关键工作的效率,及时完成,然后支援关键工作;其三是当本工作可以间断施工时,暂时停工,待支持了关键工作以后再回来,赶在计划规定之前完成本工作。

究竟何时支援,要取决于关键工作的需要和非关键工作的可能。要通过对计划的跟踪检查、计算和调整去决定,不能一概而论。总时差和自由时差均可利用:如果非关键工作支援了关键工作以后,其紧后的非关键工作的最早开始时间可以推迟,则可利用总时差;如果其紧后的非关键工作的最早开始时间不能受影响,则只能利用自由时差。这是时差的概念决定了的。

支援关键工作的非关键工作如何选择呢？首先，支援关键工作的非关键工作在时间上与非关键工作应是基本平行的，即其最早开始时间与最迟结束时间有重合。其次，选择支援关键工作的非关键工作时，应注意资源利用的均衡，重点是人力资源，以影响均衡性越小越好。

5. 正确对待变化了的情况

（1）资源供应量减少

这是最常遇到的情形。资源供应量减少，势必暂时停止或延长原来占用这些资源的工作。凡遇到这种情况，应根据新的资源供应情况对网络计划中受到影响的工作的持续时间重新计算。处理的方法如下：

1）尽量不改变原来的逻辑关系，也就是说，不重绘网络图。在此前提下又有三种处理方法：

如果关键工作的时间延误，则总工期随之延长，非关键工作的时差增大。要安排此时关键工作与非关键工作如何协同动作，充分利用时差，使计划的实施取得好效果。

如果非关键工作的时差延长而关键工作的时间不变，要看此延长的时间是否超过原来的时差。如不超过，则关键线路不变。如果超过，则关键线路改变，此时应转向新的关键工作，处理好新的关键和非关键之间的关系。

如果关键工作和非关键工作的时间都不同程度地延误，则总工期肯定延长，关键线路要重新计算求得。

2）如果因为资源的改变需要重新安排计划，改变原来的逻辑关系，则要重绘网络图。不要急于推倒重来。可以首先考虑保留原来的"工艺关系"，而只改变组织关系。如果这样还不行，则可考虑改变那些工艺约束不是十分严格的工作的关系。例如，原安排先地面后墙面，改变后可先墙面后地面，这样的改变是可行的，不需要改变施工方法，应尽量避免改变施工方法。

3）如果是资源全都撤走，本计划可暂时不执行，并不需要改变计划，资源调回后接着执行就是了。至于资源调回后与原来比可能有所改变，那时可按前三种情况分别处理。

（2）资源供应量增加

资源供应量增加，首先应放在关键工作上，以便缩短工期。资源增加量要恰当分配，以免造成浪费。调整了的计划要进行计算，找出新的关键工作和时差。我们不支持由于资源增加去改变原计划的逻辑关系。尽量在原计划基础上调整时间参数。

（3）网络计划中的工作消失或增加

由于原先计划考虑不周，在执行时网络计划中的工作消失（完成或合并）

或增加的情况有可能发生。

工作消失以后，可能涉及其他工作之间关系的调整，应在原图上调整，不需要重新绘图，但调整后要重新计算。

新增的工作如果不多，可以在原图上调整，要注意调整网络图的编号。如果新增的工作较多，可能在原图上调整有困难，则要重新绘制网络图，但也应尽量保持原计划的安排不作大的变动。调整后仍要重新计算。

（4）施工方法改变

施工方法改变了，反映工艺关系的网络计划当然要改变，相应的组织关系也肯定要变。在这种情况下，原图调整已不可能，必须重新编制网络计划。

6. 网络计划执行中的其他管理问题

（1）"公开"计划。让管理人员和作业人员不但知道分内的工作计划，也要知道计划的全局。因此要在公共的场所张贴出来或描画出来。公开出来的计划，应是控制性的、在实施过程中不能轻易改变的带指令性的计划，应当是粗线条的。细致的执行计划一般不必要大范围"公开"。

（2）设立计划执行现场监督人员，负责计划的检查、调整和实施监督。该成员应是有权威的，以便做出决定或下达指令。

（3）加强检查。应进行日常检查或统计检查，并利用"S"形曲线或"实际进度前锋线"记录和分析。

【注】本文原载于北京统筹法研究会的会刊《统筹法理论与应用》中，1993年收录在由地震出版社出版、李庆华主编的《中国网络计划技术大全》一书中。

工程网络计划评估

（1984）

1. 网络计划评估的目的

网络计划的评估，是指对网络计划进行分析比较和评价，估计它所产的效果。网络计划评估的目的有三个：

（1）分析、评价网络计划的编制质量，以确定是交付执行还是修改完善。

（2）为网络计划之间进行比较提供依据。

（3）积累资料，为不断提高网络技术水平提供信息储备。

2. 网络计划评估的基本要求

（1）定性评估和定量评估相结合。

（2）把分析评估贯穿于网络计划编制过程的始终，使其不断完善。

（3）评估要全面，既要看它对目标控制的作用，又要看它对节约资源的价值；既要看计划本身的质量，又要看它对工程、企业乃至国家的积极意义或贡献。

（4）注意网络计划对企业投标竞争和履行合同的作用。

3. 评估网络计划的步骤

（1）编制时的评估（先评估）步骤

编制网络计划时的评估分 6 步完成。

1）取得网络计划图。该图可以是计划的中间成果，也可以是一个最终成果。

2）了解编制意图。即编制该计划的最终目的。由计划人员进行自评估时，这种了解是一个全面的思考过程。如果是他方评估，则应由计划人员作介绍。

3）对图形作定性分析，分析的内容见后文。

4）对计划进行定量分析，主要指标见后文。

5）得出结论。即回答下述问题：计划的质量和效果好不好？能否交付使用？比同类计划是好还是差？

6）如果不满足要求，则进行修改或调整，而后进行再评估；如果合乎要求，则资料存档，计划交付使用。

（2）执行结束后的评估（后评估）步骤

执行后的评估分四步完成。

1）收集网络计划执行资料，包括：交付执行的计划，执行中的调整资料，执行中的检查结果和执行记录，产生的效果等。

2）进行资料分析，包括：交付执行计划的可靠性，执行中的偏差，调整计划的效果，计划目标与实际达到目标的对比等。

3）计算各项完成指标，主要指标见后文。

4）进行综合评价，回答下列问题：原计划是否可靠？计划执行是否认真？取得了哪些效益？存在什么问题？

4. 网络计划评估的内容和指标体系

（1）图形

1）逻辑关系：一是工艺关系是否正确，二是组织关系是否合理。

2）绘图规则运用：是完全正确，还是有某些错误。

3）结构：图面的排列方式和清晰程度，结构是否合理。

4）关键线路：指所含的工作是否恰当。

这是定性分析。分析的结果要用综合指标表达。综合方法有三：①求算术平均值；②求加权平均值；③求综合标准分值。

表1是对四个方案的图形的四个特征用综合标准分值法进行分析比较的实例，得出了第三方案最好的结论。

对比方案评分表　　　　表1

特征	级别	标准分	对比方案得分			
			一	二	三	四
1	A	25	25		25	
	B	20		20		20
	C	15				
2	A	20		20	20	
	B	15	15			15
	C	12				
3	A	20		20	20	
	B	15	15			
	C	12				12
4	A	15				
	B	10		10	10	10
	C	8	8			
	总分值		63	70	75	57

310

（2）工期

1）合同工期节约值及合同工期节约奖

该项指标体现工期的信誉水平。

$$合同工期节约值 = 合同工期 - 计划工期$$

$$合同工期节约奖 = 合同工期节约值 \times 每节约一天的合同奖金额$$

2）定额工期节约值

该项指标体现工期水平与社会平均水平的差异。

$$定额工期节约值 = 定额工期 - 计划工期$$

3）指令工期节约值

该指标适用于重点工程及政治性工程而由上级下达工期指令者。

$$指令工期节约值 = 指令工期 - 计划工期$$

4）竞争性工期节约值

该指标具有竞争力，是计划工期与社会先进水平比较得到的。

$$竞争性工期节约值 = 社会先进水平工期 - 计划工期$$

5）实际工期节约值

该指标是计划完成以后计算的实际效果。

$$合同实际工期节约值 = 合同工期 - 实际工期$$

$$计划实际工期节约值 = 计划工期 - 实际工期$$

$$定额实际工期节约值 = 定额工期 - 实际工期$$

上述各项指标均可计算出社会效益

$$缩短工期社会效益 = 缩短工期天数 \times 缩短一天可提供的社会效益$$

（3）资源

1）劳动力

① 单方用工

该指标反映劳动力的消耗水平

$$计划单方用工 = 计划耗用工日 / 建筑面积(m^2)$$

$$实际单方用工 = 实际耗用工日 / 建筑面积(m^2)$$

② 计划劳动力不均衡系数

该指标反映劳动力计划的水平

$$计划劳动力不均衡系数 = 高峰人数(人) / 平均人数(人) \times 100\%$$

③ 节约工日数

该指标反映劳动力节约效果，可综合计算，也可分工种计算。

$$计划节约工日数 = 预算工日数 - 计划工日数$$

$$实际节约工日数 = 预算工日数 - 实际工日数$$

④ 工效

这是一个相对指标，反映劳动力消耗水平，并可用于与其他工程的计划进行比较。

$$计划工效 = 预算工日 / 计划工日$$

$$实际工效 = 预算工日 / 实际工日$$

2）材料

材料评估的重点是与计划密切相关的主要材料和材料费用节约。

① 主要材料使用不均衡系数

该指标反映网络计划对资源的平衡效果。

$$主要材料使用不均衡系数 = \frac{计划主要材料最高日耗量}{计划主要材料平均日耗量}$$

② 材料费计划降低率

由于材料费占工程总费用比重很大，故该项指标可用以考核计划的节约效果。

$$材料费计划（实际）降低率 = \frac{预算材料费 - 计划（实际）材料费}{预算材料费} \times 100\%$$

3）机械

机械评估的重点应是与计划密切相关的大型机械。

① 单方大型机械耗用台班

$$计划某种大型机械单方耗用台班 = \frac{计划耗用台班总数（台班）}{建筑面积（m^2）}$$

$$实际某种大型机械单方耗用台班 = 实际耗用台班总数（台班） / 建筑面积（m^2）$$

② 大型机械单方费用

$$某种大型机械单方费用 = \frac{计划（实际）台班 \times 台班费}{建筑面积}（元 / m^2）$$

③ 大型机械费节约率

$$计划（实际）大型机械费节约率 = \frac{预算大型机械费 - 计划（实际）大型机械费}{预算大型机械费} \times 100\%$$

（4）综合指标

1）日产值

该指标综合反映计划劳动生产率水平。

$$日产值 = \frac{预算工程造价（元）}{计划用工总数（工日）}$$

2）降低成本率

该指标综合反映节约效果，并可用以与其他计划比较。

$$降低成本率 = \frac{预算成本 - 计划成本}{预算成本} \times 100\%$$

3）计划控制质量等级指标

计划控制质量等级实际上是反映施工方案和网络计划两者的综合效果。按质量评定标准，应设置合格和优良两项指标。

4）综合机械化程度

$$综合机械化程度(\%) = \frac{\sum\left(\begin{array}{c}各工种工程用\\机械完成实物量\end{array} \times \begin{array}{c}各该工种工程\\人工定额工日\end{array}\right)}{\sum\left(\begin{array}{c}各工种工程完成的\\总实物工程量\end{array} \times \begin{array}{c}各该工种工程\\人工定额工日\end{array}\right)} \times 100\%$$

5. 网络计划评估的组织

网络计划评估的组织可以采用以下三种方式：

（1）自评估。是由网络计划人员在编制计划的过程中为使计划编好而进行的评估；或在编制完成后进行自评估，作为计划的附件，以便判断计划的质量。

（2）有关业务人员评估。指在编制计划的过程中，由有关业务管理人员集体参加讨论。在编制完成后，由他们进行评估，以便于协调地完成计划。

（3）领导或专家评估。对编制完成的网络计划，为了作出决策或据以组织指挥生产，需由领导或专家进行评估。有时为了进行计划质量的评定或评比，亦应由专家评估。

【注】本文原载于北京统筹法研究会的会刊《统筹法理论与应用》中，1993 年收录在由地震出版社出版、李庆华主编的《中国网络计划技术大全》一书中。

我国网络计划技术的研究与应用状况

（1998）

　　1964 年，国际著名数学家华罗庚教授研究了在美国产生有 7 年历史的千篇左右"箭头图"资料，写出了《统筹方法概况报告》，1966 年 6 月 6 日，他在《人民日报》上发表《统筹方法平话与补充》，从而把网络计划技术（也即华罗庚教授所称的"统筹法"）推向我国，应用于国民经济各个领域，尤其是应用于工程管理，产生了巨大的经济效益。30 多年来，我国对该项目技术的研究和应用一直走在世界前列。

1. 数学家的功绩

　　华罗庚教授认定，网络计划方法是一种在各种管理领域中十分有用的数学方法，把它纳入应用数学范畴，作出在国民经济各个领域大力推行以提高经济效益的规划。他在中国科学院创建了"应用数学研究所"，致力于应用数学的研究。然后组成了一个"推广统筹法小分队"，亲自任组长。在近花甲之年，拖着病残的身体，用了整整 20 年的时间，先后在 26 个省（直辖市、自治区）的生产第一线，边研究、边培训、边应用、边总结，从而使统筹法在70 年代即成为"百万人的数学"，被广大科技工作者、经济工作者及生产第一线的人员所掌握，大量应用于各行业的管理工作。

　　应用网络计划技术的精髓是什么？是华罗庚教授所说的：应用网络计划技术可以"向关键线路要时间，向非关键线路挖潜力，使各经济部门和各专业领域统筹兼顾，全面、协调地发展"。华罗庚教授赋予网络计划技术通俗易懂的哲理，使应用者乐于接受和应用这一应用数学方法，这是他的一大贡献。

　　于今，了解和应用网络计划技术者已远远超过百万人；成千个大中型项目利用网络计划技术取得了加快工期、提高质量、节约投资的显著效果；举世瞩目的长江三峡水利枢纽工程也使用了网络计划技术；建筑行业为实施工程项目管理（含建设监理），应用网络计划技术作进度（工期）控制已经形成制度；建筑类高等学校已把《工程网络计划技术》作为专业课程进行教授。以上这些，都应首先归功于已故的著名数学家华罗庚教授。

2. 学会的贡献

　　为了研究和应用网络计划技术，在华罗庚教授的支持下，经过一部分科技和应用人员的努力，先后于 1980 年至 1983 年成立了"中国优选法、统筹法与经济数学学会"、"中国建筑学会建筑统筹管理分会"、"北京统筹与管理科学学会"、"军事统筹学会"等四个学术团体，其中，前两个学会在各省（直辖市、自治区）还设立了分会，在香港也发展了会员。10 多年来，各统筹学会以研究和推行网络计划应用为宗旨，成为网络计划技术发展的核心和中坚力量，作出了巨大贡献。学会广泛吸收团体会员，团结广大科技人员，进行网络计划技术的应用和发展研究；举办学习班培训应用人员；召开研究会（研讨班）进行网络计划技术学术研讨；召开学术交流会交流研究成果；编纂书籍和资料；举办应用图片展览会；与境外联系，交流信息；编制网络计划技术标准等。中国建筑学会统筹管理分会累计编写图书 20 余部，发表论文 500 余篇，举办培训班近 200 期，培训 12000 多人次，组织各种交流会、报告会、研讨会近 180 多次，组织出版资料 130 余种，优秀成果获省部级科技进步奖 7 项，参与主编网络计划技术标准 4 部。1993 年编写出版的《中国网络计划技术大全》，收集论文 175 篇，计 173 万字，在全国产生了很大影响，也推动了网络计划技术的发展。学会的存在，使网络计划技术的研究和推广计划化、社会化、专业化、规范化和长期化。随着经济建设和科学技术的发展，各统筹学会也在不断发展，必将为网络计划技术的研究和应用作出更多贡献。

3. 网络计划技术标准化

网络计划技术标准化，是利用标准化的原则和手段对网络计划技术中所涉及的各种共性内容进行优选、协调、统一，制定相应的标准，从而达到科学、准确、合理地应用网络计划技术的目的。网络计划技术标准化有利于推广网络计划技术，可有效地避免理论上和实践中的混乱和失误，减少低层次的重复劳动，有利于进行国际、国内的合作与交流，有利于提高管理水平。因此，在 80 年代中期就引起了国内同行的重视。

由中国建筑学会建筑统筹管理分会参与主编的网络计划技术标准有四个，其中三个是国家标准，一个是部颁标准，代号是：GB/T 13400.1—92《网络计划技术 常用术语》、GB/T 13400.2—92《网络计划技术 网络图书法的一般规定》、GB/T 13400.3—92《网络计划技术 在项目计划管理中应用的一般程序》、JGJ/T 121—91《工程网络计划技术规程》。该四项标准填补了国内在该领域的空白，达到了国际同类标准先进水平。国家标准产生后，进行了三次全国性宣贯，部颁标准宣贯得更多。它们均纳入了建设监理教材、工程项目管理教材和教科书，已经发行约 30 余万册，推动全国应用网络计划技术向标准化、程序化、制度化发展，成为国内应用面次广的软程序，仅次于 GB/T 19000 质量管理标准（即 ISO 9000 族质量管理标准）的发行量。《工程网络计划技术规程》经过 5 年的应用，取得了很大的成功。今年立项修改，现已基本修改完成，将于 1999 年执行。新规程的质量和水平进一步提高，内容更加充实、完善、规范，会更适应工程项目管理（尤其是其进度控制）的需要。

4. 广泛、深入地研究和有效应用

为了应用的目的而进行网络计划技术研究，研究工作在应用中逐步深化并扩大范围。研究的内容包括：网络计划表达方式选择与优化，应用对象的研究，网络图排列方法的优化，活动持续时间的确定，时间参数的计算与标注方法，关键线路的判别方法，时差的计算和利用方法，贯彻和实施方法，执行中的监控方法，调整方法，评价方法，考核方法，资料的收集与积累，计算机应用等。研究队伍中有科研单位的专业研究人员，大专院校的教师，最大量的是经济管理和生产第一线的项目管理工作者。为了满足工程项目管理的广泛需要，大量的研究工作集中在基本网络计划技术上（即基本的单代号网络计划和双代号网络计划）。为了拓展新的领域，也研究有时限的网络计划技术、搭接网络计划技术、随机网络计划技术、流水网络计划技术和其他网络计划技术。

网络计划技术的应用范围与研究范围，主要是在工程项目管理中用来作进度控制，还用来作投资控制、质量控制、材料管理、财务管理、科技档案管理等辅助管理工具。应用中出现问题立即进行研究，解决矛盾，提高水平。例如，网络计划给人们的印象是画图困难、计算复杂、不直观，就研究用时标网络计划，简化图形；最影响网络计划技术应用的是计划在经常变化，就立项研究网络计划的调整；调整费时费力，就立项研究如何应用计算机等。时标网络计划是受欢迎的，因为它近似于横道计划，符合人们的习惯，时间参数直观，图面清晰，不用计算，可据图优化；它绘图费力、调整困难的缺点也随着计算机的普遍应用而解决。对时标网络计划技术的应用，国标和行标是有规定的。

科技工作者发明了"流水网络计划技术"。这种网络计划技术是学者在搭接网络计划技术的启发下研究成功的。它具有流水施工和网络计划两者的优点，既使各项活动之间的关系清楚明确，又有流水作业连续、均衡的特点，使用方便，效果显著，很受使用者欢迎。科技工作者还发明了"实际进度前锋线"，用于记录、检查时标网络计划，可收到控制进度和分析控制的效果等多种作用。

5. 工程项目管理应用网络计划技术

罗华庚教授开始为推广网络计划技术而呕心沥血的时候，项目管理学科尚未产生。他去世的时候，刚从国外引进工程项目管理。因此，华罗庚教授不可能把网络计划技术与工程项目管理联系在一起。为了进行建设行业的管理体制改革，从 1988 年开始，工程项目管理和建设监理同时试点，1993 年同时推广，使网络计划技术成为项目管理的主要方法更加被人们所重视。网络计划技术的发展就与工程项目管理制的推行紧紧联系在一起了。然而为了使两者相互促进共同发展，有必要把两者的密切关系认识清楚。

第一，有一种说法是，"项目管理学科是网络计划技术产生以后才形成的"。不能这样说。项目管理学科的产生基础有三方面：一是项目管理理论基础，二是项目管理技术基础（网络计划是其中的一项），三是项目管理的实践基础（生产上的需要）。但是，网络计划技术的产生的确为项目管理增添了一种非常有用且有效的新方法。

第二，工程项目管理的根本方法是目标管理方法。目标管理的精髓是以目标指导行动。目标管理的对象就是工程项目的目标：质量、进度、投资（或成本）。各项目标都有适用的管理方法，例如，全面质量管理是质量目标管理的适用方法，网络计划技术是进度目标管理的适用方法，价值工程是成本目标管理的适用方法。所以不能说网络计划技术是工程项目管理的根本方法。

第三，网络计划技术与三大目标管理都有关系。这是因为，三大目标是相关的，不可绝然分开。当用网络计划技术控制进度时，便可进行工期—成本优化及工期—质量优化。正因为如此，在工程项目管理中应当高度重视网络计划技术的应用，并不为进度控制所"垄断"。

第四，为了提高建设效益，应当搞好工程管理，用好网络计划技术；网络计划技术的有效应用，关键在于网络计划技术应用计算机；网络计划技术应用计算机的关键有两条：一是把它融于项目管理系统软件之中，二是使计算机系统软件操作智能化、"傻瓜"化，容易被使用者掌握；实现网络计划技术计算机化，需要进行不断地研究与开发，要努力为使用计算机提供良好的环境和条件。

6. 网络计划技术中全面应用计算机

网络计划技术是现代化管理方法，计算机是现代化管理工具，网络计划技术只有应用计算机才能有效地进行现代管理。应用计算机可进行绘图、计算、优化、调整、修改与统计，使网络计划技术的应用轻松自如。只有应用计算机，才能把计划管理工作与相关管理工作结合成为相互依存的管理系统，使网络计划优化、应用于控制进度、成本、资源等目标成为可能。计算机的应用，使网络计划技术的应用从原来只适用于生产领域的管理飞跃到更能适用于经营领域，满足市场经济的要求。因此在研究和推广使用网络计划技术时，专家们始终瞄准计算机在网络计划技术中的应用。1977 年，同济大学丁士昭教授研制出第一个建筑施工领域的网络计划的计算机程序。1986 年，北京统筹与管理科学学会专家李庆华、陆伟国等编制成功建筑领域第一个可利用计算机和绘图仪进行网络计划绘图和计算的程序。1989 年，北京统筹与管理科学学会王堪之高级工程师编制成功建筑工程项目计算机辅助管理系统，可以进行网络计划绘图、计算、调整、资源优化和成本分析，网络图可用打印机直接绘制；后经不断改进，于 1992 年初通过鉴定，1994 年被确定为建设系统推广项目。1989 年，北京统筹与管理科学学会会员单位北京梦龙科技开发有限公司的鞠成立高级工程师，开发成功了"梦龙智能项目管理系统"，1990 年通过化工部鉴定，达到国内领先水平，后又进行了不断改进和优化，受到欢迎，近年来作为商业软件，发行量很大，1997 年 10 月，通过建设部"建筑业推广应用软件产品论证"，列为被推广应用的软件系统。

从建设部到企业、高等学校和科研机械，都非常重视工程项目管理的计算机化，都在大力进行软件开发。可以相信，随着计算机技术的进步和经验的积累，新的、功能更齐全的、系统化程度更高的、操作更方便的工程项目管理软件将不断被开发出来，其中的主干软件——网络计划技术软件也必将越来越优化。

【注】本文是 1998 年初在台北市召开的第一届"海峡两岸营建业合作交流活动"的交流论文，被收录在其论文集中，会后也在香港工程师学会作过演讲。

利用网络计划进行工期索赔

（2003）

1. 利用网络计划进行工期索赔的意义

进行工期索赔的首要依据就是经过发包人（或监理工程师）确认的施工进度计划；工期索赔的首要条件就是可索赔的干扰事件影响了计划进度；索赔的首要要求就是索赔的及时性（不要等到最后算总账）。只有利用网络计划才能同时实现以上三个"首要"。网络计划可以用来及时分析干扰事件是否影响了计划进度，而且影响了哪些工作，影响了多少，怎样分配责任。这是因为只有网络计划才能明确地反映出关键线路和总时差，而只有利用它，关键线路和总时差才能跟踪分析干扰事件的影响，提出可以成功索赔的理由。有人说，"网络计划只可供投标时摆摆样子，施工时并没有什么用途，没有网络计划也可进行成功的索赔"，这是不符合实际的。网络计划在投标和索赔中都是必不可少的，而且它的作用也不能用横道计划代替。

2. 工期延误的分类

在工程施工中，工期延误有多种分类方法：

（1）按导致延误的主体分类，可分为：承包人导致的延误；非承包人导致的延误；环境导致的延误。

（2）按干扰事件的数量分类，可分为：单一事件延误；多事件延误。

（3）按索赔的结果分类，可分为：可索赔成功的延误；不可索赔成功的延误。

3. 各类工期延误的索赔分析

（1）由承包人自身原因导致的工期延误不可索赔。

（2）由非承包人导致的工期延误的主体可能是发包人、设计人或工程师，均可有根据地进行工期索赔。

（3）由环境导致的工期延误有两种：一种是可索赔的，如由不可抗力引起的工期延误，或有经验的承包人也无法预料的干扰事件引起的工期延误；另一种是不可索赔的，属非以上环境干扰引起的延误。

（4）单一事件引起的工期延误容易明确责任，能够确定是否可以进行工期索赔。只要是可索赔延误，便可实施索赔。

(5) 多事件引起的工期延误，应分清责任。究竟如何进行工期索赔，应做具体分析。

(6) 凡可索赔的工期延误，首先应由承包人在索赔事件发生后 28 天内向工程师或发包人递交索赔意向通知；在此后的 28 天内向工程师或发包人提出延长工期的索赔报告及有关证明资料；工程师在此后的 28 天内给予答复，或要求承包人进一步补充理由和证据；从递交索赔报告到最终获得工期补偿（工期索赔成功）的过程中，应进行磋商、谈判，由工程师提出处理意见，由发包人对工程师答应的工期索赔进行审查、批准；如果对工期索赔有争议，应按合同约定的办法解决争议。

4. 利用网络计划进行工期索赔的基本规则

(1) 如发生了单事件干扰而造成了时间延误，要分析其是否满足工期索赔的必要条件，如可满足，则延误的时间数即是可索赔的工期数。

(2) 多事件干扰只影响网络计划的一项工作而使时间延误时，应作如下分析：

1) 应首先判断哪项干扰事件首先发生。如果是可索赔的事件首先发生，则造成的工期延误可以索赔，否则不可索赔。

2) 如果多项干扰事件同时发生或基本同时发生，或不便分清哪项干扰先发生，其造成的工期延误责任可按比例分摊，即根据导致工期延误的各方责任大小按比例分摊延误天数，再确定可索赔的时间数。

(3) 多事件干扰影响网络计划的多项工作时，应首先分析其对于每项工作的时间影响，确定各工作应顺延的时间，再代入网络计划中进行工期计算，与原网络计划的工期进行比较，多出的时间即为可索赔的时间。

(4) 如果干扰事件发生在非关键工作上，则可索赔的工期是延误的天数减去总时差。

5. 利用网络计划进行工期索赔举例

(1) 背景

设图 1 是正在使用的网络计划，总工期为 48 天。在计划实施中，发生了以下干扰和影响：

1) 工作进行到第 16 天，由于发包人提出修改设计，使图纸供应中断，全现场停工，第 24 天复工。

2) 第 26 天由于承包人机械发生故障，工作 2—4 停工 2 天。

3) 第 32 天以后，工作 3—5 共受到两项干扰：一是从第 32 天开始，承包人供应的材料比合同迟到 4 天；二是 34 天以后，发包人订购的设备比合同迟到 8 天。

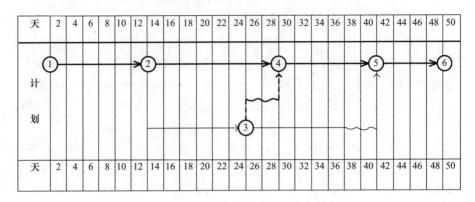

图 1　正在实施的网络计划

（2）索赔分析

根据以上背景，作以下索赔分析：

1）第 16 天到第 24 天发生的延误，是由发包人造成的，属可索赔延误，可索赔 8 天，工作 2—4 和 2—3 均可后延 8 天，工期延长 8 天，由 48 天延长为 56 天。（见图 2）

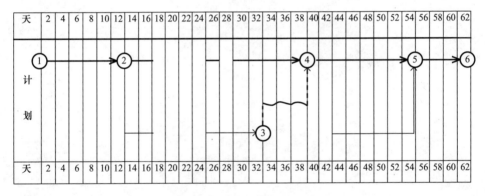

图 2　工期延误后的网络计划

2）第 26 天至第 28 天工作 2—4 的延误，属承包人自身的原因，是不可索赔延误。虽然不可索赔，但是耽误了关键线路的施工，故工期又延长了 2 天，由 56 天变为 58 天。工作 3—5 增加了 2 天总时差，共有总时差 8＋2＝10 天。（见图 2）

3）第 32 天后的两项延误中，第 32 天至第 34 天工作 3—5 的 2 天延误，是承包商自身的原因造成的，属不可索赔延误。第 34 天至第 36 天的延误是承包商和非承包商的原因共同造成的，应各分担 1 天，故可索赔 l 天；第 36 天至第 42 天的 6 天延误，是非承包商原因造成的，属可索赔时间，故可索赔 6 天。两项相加共可索赔 6＋1＝7（天）。3—5 是非关键工作，原计划有 4 天自由时差，所以只可索赔 $7-4=3$（天）。

从工期上看，工作 $3-5$ 本身自 32 天以后共延长了 10（天），至 42 天才有条件开始工作，工作需进行 12 天，至第 54 天结束。但是原计划可利用 8 天总时差，所以延长工期 $12-8=4$（天）。总工期是 $58+4=62$ 天（见图 2）。

4）以上各项索赔事件相加，可索赔时间共有 $8+3=11$（天）。总工期 62 天，比原计划延误 $62-48=14$（天）。

与原计划比，承包商要被发包人索赔 $62-48-11=3$（天）。如果承包商不想被索赔，就应该从 42 天起采取措施缩短工作 $3-5$ 的持续时间 3 天，将 12 天的工作用 9 天完成。

【注】本文原载于北京统筹与管理科学学会编著、中国建筑工业出版社 2003 年出版的《工程建设研究与创新》一书中。

读华罗庚先生三篇文章的体会

（2010）

中国建筑学会建筑统筹管理研究会编写的《中国网络计划技术大全》于
1993年由地震出版社出版，该书收录了157篇文章，达173万字，是名副其
实地集我国当时学者研究网络计划方法成果和有关企业应用网络计划方法案
例之大全。其中包括了曾任该研究会名誉理事长的华罗庚先生的3篇著作，
44篇基本网络计划技术，11篇搭接网络计划技术，9篇流水网络计划技术，
11篇随机网络计划技术，20篇网络计划优化技术，11篇网络计划计算机技
术，20篇其他网络计划技术，28篇网络计划技术应用案例。编排在首篇的华
先生的3篇文章是：《统筹方法概况报告》、《统筹方法平话及补充》、《参加安
顺第一次统筹方法训练班的一些体会》。我读了这三篇文章之后有下列6点
体会。

1. 三篇文章的重要作用

这3篇文章是全书的灵魂、灯塔和总纲。说它是"灵魂"，是因为它是全
书运用统筹法思想的集中体现；说它是"灯塔"，是因为它照亮了所有人研究
和运用统筹法的思路和方向，让统筹方法成为"百万人的数学"，为国家的经
济社会建设服务；说它是"总纲"，是因为它成了编写这本书的纲领，是入选
本书各篇文章的遴选标准。

2. 统筹法的本质、分类、用途和优点

《统筹方法概况报告》是华罗庚先生1964年所写。文章只有3000多字，
却清楚地指出了统筹法的本质和主要用途，概括了网络计划法的种类、起源
和应用情况。华先生说，统筹方法从原则上讲"主要是从箭头图出发，划出
主要矛盾线"，"是一门合乎现代工业、现代农业、现代科学技术的需要的方
法"。华先生说，统筹方法从起源上讲，包含了CPM和PERT两种方法，在
美国它被广泛地应用于军事、民用、科研、行政、会计、演出等领域，它的
优点是提供了一个很好的图示模型，可以掌握主要矛盾，提高管理效率。

3. 统筹法的模型和应用程序

《统筹方法平话及补充》（第二版）写于1966年5月，它告诉我们数学上

的统筹法，深入浅出、详细地分析了统筹法的两个类型——CPM 和 PERT 的图示模型、数学模型、计算规则、应用程序和实例；文中特别指出了时标网络计划的优点；它为统筹法的应用做出了示范，也指明了思路和方向。华先生总结的统筹法应用程序是：提出要解决的问题和领导的要求→选择方法→绘制网络图→计算时间参数→找出主要矛盾线→配置资源→进行资源平衡或优化→交付使用→进行使用中的管理。华罗庚先生特别指出，"也许有人认为统筹法仅仅着重于时间，实质上并不尽然。因为每道工序所用的时间是由其他因素决定的，而我们是在这样的基础上来画箭头图的。"这就清楚地说明了时间、资源、质量、成本以及环境等因素之间的相互制约和相互依赖关系，也强调了时间在各项因素中的特殊地位。华先生用统筹法证明了"一切节约归根结底是时间的节约"的真理。

4. 统筹法的若干理论

《参加安顺第一次统筹方法训练班的一些体会》一文产生于 1965 年 5 月 19 日训练班结束时的总结会上。华罗庚先生以自己推广统筹法的亲身体会告诉我们推广统筹法的若干理论，他概括了以下几点：

第一，做好准备工作，包括熟悉统筹方法的应用对象、涉及的人员、思想、技术、环境、资源等条件。

第二，做好组织工作，包括领导的组织工作和管理人员的组织管理工作。

第三，理论联系实际，即统筹方法的理论要联系实际加以应用才能产生效果。基于华罗庚先生对"数学抽象的巨大威力"的认识，提出了"统筹方法在实际中成长的道路"。这个认识和这条道路对从事研究和教学的人员具有持续而普遍的指导意义，有着深远的影响。

第四，走群众路线。华罗庚先生从走群众路线推广统筹法的实践中体会到，既要注意抓住主要矛盾和那些具有转化为主要矛盾的潜在环节，还要注意预见未来的发展情况。他指出，"与群众相结合的科研方向与教学改革方向是方兴未艾的，前程万里的。"

第五，党的领导。华罗庚先生在推广统筹法的过程中，得到了上级党组织的领导、试点单位党组织及本人所在单位党组织的指示、支持和服务，从而体会到，推广统筹法要接受党的领导，在党的领导下推广统筹法符合"生产、科研、教学三结合"的精神。

第六，怎样做科学推广工作？华罗庚先生对此谈了四点体会：一是选一个目的明确的课题，而不是笼统地推广资料；二是通过训练、讲习会的形式把理论工作者和实际工作者组织在一起，共同学习；三是采取一定的组织措施，使所推广的成果固定下来，便于继续推广和提高；四是"实践、理论、实践"一次次地循环往复，普及与提高相互促进。

第七，统筹法的特点是：宜小亦宜大；应用面极广；处理的问题愈复杂愈有意想不到效果；初步知识易于被群众所掌握。

5. 统筹法具有宏观作用

我个人认为，华罗庚先生上述的七条理论是统筹法理论的重要组成部分。毛泽东主席 1956 年在《论十大关系》中提出了"统筹兼顾、协调发展"的思想；胡锦涛同志 2007 年在中国共产党第十七次全国代表大会上提出了科学发展观的"根本方法是统筹兼顾"的观点。因此，华罗庚先生提出的统筹理论和方法，是学习和运用毛泽东思想的结果，是符合当今党中央提倡的实践"科学发展观"要求的。以上这七点理论对于现在的改革开放新形势下的科学普及工作，也是非常有参考价值的。统筹法对我国经济社会的发展具有宏观上的重要作用。

6. 统筹法已经普及应用

回忆 40 多年前华罗庚先生开拓、创新、推广的统筹法，再看看现在我国对该方法的应用成果，可以肯定地说，统筹法是管理科学理论和方法的重要组成部分，几十年来它已经在我国发展、普及、应用，它被用到了工业、农业、军事、工程、科研、教学等各个领域。就以工程领域来说，它是非常重要的管理工具，工程招标投标，工程施工组织设计、工程施工计划、工程项目管理及其系统软件、工程专业教学和执业（职业）资格考试等，都需要统筹法。我国早在 20 世纪 90 年代初，就已经根据华罗庚先生的统筹法编制了网络计划的三个国家标准和一个工程行业标准，一直沿用至今。华罗庚先生开拓创新统筹法的功绩将永垂史册！

【注】本文是纪念华罗庚教授百年诞辰的征文，收入在由徐伟宣主编、科学出版社出版的《贴近人民的数学大师：华罗庚诞辰百年纪念文集》一书中。

统筹法之树硕果累累

（2010）

由华罗庚先生培育的统筹法之树已经在全国郁郁葱葱地生长了 44 年，而今它枝繁叶茂，硕果累累，北京统筹法研究会成立以来主要在工程界的经历可以说明华先生开拓这一事业的成就和丰功伟绩。

北京统筹法研究会成立于 1980 年 7 月 26 日，那时的大背景是：改革开放起步，企业管理开始倍受关注，人们对于科学管理方法的应用如饥似渴；此时，华先生开创的统筹法及其推广已经长达 14 年之久，统筹法之树已经在 26 个省（直辖市、自治区）的企业之中茁壮成长。华先生深入浅出地把复杂的数学问题应用于经济建设的生产实践之中，图面形象科学，普及率高，应用面广，效果异常显著，深受企业欢迎，工程界应用统筹法的效果尤其突出，也吸引了世界的目光。为了把北京地区广大热爱统筹法的知识分子和技术人员组织起来，团结在华先生的周围，大力研究、创新应用统筹法，推进企业管理的改革和发展，我们树起了统筹法研究会的旗帜。华先生与白介夫、韩伯平两位北京市副市长一起参加了研究会的成立大会，白介夫副市长发表了推动运用统筹法的重要讲话，华先生被聘为名誉理事长。

按照华先生的意愿，北京统筹法研究会做的第一件大事就是普及统筹法，在北京地区的建筑业、冶金业、煤炭业、林业等行业举办了大量的统筹法培训班，北京市建筑企业中的公司和工区级领导干部都接受了统筹法应用的培训学习。

1983 年，在北京统筹法研究会更名的北京统筹与管理科学学会的组织下，中国建筑学会建筑统筹管理研究会（以下合称"两会"）成立，聘请华先生为名誉理事长，华先生虽然年事已高，且公务非常繁忙，但也欣然接受。该学会团结了全国建筑业广大热爱统筹法的知识分子和技术人员研究、创新和应用统筹法，于 1984 年编写了《统筹法与施工计划管理》普及教材，由中国建筑工业出版社出版并大量发行，然后采用请进来（外地人到北京来）、走出去（统筹法宣讲的教师到各省市和企业）的办法举办培训班普及网络计划知识，广泛传播应用统筹法的典型案例。到 1990 年代初，共办班 106 期，培训 1 万多人次；同时，还出版资料 103 种，举办各种交流会、研讨会和报告会 163 次。

1983年秋，"两会"举办了"网络计划设计竞赛"，在建设部建筑展览馆举办展览。有13个省市和6个工业部的115个应用网络计划技术的工程案例参与竞赛与展览，展览期间共接待了1000多个单位，展示了统筹法在工程管理中的突出科学作用，即保证了工程建设的科学顺序，合理分配时间，提高时间的利用率，有提高质量、安全、环保和节约成本的显著效果。引滦入津工程、平顶山帘子布工程、马鞍山钢铁厂工程、攀枝花钢铁厂工程、葛洲坝建设工程、上海宝钢工程等一大批应用网络计划技术的典型经验得到总结与传播。

1984年，北京统筹与管理科学学会与北京计算中心合作编制的《绘制网络图程序》完成，它是国内首个工程网络图绘图程序，专家评价这个软件达到了国内领先水平，该程序获得北京市科技进步二等奖。华先生知道这个程序成功后非常高兴地说："这样就可以绘制大图纸，较好地解决了上百个节点的网络图快速绘图、计算时间参数、找主要矛盾线的问题；可以向全国推销，举办学习班"。北京统筹与管理科学学会举办了多期绘图软件学习班。有的公司把软件应用到国际工程的施工管理中。后来北京统筹与管理科学学会同北京计算中心合作成立了"电脑开发部"，不断改进和升级了这个软件。而今，在大量的项目系统软件之中，都包含了网络计划的绘图、优化、进度管理、资源管理、成本管理等程序。

为了更有效地推广应用统筹法，"两会"大力进行网络计划技术的标准化工作。早在1983年，两会便编制了六种通用工程施工网络计划模型，受到了业内人士的热烈欢迎。1991年，由"两会"主编的《工程网络计划技术规程》JGJ/T 121—91出版，它凝聚了我国20多年来应用统筹法的经验精髓，是一项重要的研究成果，既为工程界使用网络计划技术提供了标准，也为世界工程界应用网络计划方法做出了贡献。1999年该规程进行了第一次修订，出版了《工程网络计划技术规程》JGJ/T 121—99，将统筹法推上了新的发展阶段。为了宣贯这两个标准，"两会"分别编写出版了《工程网络计划技术》、《工程网络计划技术规程教程》，大大推进了网络计划技术的应用。

紧接着，"两会"于1992年参与国家质量监督检疫总局和国家标准化管理委员会组织编制的《网络计划技术术语》GB/T 13400.1—92、《网络计划技术——网络图画法的一般规定》、GB/T 13400.2—92、《网络计划技术在项目计划管理中应用的一般程序》GB/T 13400.3—92三个国家标准，为全国网络计划的技术应用做出了贡献。网络计划技术国家标准既为网络计划技术应用中的术语解释和绘图提出了标准，也为项目管理中应用网络计划技术提供了标准程序，促进了我国网络计划技术的应用和发展，进一步巩固了我国在该领域中的世界先进地位。这三部规范分别在2009年进行了修订，并将

GB/T 13400.2—92 改名为《网络计划技术在项目管理中应用的一般程序》GB/T 13400.2—2009，强化了网络计划技术在项目管理中的作用。

1993 年由"两会"编辑、李庆华主编、地震出版社出版的《中国网络计划技术大全》发行，该书收录了 157 篇文章、计 173 万字，是推广统筹法以来产生的工程应用案例总结和学者的研究成果。其中包括华先生的 3 篇著作，基本网络计划技术 44 篇，搭接网络计划技术 11 篇，流水网络计划技术 9 篇，随机网络计划技术 11 篇，网络计划优化技术 20 篇，网络计划计算机技术 11 篇，其他网络计划技术 20 篇，网络计划技术应用 28 篇。华先生的三篇著作是《统筹方法概况报告》、《统筹方法平话及补充》（第二版）和《参加安顺第一次统筹方法训练班的一些体会》。《统筹方法概况报告》是华先生 1964 年所写，指出了统筹方法的本质和主要用途，概括了网络计划方法的种类、起源和应用情况。《统筹方法平话及补充》（第二版）写于 1966 年 5 月，它告诉了我们数学上的统筹方法，深入浅出、详细地分析了统筹方法的两个类型——CPM 和 PERT 的图示模型、数学模型、计算规则、应用程序和实例。《参加安顺第一次统筹方法训练班的一些体会》一文产生于 1965 年 5 月 19 日训练班结束时的总结会上，华先生以自己推广统筹方法的亲身体会阐述了统筹方法的若干理论。

早在 1982 年，北京统筹法研究会便在全国首先研究、推广建筑工程项目管理，举办培训班，聘请德国专家来华讲学，并于 1991 年在全国率先编写、由北京工业大学出版社出版了《施工项目管理》一书，推动了我国工程项目管理的发展。随着工程项目管理在我国工程建设体制改革中重要性的提高，"两会"的研究和活动重点转化为统筹法和工程项目管理两个方面，并将网络计划技术与工程项目管理的研究、应用和推广结合起来，促使网络计划技术成为工程项目管理的进度管理工具和成本管理辅助方法，从而使网络计划技术的应用天地更加广阔，作用更加显著。"两会"培养和造就了一大批从事网络计划技术和工程项目管理的资深专家，成为我国工程管理界的一支骨干力量。

1995 年，"两会"的专家首倡"工程施工组织设计改革"，提出在工程项目管理中强化项目管理规划，倡导在项目管理和工程招标投标中发挥施工组织设计和网络计划技术的重要作用。北京统筹与管理科学学会参与建设部组织的国家标准《建设工程项目管理规范》GB/T 50326—2001 的编写工作和《建设工程项目管理规范》GB/T 50326—2006 的修订工作，该规范在进度管理（9.2.6 条）中提出："作业性进度计划必须采用网络计划方法或横道计划方法"的规定，奠定了网络计划技术在项目管理中应用的重要地位。

网络计划技术广泛地被纳入了我国高等学校工程管理专业和土木工程专

业的教科书中，成为必修的内容之一；它也被纳入了我国的各类项目管理书籍之中，成为进度管理的重要工具；我国设立的工程类执业资格，如"造价工程师"、"监理工程师"、"咨询工程师"、"建造师"等，职业资格"项目管理师"、"工程项目经理"等，均把网络计划技术作为必修内容之一，被纳入其培训教材，从而使它在经济活动中能够发挥持续作用。

以上这些成就的奠基者和引路人都是华先生，它可以告慰华先生的在天英灵，我谨以此纪念华先生这位我国的应用数学研究、创新和应用的开拓者，表达我的敬仰和缅怀之情。

【注】本文是纪念华罗庚教授百年诞辰征文，收入在徐伟宣主编、科学出版社出版的《贴近人民的数学大师：华罗庚诞辰百年纪念文集》之中。

网络计划技术是项目管理的核心技术

（2011）

网络计划技术在 20 世纪 50 年代末产生时，以其在计划管理中的奇效而轰动世界。它催生了项目管理科学，支撑项目管理成为 21 世纪最受欢迎的职业。它提供了进度控制和时间管理的最佳模型，成为计算机技术在建设工程施工领域最先应用的载体和全面应用的纽带。人们看中的是它优越的图示模型和统筹思想的应用。如果在模型上变得面目全非，实际上是对网络计划技术的亵渎和背叛，便失去了它神奇的效力。

我国把数学大师华罗庚教授倡导的统筹法继承了下来。华罗庚教授在网络计划技术上的贡献起码可以归纳为 3 点：第一点是他把网络计划技术可以提供的关键线路形象化为"主要矛盾线"，从而创立了统筹法的概念，而今"统筹兼顾"已经成为科学发展观的根本方法。第二点是他把复杂的数学问题简单化、大众化，使之成为"百万人的应用数学"、生产和经营中容易为千百万管理人员、技术人员乃至工人掌握和应用的有效管理方法。第三点是他身体力行，抱着病残的身体，走到全国 28 个省、市、自治区的厂、矿、企业推广统筹法的精神和产生的巨大效果。因此，全书坚持应用我国的网络计划技术标准和规程，以忠实于原创网络计划技术模型和算法。

尽管网络计划已经把复杂数学问题简单化了，但是由于它本身的特点，带给了应用者较大负担，这些重负只有应用计算机才能释放而变得轻松自如；况且，现今时代，计算机应用已经普及到各个专业的各个领域，其时、其势使网络计划技术必须应用计算机。网络计划技术与项目管理具有"血缘"关系，必须把网络计划融于项目管理科学及其应用之中，而项目管理只有应用计算机才能进行系统集成管理。

网络计划技术产生以后便很快地成为工程项目管理的核心技术。科学技术发展到现在，工程网络计划技术已经和工程项目管理科学融为一体，成为工程项目管理系统不可分割的构成部分。我们应用工程网络计划技术，应和工程项目管理相结合；换言之，进行工程项目管理要用好网络计划技术。要使两者有机结合，应当借力于计算机技术。

目前，网络计划技术的应用遇到了一些困难，出现了重编而轻用的状况。但是我相信，只要继承华罗庚教授的统筹法思想，认真而全面地执行网络计划技术标准和规程，将网络计划技术与工程项目管理及计算机的应用紧密结合起来，网络计划技术的应用一定会红火并有效地发展起来。

【注】本文是作者编著的《建设工程施工网络计划技术》的前言，该书2011年由中国电力出版社出版。

7 建筑管理行为规范化

管理行为规范化是现代建筑管理的基础
规范建筑管理行为是提高管理效率和管理效益的必要
条件

论建筑施工组织设计标准化

（1997）

国家标准《标准化基本术语》第一部分 GB 3935.1—83 对"标准化"是这样的定义的："标准化"是"在经济、技术、科学及管理等社会实践中，对重复性事物和概念，通过制订、发布和实施标准，达到统一，以获得最佳秩序和社会效益"；"标准"是"对重复性事物和概念所做的统一规定"。建筑施工组织设计（以下简称施工组织设计）是重复性社会实践活动，其科学性和技术性都很强，40 多年来，我国积累了非常丰富的经验，很有标准化的必要。施工组织设计标准化的途径是制订、发布和实施"施工组织设计标准"。目前我国还没有这项标准。

1. 建筑施工组织设计标准化的必要性

标准的本质是"统一"。施工组织设计在我国自 50 年代初实行至今，应用的实例千千万万，耗费的人力之多无法估量，但是做法五花八门。例如，究竟施工组织设计的作用是什么没有统一认识；它包含什么内容，其中的施工方案又应包括什么内容也各有见解；施工进度计划怎样编制，怎样进行流水施工，怎样使用工程网络计划技术众说纷纭；施工平面图上应当画些什么，怎样做到科学性、经济性和适用性在理论上和实践上分歧很大，总之是很不统一。虽然历史上国务院行业主管部门或各地方建设管理部门曾发布过不少有关这方面的规定文件，但都只有指令性，且往往随着机构和管理人员的变动而改变或废止。这样，非常不利于相互学习和交流，限制了经验的积累和学科的发展，也造成了人力资源的浪费。因此非常有必要制订标准，对施工组织设计进行科学、合理、有效的统一，为该项工作提供共同遵守的准则和依据，不断积累经验并使之规范化，提高施工组织设计的学科水平，更好发挥施工组织设计的作用，为搞好施工和施工管理发挥更大作用。

众所周知，改革开放以来，建筑业有了巨大发展，许多建筑技术项目达到世界领先水平，综合技术水平走在世界前列。工程项目的科技含量高，难度大，因此，根据需要自我开拓了许多新的管理理论和方法。然而，作为施工管理主要方法的施工组织设计却基本上停留在 50 年代的水平上，甚至连 60 年代以后流行起来的最适用于施工组织设计的工程网络计划技术都应用不多，计算机技术在施工组织设计中基本上没有使用。因此，主要依靠施工组织设计进行的施工管理的水平大大滞后于技术水平，不能满足施工现实和发展的需要，拖了建筑业发展的后腿。施工组织设计必须发展，以适应建筑业和施工管理的需要。制订施工组织设计标准正是为此提供基础和前提条件。

工程项目管理模式在我国的建立，使建筑企业的体制发生了革命性的变化。企业管理以工程项目管理为出发点、为中心、为归宿。工程项目管理的效果如何，关系着竞争的成败。因此，应当有充分有力的工程项目管理规划进行筹划，以良好的管理效果增强企业的竞争力。建筑企业应当建立施工项目管理规划制度，施工组织设计应是其主要内容。但是施工组织设计只是施工的规划文件，并不是施工项目管理的规划文件；只适应计划经济的需要，不适应市场经济的需要。故传统的施工组织设计需要改造，需要拓展。施工组织设计标准化既是施工组织设计改造和拓展的手段，又是施工组织设计发展的必要途径。适应施工项目管理规划的需要，正是施工组织设计的出路所在。

2. 施工组织设计标准化是可行的

施工组织设计标准化具备了必要而充分的条件，主要表现在以下几个方面。

（1）完成大量建筑施工任务的需要

全国 1995 年竣工的房屋建筑面积达 9140 万 m^2，完成的建筑工程项目达 29830 项，这么多的建筑工程，每一项都要编制施工组织设计，并按施工组织设计施工。制度规定，"没有施工组织设计，工程不得开工"。所以，施工组织设计及其标准化是完成大量建筑施工任务的需要。

（2）编制施工组织设计是大量的重复性劳动

虽然项目具有一次性（单件性），就施工组织设计的整体而言，各个项目的施工组织设计是不可能一样的。然而，就施工组织设计的各个局部而言，却存在着大量重复性的劳动。例如，有关概念的使用，应当遵循的工作程序和施工程序，必要设计内容的确定，图的画法，表的设置和填列，技术经济指标的设置和计算等，几乎施工组织设计的所有事项都是重复的，都可以标准化。

（3）我国积累了大量的施工组织设计经验

我国拥有许多施工组织设计专家，他们掌握了宝贵的施工组织设计经验；我国拥有一大批从事施工项目管理的高级管理人才，积累了丰富的项目管理经验，还有大量的科研成果；有数以百计的高等学校的施工课教师，具有施工组织设计的研究成果和教学经验；有数不清的施工组织设计实例，并编辑出版了记录这些实例经验的大量书籍。经验是制定标准的基础，只有在这个基础上才能做到综合、提炼、统一、规范，才能被实践者接受。

（4）施工组织设计标准化是有关人员的共同心愿

一些建筑业的老施工专家、老技术领导，现在正在第一线拼搏的技术人员，大学的教师等，从积累经验、提高工作效率、发展学科、提高竞争力、提高教学水平、发展管理技术、实施工程项目管理及与国际惯例接轨等不同角度，表达了使施工组织设计标准化的心愿，提出了对标准化的要求。

（5）施工组织设计学科的发展使其标准化的时机已经成熟

建筑施工组织设计是 20 世纪 50 年代从原苏联学习来的，我国引进以后，取得了很好的效果并不断有所创新和发展。20 世纪 80 年代以后，工程质量管理的加强，质量监督制的建立，ISO 9000 族质量标准的贯彻，建设监理制的推行等都对施工组织设计水平的提高起了促进作用。尤其是建筑市场的建立，招标投标的开展，以及工程项目管理制的实施，提出了施工项目管理规划的新需要，要求施工组织设计改革和扩展，为施工项目管理规划提供核心内容。我们可以得出这样的结论：制定施工组织设计标准，理论基础已经具备，科研成果十分丰富，实践经验取之不尽，客观需要非常迫切，专业工作者的期望殷切，条件均已具备，时机已经成熟。

3. 制订施工组织设计标准的构想

GB 3935.1—83 中规定：标准"以科学、技术和实践经验为基础，经有关方面协调一致，由主管机关批准，以特定形式发布，作为共同遵守的准则和依据"。这应该成为制定施工组织设计标准的准则。

（1）施工组织设计的科学、技术和经验，存在于生产实践之中，存在于文献资料之中，存在于专家学者的头脑之中，因此专家学者是制定施工组织设计标准的依靠力量，依靠他们深入生产实践调查研究、发掘文献资料中的精华、把有关施工组织设计的科学、技术和经验挖掘、提炼和创造出来。

（2）要依靠主管机关，主要是建设部有关管理部门和领导。一靠其支持立项，二靠其支持运作，三靠其地位号召，四靠其权力发布，五靠其监督实施。

（3）国际上没有施工组织设计标准，因此没有借鉴，要靠我们自己创造，这就要有科学求实的精神，有勇于开拓的精神，有改革的精神，有服务于当代和未来一段较长时期的战略头脑。这是一项大工程，要准备作大量的组织、研究、创造和协调工作，要用一个较长时间。

（4）施工组织设计标准化和标准制定的重点课题是：概念、程序、原则、内容、方法、指标和评估、计算和绘图等，也形成一个施工组织设计系列标准。

【注】本文发表于《施工技术》1997 年第 3 期。

对工程项目管理规范化的思考

（1999）

1. 规范化的含意和形式

规范化，也即标准化，是在经济、技术、科学及管理等社会实践中，对重复性事务和概念，通过制订、发布和实施标准（规范、规程、制度等），达到统一，以获得最佳秩序和社会效益。

这个概念概括了规范化的范围（领域）、对象、本质和目的。规范化的范围是经济、技术、科学及管理等社会实践，其中当然应当包括工程项目管理；规范化的对象是重复性事物和概念，工程项目管理作为一类管理实践，必然是重复性的；标准化的本质是"统一"，这个"统一"是科学、合理、有效的，而不是简单的命令或盲目的规定，不是"一刀切"；规范化的目的是获得最佳秩序和社会效益，这也是规范化的基本出发点，是工程项目管理规范化的根本目的；规范化的内容是制订、发布和实施标准（规范、规程、制度等）。

规范化的形式归纳起来有：简化、统一化、系列化、通用化和组合化等。简化是指在一定范围内缩简对象的类型，使之在既定时期内足以满足一般需要的规范化形式，其目的是控制对象的种类，防止盲目膨胀，也是治理混乱的一种手段；统一化是把两种以上的表现形态归并为一种或限定在一个范围内的规范化形式，其实质是使对象的形式、功能或其他技术特征具有一致性，并通过标准或规范（规程）确定下来；系列化是对同一类对象中的一组对象同时进行规范化的一种形式，它通过分析、比较，将对象的主要参数、形式、尺寸、基本结构或内容等作出合理的安排与规划，以协调同类对象和相关对象之间的关系；通用化是在相互独立的系统中，选择和确定具有功能互换性的子系统的规范化形式，以最大限度地减少在设计、生产、管理诸过程中的重复劳动，以利于简化管理，缩短设计周期；组合化是按规范化的原则，将通用性较强的局部，根据需要组合成不同用途的整体的一种规范化形式。总之，规范化的方式较多，可以根据需要进行选用。对于工程项目管理，简化、统一化和通用化的形式则应用得较多。

2. 工程项目管理进行规范化的必要性

规范化是现代化大生产的必要条件，是进行科学管理和现代化管理的基础。人类的实践证明，规范化有利于提高管理水平、提高质量、减少浪费、节约活劳动和物化劳动，有利于推广科研成果和新技术。

工程项目管理技术自 1982 年引进我国以后，经过了学习、试验、研究，于 1988 年开始进行"项目法施工"试点，于 1994 年开始在全国推行项目管理，至今又是 5 年。几乎是与我国建筑业改革开放步伐相同的工程项目管理，在我国工程界无人不知、无人不晓；作为一种生产管理制度，已经普及，并给建筑业和建筑企业带来根本性的变革和巨大经济效益，基本具备了与国际惯例接轨的条件。

然而在结合我国国情进行工程项目管理创造的实践过程中，却产生了一些认识上、做法上较大的差异，有些认识和做法完全相反，效果当然也不相同。有差异是正常的，没有差异才是很不正常的。问题是，在原则问题上、本质问题上，却不应当有差异；如果本质的错误认识得不到纠正，就会将企业引向错误的方向，影响工程项目管理的效果和学科的发展。因此，错误的认识和做法应当得到纠正。

有些企业是由于一些误导而产生错误的做法，也有些是由于认识上的模糊而盲目进行了不正确的工程项目管理。作为一门学科，项目管理有其严格的内涵和外延。作为一种生产管理制度，它有着不容模糊的规范性内容。作为一种社会实践活动，它应有正确的做法。作为我国工程领域的一项重要制度改革，方向绝对不应偏斜。有一些问题，政府主管部门、一些领导、专家和学者曾作过一些引导，试点单位也作了示范，因而得到了逐步纠正。1996年建设部以"建工〔1996〕27 号"文发布"关于进一步推行建筑业企业工程建设项目管理的指导意见"，对规范建筑业工程项目管理发挥了很大作用。但是，作为已经推广多年、取得了丰富经验和教训的一项数千万人的生产管理实践活动，已经到了非规范不可的时候了，也已经具备了制订规范的条件。工程项目管理规范化的必要性可概括为：是总结经验、纠正偏差、正确引导、指出方向、统一作法、建立标准、提高效益的必要。

3. 工程项目管理规范化的条件

现在进行工程项目管理规范化是可行的，因为已经具备了比较充分的条件。

（1）我国已经进行了 18 年的工程项目管理实践，有了丰富的经验和教训，有许多成功的工程实例。

（2）我国对国际上工程项目管理的经验已经进行了学习、研究和试验，掌握了大量的信息，即对国际惯例比较熟悉。

（3）我国建设行政主管部门非常重视工程项目管理和它的规范化，会给予这项工作以有力的支持和指导。

(4) 我国有专门从事工程项目管理学术研究和指导的"建筑业协会工程项目管理委员会",该委员会在该领域里进行了大量的工作,有很高的威信,已经酝酿了一年多时间,目前正积极推进工程项目管理规范化的工作。

(5) 我国在工程项目管理的研究和实践中已经涌现了一批工程项目管理学者、专家、工程技术人员和优秀项目经理,他们将是进行工程项目管理规范化的带头人和骨干力量。

(6) 由于长时间的研究和实践,我国在工程项目管理规范化所需要的理论、方法、计算机辅助管理和信息的收集等方面都具备了条件。

(7) 在世纪之交,工程项目管理作为改革的一个亮点、提高经济效益的一种措施、与国际惯例接轨的一条线、使建筑业可持续发展的催化剂、发展建筑市场的一种要素,已经受到了普遍的、极大的重视。

(8) 由于长期全国性的大量项目管理和项目经理培训,我国工程界的项目经理水平和项目管理水平得到很大提高,达到了规范项目管理所需要的水平。项目经理队伍已经有了几十万人,足以支撑规范化的项目管理。

在全国范围内进行规范化之前,进行地区性、行业性、企业性规范化亦是可行的、积极的。

4. 工程项目管理规范化内容

哪些内容需要规范化呢? 这些内容应该是: 大量重复出现的、成熟的、对提高工程项目管理水平有价值的、在认识上容易引起误解或导致模糊的、理论正确和方法有效的。因此,我认为,以下方面应是规范化的主要内容:

(1) 术语

术语是项目管理理论的体现。是认识的升华,是进行项目管理实践的灵魂,因此应首先进行规范。需要进行规范的项目管理术语有以下几类:

1) 与工程项目管理概念相关的术语,如: 项目,项目管理,工程项目管理,建设项目管理,设计项目管理,施工项目管理,投资项目管理,开发项目管理等。

2) 与工程项目管理组织有关的术语,如: 项目经理部,项目管理组织机构,项目管理体制,项目管理组织形式,部门控制式,工作队式,矩阵式,事业部式,项目管理层,项目作业层,项目经理部解体,项目管理制度等。

3) 与项目经理有关的术语,如: 项目经理,项目经理考核,项目经理资质等级,项目经理注册,项目经理责任制等。

4) 与工程项目管理内容有关的术语,如: 工程招标,工程投标,工程合同,投资控制,进度控制,质量控制,成本控制,安全管理,现场管理,合同管理，信息管理，生产要素管理，工程监理，工程竣工验收，项目管理总结，项目管理分析，施工工法，工程价款结算等。

5）与工程项目管理方法有关的术语，如：项目管理规划，项目管理控制，项目管理协调，项目风险管理，项目目标管理，项目生产要素管理，进度控制方法，质量控制方法，投资控制方法，成本控制方法等。

（2）工程项目管理程序

"程序"不是一个小的问题，程序化是科学管理的基本要求。程序的合理化有利于管理的有序化、科学化和有效化，所以工程项目管理程序也需要规范化。关于程序化的标准并不少见，例如，网络计划技术在项目计划管理中的应用程序，就形成了标准；在招标文件示范文本中，把招标程序作了规范；建设部制订了"工程项目建设实施阶段程序管理的暂行规定"；在ISO9000贯标中，企业必须制订和贯彻程序性文件等。

工程项目管理的程序已在大量的实践中酝酿成熟，大框架就是：决策，立项，设计阶段的管理，实施准备阶段的管理，实施阶段的管理，竣工验收阶段的管理；施工项目管理的程序是：投标和签订合同，建立项目管理组织，进行施工项目管理规划，施工准备和施工中的管理，竣工验收阶段的管理，总结分析和用后服务管理。

（3）工程项目管理内容

工程项目管理的内容是工程项目管理规范化的主体，它涉及工程项目管理的范围、认识和做法。应当对以下内容进行规范：工程项目策划，工程项目决策，工程项目设计管理，工程项目施工招标投标管理，施工项目管理规划，施工项目准备管理，施工阶段的管理，施工项目后期管理，工程项目用后服务的管理。在管理内容的规范化中，应特别重视项目组织，项目经理，目标控制，组织协调，合同管理，信息管理，现场管理、监理等。项目管理规划、项目经理责任制、项目成本核算制和项目生产要素管理等亦应进行规范。

5. 对工程项目管理规范化有关概念的见解

在研究工程项目管理，进行工程项目调查、著述和从事经理培训的过程中，我发现对工程项目管理的有关概念存在着分歧，有些与我的认识颇为不同，愿借此机会对一些主要的、与项目管理规范化有关的概念谈一下我的见解。

（1）项目

项目是指那些作为管理对象，按限定时间、费用和质量标准完成的一次性任务。"任务"有完成的过程，需要人们进行集体劳动，故而需要管理。项目的最显著特点是它的一次性。一次性即有确定的开始时间和结束时间，不重复性和单件性，与批量性是矛盾的。

（2）项目管理

"项目管理"是对"项目"的管理。有几种项目就有几种项目管理。"管理"是具有职能的，包括决策、计划（规划、策划）、组织（指挥）、控制（协调）、检查（分析）等。"项目管理"不能说成"项目控制"，因为"控制"只是"管理"的一项职能。也不应把"管理"说成广义的"控制"。项目管理的必要性来自于项目的一次性，一次性任务的管理难度是大的，无疑应加强管理科学性和管理力度。理论上的不断突破、新技术方法的开发和运用、生产实践的需要是项目管理产生的客观基础。

（3）工程项目和工程项目管理

"工程项目"是"项目"的一大类。凡是最终产品与"工程"有关的项目都是工程项目。它具有"模糊性"。建设项目、施工项目、监理项目、设计项目等都是工程项目。不应把"工程项目"说成"单项工程"的代名词，也不应把工程项目说成"施工项目"的代名词。不同的工程项目管理有不同的管理主体。上面几种项目的管理主体依次是：业主方、施工方、监理方、设计方。

（4）建设项目管理

建设项目是工程项目中的一类，是指在一个总体设计范围内，由一个或若干个相互有内在联系的单项工程组成的、在建设中实行统一核算、统一管理、以形成固定资产为目的的一次性任务。建设项目管理，是由业主方对建设项目进行的管理。建设项目管理虽然分阶段，但不能以阶段命名，因为建设项目管理是业主方对一个整体对象进行的管理。

（5）施工项目管理

施工项目是一个建筑企业对一个建筑产品的施工过程及所取得的成果。因为建筑企业是以单位工程为基本产品的，故最简单的施工项目是一个单位工程。施工项目管理是施工企业对施工项目进行的管理。建设单位进行的对建设项目施工阶段的管理，因为不是建筑企业进行的项目管理，故不能称为施工项目管理。施工项目管理自投标开始，至保修期满结束。从整体来看，施工项目管理的内容包括：建立施工项目管理组织、编制施工项目管理规划、进行施工项目目标（进度、质量、成本）控制、进行五项管理（安全管理、合同管理、信息管理、现场管理、生产要素管理）。有两项要引起重视：一是安全管理特别重要，因为施工企业是劳动密集型组织，安全管理的责任重，难度大；二是资源（资金、劳动力、材料、机械、技术、即5M）管理特别重要，要管理好目标应进行资源的优化配置和动态管理，这也符合项目管理的目的。只讲目标控制忽视资源管理不是确切的项目管理。

（6）工程建设监理

"工程建设监理"是由建设监理单位进行的项目管理。但不能混同于建设项目管理。它是一种技术服务性管理。监理单位受项目法人的委托，按委托监理合同进行项目管理。在委托监理以后，项目法人并未放弃项目管理的责任。项目法人的主要管理责任是投资管理及"项目法人责任制"中规定的其他责任的实施。监理单位的任务主要是委托合同中确定的实施阶段（设计、施工）的投资、质量、进度三类控制，合同管理和组织协调。监理单位不是代甲方。如果监理单位为项目法人进行项目可行性研究和组织招标评标，只能作为咨询，不能算作"监理"，因为这时并没有监督的组织对象。

（7）项目经理和项目经理部

项目经理是法人代表在项目上的委托代理人。项目经理是管理者，不是个纯技术人员。他也不是基层组织的代表，而只是项目经理部的负责人。建设项目经理是项目法人代表，监理项目经理是总监理工程师，施工项目经理由企业法人代表委托具有相应资质的管理人员担任，不可由工长代替或由施工队长改名。项目经理部是由项目经理负责组建的项目管理组织。该组织应根据项目管理的需要，先选择组织形式，再进行设计，而后组建。项目经理部应是一次性组织，完成管理任务后即应解体。企业对项目经理部的工作起保证作用。施工项目经理与施工企业法人代表之间，按项目经理责任制签订管理目标责任书，明确任务、期限、质量、安全、节约、奖惩等责任。责任制不应称作负责制。"责任"是对工作结果的要求，是责任者肩上承担的。"负责"是一种行为，不是结果。项目经理和企业经理是上下级行政关系，不应签订合同，更不应签订承包合同。项目经理部不进行积累，也不与企业管理层进行利润分成。

（8）施工项目管理规划

施工项目管理规划是为进行施工项目管理而编制的规划文件。施工企业应在投标之前编制"施工项目管理规划大纲"以指导投标与签订承包合同，达到中标和取得经济效益的目的。项目经理部应在开工之前编制施工项目管理实施规划，用以指导施工准备与施工阶段的管理以取得管理效益。施工项目管理规划不同于施工组织设计。施工组织设计是施工规划，不能代替施工项目管理规划。在内容上，施工项目管理规划应比施工组织设计更突出四点：一是管理（进度、质量、安全、成本、现场）规划；二是保证目标实现的措施；三是风险管理；四是管理效果（技术经济效果）分析与考核。施工方案、施工进度计划、施工平面图仍是主要内容，但都应服从于上述四个方面。群体项目和单体项目应分别编制群体施工项目管理规划和单体施工项目管理规划。由于施工过程中充满风险，故施工项目管理规划中应对风险管理进行规划。

（9）目标管理与工程项目管理

目标是一定时期集体活动预期达到的成果，目标管理是集体成员亲自参加工作目标的制定、进行自我控制并努力实现目标的行为。目标管理的精髓是以目标指导行动。目标管理是一种重要的现代化管理方法，正确使用可以显著地提高管理效果。工程项目管理的根本方法是目标管理。按照目标管理的原理，进行工程项目管理首先要制定管理目标。施工项目管理的合同目标是管理的最终目标。施工项目管理规划确定的目标是施工项目管理的实施目标，比最终目标积极。目标控制就是努力实现规划目标。最后要进行目标控制考核。所以，工程项目管理的过程，实际上就是在工程项目上进行目标管理的过程。工程项目管理工作者只有学会目标管理，才可以进行有效的工程项目管理。

（10）建设程序与工程项目管理

建设项目管理的全过程贯穿于建设程序的全过程。所谓建设程序，实际上是基本建设项目、技术改造项目、利用外资项目的程序的总称，故不应混称为基本建设程序。建设程序是项目建设活动的程序，不是项目管理活动的程序。建设项目管理程序围绕管理的职能划分阶段，即 P、D、C、A（计划、实施、检查、处理）。不同的管理对象，这四个步骤的内涵不同，需要进行规划。"规划"是所有项目管理都需要的步骤。建设程序在我国经济发展的历史上经过了多次变化。在 1991 年，国家计委颁发了"计投资〔1991〕1969 号《关于报批设计任务书统一为报批可行性研究报告的通知》"，取消了设计任务书，使建设程序变成为 6 个阶段，包括：项目建议书、可行性研究报告、设计工作、施工准备、施工、竣工验收。另外，原规定的"列入年度投资计划"应放在管理程序当中而不应当放在建设程序当中；"生产准备"并不是个独立的阶段。通常所说的"决策阶段"，也称"前期工作阶段"，是指项目建议书阶段和可行性研究报告阶段。可行性研究报告经过批准，决策阶段即告完成，项目才算立项。方案设计属于前期阶段的工作，初步设计属于设计阶段的工作。通常所说的"实施阶段"，不应单指施工阶段，还应包括设计阶段和施工准备阶段。

（11）项目法施工和工程项目管理

项目法施工属于企业管理范畴，指以项目管理为中心的企业管理，或者是项目管理加配套改革。这个概念无可争议是正确的。实践这项管理的企业也因此取得了效益或事业的成功和发展。据我所知，因为"项目法"的概念不利于与国际通用提法沟通，也因为企业管理的改革深化以后，"配套改革"已显得有局限性，故将项目管理专门作为一项生产制度的改革加以推行，企业管理改革则按中央的部署全面深化。这样做是合理的。

（12）项目经理责任制和项目成本核算制

项目经理责任制和项目成本核算制是工程项目管理的两大基本制度。项目经理责任制的重要性是明显的，它决定了项目经理在企业中的地位，给项目经理部与企业的关系以决定性影响，它关系项目管理的运行和成败。工程项目成本核算制的重要性是从"项目管理的本质是要取得经济效益"的观点上提出的。抓成本管理，要以成本核算为中心，并贯穿在成本管理的全过程中；抓成本核算，必须抓要素管理，求得节约，以降低成本；抓成本核算，必须抓责任制，调动全体项目管理者和作业者的积极性；抓成本核算可以促进集约化管理，可以出效益。因此，如何搞好项目经理责任制和项目成本核算制，今后仍是项目管理研究、实践的重要课题，也是项目管理规范化中需要重点规范的两项重要内容。

【注】本文是作者根据中国建筑业协会工程项目管理委员会的指示起草的工程项目管理规范的意见稿，曾作为中国建筑学会建筑统筹管理分会 1999 年学术年会的论文发表。

《建设工程项目管理规范》把工程项目管理
提升到新的平台

(2002)

　　《建设工程项目管理规范》是一项由建设部管理的国家标准，该《规范》评议委员会的评语是："它填补了我国建设领域的一项空白，把我国工程项目管理水平提高到了新的平台"。查询国内外资料显示，国际和国内均没有类似的标准。

　　《规范》的编制和发布目的很明确，那就是：提高建设领域的项目管理水平，促进工程项目管理科学化、规范化和法制化，适应市场经济发展的需要，与国际惯例接轨。实践证明，这个目的是可以达到的。

　　早在1987年，我国就兴起了鲁布革冲击波，冲击了我国的建设管理体制和生产管理方式，在工程建设领域引进了发达国家的工程项目管理模式。建设部于1988年开始在全国的50个大中型企业中进行工程项目管理试点。到1993年，工程项目管理试点取得全面成功。在总结5年试点经验的基础上，在政府的大力推动下，1994年开始在全国的大中型建筑业企业中全面推广工程项目管理。到目前为止，已经形成了一套我国的工程项目管理理论和方法；成功建成了大批的项目管理工程；涌现了成千上万名项目管理人才；评出了1000多名优秀工程项目经理；创造了一代工程项目管理新技术；改变了我国工程建设的生产管理方式；推动了建筑业企业的管理体制改革。因此，《建设工程项目管理规范》的制定，有着良好的基础条件和广泛的社会实践需要。

　　《建设工程项目管理规范》的内容，在工程建设专业方面全面涵盖了项目管理的理论体系和方法体系，也就是涵盖了国际项目管理的九大知识体系。该规范还贯彻了等同采用ISO标准的国家标准《质量管理　项目管理质量指南》，突出了工程施工中的十大过程管理。因此，贯彻该规范后，可以使工程项目管理得到持续改进，不断提高水平。

　　本规范共有26个术语。在制定这些术语时，坚持了三项原则，一是国际国内标准上已经有的术语，不予重复；二是对每个术语的解释坚持科学性、适用性和符合性，其中"符合性"是指符合国际惯例、法律、法规、强制性标准和我国的实际；三是具有创新性，就是在总结我国实践和改革经验的基础上得到的创新成果。

　　本规范的创新成果是十分丰富的，主要有：项目经理责任制、项目成本

346

核算制、项目管理目标责任书、项目管理规划、项目现场管理、项目考核评价、项目回访保修管理等。这些创新，内涵丰富，理论性和实践性强，对项目管理效果的提高影响很大，可以说是我国对项目管理文化宝库的重要贡献。

应当特别指出的是，在《规范》中，工程项目信息管理作为专门的一章进行了规范，详细规定了工程项目信息管理的概念、应达到的目的、人员设置、职责、要求、项目信息内容、项目信息管理系统的建立和运行等。它为规范工程项目的信息管理提供了依据。

在广大信息工作者的努力下，集成工程项目管理信息系统的建设已经取得了重大进展，一批优秀的工程项目管理计算机软件系统投入使用后取得了良好的效果。没有强有力的项目信息管理，不可能成功地进行工程项目管理。要搞好项目信息管理需要加速做好两项工作：一是加速开发软件系统，二是大力培养信息管理人才。目前的问题是，软件市场的无序竞争和分散开发大大制约了这两项建设的速度。我热切希望通过各种渠道、广泛沟通工程项目信息管理的信息，团结全国同行的力量，协调步伐，集中更多人的智慧，把工程项目管理信息建设提高到新的平台之上。对此，我们应该充满信心。

《规范》已经发行 20 多万册，它的宣贯工作早在 2002 年初就全面展开，目前仍处在宣贯热潮之中。它受到了全国建筑业企业普遍的重视和欢迎，现在已经、将来也必然对工程项目管理的发展产生巨大的推动作用。

《规范》的主要服务对象是建筑业企业，也就是从事施工活动的企业。这个行业实施项目管理最广泛、时间最长、人数最多、效益最大、发展最成熟。因此，理应首先对建筑业企业的项目管理进行规范。这项规范的实施在项目管理领域起了带头作用。在今后的数年中，还要通过创新、研究、实践和经验的积累以及学科的发展，制定出全过程的建设工程项目管理规范，补充到已经颁布的本《规范》之中，使工程建设的全过程都实现科学化和规范化。项目管理是一次性事业的管理，是创新事业的管理，因此项目管理事业必须高举创新旗帜。编制和实施规范同样需要创新精神大力进行创新，也只有结合具体的事业或专业进行项目管理研究和实践，才是有意义的、有效的和可发展的。

【注】本文是 2002 年为配合 GB/T 50326—2001《建设工程项目管理规范》的宣贯而写，曾收录在由作者编著、中国建筑工业出版社出版的《建设工程项目管理规范培训讲座》中。

《建设工程项目管理规范》的若干问题

（2003）

  《建设工程项目管理规范》由建设部颁布实施已经整整一周年了。一年来，广大企业认真学习、探索《规范》原理，积极实践，贯彻执行《规范》条款，取得了良好的效果。不少企业、专家和学者还对进一步完善和修订《规范》提出了许多宝贵的意见。根据企业，专家、学者来信来函以及《规范》编写作者的体会，现就《规范》中有关问题再进行研究探讨。以期更好地贯彻和执行《规范》。这些问题主要包括：《规范》的作用，与国际做法的关系，与施工组织设计的关系，怎样对待施工项目管理规划，矩阵式组织，项目经理部解体的必要性，承包问题，网络计划技术的应用，质量管理体系标准与 TQC 的关系，项目成本核算制，施工平面图的作用，内部市场，生产要素管理中的风险防范，项目经理与建造师的关系。

1. 必须提高和重视对《规范》的再认识和作用

  《规范》是经验的总结，理论的升华，上岗的标准，管理的尺度。因此，对《规范》作用的再认识是进一步有效实施《规范》的前提。《规范》明确指出，其作用是提高建设工程项目管理水平，促进施工项目管理的科学化、规范化和法制化，适应市场经济发展的需要，与国际惯例接轨。这是制定《规范》的目的，也是实施《规范》的动力，缺一不可。企业贯标要产生巨大的效益，关键是认识上要高起点，对此不能有任何怀疑。否则难以产生坚决的贯标行为。一年来，凡是贯标有效的企业收益增加，这里首要的一点是提高了对《规范》作用的认识。

2. 《规范》与国际工程项目管理的关系

  《规范》要起到与国际惯例接轨的作用，那么《规范》的内容与国际项目管理的做法有什么联系与区别？

  第一，联系：

  （1）《规范》是在学习国外项目管理经验、经过我国长期实践、总结经验后编写而成的。

  （2）《规范》贯彻了 GB/T 19016—2000 idtISO 10006：1997《质量管理

项目管理质量指南》，突出 10 类管理过程。

（3）《规范》涵盖了 PMI 的项目管理知识体系和（PMBOK）的 9 大知识领域。GB/T 19016—2000 标准中具有的知识领域，《规范》中全部具备。

第二，差异：

（1）《规范》有很强的工程专业性，直接满足工程项目管理的需要。

（2）《规范》中吸纳了我国的创新成果，具有自己的创新点。如：项目管理规划，项目经理责任制，项目管理目标责任书，项目成本核算制，项目现场管理，项目资源管理，项目考核评价等。

以上说明，《规范》既具备了与国际做法沟通的条件，又坚持了与中国的实际需要相结合，更加具体化、专业化，有很强的实用性和操作性。

3. 怎样对待施工项目管理规划

施工项目管理规划是对施工项目管理各过程进行事先安排的文件，不可缺少，必须用制度保证其在施工项目管理中的地位和充分发挥它的重要作用。

由于我国长期以来实施施工组织设计制度，故实施《规范》应摆正项目管理规划与施工组织设计的关系。

（1）当承包人以施工组织设计代替施工项目管理规划时，施工组织设计应满足施工项目管理规划的要求，即编制事实上的施工项目管理规划。

（2）施工项目管理规划包含了施工组织设计的主要内容，但施工组织设计缺少目标规划、风险管理规划、保证各项目标实现的技术组织措施、环境与健康管理等。

（3）施工组织设计是企业内部文件，不能用来对外。如果业主要求投标书内附施工组织设计和满足监理工程师审核施工组织设计的需要，可以从施工项目管理规划中摘录需要的内容。

（4）施工项目管理规划实施前应送监理工程师备案。

不编制施工项目管理规划、只编制施工组织设计，或按传统的内容编制施工组织设计的做法，都是不可取的。

4. 毫不动摇地推进和强化项目经理责任制

项目经理责任制是以项目经理为责任主体的施工项目管理责任制，是我国对建设工程项目管理的一项制度创新。必须长期坚持并提高对其重要性的再认识。

（1）项目经理责任制的内容包括：企业各层之间的关系，项目经理的地位和素质要求，项目经理目标责任书，项目经理的责、权、利等。

（2）项目经理进行项目管理的基本要求是：第一，根据企业法定代表人的授权范围、时间和内容;第二,项目管理是从开工准备到竣工验收及保修阶段的全过程管理;第三,必须按照工程项目管理内在规律和现代化管理方法组织施工。

(3) 项目经理一旦受聘,即成为某工程项目管理组织的领导者,只宜担任一个施工项目的管理工作。

(4) 项目经理在企业中的地位是:第一,接受企业法定代表人的领导;第二,接受企业管理层、发包人和监理机构的检查与监督;第三,是企业在工程项目上的委托授权代理人和责任主体;第四,除了施工项目发生重大安全、质量事故或项目经理违法、违纪,企业不得随意撤换项目经理;第五,项目经理不是企业法定代表人的代表人。

(5) 对项目经理有五项素质要求:一是能力要求,"具有符合施工项目管理要求的能力";二是经验和业绩要求,"具有相应的施工项目管理、组织协调经验和业绩";三是知识要求,"具有承担项目管理任务的专业技术、管理、经济、法律法规知识";四是道德品质要求,"具有良好的道德品质";五是体质要求,精力充沛,身体健康。

(6) "项目管理目标责任书"是由企业法定代表人规定项目经理应达到的控制目标的责任文件,是责任书,不是承包书,不是合同。"项目管理目标责任书"的确定从企业全局利益出发,根据合同和经营管理目标的要求编制;主要内容是项目经理应达到的目标要求,是全面的目标,由集体承担;为使项目经理有条件承担责任,应明确项目经理的权限和利益。

5. 为什么提倡建立矩阵式项目管理组织

这里所说的矩阵式组织是指强矩阵式组织,即任命强有力的项目经理和设立精干高效的项目经理部,它的优点如下:

(1) 矩阵式项目管理组织兼有按部门控制和按对象控制两方面的优点(双向加强型管理)。

(2) 矩阵式项目管理组织有弹性,方便调整与解体。

(3) 矩阵式项目管理组织的项目经理专职管理项目,且有充足的授权,故大型复杂的项目可以得到有效的管理。

(4) 一个企业有多个项目同时进行项目管理时,可以节省大量管理人员,有利于充分利用人才和培养人才。

6. 关于施工项目临近竣工阶段的含义

《规范》的第5.2.2条规定"项目经理只担任一个施工项目的管理工作,当其负责管理的施工项目临近竣工阶段且经建设单位同意,可兼任一项工程的项目管理工作。"其中的"施工项目临近竣工阶段"是指某一工程项目中标后，承包人按照与发包人签订的合同条款及施工图纸要求，基本完成了施工项目的全部内容，并已达到提交发包人进行验收的标准。即：

（1）完成了合同条款规定的施工内容（可不包括室外工程）；

（2）按照施工图要求完成了任务，不遗留影响结构安全的工作。

7. 施工项目经理部解体的必要性

在施工项目经理部是否解体的问题上，不少企业坚持固化项目管理组织。固化项目管理组织致命的缺点是不利于优化组织机构和劳动组合，以不变的组织机构应付万变的工程项目的管理任务，严重影响项目单独的经济核算和管理效果。工程项目管理的理论基础和实践要求它必须解体。

（1）有利于针对项目的特点建立一次性的项目管理机构；

（2）有利于建立可以适时调整的弹性项目管理机构；

（3）有利于对已完项目进行总结、结算、清算和审计；

（4）有利于项目经理部集中精力进行项目管理和成本核算；

（5）有利于企业管理层和项目管理层进行分工协作，明确双方各自的责、权、利。

8. 不宜签订"承包合同"

在项目管理体制改革初提出的内部承包合同制，《规范》中没有出现。其主要原因如下：

（1）项目经理与企业法人之间的关系使双方不具备承包合同所涵盖的平等法律效力，而且项目经理更缺乏应对承包合同的风险机制。

（2）强调"承包"容易形成只重经济效益，而忽视目标控制和管理功能。

（3）强调"承包"在实践中发生了过多的"以包代管"的倾向和短期行为。

（4）项目经理部不是法人，不具有法人的资格身份与企业签订承包合同。

（5）合同应是依法签订、依法履行、依法解决争端。

9. 提倡利用网络计划技术编制施工进度计划

网络计划技术在项目管理的发展中功不可没。它在我国也有 40 年引进、发展和应用的历史。政府、学校、学术团体、管理专家等都在大力推广。《规范》的 7.4.4 条规定，"编制单位工程施工进度计划应采用工程网络计划技术。编制工程网络计划应符合国家现行标准《网络计划技术》GB/T 13400.1～3—92 及行业标准《工程网络计划技术规程》GB/T 121—99 的规定。"这样规定的理由有两个，一个是有好处，另一个是有条件。

第一，利用网络计划技术编制施工进度计划的好处：

（1）符合招标文件范本的要求；

（2）符合 FIDIC 施工合同条件的要求；

（3）符合监理机构进度控制的要求；

（4）有利于用计算机进行全过程进度控制；

（5）逻辑关系清晰，关键线路明确；

（6）提供了计划优化和调整的模型；

（7）特别适合大型、复杂、工期长的工程进行进度控制；

（8）利用网络计划可以将进度、质量、成本、物资、现场管理等紧密结合起来。

第二，目前应用网络计划技术的条件很充分：

（1）企业普遍配备了计算机设备；

（2）有许多优秀的网络计划应用软件可供选用；

（3）大多数技术管理人员具备工程网络计划技术知识和计算机知识；

（4）有了网络计划技术的国家标准和行业标准；

（5）《建设工程项目管理规范》提出了应用网络计划的要求；

（6）招标文件范本中要求编制网络计划；

（7）网络计划技术的优点具有很大的吸引力；

（8）已经创造了大量实践经验，有了一支庞大的专业队伍。

10. 正确处理全面质量管理和贯彻质量管理体系标准的关系

我国建筑业企业在推广全面质量管理和贯彻质量管理体系标准方面都下了大力气，取得了很大效益，使贯标推动企业的体制改革和管理走上了高平台。在项目管理中仍旧应该强化这两方面的工作，但是一定是处理好两者的关系，切莫顾此失彼。它们的关系应做如下表述：

（1）质量管理体系标准是进行全面质量管理的基础。

（2）全面质量管理是质量管理的基本方法。

（3）全面质量管理在质量管理体系运转的条件下进行。

（4）质量管理体系标准的要求有赖于用全面质量管理方法实现。

（5）全面质量管理方法的精髓是"三全一多样"，"三全"即全企业、全员、全过程，"一多样"即方法多样。最基本的方法就是进行 PDCA 循环。要实现"三全一多样"，必须建立强有力的质量管理体系。

（6）正确的做法应当是：在建立完善质量管理体系的基础上，搞好全面质量管理。

11. 坚持施工项目成本核算制度

施工项目成本核算制度是在《规范》总则中确定的施工项目管理基本制度，它是指在施工项目管理中，有关项目成本核算的原则、范围、程序、方法、内容、责任及要求的管理制度。这也是我国在工程项目管理中又一制度创新。

（1）企业建立施工项目成本核算制度要注重抓好以下几点：

1）每月为一个核算期，算出项目的月成本。

2）核算对象按单位工程划分，并与项目目标成本的界定范围相一致。

3）坚持"三同步"，即形象进度、施工产值统计、实际成本归集三者同步。

4）按《规范》的要求归集各项费用和成本。

5）"三算"（会计核算、统计核算和业务核算）结合，加强实际成本与目标成本和计划成本的对比分析。

6）跟踪核算，防止串工、串料、混算成本，加强成本趋势预测。

7）恰当使用科学成本核算方法。

（2）使项目经理部成为成本核算的中心：

项目经理部是成本核算的中心，是对比"企业管理层是追逐利润的中心"来说的，指项目经理部应当作为成本管理的主体。其原因如下：

1）项目经理部通过接受"项目管理目标责任书"承担了可控目标成本责任。

2）项目经理部的地位使其有条件独立核算制造成本。

3）企业管理层向项目经理部明确其可控责任成本目标时，也同时明确了自己的服务和监督目标。

4）项目经理部的地位决定它不能核算"全部成本"，只有企业管理层才具备这个条件。

5）项目经理部关心成本，因为通过降低成本可实现其自身利益。

6）项目经理部不是法人，没有能力追逐利润。追逐利润是企业管理层的任务。

7）项目经理部降低的成本应全部上缴，由法人分配，而以奖励的方式返还项目经理部应得部分。

8）项目经理部通过实现降低成本目标，为实现企业利润目标作贡献。

12. 发挥施工平面图在施工现场管理中的重要作用

施工平面图是施工项目管理规划的重要内容，赋予了它在现场管理中的重大作用，表现在以下方面：

（1）如何进行现场管理是用施工平面图策划的。

（2）现场入口处要有施工平面图，提醒员工时刻不忘坚持按施工平面图布置现场，按施工平面图进行管理。

（3）场容规范化建立在施工平面图设计的科学合理化基础上。规范场容的依据就是施工平面图。

（4）施工平面图与环境保护、绿色施工、防火、安全、卫生、防疫、降低成本、施工进度、工程质量、现场考评等，均有密切关系。

（5）施工平面管理涉及企业的形象、市容环境和风貌。

13. 在《规范》中没有"企业内部市场"

企业内部市场是在推行项目管理初期，为解决市场发育不完善、市场机制不能满足项目管理要求的情况下，提出的一项配套改革措施，赋予企业内部市场机制以服务于项目管理，对推进工程项目管理起到了积极作用。但随着社会大市场的逐步发育完善，企业可以直接与社会市场接口而满足项目管理的需要，并提倡生产要素和资源的优化有序配置，所以在规范中没有再明确设立企业内部市场。不提内部市场还有以下原因：

（1）"市场"具有供求机制、价格机制、竞争机制，内部市场的市场机制不全。

（2）"市场"对优化生产要素配置起基础作用，内部市场的这个作用不明显。

（3）"内部市场"不应、也不能代替计划、行政指挥和监督等管理职能。

（4）"内部市场"概念不够确切。

14. 生产要素管理要防范风险

生产要素是形成生产力的各要素，包括人力资源、材料、机械设备、技术和资金，这些要素都是资源。这些资源的供应涉及市场、经济、社会、政治、国际等大环境，当然风险较大，而在使用中，也受技术因素和非技术因素的制约，风险在所难免。所以生产要素管理的一个重要问题就是防范风险。对生产要素的风险管理要特别注意以下几点：

（1）对生产要素的供应加强计划管理，在计划中充分考虑风险因素，制定防范措施。

（2）要采用科学方法进行风险预测、分析、识别、度量、制定应对方案，回避、自留和转移风险。

（3）要充分利用法律、合同、担保、保险、索赔等手段防范风险。

（4）目前要特别防范资金风险，办法是：搞好收支预测和对比，抓工程价款收入（备料款和进度款），搞好月结算和竣工结算，努力收回工程尾款，加强资金支出的计划控制，控制工、料、机投入执行开支标准，注意发包方的资金动态，对发包方的资金不足要采取对策。

15. 《规范》中单列竣工验收和回访保修两章的意义

（1）《规范》中单列竣工验收阶段的管理一章是由于竣工验收阶段属于工程项目管理的结束阶段，这个阶段有着许多特殊问题需要做出规定。具体说来，需要注意的问题有以下几点：

1）这个阶段是生产管理和经营管理交叉较多的阶段，而经营管理的任务多于其他各阶段。

2）这个阶段涉及的法律、法规比其他阶段多，依法管理的任务较重。

3）这个阶段要进行项目收尾和项目移交：有工程收尾、管理收尾、合同收尾，有项目产品移交，工程档案移交，管理工作移交。因此，这个阶段工作的好坏，影响施工项目管理的效果，也关系到项目产品的使用维护和维修。

4）这个阶段项目管理层和企业管理层的项目管理任务都很重。从收尾和移交两方面看，项目管理的重心已经转移到了企业管理层。

5）这个阶段的组织协调工作量大，难度也很大。

6）这个阶段要进行竣工结算，支持建设单位进行决算，因此涉及双方的经济利益。在目前情况下，回收工程款的难度很大。

（2）回访保修是施工项目管理的最后一个阶段，也属子工程项目管理的结束阶段。这个阶段要注意的要点如下：

1）回访保修在项目产品的使用阶段，由企业管理层实施。

2）回访保修属于用后服务，既为顾客服务，又为企业提高信誉和管理水平服务，是"双赢"的过程。

3）保修要按保修协议实施，并实施有关法规。

4）保修责任和经济问题的处理是这个阶段管理的重点，要执行《规范》的规定。

16. 施工项目管理考核评价问题

我们没有把考核评价放在生产要素管理的人力资源管理中，也没有把它放在竣工验收阶段的总结中，而是专章做出规定，目的是强化这方面的工作，它对于激励项目管理组织和项目经理、对于持续提高项目管理水平，具有很重要的意义。因此，每个施工项目管理的最后，都要把这项工作做好。施工项目管理考核评价应注意以下问题：

（1）考核评价是在总结的基础上进行的。

（2）考核评价既激励项目经理部，又激励项目经理。

（3）考核评价的目的是规范项目管理行为，鉴定项目管理水平，确认项目管理成果，对项目管理进行全面总结，兑现"项目管理目标责任书"确定的奖惩承诺。

（4）考核评价的主体是派出项目经理的单位，对象是项目经理和项目经理部。

（5）考核评价的依据是"项目管理目标责任书"。

（6）考核评价的内容应当是全面的。

（7）考核评价的指标既有定量的，又有定性的。

（8）考核评价要按程序进行，考核方与被考核方密切配合。

17. 组织协调、信息管理、沟通管理的关系

《规范》中有两章是在国际项目管理的模块中所没有的，就是"项目组织协调"和"项目信息管理"。而国际项目管理的"沟通管理"是在《规范》中所没有的。这三者有密切关系：

（1）沟通是借助信息系统进行信息发布、接收的信息交换行为，管理者所做的每一件事都包含沟通。信息只有通过沟通才能得到。只有做好项目的沟通管理才能保证其他管理顺利实现，其中包括组织协调。

（2）组织协调以疏通关系、排除障碍为目的。疏通关系靠信息获得其对象，所以信息是组织协调的手段。疏通关系就是沟通。也可以说，沟通是组织协调的一种表现形式或沟通为组织协调服务。

（3）从管理的范畴讲，组织协调是管理的职能之一，沟通是管理的手段，信息是联系管理者和被管理者的信号，三者相互依存，同是管理的基本要素。

（4）《规范》之所以把信息管理作为一章，目的是为信息的获得、积累、处理、储存、传递、使用和计算机的应用提供规范性的依据，以便强化信息管理的作用。这样做等于规范了沟通管理，强化了组织协调。

18. 项目经理与建造师的关系

《规范》中没有提到建造师。2002年12月5日，人事部、建设部颁发的《建造师执业资格暂行规定》明确，今后对建设工程项目总承包及施工管理的专业技术人员实行建造师执业资格制度。因此，有必要对项目经理与建造师的关系加以明确。

（1）项目经理是保证工程项目建设质量、安全、工期的重要岗位。项目经理是企业法定代表人在项目上的一次性授权管理者和责任主体。项目经理

从事项目管理活动，通过实行项目经理责任制履行岗位职责，在授权范围内行使权力，并接受企业的监督考核。

（2）建造师制度是一种执业资格注册制度。执业资格制度是政府对某种责任重大、社会通用性强、关系公共安全利益的专业技术工作实行的市场准入控制制度。它是专业技术人员从事某种专业技术工作学识、技术和能力的必备条件。取得资格后可使用建造师名称，依法单独执行建造业务，并承担法律责任。

（3）建造师与项目经理虽然定位不同，但都是围绕工程项目这个焦点展开工作或从事建造活动。建造师执业资格的覆盖面较大，包括工程建设领域方方面面从事建造或项目管理的相关专业人士。建造师选择工作的权力相对自主，可在社会市场上有序流动，有较大的活动空间。项目经理的活动限于在企业和某一个特定的工程项目中。项目经理岗位是企业设定的，项目经理是由企业法人代表聘用或任命的一次性的授权管理者和领导者。从这个意义上讲，在某一个环境下，虽然从事工程项目的专业人员都是建造师，但作为这个项目来说，只有一个项目经理，其他建造师在这个项目全过程管理活动中还必须接受项目经理的领导和管理。所以，建造师和项目经理不能采取简单的取代和被取代的置换方式，而是有条件的补充。

19. 《规范》与建造师、工程项目管理师、IPMP 考试有密切关系

建设系统实施的建造师制度、劳动与社会保障系统实施的项目管理师（工程专业）考试制度、IPMA（国际项目管理协会）在中国进行的 IPMP（国际项目管理专业人员）考试，均与我国现在实施的项目经理责任制具有密切的联系，都要学习和遵守《规范》。

（1）建造师制度规定，承担项目经理职责的人员，首先必须取得建造师资格，否则不能担任项目经理。因此，在项目经理考试大纲中和推荐的备考学习教材中，都有对《规范》知识的要求。

（2）项目管理师（工程专业）的备考指定用书《工程项目管理师教程》的法律法规知识中，包含了《规范》的内容。

（3）《中国工程项目管理知识体系》一书，作为工程类专业人员参加IPMP 考试的适用培训教材，在其第 9 章"工程施工阶段的管理"中，用较大篇幅介绍了《规范》。

20. 实施《规范》的几点意见

从《规范》产生到推广应用有效，是要做出艰苦努力的。为此提出以下几点意见：

（1）对《规范》的作用和地位应通过进一步学习加以明确。

（2）由企业做出实施《规范》的决策。

（3）将本企业的项目管理工作同《规范》进行比较，找出差异。

（4）对可以创造条件实施的规定，努力创造条件实施。

（5）与《规范》相矛盾的做法应加以改变。

（6）贯标条件不成熟的企业，要按照《规范》要求逐步创造条件，待成熟后尽快实施。

（7）对《规范》中有待研究探讨或完善的条款可以提出意见，以便将来修改，但是不能抵触、对立。

（8）需要解释条文时，请与中国建筑业协会工程项目管理委员会联系。

（9）先试点，取得经验再全面实施。

（10）注意国际化和与国际惯例接轨的大趋势。

【注】本文由作者与时任中国建筑业协会工程项目管理委员会会长兼秘书长吴涛合写，是为纪念《建设工程项目管理规范》（GB/T 50326—2001）实施一周年而作，曾刊登在《建筑技术》杂志 2003 年第 11 期中。

实施 2006 版《建设工程项目管理规范》

（2006）

新的《建设工程项目管理规范》GB/T 50326—2006（以下简称《规范》）已于 2006 年 6 月 21 日发布，将在 2006 年 12 月 1 日实施。该规范共有 18 章 68 节 328 条，全面总结了我国 20 年来学习国际先进管理方法，推进建设工程管理体制改革的主要经验，进一步深化和规范了建设工程项目管理（以下简称项目管理）的基本做法。中华人民共和国建设部办公厅以"建办市函 [2006] 407 号"通知号召全国建设行业、企业及协会，做好宣贯、培训和实施工作。因此，积极学习和实施《规范》，是项目管理组织面临的一项重要任务。

1. 贯彻《规范》的重要意义

（1）树立建设工程项目管理新理念。《规范》总则提出了 4 个项目管理新理念：坚持自主创新，坚持以人为本，坚持科学发展观，实现可持续发展。这四个新理念是党中央提出的，对各项工作都是适用的。尤其是坚持自主创新的理念，是我国的国策，对各项工作具有统领作用。近 20 年来我国所走过的项目管理之路，是以自主创新为主要特征的，应当坚持和发扬。

（2）贯彻《规范》是提高项目管理水平的需要。《规范》是我国项目管理经验的总结，是为项目管理组织和项目管理者提供的行为准则，贯彻规范的结果，必然会从我国总体上提高项目管理水平。

（3）贯彻《规范》，可以促进项目管理科学化、规范化、制度化和国际化。科学化，就是要按项目管理的规律办事；规范化就是标准化、统一化，有利于克服主观片面的认识，形成项目管理的合力和高标准；制度化就是制定项目管理制度，把项目管理作为制度执行，用制度引导和推动项目管理；国际化就是使我国的项目管理与国际项目管理的主流做法沟通和协调，促进我国项目管理的国际交流，适应我国广大企业提高核心竞争力和实施"走出去"战略大局的需要，也为外国公司在我国进行项目管理创造必要条件。

（4）贯彻《规范》，可以促进我国经济社会发展。项目管理是生产力，项目管理促进生产关系调整。《规范》适应当前我国建设工程领域改革和推行总承包、推行项目管理社会化的需要。

《规范》的作用就是促进我国经济建设和经济社会发展，我们应该站在这个高度重视《规范》，贯彻《规范》，学习《规范》，实施《规范》。

2. 《规范》的鲜明特点

认识《规范》的特点，有利于了解《规范》，重视《规范》，从而学习《规范》，应用《规范》。《规范》具有以下鲜明的特点。

（1）规范行为

《规范》所规范的是项目管理行为。它针对一个组织进行项目管理时需要的管理行为进行规范，而不管这个组织是建设工程项目管理的哪一个相关组织。只要它进行建设工程项目管理，就应该这样去做。因此，《规范》反映了项目管理的规律和对项目管理者的共性要求。

（2）内容全面

《规范》从项目管理理论和实践系统的全局上对项目管理做出了全面的规定。《规范》的 18 章中，有 8 章是原《规范》所没有的新名称，包括项目范围管理、项目管理组织、项目采购管理、项目资源管理、项目环境管理、项目风险管理、项目沟通管理、项目收尾管理，其余各章也都对原《规范》作了较大的修改，充分体现了项目管理内容的全面性。

（3）适用范围广

由于《规范》约束的对象是建设工程项目实施过程和各环节的管理行为，规定其主要的组织要求和管理技术要求，可以供建设单位、开发单位、项目管理单位、咨询单位、监理单位、总承包单位、设计单位、供应单位、施工单位、分包单位及其他与建设工程项目相关的组织使用，只要某个组织进行与建设工程项目有关的项目管理活动，就应按照《规范》去做。当然，由于各组织进行项目管理有特殊的任务，《规范》不可能、也没有必要对所有组织的全部项目管理行为进行规范。

（4）促进项目管理国际化

《规范》体现了国际工程项目管理的一般规律和建设工程项目管理的专业规律，体现了我国建设工程项目管理和国际建设工程项目管理的共性要求，与国际上的一些影响较大的项目管理模式有较好的接口，故《规范》能够促进我国项目管理的国际化发展和需要，适应我国广大企业提高核心竞争力和实施"走出去"战略大局的需要。

（5）支持工程总承包企业和工程项目管理企业的发展

我国要大力培育发展工程总承包和工程项目管理企业，项目管理行为的规范是建立工程总承包企业和工程项目管理企业的重要软件建设内容。《规范》的制定，充分考虑了我国的这一新情况和新需要，为工程总承包企业和工程项目管理企业提供了项目管理的模式、理论、组织、方法和运行的全面支持,有利于支持工程总承包企业和工程项目管理企业的快速发展。

(6) 支持建造师执业资格制度的建立

我国新建立的建造师执业资格制度与项目管理有着不可分割的关系。建造师的主要岗位是项目管理,项目管理是建造师必须具备的最主要知识和关键的技能。《规范》为建造师的考试和执业学习提供了可靠的、丰富的标准化资料,参加建造师执业资格考试的人员应该学习它,接受这方面的考核,并在建造师执业时实施它、应用它,在应用中为《规范》的完善做出贡献。

3. 抓住重点,扎实学习

贯彻《规范》首先要扎实学习规范,学习规范就要抓住重点,抓重点才能有效地学习。《规范》的重点如下。

(1) "总则"的学习重点

通过对总则的学习,掌握《规范》的作用和以下项目管理新思想。

1) 促进建设工程项目管理国际化的新思想。

2) 按照《规范》要求建立项目管理组织、规范组织项目管理行为的新思想。

3) 坚持自主创新、采用先进的管理技术和现代化管理手段的新思想。

4) 坚持以人为本和科学发展观的新思想。

5) 全面实行项目经理责任制、不断提高项目管理水平、实现可持续发展的新思想。

(2) "术语"的学习重点

术语要和各章内容结合起来学习。在各章的学习中,把相关的概念搞清,用概念解决项目管理工作中遇到的相关问题。

(3) "项目范围管理"的学习重点

1) 项目范围管理的对象包括了为完成项目所必需的专业工作、管理工作和行政工作,而以管理工作为主。

2) 在项目实施前,就要提出项目范围说明文件,明确界定项目的范围,作为项目设计、计划、实施和评价的依据。

3) 项目的计划文件、设计文件、招标文件和投标文件中,应包括对工程项目范围的说明。

4) 范围界定的有效方法是 WBS,即工作分解结构。该方法包括工作分解、工作单元定义、工作界面分析和编码。

5) 项目范围控制指对项目范围跟踪检查,记录检查结果,判断范围有无变化、对范围变更进行分析和处理、建立文档等。

6) 在项目结束阶段，应确认项目范围，检查项目范围规定的工作是否完成，交付成果是否完备。

(4) "项目管理规划"的学习重点

1) 认识项目管理规划的必要性和进行相关改革的迫切性。

2) 项目管理规划的内容优化。

3) 承包人如何正确处理项目管理规划与施工组织设计和质量计划的关系。

(5) "项目管理组织"的学习重点

1) 项目管理组织的定义是"实施或参与项目管理工作，且有明确的职责、权限和相互关系的人员和设施的集合。包括发包人、承包人、分包人和其他有关组织为完成项目管理目标而建立的管理组织"。项目管理组织不一定是一个企业，它可能是进行项目管理的非法人组织、项目经理部或项目团队等。

2) 按组织论的要求，科学建立项目经理部。

3) 强调项目组织应树立项目团队意识，有明确的目标、合理的运行程序和完善的工作制度；项目团队建设应重视绩效、发挥个体积极性、充分利用集体的协作成果。

4) 项目经理在项目团队中应具有核心作用。

(6) "项目经理责任制"的学习重点

1) 要以制度的方式明确项目经理在项目管理中的核心地位。

2) 明确项目经理的素质要求，大力提高项目经理的素质。

3) 明确项目经理和法定代表人及组织管理层的关系。

4) 给项目经理以必要的责、权、利。

5) 利用好项目管理目标责任书这一重要工具。

6) 继续强化项目经理责任制。

(7) "项目合同管理"的学习重点

1) 项目合同管理的程序。

2) 项目合同评审的内容。

3) 重视并利用好合同实施计划。

4) 搞好合同跟踪控制。

5) 重视并搞好索赔。

(8) "项目采购管理"的学习重点

1) 采购的对象是多元的，不但包括传统的资源，还包括勘察、设计、施工、咨询等服务。

2) 采购管理是在市场条件下对项目中交易活动的管理，是企业经营的内容，是实现合同的条件。

3）采购管理涉及企业的管理效益、经济效益和目标的实现，要认真做好。因此要学会采购计划的内容，掌握采购控制的主要环节。

（9）"项目进度管理、质量管理、职业健康安全管理、环境管理、成本管理等目标管理"的学习重点

1）了解把"项目控制"改"项目管理"的理由。主要理由是这些章涉及了项目管理的全部职能而不只是项目控制。

2）建立相关的目标管理体系。

3）明确目标管理的 PDCA 循环程序，特别重视其控制环节。

4）掌握各项目标管理的主要专业管理方法。包括进度管理的网络计划方法，质量管理的贯标方法，职业健康安全管理和环境管理的管理措施和检查方法，成本管理的核算方法等。

（10）"项目资源管理"的学习重点

1）项目资源管理的范围、目的和重要性。

2）项目资源管理的计划、控制和考核三大环节。

3）人力资源管理的特别重要性及管理方法。

（11）"项目信息管理"的学习重点

1）项目信息管理要求。

2）项目信息管理程序。

3）建立项目信息管理体系。

4）项目管理信息化。

（12）"项目风险管理"的学习重点

1）项目风险管理的重要性和实施风险管理的迫切性。

2）找出项目风险管理的障碍。

3）项目风险管理四大环节的运作。

（13）"项目沟通管理"的学习重点

1）项目沟通在传递信息、疏通关系、解决矛盾、排除障碍及过程控制中不可替代的作用。

2）项目经理应重视并善于进行沟通管理。

3）项目沟通管理的运作。

（14）"项目收尾管理"的学习重点

1）收尾管理是阶段性管理。

2）收尾管理的主要环节。

3）收尾管理的复杂性要求和经营性要求。

4. 贯彻《规范》应注意的问题

（1）本《规范》不是强制性标准，没有强制性条文。但是由于项目管理

的重要性、重大效益性和存在问题的严重性，业内人士应高度重视《规范》的贯彻。目前严重的问题是有的组织项目管理还是空白，已进行项目管理的组织有的存在严重的项目管理主观随意性和项目管理的低效性，应通过《规范》的贯彻产生积极效果：填补空白，变主观随意性为规范性，变无效性、低效性为显效性和高效性。

（2）贯彻《规范》要认真执行建设部办公厅的 470 号通知：全面提高对贯彻执行《规范》重要性的认识，切实做好《规范》的宣贯和培训工作。

（3）宣贯培训工作要制定计划、形式多样、措施有力、切实取得成效。宣贯之前，师资必须首先正确理解和掌握《规范》的所有条文，万万不能主观地谬教与误导。与《规范》有不同的认识不能作为教学的内容，以免影响规范的实施，但可通过正常渠道进行讨论研究。

（4）项目管理人员，尤其是项目经理和建造师，要认真学习《规范》，确保《规范》中的有关规定得到准确掌握、理解和执行。

（5）克服经验主义。与《规范》矛盾的做法要扭转，转入《规范》的轨道；与《规范》内容比较的缺项应通过实施《规范》加以完善；原来理解有误的应重新认识，理正思路，端正项目管理行为。

（6）实施《规范》要同企业正在进行的深化体制改革、实施的发展战略、发展工程总承包、引进项目管理社会化服务等大举措结合起来。

（7）要认识到，全面实施《规范》并规范到位，需要有一个渐进的过程，不可能一蹴而就。但是一定要有逐步推进的目标和计划，并且通过试点，取得经验，然后由点到面地推广。实施《规范》条件不够的，要创造条件；有困难的，要首先解决困难，然后积极实施。

（8）按照 470 号通知的要求，地方行业协会和大型企业，都可以根据《规范》制定配套的专业工程项目管理实施规程，细化《规范》条文，便于操作和深入实施《规范》条文。

（9）实施《规范》是项目管理各相关组织的共同任务，尤其是业主方组织、设计方组织、监理方组织，都要像工程施工企业那样，重视、积极、有效、全面地实施《规范》。

（10）按照 470 号通知的要求，组织有条件的科研机构和大型企业合作开发适合本专业工程的项目管理软件，实现工程项目信息化和网络化管理，促进《规范》实施到位。

【注】本文原载于《建筑技术》杂志 2006 年第 10 期。

实施网络计划技术标准 破解工期紧难题

（2012）

1. 概述

3 个新的网络计划技术国家标准已经在 1992 年版的基础上修订完成。新标准总体编排执行国际通用规则，基本保留了原标准的主要内容，做了局部结构调整和内容增删，坚持了传统的网络图画法，满足项目管理的需要。为破解工程项目"工期紧"的难题，应当实施新的网络计划技术国家标准，以网络计划技术支撑进度管理，激发项目管理的效能，优化编制计划，抓住关键，实现项目进度管理计算机化，提供计划检查和数据采集的技术和平台，合理调整计划以防止计划失效和进度失控。应用网络计划技术的要点是：做好工作分解结构（WBS），坚持编制网络计划的"四步曲"和网络计划实施与控制的"三要点"，不忽视"收尾"工作。

2. 工程项目"工期紧"的导因分析

在市场经济中，几乎所有的重点工程项目都遇到过工期紧的难题，使进度失控、工期延误、突击施工、加班加点、增加人力与设备，最终导致质量下降、安全事故多发、成本增加……解决工期紧难题的方法有多种，而最为有效的方法就是实施新颁布的 3 个网络计划技术国家标准 GB/T 13400.1～3 修订版，运用网络计划技术编制计划、优化工期和成本、控制进度计划实施。

由大量工程实例分析可知，工程项目工期紧的导因包括施工企业的外因和内因。工期紧的外因包括：签订合同时业主利用买方市场的主动权盲目无度地压缩工期，使合同工期过短；合同签订后修改设计，使施工停顿或追加施工时间；施工中因非企业主观原因使技术物资供应延迟而拖延施工；环境问题干扰施工使指令工期或合同工期变短等。工期紧的内因包括：企业为取得任务而屈从业主的不合理工期要求；编制进度计划不进行优化；进度控制措施不力；进度计划不调整或调整不及时；技术、物资、人力投入不科学；计划、质量、成本的关系处理不当等。

施工企业对外因往往无能为力。如果是非"关后门"工程，尚可通过加强风险预测在计划中留出富余时间，在外因发生时通过协商增加工期或取得工期索赔等，而大量的"关后门"工程则没有了回旋余地。但内因是可以通过组织自身提高管理水平和应用网络计划技术加以解决的，这也是本文中要进行探讨的主题。

3. 网络计划技术在破解工程项目"工期紧"难题中的妙用

（1）网络计划技术以进度管理全面激发出项目管理效能

工程项目进度管理是目标性管理，应用网络计划技术进行进度管理实际上是把网络计划作为一个管理子项目。例如，为了编制工程项目的网络计划，首先要划分项目，这就必须进行范围管理，搞好工作分解结构（WBS）；编制网络计划是项目规划管理的核心内容，是实现合同（尤其是合同工期）的关键措施；实施网络计划，就要进行组织管理、资源管理、进度管理、质量管理、安全管理、环境管理、成本管理、风险管理、沟通管理、信息管理等。因此，网络计划是项目管理的一条主线，把各项管理职能紧紧串联在一起，强力激发了项目管理的各种效能。

（2）应用网络计划技术可以优化计划，确定合理、可行的计划工期

网络计划技术提供了编制计划和优化工期的科学方法。在合同工期确定之后，无论给予施工企业的压力有多大，都可以通过编制可行网络计划确定计算工期，再通过对计算工期的调整，在满足合同工期的前提下得到计划工期，进一步通过网络计划优化实现资源配置和优化成本。这样产生的计划工期是科学、切实可行、满足要求的，而不是业主强加于身、施工方被动应对的工期。

（3）应用网络计划技术有利于抓住计划的关键，实现计划工期

一份优化的网络计划，必然提供确切的关键线路，（起码一条或者若干条），即总持续时间最长的线路，得出计划工期；控制进度就是要实现关键线路确定的计划工期，所以关键线路是执行计划、管理者关注的主要对象。当关键线路上的工作时间延误时，可采取措施进行赶工；当关键线路上的工作时间提前时，可适当放慢速度，以减少资源压力和成本负担，如此可确保计划工期目标的实现。

（4）网络计划技术提供了计划检查和数据采集的技术和平台

《网络计划技术 第3部分：在项目管理中应用的一般程序》GB/T 13400.3—2009规定了计划检查和数据采集的要求、内容和方法。通过检查和数据采集，为采取进度控制措施提供了可靠信息，为计划调整提供了依据，进而不断纠正进度控制的偏差，使计划始终处于可控状态成为可能。

（5）网络计划技术可合理调整计划，防止计划失效，避免进度失控

当情况发生变化而干扰计划实施时，网络计划技术提供了调整计划的思

路和方法，可确保计划能始终有效地指导进度控制。GB/T 13400.3—2009 给出了调整的依据、内容和程序，通过调整，形成新的网络计划并付诸实施。调整计划的步骤是：根据采集的数据判断网络计划偏差的情况→确定网络计划调整的方法→调整→形成新的付诸实施的网络计划。在实施中及时调整网络计划至关重要，要充分重视，积极努力地做好。

（6）网络计划技术有利于实现项目进度管理计算机化

网络计划技术标准规定的各项内容均立足于项目管理的计算机系统化管理。在项目管理的大系统中，进度管理应是一个模块，利用这个模块可以实现网络计划绘图、计算、优化、检查、调整、分析和总结的计算机管理。网络计划的模式也非常有利于实现计算机化。计算机的应用使网络计划技术应用的复杂过程大大简化。项目管理应用计算机的状况影响着网络计划技术应用广度和进度管理的效果。

4. 网络计划技术国家标准特点简介

网络计划技术国家标准颁布于 1992 年，包括 3 项标准：《网络计划技术 常用术语》GB/T 13400.1—92；《网络计划技术 网络图画法的一般规定》GB/T 13400.2—92；《网络计划技术 在项目计划管理中应用的一般程序》GB/T 13400.3—92。由于这 3 个标准的理论成熟，方法科学，条文适用，模型直观，在许多领域的生产和项目管理中发挥了标准的作用，20 年来受到了业界人士的欢迎。

随着项目管理科学在我国和世界范围内的快速发展和普遍应用，网络计划技术的作用越来越大，项目管理中的范围管理、规划管理、目标管理（特别是进度目标管理）、资源管理、合同管理、风险管理、沟通管理、信息管理等领域都需要与网络计划接口，它已经成为项目管理的核心技术。

为适应项目管理应用网络计划技术的需要，在广泛征求专家意见的基础上，国家标准管理部门决定修订这 3 项国家标准，并于 2007 年启动。2009 年 5 月 6 日发布了《网络计划技术 第 2 部分：网络图画法的一般规定》GB/T 13400.2—2009 和《网络计划技术 第 3 部分：在项目管理中应用的一般程序》GB/T 13400.3—2009；2011 年 8 月 30 日《网络计划技术 第 1 部分：常用术语》GB/T 13400.1 通过专家审查，不久即将发布实施。新修订的网络计划技术国家标准具有以下主要特点。

（1）标准执行国际通用规则，其总体安排和结构按《标准化工作导则 第 1 部分：标准的结构和编写规则》GB/T 1.1—2000 进行修改；增加了目次、前言、引言；第 1 章"主题内容与适用范围"更名为"范围"；第 2 章"引用标准"更名为"规范性引用文件"，增加了第 3 章"术语和定义"。

（2）基本保留了原标准的主要结构和内容，只做了局部结构调整和内容增删（见各标准"前言"）。

（3）更适合项目管理的需要。使网络计划技术国家标准更加适合项目管理的需要是修订标准的原则，新标准在以下方面体现了这项原则：

① 在常用术语中突出了项目管理需要的网络计划技术术语，例如，增加了"里程碑"、"工作分解结构"和"挣值法"等项目管理中需要的关键性术语。

② 在标准的条文中作了规定：GB/T 13400.3—2009 的 4.1 条规定："将项目管理及其相关要素作为一个系统来研究网络计划技术的一般程序"；4.2 条规定："网络计划技术应用的阶段划分有利于强化项目管理"。

③ 将《网络计划技术　在项目计划管理中应用的一般程序》GB/T 13400.3—92 更名为《网络计划技术　第 3 部分：在项目管理中应用的一般程序》GB/T 13400.3—2009，扩大了网络计划技术在项目管理中的应用范围（见表 1）；

④ 在应用程序中根据项目管理的需要做了相应调整，将项目分解提前到准备阶段的"工作方案设计"之前，"总结阶段"在新标准中改称为"收尾"等；

⑤ 在第 3 部分的许多条文中，突出了项目管理所要求的管理"依据"、"内容"、"方法"、"程序"和"结果"。

网络计划技术在项目管理中应用的一般程序　　　　表 1

序号	阶段	步骤	序号	阶段	步骤
1	准备	确定网络计划目标	10	编制可行网络计划	检查与修正
2		调查研究	11		可行网络计划编制
3		项目分解	12	确定正式网络计划	网络计划优化
4		工作方案设计	13		网络计划确定
5	绘制网络图	逻辑关系分析	14	网络计划实施与控制	网络计划贯彻
6		网络图构图	15		检查和数据采集
7	计算参数	计算工作持续时间和搭接时间	16		控制与调整
8		计算时间参数	17	收尾	分析
9		确定关键线路	18		总结

（4）坚持国际公认的传统网络图画法。国际公认的传统网络图画法的基本特征是：图形基本由封闭符号（圆圈或方框）和优先选用水平方向的箭线构成。这种图形有 4 大优点：

① 图面展现网络计划的内容一目了然，便于识图；

② 计划中各项工作的逻辑关系表达非常明确，便于执行；

③ 有利于据图计算和表达计算结果，便于控制；

④ 关键线路很直观，便于掌握计划的主要矛盾（抓住关键）。

新标准坚持了原标准的画法不变而弥补了其不足，这一点很重要，因为传统画法是国际公认的，优点突出，是名副其实的网络，有利于项目计划的全过程管理，便于与项目的其他管理职能接口，可以实现计算机绘图（和图形转换）、优化、计算、检查、调整与分析。也可以说，新标准不支持没有网络形象的其他画法。

5. 网络计划技术应用中的症结

我国的网络计划技术应用，在华罗庚先生的提倡和带领下，20 世纪 60～80 年代相当普及和扎实。到了 90 年代，在市场经济下虽然也提倡学习和应用该技术，却往往学多用少，重编不重用，几乎流于形式，其中症结主要有 3 个。

（1）精细、科学的进度管理意识差

我国自改革开放以来，虽然大力引进了许多科学管理方法，近年来又不断提倡精细管理，但在激烈的市场竞争中，由于急功近利思想作祟，需要付出更多劳动的精细管理却始终难以全面开展；在大量的新技术面前，管理始终被放在次要地位，人们习惯于粗放管理，注意力集中在投标、技术上，广大中小企业的管理则是粗放的乃至近似原始的。计划方法是选用横道计划还是选用网络计划？往往是选用省力的前者；是编制一次性计划还是付出更多劳动调整计划？往往也是选择前者。这样一来，网络计划技术的应用很难得到重视。笔者近年来查看了数百个工程的工程项目管理总结，关于进度管理的总结为数不多，其中真正作为进度管理经验的总结则更少，应用网络计划技术的经验总结更是凤毛麟角。

（2）全过程的网络计划管理被严重忽视，应用程序不科学。

表 1 显示，网络计划技术在项目管理中的应用程序包括 7 个阶段，18 个步骤，且不允许替代、或缺、颠倒、逾越。但在实际工作中，执行程序产生了以下主要偏差：

① 网络计划应用的准备阶段草率。准备阶段的工作一般是在施工组织设计中进行的，其目的是为了编制工作方案设计（施工方案），只是间接应用于编制网络计划，所以对于应用网络计划来说，显得粗糙，组织关系考虑较少，难以满足编制网络计划时分析逻辑关系的需要，组织关系的分析尤其困难。

② 编制网络计划不是"四步曲"，往往是"三步曲"或"两步曲"，即不经过优化而以可行网络计划代替正式网络计划，或者编制了网络图、算完工期了事。

③ 实施与控制、收尾两个阶段的工作很不到位，甚至被取消。有的企业

只在投标阶段编制网络计划；有的企业在施工之前编制了网络计划后便不再进行调整，一直用到竣工；有的企业一般情况下不调整计划，只有在发生重大变化、原来计划已经失去作用后才重编网络计划。至于收尾阶段，则很少被重视。

（3）计算机在项目管理中的应用严重滞后于项目管理的需要和发展速度

就我国总的情况来看，项目进度管理的计算机应用非常落后，所用软件多为引进，画出的网络计划图近似横道图，离网络计划的要求和应发挥的作用差距甚大。自主开发、符合我国网络计划技术标准的软件为数不多，且系统性差，资源共享能力不足，实时应用性能低。即便出现了某些好的应用软件，推广采纳的力度也不够。这种状况已经持续多年没有解决，因此应当引起业内人士的高度关注，把这个大空洞弥补完善。

6. 在标准中规定的应用网络计划技术要点

（1）重视工作分解结构（WBS）

在确定网络计划目标和调查研究的基础上，对项目进行 WBS，目的是满足工作方案设计的需要。WBS 应根据需要由粗到细：满足编制工作方案（或"规划"）为目的的 WBS 是粗线条的；逻辑关系分析和绘制网络图所需要的WBS 往往是较细或很细的。这既是项目管理的需要，也是网络计划编制准备工作的需要。WBS 的操作者应是项目管理和编制网络计划的专业人员，掌握WBS 知识，有 WBS 操作能力，会分析组织关系。

（2）编制网络计划必须有"四步曲"

根据表 1 可知，编制网络计划必需的"四步曲"是：绘制网络图、计算参数、编制可行网络计划、确定正式网络计划。明确必需的"四步曲"（不是三步、二步、一步）非常重要：它既否定了"一次成活"的急功近利式工作方式，又强调了经过绘制网络图、计算参数之后编制可行网络计划和网络计划优化的必要性。无网络图则不能计算参数；计算了参数后才可依据指令工期或合同工期进行检查与修正，形成可行网络计划，满足既定工期要求；而可行网络计划必须经过优化，在满足工期要求的前提下使资源配置合理，成本消耗满意，形成正式网络计划，方可交付实施。

（3）网络计划实施与控制有"三要点"

网络计划实施与控制应贯彻华罗庚先生的名言，"向关键工作要时间，从非关键工作挖潜力"。具体化有"三要点"，即坚持网络计划的贯彻、检查和调整。贯彻的关键是组织保证；检查的关键是选对检查对象和选准方法，以关键工作为对象，根据条件选用方法，实际进度前锋线最受欢迎；调整的主要依据是变更请求和绩效报告提供的有关信息，调整的关键内容是时间和资源，并以资源保证时间。这"三要点"中最重要的是调整。网络计划执行中产生变化是必然的，这就必须根据变化了的情况对执行中的计划进行调整。控制寓于调整之中。网络计划只编不调，从一而终的危害极大，它往往否定了网络计划技术的应用价值。

（4）收尾不容忽视

收尾既是项目管理的第四大阶段，也是网络计划技术应用的第七阶段，都是最后的阶段。在网络计划技术应用的这一阶段中，要进行两个步骤的工作：分析和总结。"分析"工作的内容有4项：①各项目标的完成情况；②计划与控制工作中的问题及其原因；③计划与控制工作中的经验；④提高计划与控制工作水平的措施。"总结"有两项要求：形成制度，完成总结报告，必要时纳入组织规范；归档。

收尾的意义在于：形成个案网络计划技术应用的信息反馈；不断提高组织的网络计划技术应用水平；形成组织对网络计划技术应用方面的管理资源储备。这样看来，收尾对网络计划个案是个终结，对组织是管理链条中的一个中间环节。要使组织的网络计划技术应用水平不断提高，使网络计划个案圆满成功，这个阶段的工作绝对马虎不得，取消不了，应高度重视，坚持不懈地去做好。

【注】本文原载于《施工技术》杂志2012年第8期。

8 科技社团学术服务精品化

科技社团是专家学者学术服务的依托组织，是科学发展的引擎

专家和学者属于全社会，只有置身于社会、行业和国家之中才有生命力，在奉献中实现自我

统筹学会大有希望

（1999）

北京统筹与管理科学学会成立将满 20 岁，中国建筑学会建筑统筹管理分会也已成立 18 年了，像两个已经成长为英气勃勃、亭亭玉立的青年，无限美好的前程在向他们招手。在建立市场经济体制、转换经济增长方式、深化改革和开放的今天，这两个学会大有可为，会员们可借此机会，大显身手，大干一番。

1. 软学科学会遇到了良好的机遇

这两个学会都是管理性学会，属软学科学会。软学科学会是服务于组织管理和决策支持的，他的产生与发展，来自于社会实践的需要。这两个学会都是改革开放的产物，那时，我们的国家刚刚从"文化大革命"的混乱中走出来，从浑浑噩噩中清醒过来，求改、求治、求发展的人心所向，形成了极大的社会发展推动力，激发了各种新生事物的出现，人们的创新精神也得到了发扬，各种学会、协会像雨后春笋般涌现出来，服务于发展生产、发展经济、各项改革、对外开放、加强管理、科学研究和培养人才等。就学会立足的学科基础来讲，学会可分为两类，即硬学科学会和软学科学会。两个学会立足于网络计划技术，从事计划管理服务，当然属于软学科学会。在成立的初期，由于适应了社会需要，加之当时的学会领导工作抓得很出色，故学会发展很快，事业上也取得了很大成就，从而在学会的发展史上留下了辉煌的一页。可是，从 90 年代以来，由于建立市场经济的政策纷纷出台，人们的价值观和事业观发生了变化，学会的工作方式和工作内容没有及时转变，加之学会的骨干人员变动和年岁增大，人员补充和更新没有跟上，致使学会的工作呈现活力不足，有的名存实亡。然而，社会对软学科学会真的不需要了吗？绝非如此，相反，由于以下原因，社会不但没有抛弃软学科学会，而且，现在比以往任何时候都需要软学科学会：实现两个转变需要软学科学会的知识和信息支持；科研成果转化为生产力要软学科学会搭桥支持；继续教育培养人才需要软学科学会支持；实现信息化和发展知识经济需要软学科学会支持；实现企业的"三改一加强"（即改革、改制、改造和加强企业管理）需要软学科学会支持；长远规划、实施发展战略需要软学科学会支持；贯彻新出台的各种法律、法规需要软学科学会支持；规范管理行为需要软学科学会支持；加强营销管理和开展发展管理（如战略管理和资本运营）需要软学科学会支持；进行体制创新、政策创新和观念创新需要软学科学会支持。

总之，由于软学科学会具有组织管理和决策支持能力，具有逻辑思维、形象思维和创造思维的能力，具有处理信息、研究体制、敢于创新等能力，又熟悉政策和法律，便在今后一个相当长的时间内，成为我国经济和社会发展的一支不要缺少的力量。软学科学会要发展，潜力要充分发挥，使之成为科技工作者和广大生产者、管理者及经营者之间的联系桥梁。

2. 统筹学会的优势和劣势

在众多的机遇面前，统筹学会要把它抓住，就必须认真分析自身的优势和劣势，以便实事求是地采取对策以抓住机遇。统筹学会有以下优势：

（1）人才优势。学会的会员单位和会员，一是大专院校教师、科研单位的研究人员等知识分子，二是企业的管理骨干，三是有关组织（企业为主）的领导，这是人才构成的优势，这样的人才结构有利于结合与协作，有利于出研究成果，有利于转化科研成果。

（2）科研领域的优势。学会的研究主领域是网络计划，后又延伸到项目管理和企业管理。现在实际上在工程建设监理、招标投标、工程造价等领域都已占有一席之地，这些领域都是建筑业的改革热点，所以我们的工作与建筑业的改革和发展息息相关，大有用武之地。

（3）学术水平的优势。在学会的研究领域内，学会的研究水平具有绝对的优势。网络计划的学术研究结果，形成了一套行业标准和三种国家标准；网络计划的计算机应用可以贯穿从编制计算、应用控制、调整优化、统计核算与绘图等全过程，并在全国得到了不小的推广面；项目管理的理论研究与实践，副会长丁士昭教授既是开创人，又是骨干和带队人，并由他带头推广了建设监理，在项目管理和建设监理上进行了卓有成效的创新。理事长是建设部总工程师姚兵先生，力主编写工商管理培训教材，有四人参加了这部系列培训教材的编写，正在为工商管理培训积极工作着。

（4）学会工作经验的优势。学会成立的时间较早，经过了几乎改革开放全过程的风风雨雨，紧紧围绕着改革开放的需要研究、推广科学管理方法、进行继续教育、开展学术交流活动、探索学会建设的道路等。学会拥有李庆华工程师等一批熟悉学会工作、善于探索、善于团结学会成员、善于发现人才、具有很大的工作勇气和很好的工作艺术的学会领导。在近20年中积累了丰富的经验，这是学会的财富，是学会未来搞好工作的基础。依靠这个基础，加上广大会员在以后的工作中做出新的努力，可以期望，两个学会的未来发展前途一定是美好的。

（5）学会可以高屋建瓴。理事长姚兵总工程师站在建筑业技术与管理的制高点上；副理事长丁士昭教授站在国内和国际建筑管理水平的制高点上，副秘书长王堪之高级工程师等站在计算机应用于网络计划的前沿地域上，一大批网络计划计算机软件系统已经研制成功并得到了广泛应用，在项目管理的理论研究、规范化、项目经理培训等方面，学会均站在行进的前列，所以，学会有条件高屋建瓴地开展各项工作，走在科技工作的前列，在 2000 年以后为我国的科技事业做出新的更大贡献。

（6）我们这次开了一次很好的会议。2000 年就要到来，这次会议为我们未来的工作开了一个好头。突出的成果有两点：一点是大家对队伍的年轻化取得了共识，另一点是做出了明年换届的安排。有了这两点，我们学会有望在下个世纪的开始有一个崭新的面貌。

不可忽视学会的劣势，认识它、克服它，将给我们以新的力量。劣势有以下几点：

（1）近年来学会的活动开展得不活跃。社会上有些学会已经是停止活动多年了。理事长姚兵总工程师曾经多次对我们说，"学会的生命在于活动"。如果我们的学会不活动，岂不是没有了生命？成立一个学会是非常不容易的，千万不能把辛辛苦苦建立起来的学会在不声不响中丢失生命。

（2）鉴于目前市场经济下人们对学会的重视程度有所下降，有些同志对学会的前途缺乏信心，影响了做学会工作的热情，如果这些同志是在学会的领导岗位上，将直接影响学会的生命。

（3）活动经费短缺。没有经费是无法活动的。目前学会的活动经费普遍短缺，很少有人去认真考虑如何取得活动经费，故而又影响了学会的生存。

（4）人才补充和年轻化的步伐太慢。由于工作的变动，学会的有些骨干调走了；部分同志年岁大了，继续做学会工作支柱的勇气不足了。因此，补充力量、吸收年轻同志应是学会的经常工作。这项工作北京学会没有做好，绝大多数地方学会都没有做好。

（5）取得权力部门的支持不够。一些学会由于权力部门的支持有力，故开展工作顺利，大多数学会意识到了这一点。但是由于人事的变动，有些学会失去了这种支持，而又没有及时补上这个缺口，使学会的工作陷入了困境。

（6）不善于寻找开展工作的机会。寻找机会，发现机会，利用机会是开展学会工作的一个大前提。机会从来不会从天上掉下来，要靠当事者自己争取。

3. 开展工作的建议

（1）有坚强的领导班子成员，尤其是理事长和秘书长要强。理事长最好是有权力的，并愿意给学会以满意的支持。姚兵总工程师很支持全国学会；北京市建委张寿岩副主任很支持北京学会的工作，宁夏的史是伟副厅长很支持宁夏学会的工作等。秘书长应该既有开展学会活动的热情，又在学术上能起带头人作用，能多花在学会上一些时间，如能脱产搞学会工作则更为理想。

（2）有活动经费。没有活动经费的日子是难过的，要取得经费有三条路：一是以会养会，自力更生进行创收；二是收取会费，这一点两个学会做起来颇不理想；三是争取赞助，偶尔一次赞助可能，但这条途径不能有太大希望。要靠第一条途径，因为学会有人才优势，采用继续教育的方法较为可行，但要取得教育管理部门的支持。

（3）大量吸收年轻会员。没有年轻会员的学会是不会有生命力的，一定要下决心吸收年轻的学术骨干会员。这些人在学校里，在企业里，在实际操作着经营管理的队伍中，学会的希望在他们身上。

（4）开展各种学术活动。学会存在的意义就是开展学术活动，为政府和企业做贡献。学术活动的范围十分广泛，应根据本地的情况和需要选题。每年要订一个计划，按计划行事，不要盲目。

（5）取得两个支持：一要取得政府有关领导和骨干企业领导支持；二要取得会员的支持，愿意踊跃参与开展工作。

（6）全国各省市的学会要交流信息，沟通情况，相互支持，相互学习，把商量好的事情做好。

（7）目前要在全国宣讲新修改的规程，希望各学会按商量好的意见办好这件事，它有重大的社会意义。

（8）新老同志携起手来，以崭新的姿态跨入新世纪，共创统筹事业新的辉煌。统筹学会大有希望！

【注】本文是1999年在中国建筑学会建筑统筹管理分会秘书长扩大会议上的总结报告。

实现学会活动精品化

（2002）

中国科协在"关于推进所属全国性学会改革的意见"中指出，学会传统工作领域面临激烈竞争，学会资源有限，要科学配置有限资源，加强项目集成，集中力量于优势领域，创造和推出精品项目，每个学会要努力形成1至2项精品项目。学会活动精品化既是学会改革的方向，又是学会生命之所依、前途之所系。

1. 我会实现学会活动精品化的现状

北京统筹与管理科学学会建会之初，就以网络计划技术的研究和推广应用作为立会之本。20多年来，进行了大量研究和应用，将成果编辑成了《中国网络计划技术大全》一书，是集科学计划管理技术之大成的书籍；1991年编制了行业标准《工程网络计划技术规程》；1992年参与编制了《网络计划技术》3个国家标准；1999年修订了行业标准《工程网络计划技术规程》，使工程网络计划技术走上了规范化的道路。因此可以说，网络计划技术就是北京统筹与管理科学学会的精品。在20世纪的80年代和90年代初，这件精品是光彩绚丽的。

到了20世纪90年代的中后期，在我会所研究的相关领域内，项目管理得到了迅猛发展。我国建设系统经过5年试点后，于1993年开始在全国推广这种科学管理方法，促进了建筑业企业管理方式的变革。我会的许多会员参与了该领域的开拓、研究和实践。在国际上，已形成了欧洲体系国际项目管理协会（IPMA）和美国体系项目管理学会（PMI），大力传播范围管理、时间管理、成本管理、质量管理、人力资源管理、沟通管理、采购管理、风险管理、综合管理等知识。国际标准化组织（ISO）于1997年发布了《质量管理 项目管理质量指南》（ISO 10006：1997），我国于2000年等同采用这项标准，颁布了国家标准GB/T 19016—2000。有人预言："项目管理是21世纪最具有竞争力和成长力的黄金职业。"这样一来，我会的精品项目网络计划技术已被融会在项目管理之中，成为一种重要方法，而这种方法要充分发挥作用，必须进行有效的项目管理。北京统筹与管理科学学会的许多会员已转向研究与实践项目管理。团体会员单位北京城建集团和北京建工集团等进行的项目管理实践，已经取得了卓越成效，促进了企业经营机制的转换，创造了丰富的经验。

上述变化及其趋势提醒我们，网络计划技术的地位已经发生变化，它与项目管理有着"鱼水关系"，有必要在传统精品项目的基础上，不失时机地将学科主方向转到项目管理上来。因此，自1999年开始，学会便着意打造新的精品——项目管理，目前已见成效，表现如下：

（1）我会会员已经发表了相当数量有价值、有水平的项目管理论文。

（2）许多会员主持编写或参与编写了大量项目管理书籍和教材，有的教材被列为教育部重点，有的教材发行数十万册。

（3）会员中一些从事项目管理教学的教师、硕士生导师、博士生导师，为培养项目管理人才做出了重大贡献。

（4）有的会员单位发起过项目管理研讨会，我会也多次举办过有关项目管理的研讨会或报告会，取得了好的效果。

（5）我会在1982年曾率先在苏州举行过我国第一次项目管理研讨班；1990年在国内率先举办施工项目管理研讨班；1994年10月成为建设部认定的全国建筑施工企业项目经理培训点，已举办了31期培训班，培养了3000多名项目经理。

（6）1997年，在北京市科协的组织下，与北京建工集团结成"厂会协作"对子，在北京东方广场工程进行项目管理实践的协作，使项目管理在该工程上应用成功，并总结了经验，受到了北京市科协、中国科协和国家经贸委的奖励和表彰。

（7）参加了项目管理的出国和到港台的学习、访问和交流等活动，也在国内接待过一些国外或港台的专家学者。

（8）数位教授作为主要成员，参加了建设部组织的国家标准《建设工程项目管理规范》GB/T 50326—2001的编写活动，该标准已经于2002年5月1日起实施，宣贯活动当即展开，为此出版了《建设工程项目管理规范实施手册》。该规范经建设部组织评议，"达到了国际水平，把我国的施工项目管理提升到了一个新的平台。"

（9）许多团体会员单位在实践项目管理方面创造了全国领先水平的经验，有的获得了国家级和部级科技进步奖，许多经验在全国推广，许多创造被纳入《建设工程项目管理规范》之中。

（10）有的会员单位的项目管理计算机软件达到国际领先水平；我会团体会员单位使用计算机进行项目管理的综合水平在全国是领先的。

2. 实现学会活动精品化的设想

综上所述，我会在项目管理的研究和应用方面做出了突出贡献并达到较高水平。这次换届又制定了打造项目管理精品的目标，创造了组织条件和思想条件，使基础条件已经具备。但是要使项目管理成为学会的精品，还应进行大量的工作，主要有以下几点。

（1）把打造项目管理精品作为一个大"项目"，用系统工程的观点进行策划，确定出积极的目标，包括研究目标、实践目标、软件研发目标、学术交流目标、继续教育目标等。

（2）充分发挥我会的优势，克服劣势，抓住可能有的机遇，迎接众多的挑战。我会的优势是：项目管理学术基础和实践基础雄厚；学者和专家众多；在项目管理界信誉较高；有庞大的项目管理实施群体。我们的劣势是：策划不到位；力量不够集中；对国际项目管理研究得不够；总结交流工作跟不上。

（3）围绕项目管理开展学术活动，包括：进行项目管理的"厂会协作"，在工程上进行项目管理实践；围绕项目管理立项开展"金桥工程"活动，将信息科学和计算机技术的新成果应用到工程项目管理之中；大力开展项目管理学术研究和学术交流活动；开展与境外和国外的学术研讨、引进和交流活动。

（4）利用国家标准《建设工程项目管理规范》发布实施之机会，大力开展宣贯活动，推动并组织该规范在工程上使用，促进项目管理规范化。

（5）利用我国加入 WTO 的有利时机，学习、引进和研究国际上进行工程总承包的先进经验及其在国际工程项目管理中应用，促进我国国际工程总承包事业的发展。

（6）利用筹备举办奥运会的机会，争取得到工程项目管理研究与实践的立项机会，既为奥运作贡献，又为项目管理科学的发展和应用出成果。建议我会团体会员在奥运工程上都应用项目管理技术。

（7）与有关学会和协会进行合作，尤其与中国建筑学会建筑统筹管理分会统一目标和步伐，大力进行项目管理科研与实践攻关。

（8）努力取得政府建设行政主管部门的支持，使项目管理与我国和北京市正在进行的建筑业体制改革相结合，创造既有中国特色，又与国际通用做法相结合的项目管理理论和方法。

可以相信，在北京市科协的领导下，通过我会全体会员的共同努力，必能与时俱进地打造出项目管理精品。

【注】本文是作者在 2002 年代表北京统筹与管理科学学会写给北京市科学技术协会的报告，也是提交给北京学会学研究会 2002 年年会的论文。

东方广场工程的厂会协作

（2003）

1997 年 11 月 24 日，北京统筹与管理科学学会与北京建工集团总公司在北京市科学技术协会的组织下，贯彻中国科协 85 号通知的精神，在北京第一批签订了"厂会协作"合同，主要进行以下两方面的协作：第一，在北京建工集团内选择工程，进行网络计划计算机应用技术的研究和实践；第二，在北京建工集团内选择工程进行工程项目管理理论与实践的研究。经过进一步协商，选择了马上要开工的东方广场工程作为协作基地，理由是这项工程有这两方面的需要，协作的时机和条件均很好。经过两年的密切协作，到 1999 年我国 50 周年大庆前，圆满地完成了任务，取得了合同确定的成果。1999 年曾获得中国科协和国家经贸委联合颁发的厂会协作奖励。

1. 网络计划计算机技术应用于工程全过程，有效地控制了工程进度，保证了工程任务按期完成

东方广场工程位于东长安街北侧王府井（金街）和东单（银街）之间，是目前京港合作在京投资的最大项目，也是目前亚洲最大的民用工程，李嘉诚先生和国内外有关人士非常关注。该工程总投资 19.6 亿美元，总建筑面积 90 多万 m^2，于 1997 年 12 月 1 日开工，并作为政治任务，按指令计划于 1999 年我国建国 50 周年大庆之前外檐"亮相"，作为美化环境的献礼工程。因此，工程量大、影响大、时间非常紧迫的矛盾就突出地摆在建设者的面前，必须加强对进度的控制。为了解决矛盾，厂会协作组决定运用网络计划计算机技术控制进度。网络计划技术是北京统筹与管理科学学会的研究主学科，也是学会的立会之本，经过将近 20 年的研究，已经有了丰富的成果，尤其是近几年来，在网络计划应用计算机方面有重大突破，并逐步普及到工程项目管理和工程建设监理的进度控制中。但是这项技术还没有在像东方广场这样大的工程上应用过，如果能在这项工程上应用成功，无疑对网络计划计算机应用技术的研究是一次飞跃，而且可以取得很高的社会效益、环境效益和经济效益。厂会协作组就是根据这一有利条件和工程需要做出决策的。在协作的实施过程中，应用总网络计划将整个工程的进度从开工到外檐亮相的两年期限划分为五大"战役"，以控制工程的总进度；又利用分网络计划，编制各个战役的计划，以控制工程的战役进度；根据战役计划，编制月计划，对战役中

的每月进度做出具体安排和控制，进而在此基础上编制"双周滚动计划"、"专项计划"、"资源控制计划"和"专业配合计划"等，从而形成了严密的进度控制体系。由于网络计划技术提供了使用计算机技术的条件，不但计划编得快，而且可以优化、自动快速计算、在执行中快速检查、分析、调整和统计，从而实现了计算机一条龙的科学计划管理，有效地控制了工程进度，各个战役所制定的里程碑均按计划完成，工程总进度计划全面实现，所有最难的任务也都一一完成了，还创造了许多新记录。例如，在繁华市区的非常狭小场地内同时容纳平均 10000 多人有序施工，其作业人员密度是最高的；在挖土战役中，每天夜里挖运出 10000 多 m^3 土方且对环境没有污染，是创我国记录的；在底板混凝土施工战役中，每天浇灌近 $13000m^3$ 混凝土也是创我国施工记录的等。没有网络计划技术的应用和计算机专项辅助管理，要取得这样的成绩是不可能的。工程完成以后总结出了大型工程应用网络计划计算机技术控制工程进度的专项经验，为网络计划计算机应用这一高科技的普及提供了宝贵的经验，鼓舞了该领域的广大科技工作者。

2. 对"厂会协作"的体会

（1）"厂会协作"是"科学技术是第一生产力"理论的创新性应用

"科学技术是第一生产力"的论断是邓小平理论的重要组成部分。科学技术成为生产力必须使科学技术和传统的生产力三要素相结合。"厂会协作"就是一种创新的好方法，因为它提供了科学技术的掌握者与需要者（也就是生产力三要素的持有者）相结合的机会和可能。学会是科学技术的掌握者，工厂（或公司或工程项目）是科学技术的需要者。两者协作就是两者结合，就能使科学技术转化为生产力。以往科学技术的发明者苦于自己的科研成果难以转化为生产力，而生产单位需要某些科学技术的时候往往得不到信息或支持。"厂会协作"解决了这一对矛盾，并且做到了双方优势互补，相得益彰。中国科协和国家经贸委在全国联合发起的"千厂千会协作行动"，使"厂会协作"形成了科学技术和生产需要相结合的规模效应，这无疑是一项重大的创新，开辟了科学技术转化为生产力的新天地。北京统筹与管理科学学会是从事应用科学研究的，将近 20 年的主要科研成果在东方广场的协作中不但发挥了效用，而且还促进了研究工作。这就是"厂会协作"行动的力量。

（2）"厂会协作"为学会的活动开辟了新领域

在从事学会的活动中，我们深刻地体会到，学会的生命在于活动，活动的关键在于与实践相结合，这种结合的效果就要看学会的成果是否被企业所接受。"金桥工程"是科协为我们提供的活动领域，获益匪浅；"厂会协作"是科协为我们提供的更新活动领域，也是方向。在协作的过程中，学会从事科学研究，从事成果推广，积累信息，为企业服务，进行教育培训，推进产学研相结合，使科技工作者面向经济建设的主战场，促进科研成果转化为现实的生产力，为企业加快技术进步、增强创新能力和提高经济效益服务，使活动丰富多彩，产生立竿见影的效果。这是学会改革和发展的有效途径，也是增强学会自我发展能力的契机。

（3）开展"厂会协作"要讲究方法

开展"厂会协作"并非易事，我们从正反两方面的经验中体会到，要搞好厂会协作，既要选好对子，又要下苦功夫，还要讲究策略，否则难以见效，很可能半途而废。我们的体会如下：

第一，选好协作的题目。协作题目应是学会一方的科研成果或长项，有待于转化为生产力或有可能为企业所利用，能够受到企业的欢迎。这是我们这次选择两个协作题目的前提和指导思想。

第二，选好企业，签订合同。该企业最好是学会的会员单位或是学会易接近的单位，愿意就前述选题进行协作，并能得到其领导的支持。北京建工集团总公司及其下属的几个大公司都是我们的团体会员，相互熟悉，感情融洽，容易协商共事，目标可以保持一致，给协作合同的签订和协作活动的开展提供了很大的方便。

第三，建立协作组织，该组织应是双方的领导、专家和核心协作成员，既能使工作顺利、得到支持，又能解决专业问题，推动协作活动深入发展。协作领导小组中，学会方派出的有副理事长、秘书长和办公室主任；建工集团方面派出的人员有集团副总经理、项目部党委副书记和副经理、工程部副部长。学会方面的成员到项目部会同集团的人员在现场开展工作，所以，可以较快地做出协作决策，有能力及时解决发生的各种专业问题，不断地使生产受益。

第四，安排好协作计划。协作计划既要安排程序，又要安排好进度与时间，还要有保证计划实现的措施。我们安排的协作计划服从于项目的施工计划；工程施工计划安排了五个"战役"，故协作计划也分五个阶段；项目部非常重视项目的"五创"（创工程质量一流，创施工进度一流，创项目管理一流，创文明施工一流，创后勤保障一流）、"五出"（出精品，出经验，出成果，出人才，出效益）目标，协作计划也在"双五"上下功夫。

第五，协作组要跟踪协作。在跟踪中发现问题，进行协调，解决矛盾，调整计划，推动工作。现场经常在变化，网络计划也在变化，故协作的网络计划计算机应用目标当然也要进行调整。协作是动态的，我们就在动态中进行协作研究，在动态中促进项目管理和施工活动。

第六，按阶段分析协作状况，进行总结，找出新的协作方法，不断推进工作，直至合同全面实际履行。东方广场工程项目部对每个战役都进行分析与总结，我们也对协作情况和协作研究内容进行分析与总结。尤其是在 1999 年我们参加大连表彰会之前，在北京市科协的指导下，对协作状况、经验教训等进行了全面的分析和总结，会后重新调整了协作方式和计划，终于使协作任务全面完成。

【注】本文是代表北京统筹与管理科学学会写给北京市科学技术协会的"厂会协作"汇报，曾刊登在北京统筹与管理科学学会编著的《工程建设研究与创新》中，由作者与副秘书长郭松婉合写。

坚持学会的"八字"生存方针

（2004）

市场经济下的学会组织，没有了固定收入渠道的"铁饭碗"；没有了固定依托单位（或"后台"）的"铁靠椅"；也没有了"铁队伍"（即因为会员另谋发展而使队伍分化或流失）。"铁"就是没有弹性、一成不变。因此，在市场条件下学会的生存之道就要变化、更新。不更新就会没有社会定位，没有社会地位，没有生存方向，没有经济来源，更没有发展。我们认为，学会要在市场下求生存、谋发展，就要坚持"八字"方针，这就是合作、协作、服务、发展。

1. 合作

合作即与有关企业、有关学会、有关协会合作。合作的目的是使学会增强力量，优势互补，相互依存，形成规模，共谋发展。它是一种开放式的组织措施，可以打破封闭、开拓业务、创出业绩。比起封锁办会、孤军奋战来，显然合作有更多的优势、更多的机会、更多的社会支持和更强的竞争能力。

近一年来，我们深感在市场经济的大海中一个普通学会是多么的弱小，多么的孤单，多么的难有作为，几乎难以为继。当实施了"合作"方针以后情形就大不一样了。我们与中国建筑业协会工程项目管理委员会合作，开展了 IPMP（国际项目管理人员）培训；与北京华夏精英职业教育研究中心合作，进行了中国项目管理师培训教材的编写和培训；与企业及某出版社合作，编写了《工程建设研究与创新》（5.2 万字）和《建筑业企业工程项目管理实用手册》（48 万字）等。这样，既使学会为社会做出了贡献，又使学会得到了各方面的支持，包括间接的经济支持。

合作是我会的既定方针，要长期坚持下去。合作成功关键是要对双方有利且利益均衡。这里所说的"利"，不只是经济利益，还有社会利益、信誉利益和发展利益等。就我方来讲，关键要使自身的优势也能为合作者分享。如果只顾自己受益，而置对方的利益于不顾，则合作断无成功之理。

2. 协作

协作是一种工作的组织方式，是在明确了某项任务以后，协作各方共同组成一个组织体，努力完成该项任务的行为。它与"合作"的区别在于目标的明确性和组织的紧密性。北京统筹与管理科学学会的最大特点就是与会员单位（主要是企业）形成了协作的群体。

北京统筹与管理科学学会以北京的几大建筑集团公司为主要团体会员，形成了强大的组织优势；学会又以服务会员单位为宗旨，形成了相互依存的局面，从而为开展协作打下了组织基础。我会的所有任务和业绩，几乎都是和会员单位共同协作完成的。

在北京市科协的领导下，去年我会在学术月期间成功召开的学术报告会，交流了一部论文集（126篇论文）、两本书、10多篇文章，就是学会与会员单位密切协作的结果。1999年，我会曾和北京建工集团在东方广场工程上开展厂会协作取得了成绩；2002年开始又同该公司在首都博物馆工程上开展二次"厂会协作"，现在已经有了阶段性总结，有望取得协作项目的成功。今年，学会还要与企业协作，编写《工程项目管理案例精选》一书，为发展我国的工程项目管理服务；协作进行建造师考前培训，给会员单位人员素质的提高做贡献。我们深深感到，有协作就有课题、就有力量、就能有更多成功的把握、就有可能做出更多的奉献。所以，协作也是我会要长期坚持的重要方针。

3. 服务

学会的生命在于活动，活动的主体范围是服务。为谁服务呢？方向有三个：为会员单位服务、为社会服务、为科技发展服务（以下称为三服务）。三者中以为会员单位服务为主，而三者又有密切关系。要服务好就要有核心能力，给被服务者实惠或利益。

北京统筹与管理科学学会的核心能力是管理能力（尤其是工程项目管理能力）和智力，所以我们的服务主要是在项目管理和继续教育方面发挥能力和智力优势。一为企业进行项目管理咨询服务，二为社会进行项目管理人才培训，三为项目管理科学的发展进行科学研究、制定标准、著书立说和进行各种培训。我会有12名会员是"国家职业技能鉴定专家项目管理专业委员会"委员，占该委员会委员总数（41）名的29%。由于有了这项优势，所以我们立项进行了大量的项目管理研究，进行项目管理的"厂会协作"，参与编制了《建设工程项目管理规范》和《项目管理师国家职业标准》，编写了许多项目管理论著，进行了多学科的继续教育培训。今年立项编写的《工程项目管理案例精选》（100万字左右），计划在10月的学术月期间发行。

以"三服务"为学会活动的主体范围，我会是经过了激烈斗争的。因为，在市场经济的大潮中学会面临的最大问题是经济支持问题。我们学会过去从来没有依靠会费或拨款，有自力更生的能力。但是在市场经济下，自力更生遇到了非常激烈的竞争影响，自力而不能更生，经济上遇到了空前的困难。在这种情况下，有的同志主张我们学会改变成营利性的组织，把学会改造成一个实际上的企业，其他一切都退而次之。这实际上是办学会的方向问题，即以三服务为方向还是以营利为方向的问题。真能做到以营利为方向而不影响三服务吗？我们的结论是否定的。一旦走入了营利的道路，"三服务"就会成为一大障碍或累赘。三服务是付出，营利是获取；营利的目的是为自己，而三服务却是为别人。所以，它们是一对矛盾，我们决不能为了解决活动经费问题而把学会引入纯营利性的歧途因而导致学会性质的改变。在任何情况下，都应该把学会是学术性团体的旗帜举得高高的，把三服务的工作做到位。

4. 发展

国家的发展是硬道理，学会的发展也是硬道理。学会应当在服务中不断发展，通过发展提高服务水平。发展的标志是能力和贡献的增加。所谓能力，是指学会本身具备的进行活动并取得成果的有效力量；所谓贡献，是指学会取得成果的大小。有能力才有贡献，所以贡献大小又是能力大小的反映，能力的关键在人才和人才潜力发挥的条件。

我们学会是具备相当大的人才实力的，但是它存在于会员单位（企业）和大学之中，并不为学会所独有。这是正常的。知识分子和技术人员属于全社会，也只有把他们置于全社会之中，才能充分地发挥他们的潜能。因此我们学会尽管有着雄厚的人力资源，却仍要努力去开发，使之能为学会充分利用。在这方面我们是有缺憾的，做得不好，其主要原因是没有形成强有力的学会组织力，即没有一个能战斗的学会办公室或秘书处组织。

为了使北京统筹与管理科学学会在市场经济的大环境中得到长足的发展，我们从亲身经历中体会到应当做到以下几点：

第一，挑选一名年富力强、有技术、会管理、善组织、热心学会工作的学会秘书长。

第二，组成一支召之即来、能为学会付出智慧和时间，能在会员单位、会员和学会之间做联系桥梁，并有能力发动本单位专家为学会工作的秘书处班子。

第三，有明确的工作方针、目标和计划，并有努力完成计划的措施、办法和运作。

第四，在市科协的领导下开展工作，紧跟科协的工作部署。

第五，学习先进的学会（科协）的办会经验。

第六，坚持上述的"八字"方针。

【注】本文是 2004 年提交给"华北、西北十省区直辖市学会研究会第十二届研讨会"的论文，刊登在该次会议的论文集中，由作者与副秘书长郭松婉合写。

北京统筹与管理科学学会改革方案

（2005）

北京市科学技术协会学会部：

现将北京统筹与管理科学学会的改革方案呈上，请审查并指示。

1. 学会的优势

（1）本学会成立于 1980 年，现在是第五届理事会，理事会连续性较好，积累了较丰富的办会经验。

（2）本学会成立之日起就接受北京市科协的直接领导与大力扶持，本会也紧紧依靠科协的领导开展工作，与科协关系十分密切，因此，工作方向明确，得到科协的支持力度大，业绩好。

（3）本会的成员主要集中在建筑业，包含了各大公司的一些领导乃至北京市建委的领导，因此得到了他们的支持，学会也有了主要的服务对象。

（4）学会具有一大批高级人才，包括大学中的教授、副教授，企业里的正高职和副高职人员，加之有一些有高级职称的企业领导，使得学会的人才资源比较丰富，理事会力量相当强。

（5）在学会的发展过程中，研究方向由单一的统筹方法逐渐扩展到工程项目管理，因此也克服了学术的孤单性，融会于当今最热门的学科领域中，在近些年来，与社会有关企业和团体联合、合作、协作越来越多，取得了不少的学术成就。

2. 学会的劣势

（1）学会的最大劣势是缺乏利用学会资源的机制，致使人力资源优势不能充分发挥作用。

（2）学会秘书处老化，思想跟不上形势发展，致使学会工作推动力量疲软。

（3）办公室建制不健全，工作乏力。

（4）秘书处与理事联系不畅，许多理事没有理事儿。

（5）创收环境较差，活动经费严重不足。

3. 学会的机遇

（1）北京市科学技术协会今年启动了学会改革试点，将我会列为试点单位，我会有望通过改革振兴。

（2）由于坚持"合作、协作、服务、发展"的学会生存八字方针，学会得到的社会支持越来越多，因而，活动的领域正在拓宽。

（3）建筑行业的大好形势、建造师和总承包等新建设模式的推行，为我会的学术服务提供了广阔的空间。

（4）在我会若干成员的参与下，修改并颁布了新的规范，推动了我国工程项目管理的发展，使我会的研究主方向——工程项目管理的研究提高到了更高的层次。

（5）奥运工程的全面铺开，引发了许多服务和研究课题。《建设工程项目管理案例精选》的出版发行，既提高了我会的学术地位，又提供了学术研究的新课题，积聚了一批新生力量。

4. 学会面对的挑战

（1）改革的大潮早已经把学会推向了市场，但是我会从思想意识上、组织体制上和运行方式上都极不适应，优势得不到发挥，机遇抓不住，面对着众多的困难和挑战。

（2）激烈的竞争使学会必须学得会竞争，在竞争中求生存、求发展、作贡献。然而学会目前生存艰难，由于不能很好地凝聚全体会员的力量而发展迟缓，能够做出的贡献有限。

（3）我们的理事和会员们都面临着市场下求生存、谋发展的挑战，都希望与本企业或本单位的组织和业务更紧密地联系在一起，受工作的压力，企业规章的约束，基本无暇顾及学会的工作，形成了夹在学会和本单位之间的"为难者"，因此难以激发参与学会活动的积极性。

（4）学会的凝聚力不足，能给予会员的物质利益近似为零，无凝聚力，在组织上处于无力状态，便难以应对任何挑战，长此以往，很有可能导致学会的瓦解。

（5）我会还面对建筑业同行（学术团体）的竞争性挑战，在应付行业挑战中，无论从能力上或受到的保护上，均处于劣势。

5. 学会的改革方针和目标

学会的改革方针是：致力三项建设，打造新型学会。

学会的改革目标如下：

（1）组织建设目标

组成一个精干的理事会班子，一支年轻的会员队伍，一个有组织力的秘书长班子，一个能办事的办公室。

（2）学术建设目标

每年举行三次大的活动：五月科技周经验交流会；六月承办国际工程项目管理高峰论坛；十月学术月期间召开年会暨学术报告会。继续选题，开展厂会协作活动。

（3）能力建设目标

提高科研能力，每年在 10 月份刊出一本以本会研究的主方向（工程网络计划技术和工程项目管理）为核心的论文集；提高培训能力，使学会具有建造师执业资格、监理工程师执业资格、项目管理师职业资格、项目管理资质的人才培训能力，具有培训建筑施工企业各种职能人员的能力；提高咨询能力，为建筑施工企业提供投标等咨询服务。

（4）时间目标

2006 年 3 月之前初见成效；2006 年底学会换届之前，大见成效。

6. 学会的改革措施

（1）组织建设措施

进行理事登记，团体会员中的理事进行必要的更换；采取推荐的办法发展一批年轻会员；与高等学校的青年教师联系，发展他们入会；进行理事登记后，重新组建常务理事会和秘书长班子；充实办公室人员，尽快产生年轻的秘书长。

（2）学术建设措施

每年举办的三次大的学术活动采用提前成立专门筹备组织和由团体会员单位分工支持的办法，制定计划，作好准备，务使成功；紧紧依靠科协的领导与支持，按科协的文件指示办，与科协的科技周和学术月的部署同步协调；与奥运工程和大工程中的理事紧密联系，选择科研课题和厂会协作课题。

（3）能力建设措施

1）建立调动学会理事积极性的机制；

2）强化学会办事机构建设和办公室设施建设；

3）完善我会网址建设，充分发挥网络的作用；与科协网站链接，积极参与科协网站的活动；

4）强化实施我会提出的"合作、协作、服务、发展"的学会生存八字方针，尤其要搞好与友好单位的合作和协作，增大我会的社会支持能力；加强与建筑业协会工程项目管理委员会的协作；多做为会员的实质性服务，根据具体情况加强与会员单位和会员的凝聚力。

5）发挥智力优势，进行继续教育，增强经济实力以支持学会活动，以良好的经济环境求得学会的良性生存能力和较快的发展，走向学会生存的新天地。

【注】本文是作者 2005 年为北京统筹管理科学学会撰写的改革试点方案，也是给北京市科协的汇报文稿。

学会肩负促进企业自主创新的使命

(2006)

1. 促进企业自主创新是学会的使命

实现 2020 年我国进入创新型国家行列的伟大战略决策,自主创新是灵魂,是强力推进器。在以企业为主体、市场为导向、产学研相结合的自主创新体系中,学会占据重要地位。学会是产学研的结合体,在与"产"方(企业)的结合中具有倡导作用、聚合作用和催化作用。

所谓倡导作用,是指在自主创新产学研结合的范围、方式、组织等方面,由学会进行创意、构思、建议、可行性研究、立项和启动;所谓聚合作用,是指学会在自主创新产学研结合的全生命期中,始终抓好沟通、协调、组织、团结、凝聚工作,保持各成员信念不变、信心不减、目标一致、关系和谐;所谓催化作用,是指在自主创新产学研结合的过程中,学会以其结合体的地位、所具有的知识和信息资源,服务于自主创新的运行、控制和总结,促使自主创新顺利进行、取得成果。上述三项作用说明,学会肩负促进企业这个自主创新主体自主创新的使命。

学会的成员来自产、学、研三类组织。一般是来自企业(产)的成员最多,其次是高等学校的教师和研究单位的成员。学会的构成有利于在产学研结合中发挥企业的主体作用,也有利于学、研与企业的结合,有利于企业自主创新机制的运行。

学会的工作方针是"三服务一加强",即"努力为广大科技工作者服务,为经济社会全面可持续发展服务,为提高公众科学文化素质服务,加强自身建设"。这个方针要求学会积极参与自主创新。学会既然包容产学研三类组织,便具有三类组织的综合优势,有能力、有条件参与企业的自主创新,服务于企业的自主创新,促进企业的自主创新,从而服务于科技工作者,服务于经济社会的可持续发展,服务于提高公众科学文化素质,以此体现其自身存在的价值。

2. 学会具备促进企业自主创新的条件

(1) 学会促进企业自主创新具有的优势

一是人才优势。人才优势是最大的资源优势。学会是专家和学者集聚的团体组织，是龙虎之伍，智商之仓，信息之源，具有自主创新最具活力的资源。由学会促进企业自主创新，可以给企业有力的资源支持，为企业之虎添翼，为修建创新之路定标、架桥，为创新之旅增添神魂。

二是机能优势。学会是党和政府联系科技工作者的桥梁和纽带，是发展科学技术事业的重要社会力量。他具有凝聚科技工作者的能力，具有早于企业接触党和国家的科技政策、发展战略、实施规划的位置和条件，有能力和条件及时地按照党和国家的科技部署启动创新项目和创新活动，有创意和创新的灵感与眼光，有接触企业的组织细胞和亲和力。这些都构成了学会服务于企业自主创新的机能优势。

三是环境优势。学会上有科协、科委，旁有科技合作伙伴，成员中企业专家比例较大，与企业的距离很近，几乎是一家人；学会与科技的支持力量接触频繁；学会与科技文化相互交融，身处科技氛围之中。总之，学会有着得天独厚的优良环境。这样的环境再加上学会的机能优势，就可以使服务企业自主创新的事业顺势取得成效。

（2）党和国家为学会服务企业自主创新创造了政策环境和大气候

党的十六届五中全会以来，党和国家提出了一系列有关自主创新的决策、政策、规划等，围绕自主创新作出了部署和安排，具备了学会服务企业自主创新的政策环境和大气候。其中重要的有以下一些：

第一，2003年10月召开了中共十六届三中全会，第一次全面、完善地提出了科学发展观，这是指导国家发展的世界观和方法论的集中体现。

第二，2005年10月召开的中共十六届五中全会，把科学发展观作为"十一五"规划的灵魂，把自主创新作为建设新型国家的推进器，把自主创新作为调整产业结构、转变增长方式的中心环节。

第三，2006年1月新年伊始，党中央国务院召开了新世纪我国第一次全国科学技术大会，胡锦涛主席作了题为"坚持走中国特色自主创新道路，为建设创新型国家而努力奋斗"的重要讲话，提出了到2020年使我国进入创新型国家行列的科技发展总目标和行动纲领。

第四，2006年2月10日，全文公布了国务院发布的2006～2020年《国家中长期科学和技术发展规划纲要》，把"自主创新，重点跨越，支撑发展，引领未来"作为今后15年科技工作的指导方针，并指出，自主创新就是从增强国家创新能力出发，加强原始创新、集成创新和引进消化吸收再创新。2月26日国务院发布了10项60条配套政策，起到了营造激励自主创新环境，推动企业成为自主创新主体的政策支持作用。

第五，2006年3月20日，公布并启动了《全民科学素质行动计划纲要》，提出了"政府推动，全民参与，提升素质，促进和谐"的实施全民科学素质行动计划的指导方针，为进入创新型国家行列提供了基本保证。

第六，2006 年 5 月 23 日，中国科协第七次全国代表大会开幕，曾庆红同志作了"立足科学发展，着力自主创新，为建设创新型国家建功立业"的报告，为科协系统的工作提出了要求，指明了方向，也为科技工作者提出了价值取向。中国科协七大为学会和科技工作者在建设创新型国家中充分发挥能动作用，提出了明确而具体的要求。

3. 学会促进企业自主创新的途径

学会促进企业自主创新有许多途径。结合北京地区的具体情况和条件，我认为主要途径有以下几条：

一是在市科协领导下，努力选题开展"金桥活动"，架起科研单位和企业沟通的桥梁，使创新成果尽快转化为生产力。

二是在市科协的领导下，积极开展"厂会协作"，学会与企业合作进行研究、推广科研成果，从而发挥两者的优势，产生 1+1＞2 的效果，进行自主创新，并立竿见影地应用在生产之中。

三是为企业培训职业人才和执业专家。以工程领域而论，包括经理人、项目管理师、项目经理等各种职业资格，建造师、监理工程师等各种执业资格。

四是根据自主创新的需要，有针对性地选题举办培训班或讲座，对相关人员进行培训，组织传授相关专业知识。

五是编辑刊物、图书和资料，总结、交流企业的创新成果和创新经验，给企业提供自主创新的知识、信息、典范和模式。

六是宣传、实施《国家中长期科学和技术发展规划纲要》；组织召开有关自主创新方面的论坛、研讨会、交流会、报告会、评比表彰会等会议，使之产生会议效应；组织自主创新的参观活动，达到学习、交流与相互启发的目的。

七是在《全民科学素质行动计划纲要》的指引下，大力开展科普活动，向企业宣传科学技术知识、倡导科学方法、传播科学思想、弘扬科学精神，不断提高企业员工的科学文化素质，为自主创新铺路奠基，形成自主创新的动力。

八是发挥学会的人才优势和组织网络优势，向企业建言献策，提供咨询服务，参与调查研究，参与科技攻关。

4. 学会促进企业自主创新的措施

学会的性质决定了它有创新的积极性和产学研结合的组织优势。但是这不等于它在新形势下就肯定能成功进行产学研结合、就能够为自主创新做好服务。必须采取一定的措施，创造充分的条件，才能实现学会为企业自主创新的服务。一般说来，需要采取以下主要措施。

第一，利用党和国家为学会服务企业自主创新创造的政策环境和大气候，武装学会领导的头脑，认清大好的形势和科学春天已经到来，学习相关法律、法规、方针、政策、领导讲话、会议文件等，树立新的思想理念，确定新的价值取向，从而奠定牢固的服务企业自主创新的思想基础。

第二，通过实现学会的改革规划，充实人员，健全组织，优化机制，激发活力，紧紧依靠北京市科学技术协会，跟随科协的工作部署，建立创新和产学研结合的组织体制，从而使学会的组织体制有利于自主创新，有利于产学研结合。

第三，准确选题，真正介入。企业自主创新，选题的主动权当然操在企业自己手中，学会起服务作用。学会介入有两条途径：一是在企业选题创新的时候，进行咨询，给予帮助；二是主动向企业提出选题建议，说服企业接受建议并立项创新。所选企业，应当是本学会的会员单位，或学会的主要成员所在单位。所选项目，应当是该企业在生产过程中的创新课题，是关键问题、瓶颈问题、难题、新题。选题以后，一定要派专家介入，参与研究并有效地跟踪服务。

5. 北京统筹与管理科学学会的相关做法与规划

北京统筹与管理科学学会成立于 1980 年，是一个产、学、研相结合的学会，也是应用性研究会。理事会中企业的成员占 80％以上，理事长、副理事长、副秘书长大都是企业的领导成员。学会研究和服务的领域主要是工程管理。为了服务于所属成员企业的自主创新，已经有以下举措：

（1）实现 2005 年 8 月提出并上报科协的改革规划。该规划有利于我会服务于企业的自主创新。

（2）采用"厂会协作"的方式，选定奥运主要工程"国家会议中心"进行项目管理的研究与应用，促使奥运工程的建设任务成功完成。学会将按合作协议按期完成协作任务，总结创新成果。

（3）2006 年学术月期间，第五届理事会任期届满，将按期进行换届。第六届理事会将组建成有利于学会为企业自主创新服务的理事会，它具有下列特点：一是理事会成员以企业成员为主，并尽量扩大范围吸收企业团体会员；二是由具有较高级别、并且是工程管理专家的集团公司领导担任理事长；三是吸收年轻工程管理专家会员；四是选定有较高权威性的大学教授担任副理事长兼秘书长，作为学会服务企业自主创新的带头人；五是扩大高等学校和科研机构的理事比重；六是新的理事会以促进企业自主创新作为工作方针并设立任期目标；七是学会二级组织（委员会）的设置将有利于促进企业的自主创新；八是学会章程中，把促进企业自主创新作为重要内容列入。

（4）换届会与计划中的国家重点工程管理研讨会结合召开，并作为新一届理事会的第一项重点活动。届时，正式出版重点工程研究成果资料汇编并进行交流；进行创新经验交流突出奥运工程的创新成果。

（5）围绕自主创新继续开展培训和继续教育，为培养自主创新人才服务。

【注】本文是 2006 年提交给"华北、西北十省区直辖市学会研究会第十三届研讨会"的论文，刊登在该次会议的论文集中。

开拓 创新 建伟业

（2007）

　　原北京建工学院丛培经教授长期担任项目管理方面的教学和理论研究工作，多年来不遗余力地支持中国建筑业协会工程项目管理委员会的工作，尤其是在推进工程项目管理理论研究和实践运用方面，做了大量的工作。在中国建筑业协会工程项目管理委员会成立15年之际，他专门撰文，从多元化服务、促进改革、规模化人才培训等六个方面总结了15年来工程项目管理委员会所取得的丰硕成就，并以此献给工程项目管理委员会成立15周年庆典。（《项目管理与建筑经理人》编辑按语）

　　中国建筑业协会工程项目管理委员会（以下简称项目管理委员会）成立15年来，取得了令人瞩目的卓越成绩。

　　——协助政府，把鲁布革经验变成了促进我国工程建设领域管理体制变革的强大力量；

　　——不懈努力，把工程项目管理科学推向全行业，促进了我国工程建设生产力的发展；

　　——辛勤耕耘，组织全国的工程项目经理培训，培养并凝聚了上百万的工程项目管理人才队伍，提高了建筑业管理人员的素质；

　　——组织评选优秀项目经理，把数千名建筑业企业精英的思想、作风、业绩汇集成先进文化，编织成鲜艳的旗帜，为建筑业文化增添了新篇章；

　　——紧跟行业改革的步伐，立项调研、试点总结，创新了大量工程项目管理理论，推动了工程项目管理和工程总承包等事业的发展；

　　——倡导成立了国际工程项目管理联盟，组织进行国际及海峡两岸的工程项目管理交流，实施"走出去"战略，促进了工程项目管理的国际化发展；

　　——多年坚持出版发行刊物百余期，组织著书立说数十部，形成了系统的中国工程项目管理文化典籍；

　　——组织召开了数十次全国性会议（含高峰论坛），对我国建筑业和工程项目管理的发展起到了重大的推动作用。

　　总之项目管理委员会的发展史、奋斗史、贡献史，与我国建筑业的改革史和发展史息息相关，功不可没。

项目管理委员会的卓越成绩，是在政府行业主管部门的大力支持下和建筑业协会的直接领导下取得的。对于不断发展壮大的项目管理委员会组织及其主要领导者，值得大力称颂的是他们的开拓创新精神。这种精神渗透在他们的章程里，也体现在他们的每一项业绩中，是他们取得卓越成绩的灵魂和动力。

1. 多元化服务

服务是项目管理委员会的立会之本及价值所在。为此，他们励精图治、努力拼搏、开拓创新、与时俱进地为企业服务，为市场服务，为社会经济的发展服务，实现了服务对象多元化。

为了实现多元化服务，项目管理委员会把自己作为政府、企业和大专院校的联系桥梁与纽带，团结了数百家大中型建筑企业，数十所高等院校，紧跟政府建设行政主管部门的工作部署，使三者紧紧凝结成为坚强的可依靠力量：依靠政府的权威和号召力量，依靠大专院校教师的智慧力量，依靠企业的基础力量，以三股力量的合力开拓创新。

为了实现多元化服务，项目管理委员会密切关注政府在引导和推进什么，企业需要什么，大专院校能提供什么，从而高屋建瓴地选定活动的方向和重点，做到服务到位。

为了实现多元化服务，项目管理委员会努力发挥自身对政府主管部门的参谋助手作用，立足广大建筑业企业，面向工程建设市场，立项调查，研究总结，逐步推进，把每项事情做细、做实、做好、做得出色、做出显效。

为了实现多元化服务，项目管理委员会不断发展组织，吸纳新的团体会员和新的个人会员。在个人会员中既包含了企业领导人、权威专家、热心工程项目管理的管理技术人员，也包含了不断涌现的优秀工程项目经理、国际杰出工程项目经理、优秀工程项目管理工作者和大学中的研究与执教项目管理科学的知名教授。可以用八个字表述：人才济济，英才辈出。

2. 促进改革

项目管理委员会始终高举改革旗帜，以工程项目管理为中心，促进建筑业的体制改革。重大举措有：推广鲁布革经验；推行项目法施工；普及工程项目管理；推动工程项目管理社会化服务；推动发展工程总承包和国际工程承包；进行工程项目经理职业化建设；进行职业经理人队伍建设。以上这些举措均取得了重大成效，体现出以下特点：

（1）项目管理委员会把自身与行业整体连在一起，把每项活动都和建筑行业的发展与改革保持步调一致，合拍共振。

（2）依靠政府的权威和号召力启动重大活动，过程中做政府的参谋和助手。

（3）企业是服务对象，是活动主体，是依靠力量，是受益人。

（4）每项重大活动都要实现四项目标：推进改革和发展；企业和行业受益；委员会取得成功业绩；形成文档以服务社会。

（5）项目管理委员会得到的评价是：大视野，大手笔，大智慧，大举措，大成功，大贡献。

社会团体的工作只有融会在社会、行业、国家的整体环境中，才有生命力，才能在贡献中实现自我发展。工程项目管理委员会就是这样的社会团体。

3. 规模化人才培训

项目管理委员会从成立时起就坚持进行人才培训，把它作为多元化服务的首要任务。多年来，项目管理委员会以工程项目经理培训为主，同时还进行了工程总承包、国际工程管理、职业经理人、IPMP、监理工程师、建造师等管理人才的培训，累计培训百余万人次。

人才培训做到了自己培训和组织全国培训相结合。委员会与全国各省、直辖市、自治区的 140 多个培训点密切联系和协作，形成了强大的培训力量和广阔的培训市场，培训工作上规模、上水平、产生实效、满足需要。

培训的学员绝大多数来自于企业，团体会员优先。由于项目管理委员会在团体会员中享有很高的信誉，所以学员多，积极性高，学习效果好。

培训的教师来自三个方面：大学的教授，政府的部门负责人，企业的骨干专家。利用大学教师的专业知识和科研成果；请政府部门负责人出面贯彻政府的规定、指令和指导意见，发挥其行业指导作用和权威作用；利用企业的骨干专家的业绩，向学员宣传其成功的经验和案例。三者结合可以实现教学活动大量增值。

培训选题来自三个方面：一是专业化培训，如项目经理、建造师、监理工程师、IPMP 等；二是提高人才水平，如工程总承包培训、国际工程管理培训等；三是配合政府推进工作，如《规范》和《标准》培训，文件宣贯等。

4. 国际化发展战略

项目管理委员会努力实施工程项目管理国际化发展战略，主要从以下几个方面努力：

第一，引进 IPMP 并大力进行 IPMP 培训和认证，把 IPMP 的标准和PMBOK 的知识引入企业，发展 IPMP 成员，形成一支国际化项目管理队伍。

第二，发起成立国际工程项目管理合作联盟，建立与国际工程项目管理组织的联系，开展相互访问、交流、学习，为发展国际工程项目管理密切合作。近几年来进行了大量的国际工程项目管理组织互访、召开多次国际工程项目管理高峰论坛、参与召开项目管理全球大会、进行工程项目管理人员互认。

第三，发展国际杰出工程项目经理，接受国际项目管理协会的认证及奖励，使之成为中国促进工程项目管理国际化的中坚力量。

由于项目管理委员会的不懈努力和大力沟通，我国已经实现了与国际工程项目管理的广泛沟通，促进了我国的国际工程承包事业，吸引了国际工程承包商和工程咨询企业，把我国的工程项目管理水平提升到了国际水平和领军地位。

5. 著书立说

项目管理委员会出版的《工程项目管理》杂志，即今年更名改版的《项目管理与建筑经理人》杂志以及编著的大量书籍，呈现了以下特点：

（1）宣传服务于委员会的培训，例如培训项目经理、项目经理继续教育、建造师培训、IPMP 培训和工程总承包人员培训等，均出版系列教材，大大提升了培训的档次和质量。

（2）宣传服务于召开的相关会议和重大学术活动，例如，召开工程总承包高峰论坛、国际工程项目管理高峰论坛、纪念推广鲁布革经验 15 周年、20 周年大会等，都出版发行了书籍和刊物。

（3）通过刊物，宣贯国家的法规、行业主管部门的规范性文件、有关的标准或规范，传达有关领导的指示或讲话精神，记录活动成果、推动协会工作。

（4）通过书籍和刊物，总结并传播我国的工程项目管理经验、国内外企业的工程承包经验、优秀项目经理和项目管理者的典型事迹和业绩、优秀企业的业绩。

（5）通过书籍和刊物，为广大专家和学者提供发布科研、学术与文化成果，阐述学术思想与路线，传授科学文化知识，创立科学文化业绩等机会或平台。

（6）走与专家、学者、项目经理办刊和著书的路线，使得书籍和刊物稿源丰富，针对性强，实用性强，品种与数量多，质量高，读者众多，销售量大。

6. 规范化管理

2001 年年底，我国发布了第一部《建设工程项目管理规范》，实现了建筑业企业工程项目管理规范化；2006 年 6 月，发布了修改后的《建设工程项目管理规范》，使工程项目管理各相关组织具有了统一的行为标准。这两个标准在我国工程项目管理发展史上具有里程碑的划时代意义，这既是项目管理委员会的重要业绩，又典型地体现了其开拓创新精神。

《规范》的诞生不是一帆风顺的。有一种观点认为，项目管理是从国外学来的，项目管理标准外国早就有，也必须用外国的标准才能学得全，学得真，学得正。还有一种观点认为,我国的工程项目管理落后国外 20 多年,制订规范是没有条件的,只能导致中国的工程项目管理继续落后。有的观点主张,每类项目管理组织有特殊的工程项目管理需要,应分别编制项目管理规范。有的人坚决反对发布的规范,对它的推行和应用进行抵制。

项目管理委员会的态度是,坚决制订出中国自己的工程项目管理规范,理由是行业与企业太需要了。这种需要体现在三个方面:第一,总结我国在学习国外项目管理的基础上进行再创新的成果,把它规范化并提供给企业,作为工程项目管理的楷模;第二,发挥规范的统一化作用,把项目管理的科学理论和方法提供给工程项目管理各方组织,以协调并统一项目管理行为,使工程项目管理真正变成生产力;第三,确认在我国特殊的社会环境、经济环境和文化背景下进行工程项目管理的特殊需要,用工程项目管理推动我国工程建设体制的改革和经济社会的发展。

至于"我国工程项目管理水平比国外落后 20 年"的说法,项目管理委员会认为,这是绝对缺乏依据的。且不要说落后不可能用时间表示(时间和速度成反比),而且对我国的项目管理落后的认识也要否定。外国人并不认为我们很落后,相反有许多先进的东西。经过近 20 年的研究和实践,制订规范的条件很充足。至于不同组织不能有统一规范的认识,也要从项目管理科学的客观性去解释。

两版《规范》深受广大项目管理组织的欢迎,已经和正在发挥着它应有的作用,提升着我国的工程项目管理水平;许多内容被建设部领导人决策纳入了建造师的培训教材。

项目管理委员会坚持认为,我国是从计划经济向市场经济过渡时期开展项目管理的,这是与国外进行工程项目管理的根本区别。我们必须走自己的工程项目管理之路,这就要持续开拓创新。外国的工程项目管理科学要为我所用,就必须经过再创新,把它改变成适合我们需要的工程项目管理科学。照搬国外的项目管理概念与做法,等于封堵自己的道路,无法通行,导致我国永远落后。善于通过研究和实践提出自己的观点,对错误的东西,哪怕是权威人士提出来的,也敢说"不",也敢公开辩论。

正是因为项目管理委员会的这种开拓创新的思想境界和战略眼光,才使得其在发展道路上越走越宽广,业绩越创越多。工程项目管理委员的第二个 15 年,将是更加辉煌的发展期。她将是建筑业中一颗璀璨的红星,是广大社会团体组织的楷模。

【注】本文为纪念中国建筑业协会工程项目管理委员会成立 15 周年而作,原载于《项目管理与建筑经理人》2007 年第 6 期。

学术界要努力为企业服务

（2007）

2007 年 6 月，温家宝总理在百家建筑业企业报给他的联名信上作出下列批示："当前建筑企业面临的主要任务：一是提高建筑工程质量和效益，满足经济、社会发展和人民生活需要；二是广泛应用节能环保技术，推进建筑业可持续发展；三是深化改革，加强管理，提高企业经营水平和竞争能力；四是加强领导班子建设和干部职工培训，提高建筑队伍整体素质。"

温总理的上述四点指示，给建筑企业今后的工作指明了方向。建筑企业是创造财富的主体，是建筑市场的主体，是自主创新的主体，是建筑管理的主体，也是产学研相结合的主体。因此，建筑企业必然是建筑领域学术界（含协会、学会、教育工作者和研究人员，简称学术界，下同）服务对象的主体。努力为建筑企业服务是时代赋予建筑领域学术界的使命。温家宝总理的批示，也给学术界为建筑企业服务指明了方向，这就是：学术界要为提高建筑工程质量和效益服务，为推进建筑企业可持续发展服务，为提高建筑企业经营水平和竞争能力服务，为提高建筑队伍整体素质服务。这是四项服务的目标。

达到四项服务目标的途径可以归纳为两条：一条是科学技术服务；另一条是科学管理服务。对于学术界来说，后一条路的服务核心就是工程项目管理。学术界为建筑企业进行工程项目管理服务的内容主要有以下五个方面：

第一，以工程项目管理促进企业的改革与发展。

推广鲁布革经验的核心效果就是促进了全国建筑企业的改革。15 年来工程项目管理委员会的最主要贡献就是努力推广了鲁布革经验，促进了我国建筑企业以工程项目管理为中心的管理体制改革。现在，工程项目管理已经在全国的建筑企业中全面推广，企业已经建立了适应项目管理需要的组织体制和管理机制，建立了项目经理责任制和项目成本核算制。学术界应该通过发展工程项目管理的集成化、社会化和国际化，促进我国建筑企业向规模化、集约化、国际化方向快速发展，增强我国建筑企业在国际上的核心竞争力。

第二，发挥智力优势，为提高建筑企业职工队伍素质服务。

胡锦涛主席说，落实科学发展观的核心是"以人为本"。提高建筑企业职工队伍素质就是实现以人为本。15 年来，学术界在工程项目管理委员会的组织和带领下，投入了各种培训工作，开展了大量学术活动，已经为建筑企业项目管理的建设做出了巨大贡献，促使建筑业形成了数以百万人计的项目经理队伍、数千人的优秀项目经理队伍、60名国际杰出项目经理，数百名优秀项目管理工作者和领导者，以及数万名IPMP成员。近年来又进行了对工程总承包人员、国际工程承包人员、职业经理人和贯彻《建设工程项目管理规范》的数以万人计的教育与培训。为贯彻温总理的指示精神，今后学术界仍应在工程项目管理委员会的组织带领下，发挥智力优势，充分利用企业创造的经验和各方面项目管理研究成果，努力为企业培训更多、更高层次的项目经理和其他管理人员，大力为提高建筑企业职工队伍素质、加强企业领导班子建设服务。

第三，面向企业，调查研究，总结经验。

先进建筑企业具有雄厚的人力资源优势，持续不断地进行生产实践活动，使他们既是创造物质财富的源泉，又是创造精神财富和文化资源的源泉，成为推动社会和产业发展的不竭动力。建筑企业历来具有领先各行业进行改革的精神和实践行动，产生着带动社会经济发展的先锋作用，具有丰富的创新精神和创造能力。因此，先进建筑企业中蕴藏了大量的生产经验、改革经验和管理经验，需要学术界在行业领导的统一部署下，根据行业发展和市场培育的需要，进行重点调查、研究、总结、提炼，形成创新成果，在业界内全面推广，从而提升行业整体素质和生产力发展水平。建筑企业改革与发展的历史，就是一个善于创造、不断总结、持久推广先进经验的循环提高过程。这个面向企业的调查研究、总结经验的责任，除了企业自身承担外，主要地应由学术界来承担，继而还要承担以此推动行业发展的重任。15年来，工程项目管理委员会已经组织学术界总结了企业创造的大量工程项目管理经验，也总结了大量的工程总承包经验，还评出了百余项优秀工程项目管理成果。新颁布的《建设工程项目管理规范》，就是主要由工程项目管理委员会组织总结的我国进行20年工程项目管理的经验和成果。随着建筑业的不断发展，不断产生新课题，要求学术界善于抓住时机、看准方向，选择关键课题进行调查研究和总结，把企业创造的成果不断挖掘出来，推向社会，扩大影响，形成新的生产力。

第四，自主创新，大力提高我国的工程项目管理水平。

温家宝总理指示我们"加强管理，提高企业经营水平和竞争能力"。如何贯彻总理的这一指示以提高企业的管理水平、经营水平和竞争能力呢？从本质上说有两条道路。一条是靠引进外国的管理理念、理论和方法，另一条是靠自主创新形成我国自己的管理理念、理论和方法。显然单走哪一条路都不是上策，必须两者结合，但是这个结合必须以自主创新为主，即主要靠自己，而不能专门靠引进或不能主要靠引进。20年来我国发展工程项目管理,就是走的在引进的基础上自主创新的路子。这条路是正确的路,必须坚持不断地走下去。研究的重点不应是国外的,而应是国内的。我们国家的技术经济基础、文化制度背景、人文社会环境等都与外国不同,照搬国外的东西不可能从根本上解决我国的问题。学术界有义务根据我国工程项目管理的需要和持续发展的要求,大力进行自主创新,形成一套完整的、系统的、有中国特色的工程项目管理科学体系,并以此去影响和带动世界工程项目管理的发展。

我们要有高度的自信心,重视自己的经验和成就,并再接再厉地进行创造性发展。要按照《建设工程项目管理规范》指出的,在科学化、规范化、制度化和国际化的道路上创新发展、科学发展、可持续发展。

第五,学术界与建筑企业相结合,加强研究和咨询活动,共同解决工程项目管理的几件大事。

(1) 走产学研相结合、以企业为主体的道路,在更广泛的意义上和更高的层次上,进行工程项目管理的创新发展,服务企业,服务市场,服务社会,做建筑企业提高管理水平、经营水平和竞争能力的助推器。

(2) 协助建筑企业下大力气克服粗放式的管理方式,扎扎实实地进行科学的、精细的、系统的、全方位的、真正具有实效的工程项目管理。

(3) 与企业一起,进行信息技术和信息资源的开发,编制优良的项目管理信息系统软件,努力攻克工程项目管理信息化大关,为工程项目管理提供现代化基础和高效益的支柱。

(4) 努力促进我国全面地发展业主方的项目管理、工程项目总承包方的项目管理、设计方的项目管理、中介方的项目管理,形成工程项目各相关组织全面进行的、协调的工程项目管理活动。

(5) 努力服务于发展我国的工程项目管理文化体系,充分利用项目管理生产力,促进建筑企业和建筑生产活动快速发展。

衷心祝愿学术界同仁,在温家宝总理批示所指引的方向上,更高举起为建筑企业服务的旗帜,建立充足的信心,为使我国工程项目管理向更高水平发展,为使工程项目管理更有实效,为使我国的工程项目管理队伍成为世界的领军队伍,而努力奋斗!

【注】本文原载于《工程项目管理与建筑经理人》杂志2007年第7期。

北京市科技社团是科技兴市的引擎

（2009）

北京市科学技术协会（以下简称市科协）及其所属学会、协会、研究会等学术团体共 160 多个组织，团结北京市几十万科技工作者，60 年来，特别是 1978 年以来的 30 多年间，为了首都的科学发展，奋发图强、精心策划、严密组织、刻苦研究、不懈创新，取得了辉煌成就、累累硕果，在推进北京市的科技、经济、社会发展中发挥了巨大的作用，成为北京市科技兴市的不竭动力，巨能引擎。由市科协编写、北京出版社出版的《北京科技社团与首都科学发展》一书（以下称为本书），以 140 余篇文章、85 万字的大量史实，回忆、记录了北京科技社团勤奋耕耘、奉献兴市、喜获丰收的一幅幅绚丽画卷，读来令人叫绝、鼓舞、振奋。我作为本书的编写组与专家组成员，能够亲历本书的编写并成为第一批读者，深感幸运与激动。

市科协所属各科技社团充分发挥自己的专业特长，在各自的专业岗位上、创新各种活动内容和方式，按照"为社会主义精神文明和物质文明建设服务"的宗旨，出色地完成了市科协章程赋予的各项任务，在服务经济社会发展，进行学术交流，普及科学技术知识，促进人才成长，为党和政府与科技工作者之间发挥桥梁纽带作用，举办科技周、学术月、金桥工程、季谈会、青年优秀科技论文评选、青年学术演讲比赛等精品活动方面，为首都科学发展和不断破解难题，做出了巨大贡献。

科技周是带动首都科普活动的龙头，是在总结 1978 年以来探索科协进行科普模式的基础上，响应中国科协的号召，由市科协在 1995 年提出的开展科普活动的最佳模式。科技周每年举行一次，由市科协根据北京市发展形势的需要确定主题，然后北京市各个科技社团围绕主题，开展多种形式、生动活泼的科普活动。经过多年的探索，形成了北京科技周的五大特点：第一，紧跟形势，精选主题，使科技周成了市领导向专家和市民传达中央决策信息、问计于民的重要渠道；第二，内容丰富、寓教于乐，寓科于乐，使科技周成为首都人民年年盼望的科普盛宴；第三，走群众路线，领导与知名专家以多种形式深入一线进行科普，深受群众欢迎；第四，突出科技、重在普及，使首都人民在普及科学思想、科学方法、科学知识方面普遍受惠；第五，中央领导、中国科学院、科技部、中国科协等高层组织关注与支持，实现了北京科技周与全国科技活动周同一主题、同期举行，因此使北京科技周活动形成的全社会爱科学、讲科学、学科学、用科学的浓厚风气，很快波及全国各地。

学术月是首都科技交流的盛会，自1998年开始，每年举行一个月，以品牌化、国际化、高水平为原则，围绕首都科学发展的需要选择一个主题、采用多种形式、在较大范围内开展较大规模的联合行动，在首都科技界搭建学术交流平台，营造浓厚的学术氛围，掀起学术活动的高潮，以此来促进首都科学技术交流活动的发展，使学术交流成为拓展科学研究领域、启迪科学思想、引发创造思维、推动知识创新和科学技术创新、促进科学发展、推动科学进步的必要条件和重要方式。这项活动每年都有数十乃至百余个学会参加，进行数十项重点活动，征集并评选专家建议上百篇。由于市政府领导重视，市科协认真严密组织，学术团体、有关领导乃至国际机构人士广泛参与，所以既有热烈的学术氛围，也使学术成果及对首都的科学发展的贡献成效显著。它已经成为市科协的品牌活动，成为进行学术交流的主要方式之一、繁荣北京市学术活动的载体、吸引各科技学会（协会）投入学术活动的平台、发展人文北京、科技北京，绿色北京的加油站和助跑器。

金桥工程是学术团体在企业与科技成果之间搭桥，以使科技与经济相结合。这是市科协在1992年的创举，1994年由中国科协主导向全国推广。多年以来，金桥工程使科技转化为生产力、服务于首都经济社会发展取得了巨大效益。金桥工程按架桥成果大小进行奖励，获一等奖的项目，其经济效益在北京地区1000万元以上、在外地2000万元以上，社会效益十分显著，技术达到国际或国内先进水平，具有很大推广前途，搭桥组织工作量很大。北京每年评出一项至数项一等奖。自1992~2007年共实施项目6289个，取得经济效益90多亿元。于今，市科协系统已经形成了学会、企业科协、高校科协、区县科协、科技资讯中心及其分部五路架桥大军。架桥方式多种多样，包括厂会协作、技术协作、技术攻关、技术咨询、技术服务、技术推广、技术承包、技术引进、产品开发等。金桥不仅在北京架设，也架到了全国，架到了亚洲、欧洲、并在继续发展，充满了勃勃生机和无限希望。

季谈会是首都专家与市领导对话的平台，是市政府倾听专家意见，民主决策的一项重要内容，是市政府通过科协联系科学家和科学工作者的重要机制，也是北京市科协制定的一项制度。1992~2007年共举办季谈会33次，200多位中央及在京院士、专家、学者到会发言并参加研讨，40多个学会的专家和副市长以上领导60多人出席，内容涉及首都建设与发展的许多领域和学科。季谈会始终紧紧围绕首都经济发展的重点，推动了首都物质文明建设，对领导开拓思路、升华认识起到了重要作用。季谈会集中了科技工作者的智慧，推进决策科学化、民主化，因此也推动了首都政治文明建设。季谈会还涉及科学普及和首都文化建设，因而推动了首都精神文明建设。举办季谈会的好处在于：它让科协的独特科技优势得到充分发挥；市领导能比较客观公正地听取专家们发表的意见，从更高、更全面的视角发现问题；它让科协的桥梁纽带的根本职责得到充分体现；它为科技工作者参政议政、贡献聪明才智提供了良好的机遇；它使科协的影响力、凝聚力得到增强；它提升了科协存在的社会价值，因而推动了科协建设。

厂会协作活动是工厂（公司、企业）和学会（协会）之间进行协作，是北京市科协根据中国科协的统一部署开展的活动，目的是依靠科技社团，团结广大科技工作者，坚持以经济建设为中心，面向经济建设主战场，帮助企业特别是重点国有企业加快技术进步，提高经济效益。在北京市科协的主持下，厂会协作采用协议（合同）的形式，建立郑重的、诚信的、稳定的协作关系。协作项目多种多样，包括进行技术改造和技术攻关、联合开发新产品、对项目进行论证、进行战略规划和提高企业管理水平、培养人才、创新并提出报告等，因此它为学会（协会）的活动开辟了新领域，找到了新目标。在协作中，科技工作者发挥科技优势，进行科学研究、成果推广、教育培训、产学研结合等，为企业加快技术进步、增强创新能力、提高经济效益服务，使科技与生产相融合，科技成果直接转化为生产力。

北京市的青年优秀科技论文评选活动始于1987年，至2007年共举办了九届，每届参选论文最多达到136篇（2005年），参赛的学会占北京市科协所属学会的大多数，反映这项活动得到了各个学会和广大科技工作者的热烈拥护。开展这项活动的目的是鼓励青年科技工作者为四化多作贡献，为青年科技人才脱颖而出创造条件，鼓励青年科技人员在科技研究和实践中多出成果，促进青年科技人员早日成才。参赛的青年优秀论文涉及许多专业，都是近年来在公开发行的各种学术刊物中发表的、或市级学术会议上发表过的高学术水平论文，并经两位具有高级技术职称的专家推荐，因此具有高水平学术基础。被授予一等奖的优秀青年学术论文达到了国际上同学科、同专业的先进水平，因此涌现了不少达到或领先于国际水平的优秀论文，不少论文是在国际上具有很高影响的SCI学术刊物上发表的，跻身于国际学术研究的最前沿。应用学科和工程技术方面论文的经济与社会效益更加突出。青年优秀科技论文评选活动发现了成批的优秀青年人才，促进了青年科技人才的成长，使北京的科技人员在首都经济建设、社会发展、科技进步、国际交往等诸多方面成为最活跃、最富创造力、充满生机、队伍不断壮大的新生力量。

北京市科协组织的青年学术演讲比赛自2000年开始，每年举办一届，到2008年第九届止共有236人获奖。这项活动是实施首都人才发展战略，加强科技人才工作，落实北京市科协《促进青年科技人才成长计划》的重要内容，是青年把握成长机会的一个环节。其目的是给首都青年科技人才提供发表科研成果、交流学术思想、提高学术演讲水平、展示自身价值与学术风格、广泛结交青年朋友的平台和机会，从而培养和发现人才，促进后备人才的成长。每届青年学术演讲比赛都有明确的、与首都科学发展相关的主题内容，例如2000年的首届比赛的中心内容"是21世纪城市可持续发展"。演讲者把握学术发展方向，体现创新精神，突出学术性、前瞻性和可行性。由于市科协组织比赛的工作组织周密，按照章程和规定程序，中国科协、北京市领导大力支持，故比赛受到了青年科技工作者的欢迎，参赛人数呈逐渐上升趋势。每一届比赛获奖者的讲演内容都体现了当代学术和科技发展的前沿水平，体现了我国经济建设和发展的学术和科技需求，具有清新、明快、生动、通俗、简洁等特点，效果都很好。

综上所述，市科技社团的服务范围广泛，内容丰富，方式多样。北京科技社团遍布理科、工业、农业、医疗和交叉学科各个领域，各领域的科技社团都在本领域内联合起来，共同为首都建设贡献力量。北京科技社团为首都的基础设施和工程建设、工业、农林牧副渔业、医疗卫生事业、高科技事业、减灾、环保、安全、社会福利等事业服务，服务方式除了上述各项精品活动外，还包括：与企业结合攻关，为政府和企业提供咨询、献策、沟通，进行重大事项调研，进行技术评价或鉴定，提供国内外信息和情报，制定标准，发展会展经济等。各项活动综合体现了以下显著特点：

第一，各项活动得到了中国科协、北京市政府及相关领导的强力支持，包括政策支持、经济支持、直接指导和组织协调等，给市科技社团的活动指明了方向，增加了底气。

第二，北京市科技社团服务的效益特别显著，有大量重大成果和效益：一是经济效益，如大秦铁路重载列车到2008年实现年煤炭运输量达到3.4亿吨，发展冷水鱼产业使山区农民致富，使空调节能，使首都公路交通发展，使小麦亩产量提高，使北京民营科技事业发展等；二是环境效益，如为首都降雨、除雾、驱雹，为首都减灾，减少汽车尾气污染，降低电镀污染，防止外来生物入侵，为奥运提供环保服务，建设可持续发展的首都林业，促进绿色建筑发展等；三是社会效益，如广泛而持久的学术交流，提高全民科技素养的科学普及，使科技工作者与政府、与企业、与社会相关组织等相联系与支持、增进了解与信任，为首都构筑独具神韵的城市夜景景观，空调的安全使用，确保北京市地下管网的运行安全，为首都重大爆破工程安全护航，北京十大建筑评选，建立企业家商事特邀调解员制度等；四是许多服务项目则同时取得重大经济效益、环境效益和社会效益，如厂会协作，为北京发展不断破解水难题，让北京亮起来，让北京的天更蓝等。

第三，北京市科技社团提供的是高智能服务和高科技服务。北京市科技社团中高智能型人才集中，人力资源雄厚，智力丰富，具有进行高智能服务和高科技服务的实力与特长。首都发展战略研究、控制大型场馆建设工程的噪声、人工干预天气、让首都的天更蓝、城市三维立体地质调查、利用 GPS 定位导航、消灭农业病虫害、谐波传动技术的发展、建筑材料的前瞻性研究、奥运食品和蔬菜供应及环保等项目，科技含量都非常高，都可以从其效果上看出高智能服务和高科技服务的力量和所做出的重大贡献。

第四，北京市科技社团提供联合协调服务。在为首都提供经济社会发展服务的过程中，市科协始终进行着强有力的领导和及时有效的协调。各科技社团则在科协的总部署下开展工作，所以参与的组织和人员广泛，行动有力，效果显著。例如，市科协组织的"首都圈自然灾害与减灾对策研究"，调动了北京减灾协会等一大批科技社团为首都的安全、环保和减灾服务的积极性；北京市科协推动发展的会展经济则为建设首都又一个"无烟产业"调动了许多科技社团的创业热情。

第五，北京市科技社团的服务及时而有效。可以说，北京的经济建设哪里需要智能服务，北京科技社团就出现在哪里，其服务周到、及时而有效。这一点在北京奥运召开前的准备和过程中表现得特别明显。北京科技社团为北京奥运提供的服务有：工程建设服务、环保服务、气象服务、蔬菜供应服务、食品安全服务、卫生检疫服务等。在非典防治期间，北京医学会像天使般地奋斗在第一线，北京制冷学会在第一时间提出了安全使用空调的建议并做到了广泛而有效的宣传。当北京引进物种时遇到了外来有害生物侵袭风险的时候，北京植物学会迅速做出反应，非常及时地排除了风险。

第六，在各项服务中体现了科技人员在首都经济建设中的主力军作用和奉献精神，主要体现在：抓重点，找难点、破难题，为政府和企业献策、解困，看问题高瞻远瞩，服务行动果敢迅速，深入一线服务，锲而不舍，取得成绩而不居功自傲，受到挫折而不灰心，不达目的而不放弃。科技人员队伍既起着首都建设的栋梁、纽带和主力军作用，也称得起是首都建设之灵魂所在。

【注】本文是 2009 年作者参与编写《北京科技社团与首都科学发展》一书后，向北京工程管理科学学会（原北京统筹与管理科学学会）理事长扩大会议的报告。

金桥工程取得显著效益

（2009）

金桥工程是北京市科协的创举。早在 1992 年 3 月 10 日召开的北京市科协工作会议上，时任北京市科协党组书记的季延寿同志在《抓住机遇，突出重点，为促进把经济建设转移到依靠科技进步和提高劳动者素质的轨道上来而奋斗》的工作报告中，提出了实施"金桥计划"的决定，受到了与会者的热烈欢迎。"金桥计划"立即得到了北京市委、市政府领导的肯定和大力支持。

金桥计划也引起了中国科协和兄弟省市科协的重视和支持。1993 年 2 月，在中国科协召开的四届三次全委会上，通过了《中国科协实施"金桥工程"方案》，随即发出文件，在全国全面推广北京市"金桥计划"的经验，北京市的"金桥计划"随即更名为"金桥工程"。

实施金桥工程的目的，是贯彻邓小平同志南巡讲话的精神，解决计划经济时代科技和经济"两张皮"、难以转化为生产能力的问题，通过科协、学会（协会、研究会）等中介组织的"搭桥"工作，组织科技工作者投入经济建设主战场，把大量的科研成果转化为生产力，并形成高技术产业，创造效益，发展经济。科协是学术层次最高、掌握科技成果数量最大、人才最多的群众团体，实施金桥工程有独特的地位优势、人才优势和智力优势。这也是为什么金桥工程受到普遍欢迎和广泛支持的原因。

北京市的金桥工程行动已经制度化。2000 年 8 月 6 日。北京市科协颁发《金桥工程管理办法》，该办法指出，金桥工程是以经济建设为中心，促进科技与经济建设相结合而开展的一项实践活动，坚持科学技术是第一生产力的思想，发挥科技群众团体优势，发挥首都科技优势，在科技与生产应用之间架设"金桥"，在科技成果和生产应用之间架设"金桥"，在科研单位、高等院校和生产单位之间架设"金桥"，促进科技与经济的结合，促进高新技术的推广与应用，促进技术创新，推动经济发展、社会进步；2007 年，北京市科协又颁发了"金桥工程管理制度"，进一步将金桥工程制度化，并推向更高的发展阶段。

北京市政府对"金桥工程"进行了强有力的指导。在 1994 年 6 月 27 日北京市科协召开的《北京市金桥工程工作会议》上，北京市副市长胡昭广同志提出了金桥工程"四四五"的目标，即每年要完成 400 个金桥工程项目，增加经济效益 4 亿元，抓百分之五的有规模、有影响、效益高的重点项目。市政府决定，市财政每年拨出 20 万元人民币专款用于对金桥工程的奖励。实践结果，超额实现了"四四五"的目标。

北京市科协对金桥工程进行了直接而卓有成效的领导：一是成立了"金桥工程领导小组"，下设办公室进行专职领导；二是对金桥工程进行了制度化；三是经常进行调查，召开有关会议，研究问题，总结与推广经验、表彰先进，推动金桥工程的实施；四是经费支持；五是严格立项审查；六是制定奖励办法，将金桥工程奖分为金桥项目奖和金桥组织奖，其中金桥项目奖分为一、二、三等奖和鼓励奖；制定奖励标准，每年评奖一次，兑现奖励，利用媒体公布名单。

金桥工程取得了可观的经济效益。在金桥工程起步时最困难的 1993～1994 年，完成项目 199 个，增加经济效益 7.14 亿元；1998～1999 年仅学会系统完成的项目就达 132 个，经济效益达 2.7 亿元。金桥工程为燕山石化公司火炬气的回收开辟了新的途径，由北京市科协和燕山石化公司科协搭桥，将上海 711 所的技术引到了燕化，解决了石化回收的关键技术，每年增加效益 400 万元，并减轻了空气污染。2001 年，北京减灾协会开展的低温、阴雨（雪）气候对蔬菜危害的对策技术服务项目，经过搭桥，使气象部门对郊区县提供及时准确的天气预报服务，确保蔬菜生产，减少损失 3800 余万元；北京植物学会在郊区突发黑穗病时组织专家到现场提出指导意见，与北京植保站一起研究出药剂和综合防治技术，有效控制了该病的蔓延和扩散，挽回小麦损失 1 亿公斤，增加收入 1.17 亿元。从 1992 年到 2007 年，北京市实施金桥工程 6289 项，共增加经济效益 90 多亿元。

金桥工程得到了持续、广泛、水平越来越高的发展，具有顽强的生命力。自 1992 年实施至今，已经延续了 18 年；北京市科协系统的金桥工程实力雄厚，已经形成了五路大军，包括学会、企业科协、高校科协、区县科协、科技咨询中心及其分部；架桥方式多种多样，包括技术咨询、技术服务、技术推广、技术改造、技术转让、产品开发、技术协作、技术攻关、技术承包和技术引进 10 种；架桥的地域辽阔，包括北京市和全国各地，也架设到了亚洲其他国家和欧洲的一些国家。

【注】本文是作者在 2009 年为《北京科技社团与首都科学发展》一书撰写的一篇书稿。

厂会协作使学会面向经济建设主战场

（2009）

    1997 年 11 月 24 日，北京统筹与管理科学学会（以下简称我会）在北京市科协组织的第一批厂会协项目签字仪式中，与北京建工集团签订了第一个厂会协作协议，在北京东方广场工程上进行两个方面的协作：第一，进行网络计划计算机应用技术的研究与实践；第二，进行工程项目管理理论的研究与实践。2002 年 9 月 26 日，我会与北京建工集团总承包二部签订了第二个厂会协作协议，在首都博物馆新馆工程上开展"工程项目管理的研究与实践"。2007 年 3 月 1 日，我会与北京建工集团有限责任公司国家会议中心工程总承包部签订了第三个厂会协作协议，在国家会议中心工程（B 区）进行协作，对该工程的建设活动就 12 项内容进行研究和总结。

    经过厂、会双方的共同努力，该三项协作都已经随着工程的交付使用而完成。东方广场工程使用了网络计划技术，进行了大型工程项目管理，实现了工程计划网络化和计划的可视控制，经过总结形成了一部正式出版的大型书籍——《东方广场工程管理与施工技术》（97 篇文章 59 万字）。首都博物馆新馆工程分阶段进行了工程项目管理总结，写出了四篇有关进行工程项目管理的文章并出版，协助工程项目经理部对工程进行了全面总结，汇编成册。国家会议中心工程的 12 项协作任务全面完成，学会协助工程项目经理部对该工程的管理与施工技术进行了全面总结，包括 8 个施工方案、48 项工程管理制度、25 个技术创新成果、25 个工程管理创新成果、14 个党建工作创新成果，计 100 万字，已经正式出版。

    该三项协作的对象均为大型工程施工项目。其中东方广场工程项目是纪念建国 50 周年的形象工程，投资达 19.6 亿美元，建筑面积 90 多万 m^2，高峰投入人数达 1 万多人。首都博物馆新馆工程是北京 2008 年奥运工程"人文奥运"的标志性建筑，建筑面积 6 万多 m^2，技术和质量要求非常高；国家会议中心工程是 2008 年北京奥运的主场馆工程之一，（B 区）建筑面积达 27 万 m^2，它不但面积大、结构复杂，而且由于担负奥运会的信息发布职责，功能独特，特殊设计很多，施工与管理的难度都很大。在这样的对象上进行有关管理方面的厂会协作，无疑是非常艰巨的任务。在协作双方共同努力成功完成这三项艰巨任务的过程中，我会有以下五点体会。

第一，学习文件，加强认识。通过认真学习中国科协"组织实施千厂千会协作行动"的通知，学习中国科协与北京市科协领导历次有关厂会协作的指示，我们深刻认识到，厂会协作具有以下重要意义：第一，它是科技工作者投入国家经济建设主战场的一种重要组织形式；第二，它是促进科技与经济结合的好方法；第三，它是推进产、学、研相结合的有效途径；第四，它可以为加快技术进步、提高经济效益发挥重要作用；第五，它为学会的改革与发展提供了新的平台。总之，厂会协作是"科学技术是第一生产力"理论的创新性应用，提供了科学技术的掌握者与需要者相结合的机会与可能，因此我们把开展厂会协作活动作为振兴我会的新契机，把近 20 年来的科研精品成果应用到生产中，为经济建设做贡献，促进我会的发展。

第二，打造精品，厂会两利。我们在三个方面进行了厂会协作决策：第一，协作的主题应是我会多年打造的精品项目；我会的精品项目主要有两个：一个是网络计划技术的应用；另一个是工程项目管理。这两个方面都是当前的前沿应用学科领域，学会有实力、有经验、有产品，在学术上有着充分的优势条件，会员单位有着迫切的需要。第二，协作的对象选定了北京建工集团有限责任公司。原因是该公司是我会的挂靠单位，厂会的关系融洽，协作条件充分，学会可以取得厂方的大力支持，厂方具有与学会协作的积极性，具有较高的管理水平和很强的科研实力。第三，协作点选在大型重点工程上，公司在该类工程上会投入大量的人力、物力、财力和经营管理能力；这些工程迫切需要创新管理，有大量的成功经验亟待总结；例如，东方广场工程需要使用网络计划技术控制进度，迫切需要运用项目管理方法进行科学管理；首都博物馆新馆工程是公司创建"阳光工程"、"优质工程"、"创效工程"和"美誉工程"的对象；国家会议中心工程按"人文奥运、绿色奥运、科技奥运"的要求进行建设；这些工程可以为厂会协作打造精品提供良好的平台。

第三，周密计划，优化组织。协作计划的安排涉及协作的成败，既要安排好程序，又要安排好时间，还要有保证计划实现的措施。我们安排的协作计划服从于工程项目的施工计划；如东方广场工程安排了五个"战役"，我们的协作计划便分为五个阶段；在时间上，我们把计划具体到每个阶段以及取得每项成果的日程，非常明确地标出了协作行动的"里程碑"。三项协作的组织都是以力量强为鲜明特点的，既要使协作组织能有效运转，又要有解决专业问题的能力和权威。如二次协作的核心组成员共 7 人。学会方包括副理事长、学术委员会副主任、秘书长和办公室主任（其中包括在学会任职的公司领导）；公司方包括：项目经理、项目总工程师、项目党委副书记（主管管理）。这样便做到了学会和公司的紧密融合，非常有利于协作。

第四，相互学习，过程控制。厂会协作，需要协作组成员都成为课题的内行，这就有个相互学习的问题，协作的过程就是学习过程。学会方的成员主要是在实践中学习；公司方的成员要学习一些新的管理知识。在第一次协作中，我会向公司成员讲解网络计划的计算机应用知识；在第二次和第三次协作中，我们向公司宣贯《建设工程项目管理规范》，以便创新项目管理；学习的过程也是学会为企业的服务过程，体现了学会的"三服务"宗旨。

执行计划应当自始至终加强过程控制。协作组成员深入现场，按照计划安排，为实现协作目标进行跟踪，发现问题，进行协调，解决矛盾，调整计划，推动工作。由于协作组中公司方的成员主要精力放在他们的本职工作上，所以由学会方的成员推动协作，并努力做到协作活动与生产管理活动紧密结合、协调一致；善于抓生产活动中的许多亮点，把亮点培育成协作成果；例如，在第一次协作时，关于网络计划的计算机应用，公司方要实现在现场建立局域网，并实现项目与集团公司联网，故把这个课题锁定在网络计划技术在项目联网中的应用上，对生产实践起到了很好的推动作用；在第二次协作中，我们抓的亮点主要是"创阳光工程"和"高难技术管理"，它成了我们跟踪总结的重点和出成果的目标。

第五，勤于总结，获得效绩。在每次协作中，我们都重视总结。公司有创新的成果，学会有善于总结的科技人才，通过总结，形成协作活动的成果，进行积累，便于传播和进一步提高。协作的绩效必须用总结的办法形成资料，我会下大力量进行工程创新总结、管理创新总结和协作成果总结，为厂会协作使科技工作者面向经济建设主战场提供了一批有用成果。厂会协作锻炼了学会，密切了学会与企业的关系，所以从 2004 年以后，平均每年可以出版一部以上著作，稿件主要是学会成员的研究和实践成果及工程总结；学会也因此得到了企业全力的支持，形成了组织上紧密团结的学术团体。

【注】本文是 2009 年北京统筹与管理科学学会提交给北京市科学技术协会的《北京科技社团与首都科学发展》一书的征文，以纪念该协会成立 60 周年。

学术服务 30 年

（2010）

北京工程管理科学学会成立于 1980 年 7 月 26 日，那时称为北京统筹法研究会，1986 年更名为北京统筹与管理科学学会，2006 年更名为北京工程管理科学学会（以下称为我会或学会），到今年 7 月 26 日正好走过了 30 个年头。30 年在人类历史上只是一瞬间，但是对于一个学会来说，能和国家的改革开放几乎同龄，这时间就不算短了，说明他有很强的生命力，这生命力的源泉就是他与祖国的改革开放同呼吸、共命运。《北京工程管理科学学会大事记》记录了 30 年中学会的主要活动，乍一看来比较琐碎，但认真想来它却是有灵魂的。我会的灵魂是什么呢？那就是学术服务，且这个灵魂可以归纳为以下特征：由专家学者型团队操作，遵循前贤的指引，紧跟政府与科协部署，面向企业与生产，重视科研与创新，大力开展科普与咨询，不断培养年轻型人才和实现服务标准化。下面根据学会的各项活动谈谈这些特征。

团队专家学者型

我会的团队，是专家学者型的，理事会成员近百人，分布在北京地区的高等学校、中央企业、本地企业、中央和地方的研究机构等组织之中，以土木建筑专业的专家学者为主，其中有一批领军人物。在大学里的理事会成员，几乎全是施工组织、企业管理、项目管理、网络计划技术等方面的骨干教师；在企业中的理事会成员，多是总工程师、总经济师或工程管理部门的负责人。这些人掌握科学技术和管理知识，具有事业心、上进心，有学术奉献精神，有号召力和研究开发能力，因此形成了我会敢想、敢干、敏感、高效的团队作风。我会的创始人李庆华先生，具有丰富的建筑施工经验，精通统筹法，有很强的创新能力、沟通能力和奋斗精神，跟随华罗庚先生推广统筹法 20 年，创办、领导和发展我会及中国建筑学会建筑统筹管理研究会 20 年，虽非教师，却桃李遍全国，著述颇丰，在北京市科协系统和中国建筑学会的分会秘书长中也属佼佼者。现任理事长田振郁先生，职称是高级经济师，任北京建工集团副总经理，热爱学会工作，坚持研究与实践，对企业管理和工程项目管理有很深的造诣，早在 20 世纪 80 年代就在工作之余坚持著述，到目前为止已经主编出版了 10 多部有关工程管理方面的著述。在第 6 届理事会的副理事长中，集团企业的总工程师就有 4 人，总经济师有 2 人；学会聘任的专家组中，教授和教授级高工有近 30 人，相当于目前一所普通高等学校的教授总数。

遵循前贤的指引

世界知名数学家华罗庚先生是统筹法的创始人、传播者和实践者。李庆华先生是华罗庚先生推行统筹法时的学生、骨干和忘年交朋友。华罗庚先生在给李庆华先生的信中写道："您这样热爱统筹方法，对我来说是个大鼓舞，我们共同来把这一方法的工作做好，为了社会主义，为了革命，我们把工作做得更好。"又说，"你在北京从 1965 年就开始试点统筹法，成果不少，贵在能坚持下来，下一步怎么搞，你应该牵个头"。华罗庚先生担任了李庆华先生创建的两个学会的名誉理事长，协助学会在北京和全国 20 多个地区爱好统筹法的专家、学者不懈努力地进行研究和推广统筹法的学术服务。李庆华先生为华罗庚先生的《统筹方法平话与补充》提供案例，在华罗庚先生的指导与鼓励下编写了《统筹方法在建筑施工组织计划中的应用》和其他正式出版的书籍。李庆华先生在退休交班时，还对两个学会的新任秘书长一再嘱咐，把华罗庚先生开创的统筹法事业研究和应用发展下去。30 年来，我会始终是遵循着华罗庚先生这位前贤的指引而进行学术服务的。华罗庚先生 1982 年 12 月 2 日在"中国优选法、统筹法与经济数学研究会咨询工作会议"上把在国民经济中应用数学方法总结为 36 个字："大统筹，广优选，联运输，精统计，抓质量，理数据，建系统，策发展，利工具、巧计算，重实践、明真理"，可以说，这是华先生创立统筹法和统筹学的核心思想，有着深刻的科学含义和现实意义，非常符合毛主席"统筹兼顾，协调发展"和胡锦涛主席"科学发展观"的思想。我们相信并重视名人效应，以沿着华罗庚前贤开辟的统筹法之路前进和发展而自豪。华先生激励我们"为了社会主义，为了革命，把工作做得更好"，我们为我国的改革和经济社会发展作不懈的努力。

跟紧政府与科协

要为改革和发展服务，就必须适应大环境，密切注意政府对企业的指导和对市场的调控，从中及时发现学会进行学术服务的重点课题和研究方向。学会成立的前 10 年紧跟国家和建筑业的改革与发展步伐，引进并推广现代化管理方法，及时举办企业急需的讲座和学习班。进入 20 世纪的 90 年代以后，根据国家搞活大中型企业的号召，倡导开展搞活大中型企业研讨活动和征文活动，得到了市委书记李锡铭同志和市科协领导的支持。根据建筑业发展的需要，我会在全国首先引进了工程项目管理，首先编写出版了《施工项目管理》一书，积极参与建设系统的工程项目管理推广与创新，编辑出版有关工程管理的图书，参与编写了国家标准《建设工程项目管理规范》，大量进行项目经理培训，进行了监理工程师、造价工程师、项目管理师、IPMP 人员、建造师等执业（职业）资格培训和有关教材编写。

北京市科协是我会的上级主管部门，学会遵守科协的各项制度规定，积极完成科协布置的各项工作任务，始终贯彻科协的统一工作部署，每年积极参与北京科技周和学术月活动，开展科普活动、学术交流活动、厂会协作活动、金桥工程实施、优秀青年论文竞赛等，参加科协开展的调研工作和学会改革活动，并曾被科协确定为改革试点学会。因此学会许多次获得先进学会、表扬学会等称号，获得过金桥工程、厂会协作、优秀青年论文竞赛等项的优秀组织奖，出现了较多科协先进人物、获奖人员和典型活动。

面向企业与生产

企业是我会的主要团体会员，也是学会成员中富有经验和活力的专家的载体，是从事生产、管理和经营的组织。面向企业和生产，结合生产为企业提供学术服务是我会的一贯宗旨。我会选择了北京建工集团这个大型企业作为挂靠单位，吸收了许多企业，尤其是北京建筑业企业的精英作为学会的理事，使我会深深地扎根在企业之中，为面向企业和生产构筑了牢固的基础。学会的所有活动几乎都是面向企业和生产的，较大的活动包括：举办学习班和讲座，进行咨询服务，实施金桥工程，在多项重点工程上实施厂会协作，总结企业的技术和管理经验并出版书籍等。面向企业和生产容易积聚力量，可以与改革和发展相结合，有利于科学研究和管理创新，大大方便了研究和创新成果的实践和形成生产力，易于取得实实在在的效果。我会的每项研究和实践成果无一例外地是与企业共同实现的。

重视科研与创新

学会是学术性组织，就应该坚持科研与创新，以科研与创新提供学术服务的资本，为社会做贡献。基于这个认识型，加之具有丰厚的知识、技术型人力资源，使我会具备了较充沛的不断进行科研与创新能力。我会组织了北京市的建筑企业乃至全国的建筑企业进行了大量的网络计划技术研究与创新，出现了大量的应用统筹法案例；举行了包括 115 个案例的"网络计划技术方案竞赛展览"、"应用计算机编制建筑工程预算专题学术讨论会"和"网络计划计算机软件交流会"，编辑出版了《中国网络计划技术大全》，内含研究和实践成果 149 篇；编写成功了《建设工程项目管理案例精选》，内含工程项目管理案例 31 项；编写成功了《工程网络计划技术规程》和《网络计划技术》3 个国家标准；发明了流水网络计划和许多新的网络计划方法；编制成功了网络计划图绘图程序和项目管理系统软件；1994 年以后几乎每年召开年会进行学术交流，传播科研成果、项目管理研究成果和重点工程经验总结等；2003年以后每年都有 1～2 部书籍（论文集）编辑出版；2008 年以后，组织团体会员单位建工集团编写出版了《奥运和重点工程技术与管理创新》资料达 10 集计 1000 多万字。

服务方式也是需要研究和创新的，我们的原则是与时俱进。进入 1990 年以后，学会活动及经费来源产生困难，激烈的市场竞争使学会会员的积极性受挫，学术服务处于低谷。为了生存，提出了《学会的生命在于活动》、《与时俱进，实现学会活动精品化》、《工程项目管理以人为本》等搞活学会的思想。2004 年创新了"学会生存发展的'八字方针'"，即"合作、协作、服务、发展"；"合作"即与有关企业、有关学会、有关协会合作使学会增强力量，优势互补，相互依存，形成规模，共谋发展；"协作"即在明确了某项任务以后，协作各方共同组成一个组织体，努力完成该项任务；"服务"即坚持三个方向的服务——为会员单位服务、为社会服务、为科技发展服务，而以为会员单位服务为主，三者紧密结合；"发展"即学会在"服务"中不断发展，通过发展而提高服务水平；坚持这"八字方针"，使我会产生了新的生机；市科协赞扬了我们的这个方针，推荐在北京市学会学研究大会上作典型发言，发言稿被推荐刊登在"华北西北十省区直辖市学会研究会第十二届研讨会"印发的论文集之中。

开展科普与咨询

学会在改革发展的大潮中诞生，身处改革发展浪尖之上，立志为改革发展进行学术服务。努力发挥自己学术资源丰厚的优势，随着改革发展的进程，宣传实践统筹法，宣传实践科学管理知识，总结统筹法和科学管理经验，研究、推广和应用工程项目管理，进行科学管理咨询服务等。30 年来，举办了统筹法、企业管理、项目管理、招标投标、国际承包、合同管理、施工组织设计、计算机应用、项目经理培训、标准宣贯等方面的学习班 200 多期，委派专家举办讲座培训各类人才，累计近 3 万多人次受益。学会编写出版各类资料书籍数十种，比较有突出影响的有 10 多种。

早在 1985 年我国还很少有咨询公司的情况下便成立了"北京项目管理咨询中心"，吸收了一批退休老专家参与咨询工作，以他们丰富的经验和学识，成功进行了许多国内外工程的咨询，提高了建设效益。研究成功网络计划计算机软件和工程项目管理系统软件之后，紧接着又进行了长期、大量的咨询服务。建设行业推行监理制度以后，许多理事成了建设监理行业的骨干人物。专家学者以他们的知识和经验成为建设领域各类咨询服务队伍中一部分十分活跃的人物。

培养年轻型人才

北京具有正在快速发展的巨大工程市场，需要大量高素质的工程管理人才。但是无论从数量上还是质量上，原有的工程管理人才都不能满足生产发展的需要，急需从数量上补充，从素质上提高。看准了市场上这个巨大的潜在需求，学会自成立至今，花大力气围绕青年人才的培养开展了一系列工作。30 年来坚持进行培训活动，提高青年人的业务水平。从 1994 年第三届理事会成立时起，我会就坚持不断发展青年会员，补充青年理事。2006 年第六届理事会成立以后，把坚持培养年轻型人才作为主业；2007 年正是北京奥运工程建设的高峰期，不失时机地与建设部科委共同举办了"奥运工程技术与管理系列讲座"，并进行了现场观摩学习；2007 年北京学术月期间，围绕"创新·发展·奥运"的主题，组织开展学术交流活动，宣传典型工程成果；积极参与市科协组织的"北京青年优秀科技论文"竞赛活动；自 2007 年以后每年出版一部《重点工程建设技术与管理创新》论文集并将持续下去，这对发现和培育青年人才、推动专业交流和经验积累、凝聚会员和促进学会的发展产生积极作用；在 2008 年北京科技周期间，举办了"国际工程承包管理与技术"研讨会，主题为"携手建设创新型国家——全力打造具有国际竞争能力企业"，树立了北京企业的国际承包形象，为从事海外工程承包人员提供了生产经营和应对承包风险的经验，促进了国际工程管理水平提高；自 2006 年 9 月开始，参与了与北京建工集团培训中心、天津理工大学及加拿大魁百克大学共同举办的"项目管理硕士研究生班"（MBA），培养青年海外工程总承包人才和专业管理人才。

实现服务标准化

我会有两大精品学术活动，一是工程网络计划技术，二是工程项目管理技术，研究和实践活动大都是围绕着这两项精品展开的。这两项技术也是两种科学，都是属于世界性的学科，发达国家均有其标准或指导文件，而我国在较长时间都是该类标准的空白，影响了它们的发展，亟待对这两项技术标准化，因此我会积极承担了这些任务。1988 年立项编制《工程网络计划技术规程》，经过两年的研究和编写，于 1991 年发布并实施。1990 年参与研究编写《网络计划技术》三项国家标准，于 1992 年发布并实施。1998 年我会成员首倡制定国家标准《建设工程项目管理规范》，1999～2000 年派员参与研究与编制，于 2002 年发布实施。2006 年参与修订《建设工程项目管理规范》，于 2006 年发布实施。2008 年参与修订《网络计划技术》国家标准，于 2009 年发布实施。1999 年主持、2010 年参与修订《工程网络计划技术规程》。我会成员还倡导实施建筑施工组织设计改革和编制其标准，2009 年，《建筑施工组织设计规范》已经颁布实施，实现了我们的愿望。事实证明，标准的实施，把我国相应技术的普及、研究、应用和发展提高到了更高的平台。通过标准化的服务工作，也对世界上相应技术的发展作出了一定贡献。

【注】本文为纪念北京统筹与管理科学学会成立 30 周年而作，原载于北京统筹与管理科学学会编写、中国建筑工业出版社出版的《重点建设工程施工技术与管理创新 4》一书中。

附　件

附件1　著作

高等学校本科教材一览表　　　　　　　　　　　　　　　表1

序号	出版时间	教材名称	责　任	合作者	出版社
1	1986.9	建筑经济与管理	编者	王宝仁主编	江苏人民出版社
2	1987.12	建筑工程经济与企业管理	编者	关柯主编	中国建筑工业出版社
3	1993.1	建筑工程概算与预算	主审，编者	陈贵民主编	中国建材工业出版社
4	1994.6	建筑施工组织	副主编	朱嬿主编	科学技术文献出版社
5	1997.6	工程项目管理（第一版）	主编	张书行主审	中国建筑工业出版社
6	1997.12	建筑工程经济与企业管理（第二版）	副主编	关柯主编	中国建筑工业出版社
7	1998.12	建筑企业统计	主编	丁大建副主编	中国建筑工业出版社
8	2003.3	工程项目管理（修订版）	主编	张书行主审	中国建筑工业出版社
9	2006.9	工程项目管理（第三版）	主编	张书行主审	中国建筑工业出版社
10	2012.1	工程项目管理（第四版）	主编	张书行主审	中国建筑工业出版社

全国统编系列培训教材一览表　　　　　　　　　　　　表2

序号	系列教材名称（年份）	书籍名称	责　任	出版社
1	全国建筑企业项目经理培训教材（1995）	施工项目管理概论	主编 全7册统稿	中国建筑工业出版社
2	建设系统专业技术人员继续教育丛书（1996）	建筑施工网络计划技术	主编	中国环境科学出版社
		建筑施工项目管理	主编	中国环境科学出版社
3	全国造价工程师培训教材（1997）（1999）	建设工程技术与计量	第一版主编 第二版主审	中国计划出版社
4	建筑业与房地产企业工商管理培训教材（1998）	建筑市场与房地产营销	副主编	中国建筑工业出版社
5	全国建筑经济专业技术资格考试用书（2001）	建筑经济专业知识与实务（中级）（初级）	编委会副主任编者	中国人事出版社
6	全国建筑招标投标从业人员培训教材（2002）	建设工程施工发包承包价格	主编	中国计划出版社
7	全国一级建造师考试用书（2004）（2005）	房屋建筑工程管理与实务（第一版）（第二版）	副主编	中国建筑工业出版社
	全国二级建造师考试用书（2004）	房屋建筑工程管理与实务（第一版）	副主编	中国建筑工业出版社
8	建设工程安全人员培训考核教材（2004）	建设工程安全生产管理	编者 全3册编委	中国建筑工业出版社

续表

序号	系列教材名称（年份）	书籍名称	责　任	出版社
9	中国建设教育协会继续教育委员会推荐培训教材（2011）	建设工程施工网络计划技术	编著	中国电力出版社
		建设工程项目管理	第二编著	中国电力出版社
10	建筑工程建造师继续教育系列培训教材（2012）	建设工程项目管理案例选编	副主编编委	中国建筑工业出版社

主编、副主编专业书籍一览表　　　　　　　　　　表 3

序号	出版时间	书籍名称	责　任	出版社
1	1975.1	北京饭店新楼新技术资料选编	主编	建筑技术杂志社
2	1989.1	建筑施工管理	主编	水利电力出版社
3	1992.5	建筑大辞典	分主编	地震出版社
4	1992.9	工程建设目标控制与监理	编著	北京科学技术出版社
5	1993.7	中国网络计划技术大全	分主编	地震出版社
6	2001.9	建筑业行业及企业发展战略概论	第二编著	华南理工大学出版社
7	2001.12	实用工程项目管理手册	主编	中国建筑工业出版社
8	2002.6	建设工程项目管理规范实施手册（第一版）	第二主编	中国建筑工业出版社
9	2002.9	施工项目管理工作手册（现代工程建设优化丛书）	主编	中国物价出版社
10	2002.9	投资建筑合同范本应用手册（现代工程建设优化丛书）	主编	中国物价出版社
11	2003.6	中国工程项目管理知识体系（上下册）	副主任委员及编委	中国建筑工业出版社
12	2003.7	建设工程项目管理规范培训讲座	编著	中国建筑工业出版社
13	2003.8	全国建筑业企业项目经理继续教育培训教材（全3册）	副主编	人民日报出版社
14	2003.9	建筑施工手册（第四版）第5分册	建筑工程造价分主编	中国建筑工业出版社
15	2003.10	工程建设研究与创新	副主编统稿	中国建筑工业出版社
16	2005.3	实用工程项目管理手册（第二版）	主编	中国建筑工业出版社
17	2005.6	建设工程项目管理案例精选	主编	中国建筑工业出版社
18	2005.6	建设工程项目经理岗位职业资格培训教材	副主编	中国建筑工业出版社
19	2005.7	工程项目管理与总承包	副主编	中国建筑工业出版社
20	2005.11	工程项目管理与科学发展	主编	中国城市出版社
21	2006.8	建设工程项目管理规范实施手册（第二版）	副主编	中国建筑工业出版社
22	2006.10	工程建设自主创新与科学发展	主编	中国城市出版社
23	2007.1	中国工程项目管理20年	副主编	中国画报出版社
24	2008.6	北京奥运工程项目管理创新	副主编统稿	中国建筑工业出版社
25	2013.11	建筑管理耕耘五十年	著	中国建筑工业出版社

参与起草（及修订再版）标准一览表　　　　　　　表4

序号	标准名称	标准编号	出版社
1	工程网络计划技术规程	JGJ/T 121—91	中国建筑工业出版社
2	网络计划技术常用术语	GB/T 13400.1—92	中国标准出版社
3	网络计划技术网络图画法的一般规定	GB/T 13400.2—92	中国标准出版社
4	网络计划技术在项目计划管理中应用的一般程序	GB/T 13400.3—92	中国标准出版社
5	工程网络计划技术规程	JGJ/T 121—1999	中国建筑工业出版社
6	建设工程项目管理规范	GB/T 50326—2001	中国建筑工业出版社
7	建设工程项目管理规范	GB/T 50326—2006	中国建筑工业出版社
8	网络计划技术　第2部分：网络图画法的一般规定	GB/T 13400.2—2009	中国标准出版社
9	网络计划技术　第3部分：在项目管理中应用的一般程序	GB/T 13400.3—2009	中国标准出版社
10	网络计划技术　第1部分：常用术语	GB/T 13400.1—2011	中国标准出版社
11	工程网络计划技术规程	JGJ/T 121—2014	中国建筑工业出版社

附件2　加入科技社团

加入科技社团一览表　　　　　　　表5

序号	科技社团名称	起始年份	曾任职务
1	北京统筹与管理科学学会	1980	第3、4、5届理事会副理事长兼秘书长
2	北京市科学技术协会	1981	第5、6届科协委员
3	中国优选法统筹法与经济数学研究会	1982	第6届理事会理事
4	中国建筑学会建筑统筹管理分会	1983	第4、5届理事会副理事长
5	中国建筑学会	1983	第10届理事会理事
6	北京建设工程造价管理协会	1986	第3届理事会常务理事
7	北京建筑业经营管理研究会	1987	第1、2届理事会理事
8	中国建筑业协会工程项目管理委员会	1992	第3届理事会常务理事
9	中国建筑学会建筑经济学术委员会	1994	第4届委员会委员
10	北京学会学研究会	1996	第2届理事会理事
11	中国建设工程造价管理协会	1996	第3届理事会理事
12	中国土木工程学会建筑市场与招标投标研究分会	1997	第2、3届理事会理事

附件 3　奖项

获奖作品一览表 表 6

序号	年份	奖　项	颁奖单位	奖励作品
1	1992	辽宁省科技进步二等奖	辽宁省科委	《网络计划技术标准》 GB/T 13400.1～3—92
2	1992	第二届全国优秀建筑科技 图书部级一等奖	建设部	建筑工程施工组织设计实例应用手册
3	1996	第三届全国优秀建筑科技 图书部级二等奖	建设部	全国项目经理培训系列教材（共 6 册）
4	1998	建设部科技进步三等奖	建设部	《建筑工程经济与企业管理》（第二版）

后　记

本书收录的文章大部分曾经公开发表，部分在原题和原文的基础上做了修改和删节，文后注有合作者、写作时间和刊登载体。由于时间跨度大的原因，文中有些内容在今天看来已经过时或十分肤浅，但为真实反映彼时的写作背景和历史原貌，仍基本上做了保留。

我要借此机会感谢教育我的母校同济大学我的老师，感谢与我合写文章的同仁，感谢为我出版图书刊发文章的中国建筑工业出版社、《建筑技术》、《施工技术》、《建筑经济》、《项目管理与建筑经理人》、《北京工程造价》等出版社和杂志，感谢为我提供学习机会和学术服务舞台的中国建筑业协会、中国建筑学会、北京市科协、原北京统筹与管理科学学会等的历届领导和专家学者，感谢所有在我进行建筑管理学习、实践、研究、教学、培训和著述时教育、支持、信任和帮助过我的老师、领导、同学、同仁、编辑和朋友们！

北京建筑工程学院现在已经发展成为北京建筑大学，我曾参与创建并任教的管理工程系现在也成长为有 4 个本科专业、5 个硕士学位授权点的经济与管理工程学院，本书的出版得到了院领导姜军、张庆春和赵世强老师的关心、指导和大力支持，我由衷地感谢他们，并祝学院大展宏图，桃李芬芳。

退休后担任中国建筑金属结构协会会长的原建设部总工程师姚兵先生，是我国建筑管理的领导者，是造诣深厚、著述颇丰的建筑管理专家、博士生导师，多年来一直支持我的教学、研究、社团活动和学术服务，现在又在百忙中应邀为本书作序，在序中给我以鼓励，也为我国建筑管理的发展提出了殷切的期望，给本书增添了实用价值和学术分量，谨此向姚总致以敬意和谢忱！